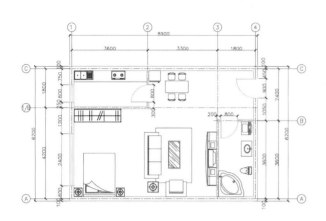

⌐ 用插入命令布置居室

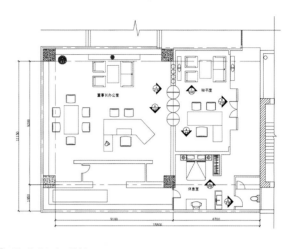

⌐ 董事长室装饰平面图

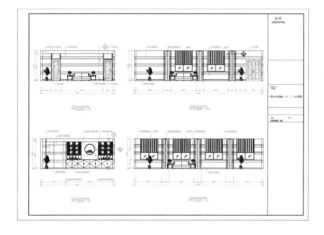

⌐ 一层乒乓球室A、B、C、D立面图

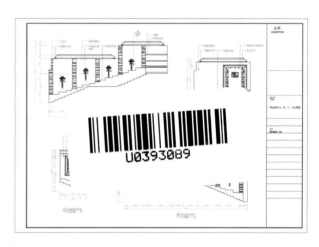

⌐ 一层走廊立面图

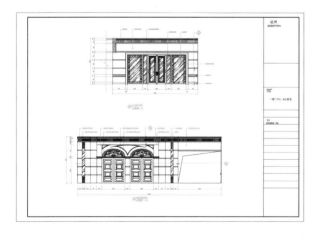

⌐ 一层门厅A B立面图

⌐ 一层门厅C D立面图

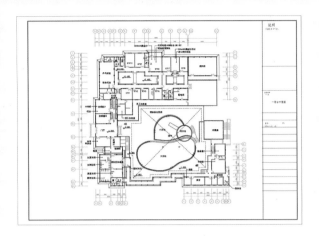

一层平面图

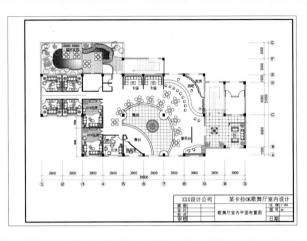

歌舞厅室内平面图

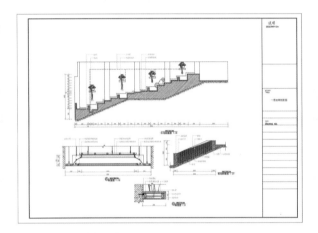

一层走廊剖面图

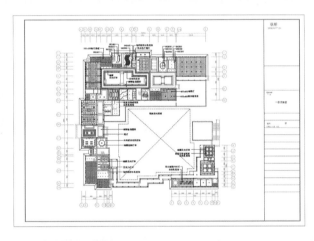

一层顶棚图布置图

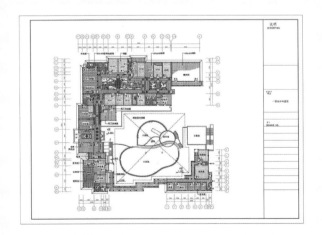

一层地坪布置图

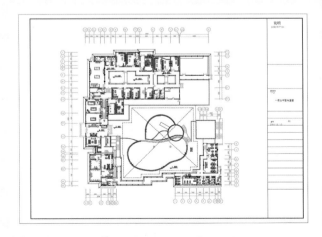

一层总平面布置图

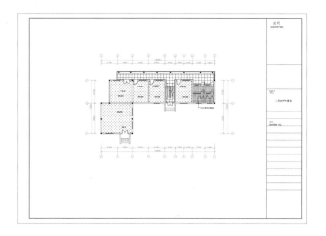

二层地坪布置图

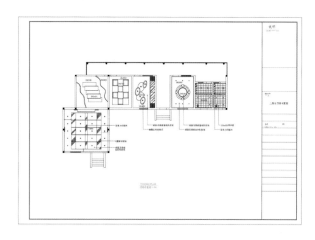

二层顶棚布置图

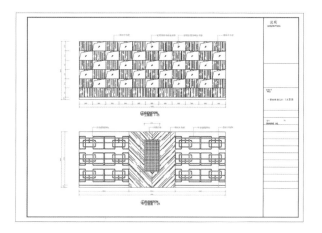

一层台球室02A、C立面图

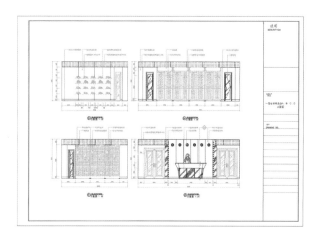

一层体育用品店立面图

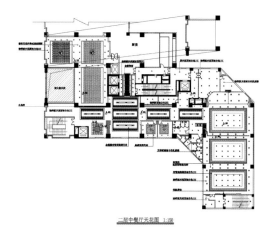

二层中餐厅顶棚装饰图

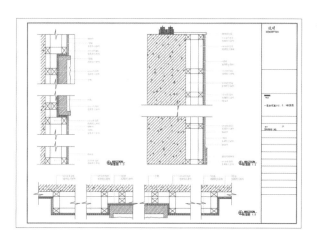

一层台球室01D、E、H剖面图

別墅首层地坪图

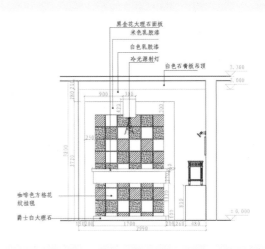

客厅立面图A

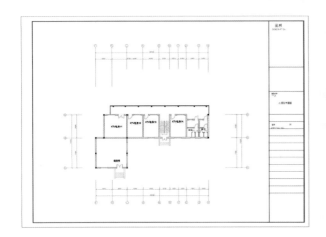

绘制二层总平面图

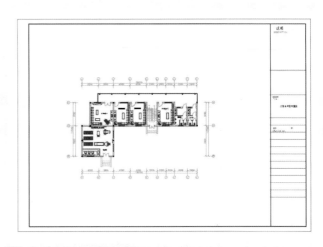

二层总平面布置图

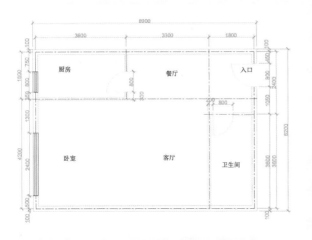

综合演练——标注居室平面图尺寸和文字

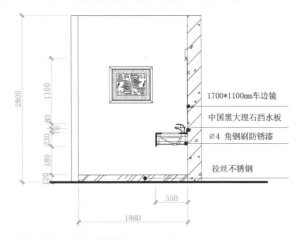

卫生间台盆剖面图

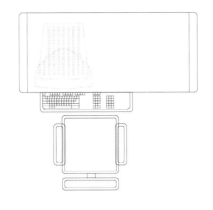

电脑桌椅

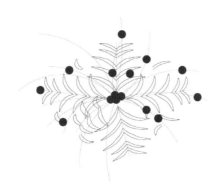

盆景

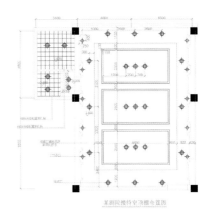

顶棚布置图

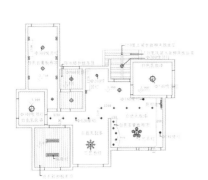

别墅首层顶棚平面图

住房室内布置平面图

餐厅平面图

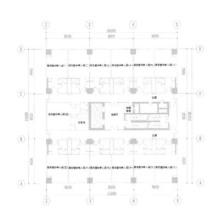

八层客房平面图

某剧院接待室平面布置图

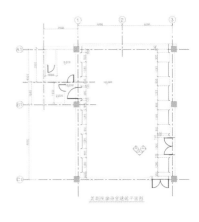

建筑平面图

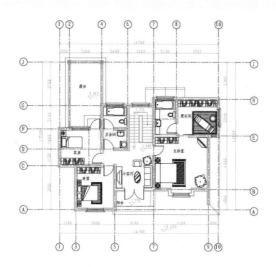

别墅二层平面图

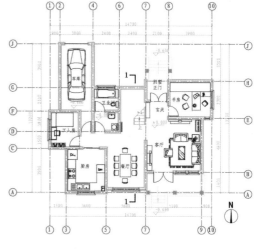

别墅首层平面图

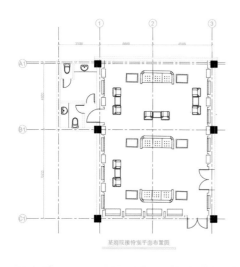

平面布置图

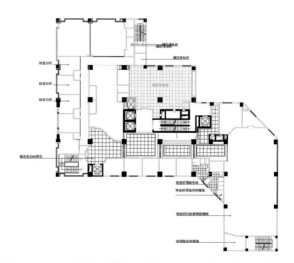

三层中餐厅地坪图的绘制

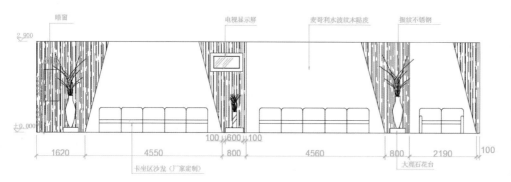

绘制咖啡吧A立面图

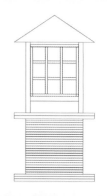

小房子

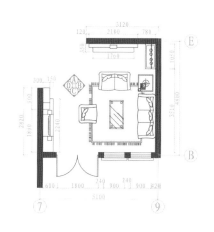

客厅平面图

室内设计图

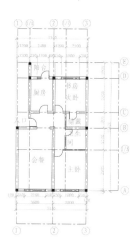

宾馆大堂平面图

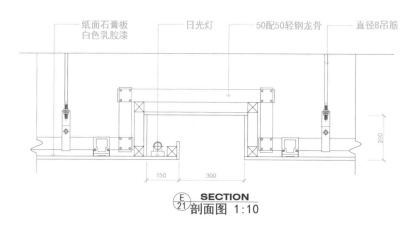

一层体育用品店E剖面图

住宅平面图

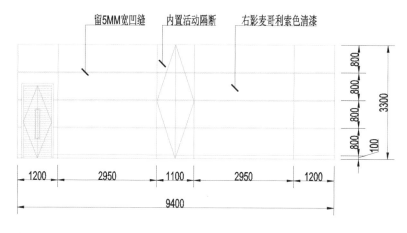

二楼中餐厅A立面图

道具A单元侧立面图

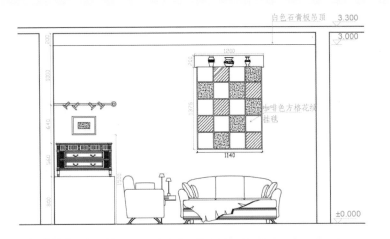

客厅立面图B

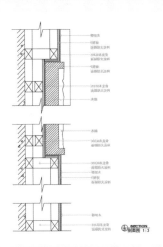

一层台球室E剖面图

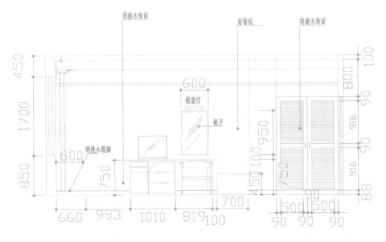

宾馆客房室内立面图

一层体育用品店F剖面图

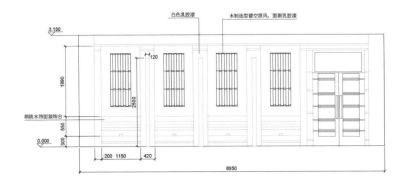

A立面图

绘制A立面图

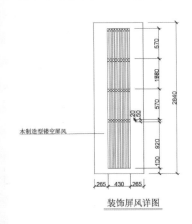

装饰屏风详图

绘制装饰屏风详图

AutoCAD 2017 中文版室内装潢设计实例教程

CAD/CAM/CAE 技术联盟　编著

清华大学出版社

北　京

内 容 简 介

《AutoCAD 2017 中文版室内装潢设计实例教程》针对 AutoCAD 认证考试最新大纲编写，重点介绍了 AutoCAD 2017 中文版的新功能及各种基本操作方法和技巧。本书最大的特点是，在大量利用图解方法进行知识点讲解的同时，巧妙地结合了室内设计工程应用案例，使读者能够在室内设计工程实践中掌握 AutoCAD 2017 的操作方法和技巧。

全书共分 16 章，分别介绍了室内设计基本概念，AutoCAD 2017 入门，二维绘制命令，基本绘图工具，编辑命令，文字、表格与尺寸，快速绘图工具，别墅、接待室、洗浴中心室内设计综合实例等内容。

本书内容翔实，图文并茂，语言简洁，思路清晰，实例丰富，可作为初学者的入门与提高教材，也可作为 AutoCAD 认证考试辅导与自学教材。

本书除利用传统的纸面讲解外，随书还配送了多功能学习光盘。光盘具体内容如下：

1. 75 段大型高清多媒体教学视频（动画演示），边看视频边学习，轻松学习效率高。
2. AutoCAD 绘图技巧、快捷命令速查手册、疑难问题汇总、常用图块等辅助学习资料，极大地方便读者学习。
3. 2 套大型图纸设计方案及长达 358 分钟同步教学视频，可以拓展视野，增强实战。
4. 59 道 AutoCAD 认证实题，名师助力，真题演练。

图书在版编目（CIP）数据

AutoCAD 2017 中文版室内装潢设计实例教程/CAD/CAM/CAE 技术联盟编著．—北京：清华大学出版社，2018
ISBN 978-7-302-47410-4

I. ①A… II. ①C… III. ①室内装饰设计-计算机辅助设计-AutoCAD 软件　IV. ①TU238.2-39

中国版本图书馆 CIP 数据核字（2017）第 124524 号

责任编辑：杨静华
封面设计：李志伟
版式设计：魏　远
责任校对：王　云
责任印制：王静怡

出版发行：清华大学出版社
　　　　网　　　址：http://www.tup.com.cn，http://www.wqbook.com
　　　　地　　　址：北京清华大学学研大厦 A 座　　　邮　　编：100084
　　　　社 总 机：010-62770175　　　　　　　　邮　　购：010-62786544
　　　　投稿与读者服务：010-62776969，c-service@tup.tsinghua.edu.cn
　　　　质量反馈：010-62772015，zhiliang@tup.tsinghua.edu.cn
印 装 者：北京密云胶印厂
经　　销：全国新华书店
开　　本：203mm×260mm　印　张：30.25　插　页：4　字　数：911 千字
　　　　（附 DVD 光盘 1 张）
版　　次：2018 年 1 月第 1 版　印　次：2018 年 1 月第 1 次印刷
印　　数：1～3500
定　　价：89.80 元

产品编号：074121-01

室内装潢设计是建筑物内部的环境设计，是以一定建筑空间为基础，运用技术和艺术因素制造的一种人工环境，是一种以追求室内环境多种功能完美结合、充分满足人们生活、工作中的物质需求和精神需求为目标的设计活动。因此，从一定意义上说，室内装潢设计是建筑设计的延续、完善和再创造。建筑设计完成后，室内装潢设计按照相应的功能对原建筑设计进行进一步的细化和完善，并对原建筑设计中存有缺陷的空间进行优化改造设计；如果原建筑设计提供的空间与使用者需要的功能不符合，室内装潢设计可以在不违背相关规范的前提下根据实际的要求重新进行功能设计和空间改造。

AutoCAD 是美国 Autodesk 公司推出的集二维绘图、三维设计、渲染及通用数据库管理和互联网通信功能为一体的计算机辅助绘图软件包。自 1982 年推出以来，从初期的 1.0 版本，经多次版本更新和性能完善，不仅在机械、电子和建筑等工程设计领域得到了广泛的应用，而且在地理、气象、航海等特殊图形的绘制，甚至乐谱、灯光、幻灯和广告等领域也得到了多方面的应用，目前已成为 CAD 系统中应用最为广泛的图形软件之一。本书以 2017 版本为基础讲解 AutoCAD 在室内装潢设计中的应用方法和技巧。

一、编写目的

鉴于 AutoCAD 强大的功能和深厚的工程应用底蕴，我们力图为初学者、自学者或想参加 AutoCAD 认证考试的读者开发一套全方位介绍 AutoCAD 在各个行业应用实际情况的书籍。在具体编写过程中，我们不求事无巨细地将 AutoCAD 知识点全面讲解清楚，而是针对专业或行业需要，参考 AutoCAD 认证考试最新大纲，以 AutoCAD 大体知识脉络为线索，以"实例"为抓手，由浅入深，从易到难，帮助读者掌握利用 AutoCAD 进行本行业或本专业工程设计的基本技能和技巧，并希望能够对广大读者的学习起到良好的引导作用，为广大读者学习 AutoCAD 提供一个简洁有效的捷径。

二、本书特点

1. 专业性强，经验丰富

本书的编者是 Autodesk 中国认证考试中心（ACAA）的首席技术专家，全面负责 AutoCAD 认证考试大纲制定和考试题库建设。编者均为在高校从事多年计算机图形教学研究的一线人员，具有丰富的教学实践经验，能够准确地把握学生的心理与实际需求。有一些执笔者是国内 AutoCAD 图书出版界的知名作者，前期出版的一些相关书籍经过市场检验很受读者欢迎。作者总结多年的设计经验和教学的心得体会，结合 AutoCAD 认证考试最新大纲要求编写此书，具有很强的专业性和针对性。

2. 涵盖面广，剪裁得当

本书定位于 AutoCAD 2017 在室内装潢设计应用领域功能全面的教学与自学结合的指导书。所谓功能全面，不是将 AutoCAD 所有知识点面面俱到，而是根据认证考试大纲，结合行业需要，将必须掌握的知识讲述清楚。根据这一原则，本书详细介绍了室内设计基本概念，AutoCAD 2017 入门，二维绘制命令，基本绘图工具，编辑命令，文字、表格与尺寸，快速绘图工具，别墅、接待室、洗浴中心室内设计综合实例等内容。为了在有限的篇幅内提高知识集中程度，作者对所讲述的知识点进行了精心剪裁，并确保各知识点为实际设计中用得到、读者学得会的内容。

3. 实例丰富，步步为营

作为 AutoCAD 软件在室内设计领域应用的图书，我们力求避免空洞的介绍和描述，步步为营，对各知识点采用室内设计实例演绎，通过实例操作使读者加深对知识点内容的理解，并在实例操作过程中牢固地掌握了软件功能。实例的种类也非常丰富，既有知识点讲解的小实例，也有几个知识点或全章知识点结合的综合实例，还有练习提高的上机实例。各种实例交错讲解，达到巩固读者理解的目标。

4. 工程案例，潜移默化

AutoCAD 是一个侧重应用的工程软件，所以最后的落脚点还是工程应用。为了体现这一点，本书采用的巧妙处理方法是：在读者基本掌握各个知识点后，通过别墅、接待室和洗浴中心的室内设计综合案例练习来体验软件在室内设计实践中的具体应用方法，对读者的室内设计能力进行最后的"淬火"处理。"随风潜入夜，润物细无声"，潜移默化地培养读者的室内设计能力，同时使全书的内容显得紧凑严谨。

5. 技巧总结，点石成金

除了一般技巧说明性的内容外，本书在大部分章节的最后特别设计了"名师点拨"的内容环节，针对本章内容所涉及的知识给出笔者多年操作应用的经验总结和关键操作的技巧提示，帮助读者对本章知识进行最后的提升。

6. 认证实题训练，模拟考试环境

由于本书作者全面负责 AutoCAD 认证考试大纲的制定和考试题库建设，具有得天独厚的条件，所以本书大部分章节最后都给出一个模拟考试的内容环节，所有的模拟试题都来自 AutoCAD 认证考试题库，具有真实性和针对性，特别适合参加 AutoCAD 认证考试人员作为辅导教材。

三、本书光盘

1. 75 段大型高清多媒体教学视频（动画演示）

为了方便读者学习，本书对书中全部实例（包括上机实验），专门制作了 75 段多媒体图像、语音视频录像（动画演示），读者可以先看视频，像看电影一样轻松愉悦地学习本书内容。

2. AutoCAD 绘图技巧、快捷命令速查手册等辅助学习资料

本书赠送了 AutoCAD 绘图技巧大全、快捷命令速查手册、常用工具按钮速查手册、常用快捷键速查手册、疑难问题汇总等多种电子文档，方便读者使用。

3. 2 套大型图纸设计方案及长达 358 分钟的同步教学视频

为了帮助读者拓展视野，本光盘特意赠送 2 套设计图纸集、图纸源文件，视频教学录像（动画演示）总长 358 分钟。

4. 全书实例的源文件和素材

本书附带了很多实例，光盘中包含实例和练习实例的源文件和素材，读者可以安装 AutoCAD 2017 软件，打开并使用这些文件和素材。

四、本书服务

1. AutoCAD 2017 安装软件的获取

在学习本书前，请先在电脑中安装 AutoCAD 2017 软件（随书光盘中不附带软件安装程序），读者可在 Autodesk 官网 http://www.autodesk.com.cn/下载其试用版本，也可在当地电脑城、软件经销商处购买软件使用。读者可以加入本书学习指导 QQ 群 597056765 或 379090620，群中会提供软件安装方法教程。安装完成后，即可按照本书上的实例进行操作练习。

2. 关于本书和配套光盘的技术问题或有关本书信息的发布

读者朋友遇到有关本书的技术问题，可以加入 QQ 群 379090620 进行咨询，也可以将问题发送到邮箱 win760520@126.com 或 CADCAMCAE7510@163.com，我们将及时回复。另外，也可以登录清华大学出版社网站 http://www.tup.com.cn/，在右上角的"站内搜索"框中输入本书书名或关键字，找到该书后单击，进入详细信息页面，我们会将读者反馈的关于本书和光盘的问题汇总在"资源下载"栏的"网络资源"处，读者可以下载查看。

3. 关于本书光盘的使用

本书光盘可以放在电脑 DVD 格式光驱中使用，其中的视频文件可以用播放软件进行播放，但不能在家用 DVD 播放机上播放，也不能在 CD 格式光驱的电脑上使用（现在 CD 格式的光驱已经很少）。如果光盘仍然无法读取，最快的办法是建议换一台电脑读取，然后复制过来，极个别光驱与光盘不兼容的现象是有的。另外，盘面有脏物建议要先行擦拭干净。

4. 关于手机在线学习

扫描书后二维码，可在手机中观看对应教学视频。充分利用碎片化时间，随时随地提升。

五、作者团队

本书由 CAD/CAM/CAE 技术联盟组织编写。CAD/CAM/CAE 技术联盟是一个 CAD/CAM/CAE 技术研讨、工程开发、培训咨询和图书创作的工程技术人员协作联盟，包含 20 多位专职和众多兼职 CAD/CAM/CAE 工程技术专家。其中赵志超、张辉、赵黎黎、朱玉莲、徐声杰、张琪、卢园、杨雪静、孟培、闫聪聪、李兵、甘勤涛、孙立明、李亚莉、王敏、宫鹏涵、左昉、李谨、王玮、王玉秋等参与了具体章节的编写工作，对他们的付出表示真诚的感谢。

CAD/CAM/CAE 技术联盟负责人由 Autodesk 中国认证考试中心首席专家担任，全面负责 Autodesk 中国官方认证考试大纲制定、题库建设、技术咨询和师资力量培训工作，成员精通 Autodesk 系列软件。其创作的很多教材成为国内具有引导性的旗帜作品，在国内相关专业方向图书创作领域具有举足轻重的地位。

六、致谢

在本书的写作过程中，清华大学出版社编辑团队给予了很大的帮助和支持，提出了很多中肯的建议，在此表示感谢。同时，还要感谢所有编审人员为本书的出版所付出的辛勤劳动。本书的成功出版是大家共同努力的结果，谢谢所有给予支持和帮助的人们。

编　者

目　录

Contents

第1篇　基础知识篇

第2篇　别墅室内设计综合实例篇

第3篇 接待室室内设计综合实例篇

第4篇 洗浴中心室内设计综合实例篇

基础知识篇

本篇主要介绍室内设计的基本理论和 AutoCAD 2017 的基础知识。

对室内设计基本理论进行介绍的目的是使读者对室内设计的各种基本概念、基本规则有一个感性的认识，了解当前应用于室内设计领域的各种计算机辅助设计软件的功能特点和发展概况，帮助读者进行一个全景式的知识扫描。

对 AutoCAD 2017 的基础知识进行介绍的目的是为下一步室内设计案例讲解进行必要的知识准备。这一部分内容主要介绍 AutoCAD 2017 的基本绘图方法、快速绘图工具的使用以及各种基本室内设计模块的绘制方法。

▶▶ **室内设计基本概念**

▶▶ **AutoCAD 2017 入门**

▶▶ **二维绘制命令**

▶▶ **基本绘图工具**

▶▶ **编辑命令**

▶▶ **文字、表格与尺寸**

▶▶ **快速绘图工具**

室内设计基本概念

本章主要介绍室内设计的基本概念和基本理论。在掌握了基本概念的基础上，才能理解和领会室内设计布置图中的内容和安排方法，更好地学习室内设计的知识。

1.1　室内设计基础

室内装潢是现代工作生活空间环境中比较重要的内容，也是与建筑设计密不可分的组成部分。了解室内装潢的特点和要求，对学习使用 AutoCAD 进行室内设计是十分必要的。

1.1.1　室内设计概述

室内（Interior）是指建筑物的内部，即建筑物的内部空间。室内设计（Interior Design）就是反映对建筑物的内部空间进行设计。所谓"装潢"，即"装点、美化、打扮"之义。关于室内设计的特点与专业范围，各种提法很多，但把室内设计简单地称为"装潢设计"是较为常见的。诚然，在室内设计工作中含有装潢设计的内容，但又不完全是单纯的装潢问题。要深刻地理解室内设计的含义，需对历史文化、技术水平、城市文脉、环境状况、经济条件、生活习俗和审美要求等因素做出综合分析，才能掌握室内设计的内涵和其应有的特色。在具体的创作过程中，室内设计不同于雕塑、绘画等其他的造型艺术形式能再现生活，只能运用特殊手段，例如，空间、体型、细部、色彩、质感等形成的综合整体效果，表达出各种抽象的意味，形成宏伟、壮观、粗放、秀丽、庄严、活泼、典雅等风格。因为室内设计的创作，其构思过程是受各种制约条件限定的，因而只能沿着一定的轨迹，运用形象的思维逻辑，创造出美的艺术形式。

室内设计是建筑创作不可分割的组成部分，其焦点是如何为人们创造出良好的物质与精神上的生活环境。所以室内设计不是一项孤立的工作，确切地说，它是建筑构思中的深化、延伸和升华，因而既不能人为地将其从完整的建筑总体构思中划分出去，也不能抹杀室内设计的相对独立性，更不能把室内外空间界定得那么准确。因为室内空间的创意，是相对于室外环境和总体设计架构而存在的，只能是相互依存、相互制约、相互渗透和相互协调的有机关系。忽视或有意割断这种内在的联系，将使创作犹如无源之水、无本之木一样，失掉构思的依据，导致创作思路的枯竭，使其作品苍白、落套而缺乏新意。显然，当今室内设计发展的特征，更多的强调是尊重人们自身的价值观、深层的文化背景、民族的形式特色及宏观的时代潮流。通过装潢设计，可以使得室内环境更加优美，更加适宜人们的工作和生活。如图 1-1 和图 1-2 所示是常见住宅居室中的客厅装潢前后的效果对比。

图 1-1　客厅装潢前效果

图 1-2　客厅装潢后效果

尽管现代室内设计是一门新兴的学科，但是人们有意识地对自己生活、生产活动的室内场所进行安排布置，甚至美化装潢，赋予室内环境以所希望的氛围，却早已从人类文明伊始时期就存在了。我国各类民居，如北京的四合院、四川的山地住宅以及上海的里弄建筑等，在体现地域文化的建筑形体和室内空间组织、建筑装潢的设计与制作等许多方面，都有极为宝贵的可供借鉴的成果。随着经济的发展，从公共建筑、商业建筑开始，至涉及千家万户的居住建筑，在室内设计和建筑装潢方面都有了蓬勃的发展。当代社会是一个经济、信息、科技、文化等各方面都高速发展的社会，人们对社会的物质生活和精神生活不断提出新的要求，相应地，人们对自身所处的生产、生活活动环境的质量，也必将提出更高的要求，这就需要设计师从实践到理论认真学习、钻研和探索，才能打造出安全、健康、适用、美观、能满足现代室内综合要求、具有文化内涵的室内环境。

从风格上划分，室内设计有中式风格、西式风格和现代风格，再进一步细分，可分为地中海风格、北美风格等。

1.1.2 室内设计特点

1. 室内设计是建筑的构成空间，是环境的一部分

室内设计的空间存在形式主要依靠建筑物的围合性与控制性而形成，在没有屋顶的空间中，对其进行空间和地面两大体系设计语言的表现。当然，室内设计是以建筑为中心，和周围环境要素共同构成的统一整体，周围的环境要素既相互联系、又相互制约，组合成具有功能的相对单一、空间相对简洁的室内设计。

室内设计是整体环境中的一部分，是环境空间的节点设计，衬托主体环境的视觉构筑形象，同时，室内设计的形象特色还将反映建筑物的某种功能以及空间特征。当设计师运用地面上形成的水面、草地、踏步、铺地的变化，或在空间中运用高墙、矮墙、花墙、透空墙等的处理，或在向外延伸时，包括花台、廊柱、雕塑、小品、栏杆等多种空间的隔断形式的交替使用，都要与建筑主体物的功能、形象、含义相得益彰，在造型、色彩上协调统一。因此，必须在整体性原则的基础上，处理好整体与局部、建筑主体与室内设计的关系。

2. 室内设计的相对独立性

室内设计与任何环境一样，都是由环境的构成要素及环境设施所组成的空间系统。室内设计在整体的环境中具有相对独立的功能，也具有由环境设施构成的相对完整的空间形象，并且可以传达出相对独立的空间内涵，同时在满足部分人群行为需求的基础上，也可以为其带来精神上的慰藉，以及对美的、个性化环境的追求。

在相对独立的室内设计中，虽然从属于整体建筑环境空间，但每一处室内设计都是为了表达某种含义或服务于某些特定的人群的行为，是外部环境的最终归宿，是整个环境的设计节点。

3. 室内设计的环境艺术性

环境是一门综合的艺术，是一种空间艺术的载体，它将空间的组织方法、空间的造型方式、材料等与社会文化、人们的情感、审美、价值取向相结合，创造出具有艺术美感价值的环境空间。为人们提供舒适、美观、安全、实用的生活空间，并满足人们生理、心理、审美等多方面的需求。环境的设计是自然科学与社会科学的综合，是对哲学与艺术的探讨。

室内设计是环境的一部分，所以，室内设计是环境空间与艺术的综合体现，是环境设计的细化与深入。

进行现代的室内设计时，设计师要使室内设计在统一的、整体的环境前提下，运用自己对空间造型、材料肌理、人—环境—建筑之间关系的理解进行设计。同时还要突出室内设计所具有的独立性，并利用空间环境的构成要素的差异性和统一性，通过造型、质地、色彩向人们展示形象，表达特定的情感，并通过整体的空间形象向人们传达某种特定的信息，通过室内设计的空间造型、色彩基调、光线的变化以及空间尺度等的协调统一，借鉴建筑形式美的法则等艺术手段进行加工处理，完成向人传达特定的情感、吸引人们的注意力、实现空间行为的需要，并使小环境的环境艺术性得以充分的展现。

1.2　室内设计原理

1.2.1　室内设计的作用

从广义上讲，室内设计是一门大众参与最为广泛的艺术活动，是设计内涵集中体现之处。室内设计是人类创造更好的生存和生活环境条件的重要活动，通过运用现代的设计原理进行适用、美观的设计，使空间更加符合人们的生理和心理需求，同时也促进了社会中审美意识的普遍提高，从而不仅对社会的物质文明建设有着重要的促进作用，而且对于社会的精神文明建设也有了潜移默化的积极作用。

一般认为，室内设计具有以下作用和意义。

1. 提高室内造型的艺术性，满足人们的审美需求

在拥挤、嘈杂、忙碌、紧张的现代社会生活中，人们对于城市的景观环境、居住环境以及室内设计的质量越来越关注，特别是城市的景观环境以及室内设计。室内设计不仅关系城市的形象、城市的经济发展，还与城市的精神文明建设密不可分。

在时代发展、高技术、高情感的指导下，强化建筑及建筑空间的性格、意境和气氛，使不同类型的建筑及建筑外部空间更具性格特征及艺术感染力，以此来满足不同人群室外活动的需要。同时，通过对空间造型、色彩基调、光线的变化以及空间尺度的艺术处理，来营造良好、开阔的室外视觉审美空间。

因此，室内设计应从打造舒适、美观的室内环境入手，改善并提高人们的生活水平及生活质量，表现出空间造型的艺术性；同时，随着时间的流逝，富有创造性的艺术设计也将凝铸在历史的艺术时空中。

2. 保护建筑主体结构的牢固性，延长建筑的使用寿命

室内设计可以弥补建筑空间的缺陷与不足，加强建筑的空间序列效果，增强构筑物、景观的物理性能，以及辅助设施的使用效果，提高室内空间的综合使用性能。

室内设计是一门综合性的设计，要求设计师不仅具备审美的艺术素质，同时还应具备环境保护学、园林学、绿化学、室内装修学、社会学、设计学等多门学科的综合知识体系。增强建筑的物理性能和设备的使用效果，提高建筑的综合使用性能。因此，家具、绿化、雕塑、水体、基面、小品等设计也可以弥补由建筑而造成的空间缺陷与不足，加强室内设计空间的序列效果，增强对室内设计中各构成要素进行的艺术处理，提高室外空间的综合使用性能。

如在室内设计中，雕塑、小品、构筑物的设置既可以改变空间的构成形式，提高空间的利用效果，也可以提升空间的审美功能，满足人们对室外空间的综合性能的使用需要。

3. 协调好"建筑—人—空间"三者的关系

室内设计是以人为中心的设计，是空间环境的节点设计。室内环境是由建筑物围合而成，且具有限定性的空间小环境。自室内设计的产生，就展现出"建筑—人—空间"三者之间协调与制约的关系。室内设计就是要将建筑的艺术风格、形成的限制性空间的强弱，使用者的个人特征、需要及所具有的社会属性及小环境空间的色彩、造型、肌理三者之间的关系按照设计者的思路重新加以组合，以满足使用者"舒适、美观、安全、实用"的需求，并于空间环境中实现。

总之，室内设计的中心议题是如何通过对室内小空间进行艺术的、综合的、统一的设计，提升室内整体空间环境的形象，满足人们的生理及心理需求，更好地为人类的生活、生产和活动服务，并创造出新的、现代的生活理念。

1.2.2 室内设计主体

人是室内设计的主体。人的活动决定了室内设计的目的和意义，人是室内环境的使用者和创造者。有了人，才区分出了室内和室外。

人的活动规律之一是动态和静态交替进行，即动态—静态—动态—静态。

人的活动规律之二是个人活动与多人活动交叉进行。

人体活动的功能区划分如下。

人们在室内空间活动时，按照一般的活动规律，可将活动空间分为 3 种功能区：静态功能区、动态功能区和静动双重功能区。

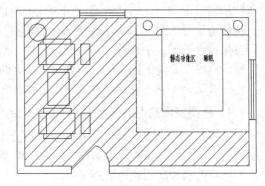

根据人们的具体活动行为，又将有更加详细的划分，例如，静态功能区又将划分为睡眠区、休息区、学习办公区，如图 1-3 所示。动态功能区划分为运动区、大厅，如图 1-4 所示。静动双重功能区分为会客区、车站候车室、生产车间等，如图 1-5 所示。

图 1-3　静态功能区——睡眠区

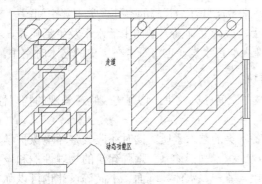

图 1-4　动态功能区——走道

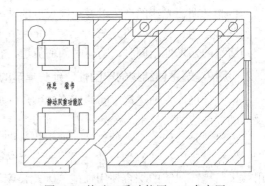

图 1-5　静动双重功能区——会客区

同时，要明确使用空间的性质。其性质通常是由使用功能决定的。虽然往往许多空间中设置了其他使用功能的设施，但要明确其主要的使用功能。例如，在起居室内设置酒吧台、视听区等，但其主要功能仍然是起居室的性质。

空间流线分析是室内设计中的重要步骤，其目的是为了：

（1）明确空间主体——人的活动规律和使用功能的参数，如数量、体积、常用位置等。

（2）明确设备、物品的运行规律、摆放位置、数量、体积等。

（3）分析各种活动因素的平行、互动、交叉关系。

（4）经过以上 3 部分分析，提出初步设计思路和设想。

空间流线分析从构成情况分为水平流线和垂直流线；从使用状况上来讲可分为单人流线和多人流线；从流线性质上可分为单一功能流线和多功能流线；流线交叉形成的枢纽室内空间厅、场。

某单人流线分析如图 1-6 所示，多人流线分析图如图 1-7 所示。

功能流线组合形式分为中心型、自由型、对称型、簇型和线型，如图 1-8 所示。

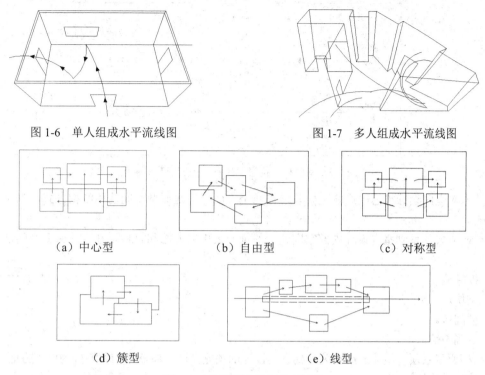

图 1-6　单人组成水平流线图　　　　图 1-7　多人组成水平流线图

（a）中心型　　　　　　（b）自由型　　　　　　（c）对称型

（d）簇型　　　　　　　　　（e）线型

图 1-8　功能流线组合形式图例

1.2.3　室内设计构思

1. 初始阶段

室内设计的构思在设计的过程中起着举足轻重的作用。因此在设计初始阶段就要进行一系列的构思设计，使后续工作能够有效、完美地进行。构思的初始阶段主要包括以下内容。

（1）空间性质（使用功能）。

室内设计是在建筑主体完成后的原型空间内进行。因此，室内设计师的首要工作就是要确认原型空间的使用功能，即原型空间的空间性质。

（2）空间流线组织。

当原型空间的使用功能确认之后，着手进行流线分析和组织，包括水平流线和垂直流线。流线功能需要的可能是单一流线也可能是多种流线。

（3）功能分区图式化。

空间流线组织之后，应及时进行功能分区图示化布置，进一步接近平面布局设计。

（4）图式选择。

选择最佳图式布局作为平面设计的最终依据。

（5）平面初步组合。

经过前面几个步骤的操作，最后形成了空间平面组合的形式，有待进一步深化。

2. 深化阶段

经过初始阶段的室内设计构成了最初构思方案后，在此基础上进行构思深化阶段的设计。深化阶段的构思内容和步骤如图1-9所示。

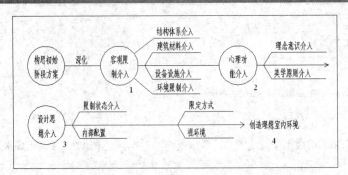

图 1-9 室内设计构思深化阶段内容与步骤图解

结构技术对室内设计构思的影响主要表现在两个方面：一是原型空间墙体结构方式，二是原型空间屋顶结构方式。

墙体结构方式关系到室内设计内部空间改造的饰面采用的方法和材料。基本的原型空间墙体结构方式有以下 4 种。

（1）板柱墙。

（2）砌块墙。

（3）柱间墙。

（4）轻隔断墙。

屋盖结构原型屋顶（屋盖）结构关系到室内设计的顶棚做法。屋盖结构主要分为以下方面。

（1）构架结构体系。

（2）梁板结构体系。

（3）大跨度结构体系。

（4）异型结构体系。

另外，室内设计要考虑建筑所用材料对设计内涵和色彩、光影、情趣的影响；室内外露管道和布线的处理；通风条件、采光条件、噪声、空气清新和温度的影响等。

随着人们对室内环境要求的提高，还要结合个人喜好，制定室内设计的基调。一般人们对室内的格调要求有 3 种类型。

（1）现代新潮型。

（2）怀旧情调型。

（3）随意舒适型（折中型）。

1.2.4 创造理想室内空间

经过前面两个构思阶段的设计，已形成较完美的设计方案。创建室内空间的第一个标准就是要使其具备形态、体量、质量，即形、体、质三方面的统一协调。而第二个标准是使用功能和精神功能的统一。如在住宅的书房中除了布置写字台、书柜外，还布置了绿化装饰物等，使室内空间在满足了书房的使用功能的同时，也活跃气氛，净化空气，满足了人们的精神需要。

一个完美的室内设计作品，是经过初始构思阶段和深入构思阶段，最后又通过设计师对各种因素和功能的协调平衡创造出来的。要提高室内设计水平，就要综合利用各个领域的知识和深入的构思设计。最终室内设计方案形成最基本的图纸方案，一般包括设计平面图、设计剖面图和室内透视图。

1.3　室内设计制图的内容

如前所述，一套完整的室内设计图一般包括平面图、顶棚图、立面图、构造详图和透视图。下面简述各种图样的概念及内容。

1.3.1　室内平面图

室内平面图是以平行于地面的切面在距地面 1.5mm 左右的位置将上部切去而形成的正投影图。室内平面图中应表达的内容有以下方面。

（1）墙体、隔断及门窗、各空间大小及布局、家具陈设、人流交通路线、室内绿化等；若不单独绘制地面材料平面图，则应该在平面图中表示地面材料。

（2）标注各房间尺寸、家具陈设尺寸及布局尺寸，对于复杂的公共建筑，则应标注轴线编号。

（3）注明地面材料名称及规格。

（4）注明房间名称、家具名称。

（5）注明室内地坪标高。

（6）注明详图索引符号、图例及立面内视符号。

（7）注明图名和比例。

（8）若需要辅助文字说明的平面图，还要注明文字说明、统计表格等。

1.3.2　室内顶棚图

室内顶棚图是根据顶棚在其下方假想的水平镜面上的正投影绘制而成的镜像投影图。顶棚图中应表达的内容有以下方面。

（1）顶棚的造型及材料说明。

（2）顶棚灯具和电器的图例、名称规格等说明。

（3）顶棚造型尺寸标注、灯具、电器的安装位置标注。

（4）顶棚标高标注。

（5）顶棚细部做法的说明。

（6）详图索引符号、图名、比例等。

1.3.3　室内立面图

以平行于室内墙面的切面将前面部分切去后，剩余部分的正投影图即室内立面图。室内立面图的主要内容有以下方面。

（1）墙面造型、材质及陈设家具的立面上的正投影图。

（2）门窗立面及其他装潢元素立面。

（3）立面各组成部分尺寸、地坪吊顶标高。

（4）材料名称及细部做法说明。

（5）详图索引符号、图名、比例等。

1.3.4　构造详图

为了放大个别设计内容和细部做法，多以剖面图的方式表达局部剖开后的情况，这就是构造详图。表达的内容有以下方面。

（1）以剖面图的绘制方法绘制出各材料断面、构配件断面及其相互关系。

（2）用细线表示出剖视方向上看到的部位轮廓及相互关系。

（3）标注材料断面图例。

（4）用指引线标注构造层次的材料名称及做法。

（5）标注其他构造做法。

（6）标注各部分尺寸。

（7）标注详图编号和比例。

1.3.5　透视图

透视图是根据透视原理在平面上绘制出能够反映三维空间效果的图形，与人的视觉空间感受相似。室内设计常用的绘制方法有一点透视、两点透视（成角透视）和鸟瞰图 3 种。

透视图可以通过人工绘制，也可以应用计算机绘制，能直观地表达设计思路和效果，故也称作效果图或表现图，是一个完整的设计方案不可缺少的部分。鉴于本书重点是介绍应用 AutoCAD 2017 绘制二维图形，因此本书中不包含这部分内容。

1.4　室内设计制图的要求及规范

1.4.1　图幅、图标及会签栏

1. 图幅即图面的大小

根据国家规范的规定，按图面的长和宽的大小确定图幅的等级。室内设计常用的图幅有 A0（也称 0 号图幅，其余类推）、A1、A2、A3 及 A4，每种图幅的长宽尺寸如表 1-1 所示，表中的尺寸代号的意义如图 1-10 和图 1-11 所示。

表 1-1　图幅标准

单位：mm

尺寸代号＼图幅代号	A0	A1	A2	A3	A4
b×l	841×1189	594×841	420×594	297×420	210×297
c		10		5	
a			25		

2. 图标

图标即图纸的图标栏，包括设计单位名称、工程名称、签字区、图名区及图号区等内容。一般图标格式如图 1-12 所示，如今不少设计单位采用自己个性化的图标格式，但是仍必须包括这几项内容。

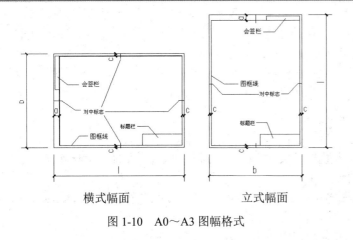

横式幅面　　　　　立式幅面

图1-10　A0～A3图幅格式

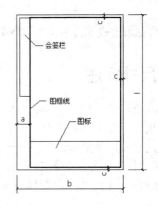

图1-11　A4立式图幅格式

3. 会签栏

会签栏是为各工种负责人审核后签名用的表格,包括专业、姓名、日期等内容,具体内容根据需要设置,如图1-13所示为其中一种格式。对于不需要会签的图样,可以不设此栏。

图1-12　图标格式

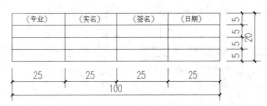

图1-13　会签栏格式

1.4.2　线型要求

室内设计图主要由各种线条构成,不同的线型表示不同的对象和不同的部位,代表着不同的含义。为了图面能够清晰、准确、美观地表达设计思想,工程实践中采用了一套常用的线型,并规定了其使用范围,常用线型如表1-2所示。在AutoCAD 2017中,可以通过图层中线型和线宽的设置来选定所需线型。

表1-2　常用线型

名　称		线　型	线　宽	适 用 范 围
实线	粗		b	建筑平面图、剖面图、构造详图的被剖切截面的轮廓线,建筑立面图、室内立面图外轮廓线,图框线
	中		$0.5b$	室内设计图中被剖切的次要构件的轮廓线、室内平面图、顶棚图、立面图、家具三视图中构配件的轮廓线等
	细		$\leqslant 0.25b$	尺寸线、图例线、索引符号、地面材料线及其他细部刻画用线
虚线	中		$0.5b$	主要用于构造详图中不可见的实物轮廓线
	细		$\leqslant 0.25b$	其他不可见的次要实物轮廓线
点划线	细		$\leqslant 0.25b$	轴线、构配件的中心线、对称线等
折断线	细		$\leqslant 0.25b$	画图样时的断开界线
波浪线	细		$\leqslant 0.25b$	构造层次的断开界线,有时也表示省略画出时的断开界线

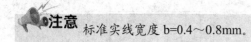
注意 标准实线宽度 b=0.4～0.8mm。

1.4.3 尺寸标注

在对室内设计图进行尺寸标注时，要注意以下原则。

（1）尺寸标注应力求准确、清晰、美观大方。同一张图样中，标注风格应保持一致。

（2）尺寸线应尽量标注在图样轮廓线以外，从内到外依次标注从小到大的尺寸，不能将大尺寸标注在内，而小尺寸标注在外，如图 1-14 所示。

（3）最内一道尺寸线与图样轮廓线之间的距离不应小于 10mm，两道尺寸线之间的距离一般为 7～10mm。

（4）尺寸界线朝向图样的端头距图样轮廓的距离应大于等于 2mm，不宜直接与之相连。

（5）在图线拥挤的地方，应合理安排尺寸线的位置，但不宜与图线、文字及符号相交；可以考虑将轮廓线用作尺寸界线，但不能作为尺寸线。

（6）对于连续相同的尺寸，可以采用"均分"或"（EQ）"字样代替，如图 1-15 所示。

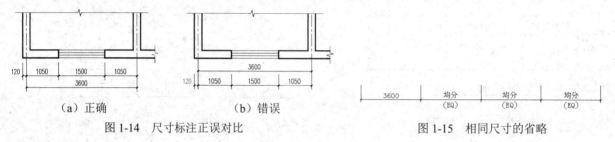

图 1-14　尺寸标注正误对比　　　　　　　图 1-15　相同尺寸的省略

1.4.4 文字说明

在一幅完整的图样中用图线方式表现得不充分和无法用图线表示的地方，就需要进行文字说明，例如，材料名称、构配件名称、构造做法、统计表及图名等。文字说明是图样内容的重要组成部分，制图规范对文字标注中的字体、字号以及字体字号搭配等方面作了一些具体规定。

（1）一般原则：字体端正，排列整齐，清晰准确，美观大方，避免过于个性化的文字标注。

（2）字体：一般标注推荐采用仿宋字，标题可用楷体、隶书、黑体等。常用的几种字体如下。

仿宋：室内设计（小四）室内设计（四号）室内设计（二号）

黑体：**室内设计（四号）室内设计（小二）**

楷体：室内设计（四号）室内设计（二号）

隶书：室内设计（三号）室内设计（一号）

字母、数字及符号：0123456789abcdefghijk% @

0123456789abcdefghijk%@

（3）字的大小：标注的文字高度要适中。同一类型的文字采用同一大小的字。较大的字用于较概括性的说明内容，较小的字用于较细致的说明内容。

（4）字体及大小的搭配注意体现层次感。

1.4.5　常用图示标志

1. 详图索引符号及详图符号

室内平、立、剖面图中，在需要另设详图表示的部位，标注一个索引符号，以表明该详图的位置，该索引符号就是详图索引符号。详图索引符号采用细实线绘制，圆圈直径为10mm。如图1-16所示，当详图就在本张图样时，采用图1-16（a）所示的形式；详图不在本张图样时，采用如图1-16（b）～图1-16（g）所示的形式；图1-16（d）～图1-16（h）用于索引剖面详图。

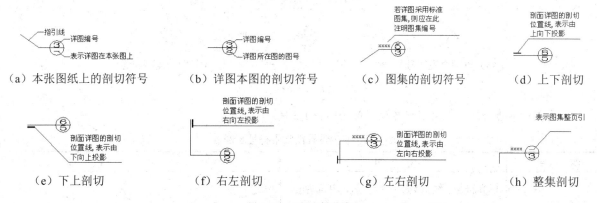

（a）本张图纸上的剖切符号　（b）详图本图的剖切符号　（c）图集的剖切符号　（d）上下剖切

（e）下上剖切　　　　（f）右左剖切　　　　（g）左右剖切　　　　（h）整集剖切

图1-16　详图索引符号

详图符号即详图的编号，用粗实线绘制，圆圈直径为14mm，如图1-17所示。

2. 引出线

由图样引出一条或多条线段指向文字说明，该线段称作引出线。引出线与水平方向的夹角一般采用0°、30°、45°、

（a）普通详图编号　（b）带索引详图编号

图1-17　详图符号

60°、90°，常见的引出线形式如图1-18所示。图1-18（a）～图1-18（d）为普通引出线，图1-18（e）～图1-18（h）为多层构造引出线。使用多层构造引出线时，应注意构造分层的顺序要与文字说明的分层顺序一致。文字说明可以放在引出线的端头处，如图1-18（a）～图1-18（h）所示，也可放在引出线水平段之上，如图1-18（i）所示。

3. 内视符号

在房屋建筑中，一个特定的室内空间领域由竖向分隔（隔断或墙体）来界定。因此，根据具体情况，就有可能绘制一个或多个立面图来表达隔断、墙体及家具、构配件的设计情况。内视符号标注在平面图中，包含视点位置、方向和编号3种信息，建立平面图和室内立面图之间的联系。内视符号的形式如图1-19所示。图中立面图编号可用英文字母或阿拉伯数字表示，黑色的箭头指向表示立面的方向；图1-19（a）为单向内视符号，图1-19（b）为双向内视符号，图1-19（c）为四向内视符号，A、B、C、D顺时针标注。

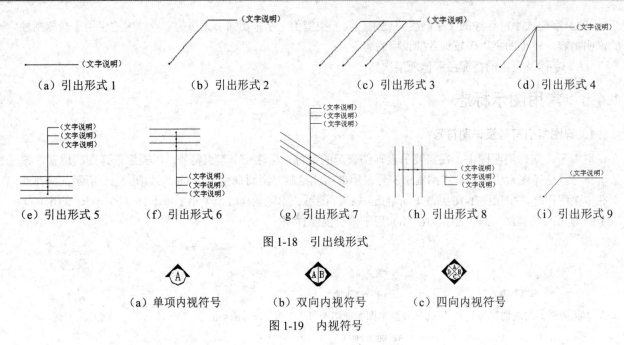

（a）引出形式 1　　　（b）引出形式 2　　　（c）引出形式 3　　　（d）引出形式 4

（e）引出形式 5　　　（f）引出形式 6　　　（g）引出形式 7　　　（h）引出形式 8　　　（i）引出形式 9

图 1-18　引出线形式

（a）单项内视符号　　　（b）双向内视符号　　　（c）四向内视符号

图 1-19　内视符号

为了方便读者查阅，其他常用符号及其意义如表 1-3 所示。

表 1-3　室内设计图常用符号图例

符　　号	说　　明	符　　号	说　　明
3.600 / 3.600	标高符号，线上数字为标高值，单位为 m，下面一种在标注位置比较拥挤时采用	i=5%	表示坡度
1　　　1	标注剖切位置的符号，标数字的方向为投影方向，"1"与剖面图的编号"3-1"对应	2　　　2	标注绘制断面图的位置，标数字的方向为投影方向，"2"与断面图的编号"3-2"对应
	对称符号。在对称图形的中轴位置绘制此符号，可以省略另一半图形		指北针
	楼板开方孔		楼板开圆孔
@	表示重复出现的固定间隔，例如，"双向木格栅@500"	Φ	表示直径，例如 Φ30
平面图 1:100	图名及比例	1 / 1:5	索引详图名及比例
	单扇平开门		旋转门
	双扇平开门		卷帘门
	子母门		单扇推拉门
	单扇弹簧门		双扇推拉门

续表

符 号	说 明	符 号	说 明
	四扇推拉门		折叠门
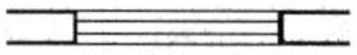	窗	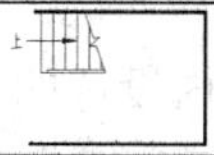	首层楼梯
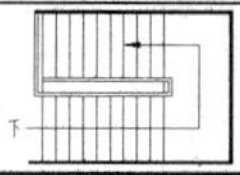	顶层楼梯	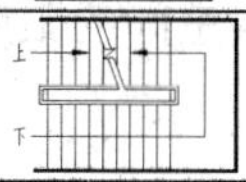	中间层楼梯

1.4.6 常用材料符号

室内设计图中经常应用材料图例来表示材料,在无法用图例表示的地方,也采用文字说明。常用的材料图例如表 1-4 所示。

表 1-4 常用材料图例

材 料 图 例	说 明	材 料 图 例	说 明
	自然土壤		夯实土壤
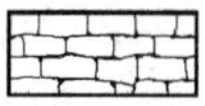	毛石砌体	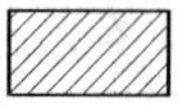	普通砖
	石材		砂、灰土
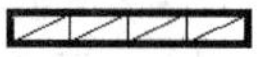	空心砖	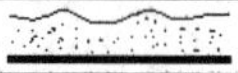	松散材料
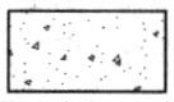	混凝土	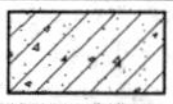	钢筋混凝土
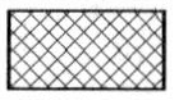	多孔材料	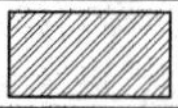	金属
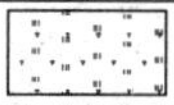	矿渣、炉渣	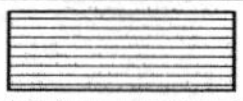	玻璃
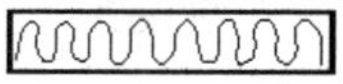	纤维材料		防水材料上下两种根据绘图比例大小选用
	木材	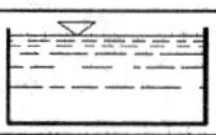	液体,须注明液体名称

1.4.7 常用绘图比例

下面列出常用绘图比例,读者可根据实际情况灵活使用。

(1)平面图:1:50、1:100 等。

(2)立面图:1:20、1:30、1:50、1:100 等。

(3)顶棚图:1:50、1:100 等。

(4)构造详图:1:1、1:2、1:5、1:10、1:20 等。

1.5 室内设计方法

室内设计的目的是美化室内环境,这是无可置疑的,但如何达到美化的目的,有不同的方法。

1．现代室内设计方法

该方法即是在满足功能要求的情况下，利用材料、色彩、质感、光影等有序的布置创造美。

2．空间分割方法

组织和划分平面与空间，这是室内设计的一个主要方法。利用该设计方法，巧妙地布置平面和利用空间，有时可以突破原有的建筑平面、空间的限制，满足室内需要。在另一种情况下，设计又能使室内空间流通、平面灵活多变。

3．民族特色方法

在表达民族特色方面，应采用设计方法，使室内充满民族韵味，而不是民族符号、语言的堆砌。

4．其他设计方法

突出主题、人流导向、制造气氛等都是室内设计的方法。

室内设计人员往往首先拿到的是一个建筑的外壳，这个外壳或许是新建的，或许是老建筑，也或许是旧建筑，设计的魅力就在于在原有建筑的各种限制下提供最理想的方案。下面将列举一些公共空间和住宅室内装潢效果图，供在室内装潢设计中学习参考和借鉴。

注意 "他山之石，可以攻玉。"多观察、多交流有助于提高设计水平和鉴赏能力。

第 **2** 章

AutoCAD 2017 入门

本章将学习 AutoCAD 2017 绘图的基本知识。了解如何设置图形的系统参数、样板图，熟悉创建新的图形文件、打开已有文件的方法等，为进入系统学习准备必要的知识。

2.1 操作环境简介

操作环境是指和本软件相关的操作界面、绘图系统设置等一些涉及软件的最基本的界面和参数。本节将进行简要介绍。

【预习重点】

☑ 熟悉软件界面。

☑ 观察光标大小与绘图区颜色。

2.1.1 操作界面

AutoCAD 操作界面是用于显示、编辑图形的区域，一个完整的 AutoCAD 操作界面如图 2-1 所示，包括标题栏、菜单栏、工具栏、快速访问工具栏、绘图区、坐标系、命令行窗口、状态栏、布局标签、滚动条等。

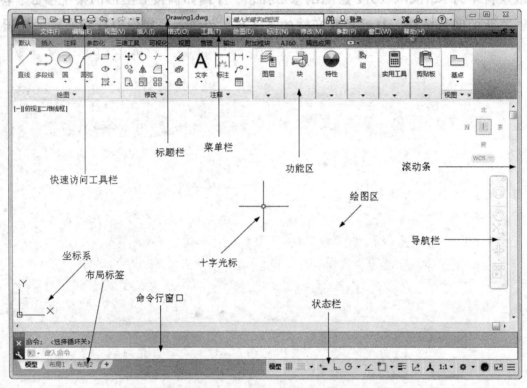

图 2-1 AutoCAD 2017 中文版操作界面

1. 标题栏

在 AutoCAD 2017 中文版操作界面的最上端是标题栏。在标题栏中，显示了系统当前正在运行的应用程序（AutoCAD 2017）和用户正在使用的图形文件。在第一次启动 AutoCAD 2017 时，在标题栏中将显示 AutoCAD 2017 在启动时创建并打开的图形文件的名称 Drawing1.dwg，如图 2-1 所示。

📢 提示

需要将 AutoCAD 的工作空间切换到"草图与注释"模式下（单击操作界面右下角的"切换工作空间"按钮，在打开的菜单中选择"草图与注释"命令），才能显示如图 2-1 所示的操作界面。本书中的所有操作均在"草图与注释"模式下进行。

📢 注意　安装 AutoCAD 2017 后，默认的界面如图 2-2 所示，在绘图区中右击，打开快捷菜单，如图 2-3 所示，选择"选项"命令，打开"选项"对话框，选择"显示"选项卡，在"窗口元素"选项组的"配色方案"下拉列表框中设置为"明"，如图 2-4 所示，单击"确定"按钮，退出对话框，其操作界面如图 2-1 所示。

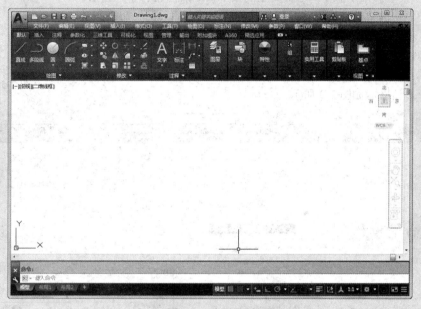

图 2-2　默认界面

图 2-3　快捷菜单

图 2-4　"选项"对话框

2．菜单栏

单击快速访问工具栏右侧的 ▼，在下拉菜单中选取"显示菜单栏"选项，如图 2-5 所示，调出后的菜单栏如图 2-6 所示，AutoCAD 标题栏的下方即是菜单栏，同其他 Windows 程序一样，AutoCAD 的菜单也是下拉形式的，并在菜单中包含子菜单。AutoCAD 的菜单栏中包含 12 个菜单："文件"、"编辑"、"视图"、"插入"、"格式"、"工具"、"绘图"、"标注"、"修改"、"参数"、"窗口"和"帮助"，这些菜单几乎包含了 AutoCAD 的所有绘图命令，后面的章节将对这些菜单功能作详细的讲解。一般来讲，AutoCAD 下拉菜单中的命令有以下 3 种。

（1）带有子菜单的菜单命令。这种类型的菜单命令后面带有小三角形。例如，选择菜单栏中的"绘图"命令，指向其下拉菜单中的"圆"命令，系统就会进一步显示出"圆"子菜单中所包含的命令，如图 2-7 所示。

（2）打开对话框的菜单命令。这种类型的命令后面带有省略号。例如，选择菜单栏中的"格式"→"表格样式"命令，如图 2-8 所示，系统就会打开"表格样式"对话框，如图 2-9 所示。

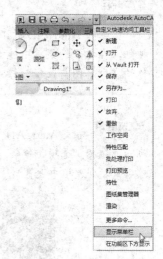

图 2-5　调出菜单栏

图 2-6　菜单栏显示界面

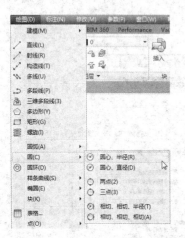  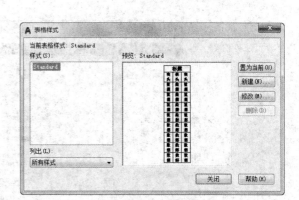

图 2-7　带有子菜单的菜单命令　　图 2-8　打开对话框的菜单命令　　图 2-9　"表格样式"对话框

（3）直接执行操作的菜单命令。这种类型的命令后面既不带小三角形，也不带省略号，选择该命令将直接进行相应的操作。例如，选择菜单栏中的"视图"→"重画"命令，系统将刷新显示所有视口。

3．工具栏

工具栏是一组按钮工具的集合，选择菜单栏中的"工具"→"工具栏"→AutoCAD 命令，调出所需要的工具栏，把光标移动到某个图标，稍停片刻即在该图标一侧显示相应的工具提示，此时，单击图标也可以启动相应命令。

（1）设置工具栏。AutoCAD 2017 提供了几十种工具栏，选择菜单栏中的"工具"→"工具栏"→AutoCAD 命令，选择所需要的工具栏，如图 2-10 所示。单击某一个未在界面显示的工具栏名，系统自动在界面中打开该工具栏；反之，关闭工具栏。

（2）工具栏的固定、浮动与打开。工具栏可以在绘图区浮动显示，如图 2-11 所示，此时显示该工具栏标题，并可关闭该工具栏，可以拖动浮动工具栏到绘图区边界，使其变为固定工具栏，此时该工具栏标题隐藏。也可以把固定工具栏拖出，使其成为浮动工具栏。

图 2-10　调出工具栏

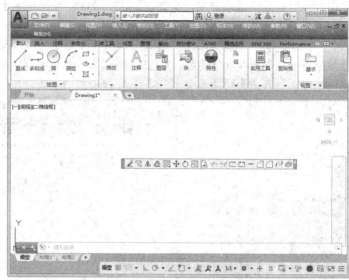

图 2-11　浮动工具栏

某些工具栏按钮的右下角带有一个小三角，单击会打开相应的工具栏，将光标移动到某一按钮上并单击，该按钮就变为当前显示的按钮。单击当前显示的按钮，即可执行相应的命令，如图 2-12 所示。

4．快速访问工具栏和交互信息工具栏

（1）快速访问工具栏。该工具栏包括"新建"、"打开"、"保存"、"另存为"、"放弃"、"重做"和"打印" 7 个最常用的工具按钮。用户也可以单击此工具栏后面的小三角下拉按钮选择需要的常用工具。

（2）交互信息工具栏。该工具栏包括"搜索"、Autodesk A360、"Autodesk Exchange 应用程序"、"保持连接"和"帮助"几个常用的数据交互访问工具按钮。

5．功能区

在默认情况下，功能区包括"默认"、"插入"、"注释"、"参数化"、"视图"、"管理"、"输出"、"附加模块"、A 360 以及"精选应用"选项卡，如图 2-13 所示（所有的选项卡显示面板如图 2-14 所示）。每个选项卡集成了相关的操作工具，方便了用户的使用。用户可以单击功能区选项后面的 按钮控制功能的展开与收缩。

图 2-12　打开工具栏　　　　　　　图 2-13　默认情况下出现的选项卡

图 2-14　所有选项卡

（1）设置选项卡。将光标放在面板中任意位置处并右击，打开如图 2-15 所示的快捷菜单。单击某一个未在功能区显示的选项卡名，系统自动在功能区打开该选项卡。反之，关闭选项卡（调出面板的方法与调出选项板的方法类似，这里不再赘述）。

（2）选项卡中面板的固定与浮动。面板可以在绘图区浮动，如图 2-16 所示，将光标放到浮动面板的右上角位置处，显示"将面板返回到功能区"，如图 2-17 所示。单击此处，使其变为固定面板。也可以把固定面板拖出，使其成为浮动面板。

图 2-15　快捷菜单

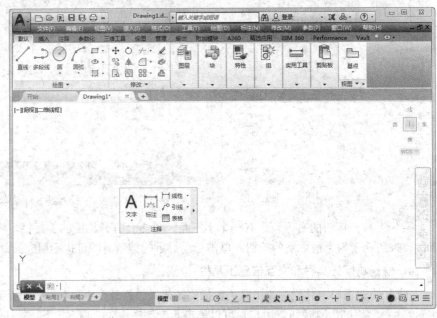

图 2-16　浮动面板

图 2-17　将面板返回到功能区

【执行方式】

☑　命令行：RIBBON（或 RIBBONCLOSE）。

☑　菜单栏：选择菜单栏中的"工具"→"选项板"→"功能区"命令。

6. 绘图区

绘图区是指在功能区下方的大片空白区域，绘图区是用户使用 AutoCAD 绘制图形的区域，用户要完成一幅设计图形，其主要工作都是在绘图区中完成。

7．坐标系图标

在绘图区的左下角有一个箭头指向的图标，称之为坐标系图标，表示用户绘图时正使用的坐标系样式。坐标系图标的作用是为点的坐标确定一个参照系。根据工作需要，用户可以选择将其关闭，其方法是选择菜单栏中的"视图"→"显示"→"UCS 图标"→"开"命令，如图 2-18 所示。

8．命令行窗口

命令行窗口是输入命令名和显示命令提示的区域，默认命令行窗口布置在绘图区下方，由若干文本行构成。对命令行窗口，有以下几点需要说明。

（1）移动拆分条，可以扩大和缩小命令行窗口。

（2）可以拖动命令行窗口，布置在绘图区的其他位置。默认情况下在图形区的下方。

（3）对当前命令行窗口中输入的内容，可以按 F2 键用文本编辑的方法进行编辑，如图 2-19 所示。AutoCAD 文本窗口和命令行窗口相似，可以显示当前 AutoCAD 进程中命令的输入和执行过程。在执行 AutoCAD 的某些命令时，会自动切换到文本窗口，列出有关信息。

图 2-18　"视图"菜单

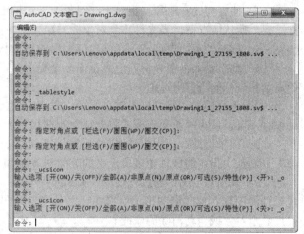

图 2-19　文本窗口

（4）AutoCAD 通过命令行窗口反馈各种信息，也包括出错信息，因此，用户要时刻关注命令行窗口中出现的信息。

9．状态栏

状态栏在屏幕的底部，依次有"坐标"、"模型空间"、"栅格"、"捕捉模式"、"推断约束"、"动态输入"、"正交模式"、"极轴追踪"、"等轴测草图"、"对象捕捉追踪"、"二维对象捕捉"、"线宽"、"透明度"、"选择循环"、"三维对象捕捉"、"动态 UCS"、"选择过滤"、"小控件"、"注释可见性"、"自动缩放"、"注释比例"、"切换工作空间"、"注释监视器"、"单位"、"快捷特性"、"锁定用户界面"、"隔离对象"、"硬件加速"、"全屏显示"和"自定义"30 个功能按钮。单击部分开关按钮，可以实现这些功能的开关。通过部分按钮也可以控制图形或绘图区的状态。

注意 默认情况下，不会显示所有工具，可以通过状态栏上最右侧的按钮，选择要从"自定义"菜单显示的工具。状态栏上显示的工具可能会发生变化，具体取决于当前的工作空间以及当前显示的是"模型"选项卡还是"布局"选项卡。

下面对部分状态栏上的按钮做简单介绍，如图 2-20 所示。

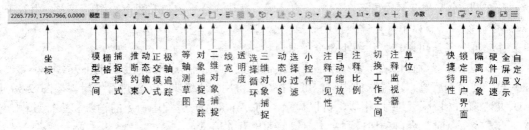

图 2-20　状态栏

（1）坐标：显示工作区鼠标放置点的坐标。

（2）模型空间：在模型空间与布局空间之间进行转换。

（3）栅格：栅格是覆盖整个坐标系（UCS）XY 平面的直线或点组成的矩形图案。使用栅格类似于在图形下放置一张坐标纸。利用栅格可以对齐对象并直观显示对象之间的距离。

（4）捕捉模式：对象捕捉对于在对象上指定精确位置非常重要。不论何时提示输入点，都可以指定对象捕捉。默认情况下，当光标移到对象的对象捕捉位置时，将显示标记和工具提示。

（5）推断约束：自动在正在创建或编辑的对象与对象捕捉的关联对象或点之间应用约束。

（6）动态输入：在光标附近显示出一个提示框（称之为"工具提示"），工具提示中显示出对应的命令提示和光标的当前坐标值。

（7）正交模式：将光标限制在水平或垂直方向上移动，以便于精确地创建和修改对象。当创建或移动对象时，可以使用"正交"模式将光标限制在相对于用户坐标系（UCS）的水平或垂直方向上。

（8）极轴追踪：使用极轴追踪，光标将按指定角度进行移动。创建或修改对象时，可以使用"极轴追踪"来显示由指定的极轴角度所定义的临时对齐路径。

（9）等轴测草图：通过设定"等轴测捕捉/栅格"，可以很容易地沿 3 个等轴测平面之一对齐对象。尽管等轴测图形看似三维图形，但它实际上是由二维图形表示。因此不能期望提取三维距离和面积、从不同视点显示对象或自动消除隐藏线。

（10）对象捕捉追踪：使用对象捕捉追踪，可以沿着基于对象捕捉点的对齐路径进行追踪。已获取的点将显示一个小加号（+），一次最多可以获取 7 个追踪点。获取点之后，在绘图路径上移动光标，将显示相对于获取点的水平、垂直或极轴对齐路径。例如，可以基于对象端点、中点或者对象的交点，沿着某个路径选择一点。

（11）二维对象捕捉：使用执行对象捕捉设置（也称为"对象捕捉"），可以在对象上的精确位置指定捕捉点。选择多个选项后，将应用选定的捕捉模式，以返回距离靶框中心最近的点。按 Tab 键以在这些选项之间循环。

（12）线宽：分别显示对象所在图层中设置的不同宽度，而不是统一线宽。

（13）透明度：使用该命令，调整绘图对象显示的明暗程度。

（14）选择循环：当一个对象与其他对象彼此接近或重叠时，准确地选择某一个对象是很困难的，使用选择循环的命令，单击鼠标左键，弹出"选择集"列表框，里面列出了鼠标单击点周围的图形，然后在列表中选择所需的对象。

（15）三维对象捕捉：三维中的对象捕捉与在二维中工作的方式类似，不同之处在于在三维中可以投影对象捕捉。

（16）动态 UCS：在创建对象时使 UCS 的 XY 平面自动与实体模型上的平面临时对齐。

（17）选择过滤：根据对象特性或对象类型对选择集进行过滤。当按下图标后，只选择满足指定条件的对象，其他对象将被排除在选择集之外。

（18）小控件：帮助用户沿三维轴或平面移动、旋转或缩放一组对象。

（19）注释可见性：当图标亮显时表示显示所有比例的注释性对象；当图标变暗时表示仅显示当前比例的注释性对象。

（20）自动缩放：注释比例更改时，自动将比例添加到注释对象。

（21）注释比例：单击注释比例右下角小三角符号弹出注释比例列表，如图 2-21 所示，可以根据需要选择适当的注释比例。

（22）切换工作空间：进行工作空间转换。

（23）注释监视器：打开仅用于所有事件或模型文档事件的注释监视器。

（24）单位：指定线性和角度单位的格式和小数位数。

（25）快捷特性：控制快捷特性面板的使用与禁用。

（26）锁定用户界面：按下该按钮，锁定工具栏、面板和可固定窗口的位置和大小。

（27）隔离对象：当选择隔离对象时，在当前视图中显示选定对象。所有其他对象都暂时隐藏；当选择隐藏对象时，在当前视图中暂时隐藏选定对象。所有其他对象都可见。

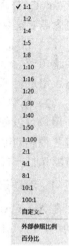

图 2-21　注释比例

（28）硬件加速：设定图形卡的驱动程序以及设置硬件加速的选项。

（29）全屏显示：该选项可以清除 Windows 窗口中的标题栏、功能区和选项板等界面元素，使 AutoCAD 的绘图窗口全屏显示，如图 2-22 所示。

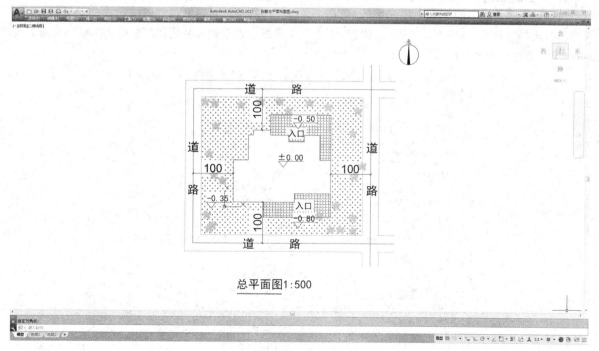

图 2-22　全屏显示

（30）自定义：状态栏可以提供重要信息，而无须中断工作流。使用 MODEMACRO 系统变量可将应用程序所能识别的大多数数据显示在状态栏中。使用该系统变量的计算、判断和编辑功能可以完全按照用户的要求构造状态栏。

10．布局标签

AutoCAD 系统默认设定一个"模型"空间和"布局 1""布局 2"两个图样空间布局标签。在这里有两个概念需要解释一下。

（1）布局。布局是系统为绘图设置的一种环境，包括图样大小、尺寸单位、角度设定、数值精确度等，在系统预设的 3 个标签中，这些环境变量都按默认设置。用户根据实际需要改变这些变量的值，在此暂且从略。用户也可以根据需要设置符合自己要求的新标签。

（2）模型。AutoCAD 的空间分模型空间和图样空间两种。模型空间是通常绘图的环境，而在图样空间中，用户可以创建浮动视口区域，以不同视图显示所绘图形。用户可以在图样空间中调整浮动视口并决定所包含视图的缩放比例。如果用户选择图样空间，可打印多个视图，也可以打印任意布局的视图。AutoCAD 系统默认打开模型空间，用户可以通过单击操作界面下方的布局标签选择需要的布局。

11．滚动条

在 AutoCAD 的绘图区下方和右侧还提供了用来浏览图形的水平和竖直方向的滚动条。拖动滚动条中的滚动块，可以在绘图区按水平或竖直两个方向浏览图形。

【操作实践——设置十字光标大小】

在绘图区中，有一个作用类似光标的十字线，其交点坐标反映了光标在当前坐标系中的位置。在 AutoCAD 中，将该十字线称为光标，AutoCAD 通过光标坐标值显示当前点的位置。十字线的方向与当前用户坐标系的 X、Y 轴方向平行，十字线的长度系统预设为绘图区大小的 5%。

用户可以根据绘图的实际需要修改光标的长度，修改光标长度的方法如下。

（1）选择菜单栏中的"工具"→"选项"命令，打开"选项"对话框。

（2）选择"显示"选项卡，在"十字光标大小"文本框中直接输入数值，或拖动文本框后面的滑块，即可对十字光标的大小进行调整，如图 2-23 所示。

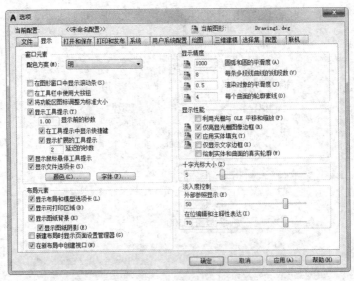

图 2-23　"显示"选项卡

此外，还可以通过设置系统变量 CURSORSIZE 的值修改其大小，命令行提示与操作如下：

命令：CURSORSIZE↙
输入 CURSORSIZE 的新值 <5>: 5

在提示下输入新值即可修改光标大小，默认值为 5%。

2.1.2　绘图系统

每台计算机所使用的显示器、输入设备和输出设备的类型不同，用户喜好的风格及计算机的目录设置也不同。一般来讲，使用 AutoCAD 2017 的默认配置就可以绘图，但为了使用用户的定点设备或打印机，以及提高绘图的效率，推荐用户在开始绘图前先进行必要的配置。

【执行方式】

☑　命令行：PREFERENCES。

☑　菜单栏：选择菜单栏中的"工具"→"选项"命令。

☑　快捷菜单：在绘图区右击，系统打开快捷菜单，如图 2-24 所示，选择"选项"命令。

【操作实践——设置绘图区的颜色】

在默认情况下，AutoCAD 的绘图区是黑色背景、白色线条，这不符合大多数用户的习惯，因此修改绘图区颜色是大多数用户都要进行的操作。修改绘图区颜色的方法如下。

（1）选择菜单栏中的"工具"→"选项"命令，打开"选项"对话框，选择"显示"选项卡，再单击"窗口元素"选项组中的"颜色"按钮，打开如图 2-25 所示的"图形窗口颜色"对话框。

图 2-24　快捷菜单

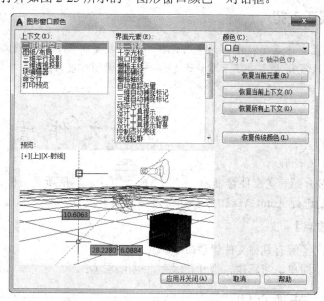

图 2-25　"图形窗口颜色"对话框

（2）在"颜色"下拉列表框中选择需要的窗口颜色，然后单击"应用并关闭"按钮，此时 AutoCAD 的绘图区就变换了背景色，通常按视觉习惯选择白色为窗口颜色。

【选项说明】

执行上述命令后，系统打开"选项"对话框。用户可以在该对话框中设置有关选项，对绘图系统进行配置。下面就其中主要的两个选项卡进行说明，其他配置选项，在后面用到时再做具体说明。

（1）系统配置。"选项"对话框中的第 5 个选项卡为"系统"选项卡，如图 2-26 所示。该选项卡用来设置 AutoCAD 系统的有关特性。其中，"常规选项"选项组确定是否选择系统配置的相关基本选项。

（2）显示配置。"选项"对话框中的第 2 个选项卡为"显示"选项卡，该选项卡用于控制 AutoCAD 系统的外观，如图 2-27 所示。该选项卡用于设定滚动条显示与否、界面菜单显示与否、绘图区颜色、光标大小、AutoCAD 的版面布局设置、各实体的显示精度等。

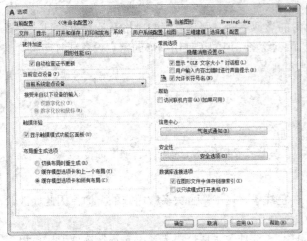
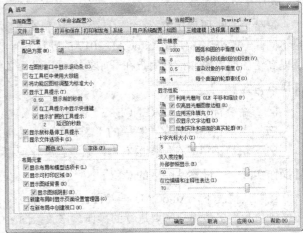

图 2-26　"系统"选项卡　　　　　　　　　　图 2-27　"显示"选项卡

高手支招

设置实体显示精度时请务必记住，显示质量越高，即精度越高，计算机计算的时间越长，建议不要将精度设置得太高，显示质量设定在一个合理的程度即可。

2.2　文 件 管 理

本节介绍有关文件管理的一些基本操作方法，包括新建文件、打开已有文件、保存文件、删除文件等，这些都是进行 AutoCAD 2017 操作最基础的知识。

【预习重点】

☑　了解有几种文件管理命令。
☑　简单练习新建、打开、保存、退出等方法。

2.2.1　新建文件

【执行方式】

☑　命令行：NEW。
☑　菜单栏：选择菜单栏中的"文件"→"新建"命令。
☑　工具栏：单击"标准"工具栏中的"新建"按钮□。

☑　快捷键：Ctrl+N。

【操作实践——快速创建图形设置】

要想运行快速创建图形功能，必须首先进行如下设置。

（1）在命令行中输入"FILEDIA"命令，设置系统变量为 1；在命令行中输入"STARTUP"命令，设置系统变量为 0。

（2）选择菜单栏中的"工具"→"选项"命令，在弹出的"选项"对话框中选择默认图形样板文件。具体方法是：在"文件"选项卡中，单击"样板设置"前面的"+"，在展开的选项列表中选择"快速新建的默认样板文件名"选项，如图 2-28 所示。单击"浏览"按钮，打开"选择文件"对话框，然后选择需要的样板文件即可。

图 2-28　"文件"选项卡

2.2.2　打开文件

【执行方式】

☑　命令行：OPEN。
☑　菜单栏：选择菜单栏中的"文件"→"打开"命令。
☑　工具栏：单击"标准"工具栏中的"打开"按钮📂。
☑　快捷键：Ctrl+O。

【操作步骤】

执行上述命令后，打开"选择文件"对话框，如图 2-29 所示，在"文件类型"下拉列表框中用户可选择.dwg、.dwt、.dxf 和.dws 文件。.dws 文件是包含标准图层、标注样式、线型和文字样式的样板文件；.dxf 文件是用文本形式存储的图形文件，能够被其他程序读取，许多第三方应用软件都支持.dxf 格式。

🎓 **高手支招**

有时在打开.dwg 文件时，系统会打开一个信息提示对话框，提示用户图形文件不能打开，在这种情况下先退出打开操作，然后选择菜单栏中的"文件"→"图形实用工具"→"修复"命令，或在命令行中输入"RECOVER"，接着在"选择文件"对话框中输入要恢复的文件，确认后系统开始执行恢复文件操作。

图 2-29 "选择文件"对话框

2.2.3 保存文件

【执行方式】

☑ 命令行：QSAVE（或 SAVE）。

☑ 菜单栏：选择菜单栏中的"文件"→"保存"命令。

☑ 工具栏：单击"标准"工具栏中的"保存"按钮 ■。

☑ 快捷键：Ctrl+S。

【操作步骤】

执行上述命令后，若文件已命名，则系统自动保存文件，若文件未命名（即为默认名 Drawing1.dwg），则系统打开"图形另存为"对话框，如图 2-30 所示，用户可以重新命名保存。在"保存于"下拉列表框中指定保存文件的路径，在"文件类型"下拉列表框中指定保存文件的类型。

图 2-30 "图形另存为"对话框

【操作实践——自动保存设置】

为了防止因意外操作或计算机系统故障导致正在绘制的图形文件丢失，可以对当前图形文件设置自动保存，其操作方法如下。

（1）在命令行中输入"SAVEFILEPATH"命令，设置所有自动保存文件的位置，如"D:\HU\"。

（2）在命令行中输入"SAVEFILE"命令，设置自动保存文件名。该系统变量存储的文件是只读文件，用户可以从中查询自动保存的文件名。

（3）在命令行中输入"SAVETIME"命令，指定在使用自动保存时，多长时间保存一次图形，单位是"分"。

2.2.4　另存为

【执行方式】

☑　命令行：SAVEAS。

☑　菜单栏：选择菜单栏中的"文件"→"另存为"命令。

【操作步骤】

执行上述命令后，打开"图形另存为"对话框，如图 2-30 所示，系统用新的文件名保存，并为当前图形更名。

🎓 高手支招

系统打开"选择样板"对话框，在"文件类型"下拉列表框中有 4 种格式的图形样板，扩展名分别是 .dwt、.dwg、.dws 和 .dxf。

2.2.5　退出

【执行方式】

☑　命令行：QUIT 或 EXIT。

☑　菜单栏：选择菜单栏中的"文件"→"关闭"命令。

☑　按钮：单击 AutoCAD 操作界面右上角的"关闭"按钮❌。

【操作步骤】

执行上述命令后，若用户对图形所做的修改尚未保存，则会打开如图 2-31 所示的系统警告对话框。单击"是"按钮，系统将保存文件，然后退出；单击"否"按钮，系统将不保存文件。若用户对图形所做的修改已经保存，则直接退出。

图 2-31　系统警告对话框

2.3　基本绘图参数

绘制一幅图形时，需要设置一些基本参数，如图形单位、图幅界限等，下面简要进行介绍。

【预习重点】

☑　了解基本参数概念。

☑　熟悉参数设置命令使用方法。

2.3.1 设置图形单位

【执行方式】

☑ 命令行：DDUNITS（或 UNITS，快捷命令：UN）。

☑ 菜单栏：选择菜单栏中的"格式"→"单位"命令。

【操作步骤】

执行上述命令后，系统打开"图形单位"对话框，如图 2-32 所示，该对话框用于定义长度和角度格式。

【选项说明】

（1）"长度"与"角度"选项组：指定测量的长度与角度、当前单位及精度。

（2）"插入时的缩放单位"选项组：控制插入到当前图形中的块和图形的测量单位。如果块或图形创建时使用的单位与该选项指定的单位不同，则在插入这些块或图形时，将对其按比例进行缩放。插入比例是原块或图形使用的单位与目标图形使用的单位之比。如果插入块时不按指定单位缩放，则在其下拉列表框中选择"无单位"选项。

（3）"输出样例"选项组：显示用当前单位和角度设置的例子。

（4）"光源"选项组：控制当前图形中光度控制光源的强度测量单位。为创建和使用光度控制光源，必须从下拉列表框中指定非"常规"的单位。如果"插入比例"设置为"无单位"，则将显示警告信息，通知用户渲染输出可能不正确。

（5）"方向"按钮：单击该按钮，系统打开"方向控制"对话框，如图 2-33 所示，可进行方向控制设置。

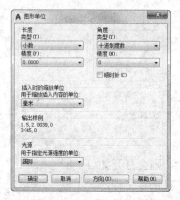

图 2-32　"图形单位"对话框　　　　图 2-33　"方向控制"对话框

2.3.2 设置图形界限

【执行方式】

☑ 命令行：LIMITS。

☑ 菜单栏：选择菜单栏中的"格式"→"图形界限"命令。

【操作步骤】

命令: LIMITS↙

重新设置模型空间界限:

指定左下角点或 [开(ON)/关(OFF)] <0.0000,0.0000>:（输入图形边界左下角的坐标后按 Enter 键）

指定右上角点 <12.0000,90000>:（输入图形边界右上角的坐标后按 Enter 键）

【选项说明】

（1）开(ON)：使图形界限有效。系统在图形界限以外拾取的点将视为无效。

（2）关(OFF)：使图形界限无效。用户可以在图形界限以外拾取
点或实体。

（3）动态输入角点坐标：可以直接在绘图区的动态文本框中输
入角点坐标，输入了横坐标值后，按","键，接着输入纵坐标值，如
图 2-34 所示；也可以在光标位置直接单击，确定角点位置。

图 2-34　动态输入

🪛 **举一反三**

> 在命令行中输入坐标时，请检查此时的输入法是否是英文输入。如果是中文输入法，例如，输入"150,
> 20"，则由于逗号","的原因，系统会认定该坐标输入无效。这时，只需将输入法改为英文即可。

2.4　基本输入操作

【预习重点】

☑　了解基本输入方法。

2.4.1　命令输入方式

AutoCAD 交互绘图必须输入必要的指令和参数。有多种 AutoCAD 命令输入方式，下面以绘制直线为例，
介绍命令输入方式。

（1）在命令行中输入命令名。命令字符可不区分大小写，例如，命令 LINE。执行命令时，在命令行
提示中经常会出现命令选项。在命令行中输入绘制直线命令"LINE"后，命令行提示与操作如下：

```
命令: LINE↙
指定第一个点:（在绘图区指定一点或输入一个点的坐标）
指定下一点或 [放弃(U)]:
```

命令行中不带括号的提示为默认选项（如上面的"指定下一点或"），因此可以直接输入直线段的起点坐
标或在绘图区指定一点，如果要选择其他选项，则应该首先输入该选项的标识字符，如"放弃"选项的标识
字符 U，然后按系统提示输入数据即可。在命令选项的后面有时还带有尖括号，尖括号内的数值为默认数值。

（2）在命令行中输入命令缩写字，例如 L（LINE）、C（CIRCLE）、A（ARC）、Z（ZOOM）、R（REDRAW）、
M（MOVE）、CO（COPY）、PL（PLINE）、E（ERASE）等。

（3）选择"绘图"菜单栏中对应的命令，在命令行窗口中可以
看到对应的命令说明及命令名。

（4）单击"绘图"工具栏中对应的按钮，在命令行窗口中也可
以看到对应的命令说明及命令名。

（5）在命令行打开快捷菜单。如果在前面刚使用过要输入的命
令，可以在绘图区域右击，打开快捷菜单，在"最近的输入"子菜单
中选择需要的命令，如图 2-35 所示。"最近的输入"子菜单中存储最

图 2-35　命令行快捷菜单

近使用的几个命令，如果有经常重复使用的命令，这种方法就比较简捷。

（6）在绘图区右击。如果用户要重复使用上次使用的命令，可以直接在绘图区右击，系统立即重复执行上次使用的命令，这种方法适用于重复执行某个命令。

2.4.2　命令的重复、撤销、重做

1. 命令的重复

按 Enter 键，可重复调用上一个命令，不管上一个命令是完成了还是被取消了。

2. 命令的撤销

在命令执行的任何时刻都可以取消和终止命令的执行。

【执行方式】

☑　命令行：UNDO。

☑　菜单栏：选择菜单栏中的"编辑"→"放弃"命令。

☑　快捷键：Esc。

3. 命令的重做

已被撤销的命令要恢复重做，可以恢复撤销的最后一个命令。

【执行方式】

☑　命令行：REDO。

☑　菜单栏：选择菜单栏中的"编辑"→"重做"命令。

☑　快捷键：Ctrl+Y。

AutoCAD 2017 可以一次执行多重放弃和重做操作。单击快速访问工具栏中的"放弃"按钮◁或"重做"按钮▷后面的小三角，可以选择要放弃或重做的操作，如图 2-36 所示。

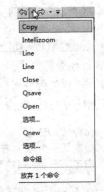

图 2-36　多重放弃选项

2.4.3　数据输入法

在 AutoCAD 2017 中，点的坐标可以用直角坐标、极坐标、球面坐标和柱面坐标表示，每一种坐标又分别具有两种坐标输入方式：绝对坐标和相对坐标。其中，直角坐标和极坐标最为常用，具体输入方法如下。

1. 直角坐标法

用点的 X、Y 坐标值表示的坐标。在命令行中输入点的坐标"15,18"，则表示输入了一个 X、Y 的坐标值分别为 15、18 的点，此为绝对坐标输入方式，表示该点的坐标是相对于当前坐标原点的坐标值，如图 2-37（a）所示。如果输入"@10,20"，则为相对坐标输入方式，表示该点的坐标是相对于前一点的坐标值，如图 2-37（b）所示。

2. 极坐标法

用长度和角度表示的坐标，只能用来表示二维点的坐标。

在绝对坐标输入方式下，表示为"长度<角度"，例如"25<50"，其中长度表示该点到坐标原点的距离，角度表示该点到原点的连线与 X 轴正向的夹角，如图 2-37（c）所示。

在相对坐标输入方式下，表示为"@长度<角度"，例如"@25<45"，其中长度为该点到前一点的距离，

角度为该点至前一点的连线与 X 轴正向的夹角，如图 2-37（d）所示。

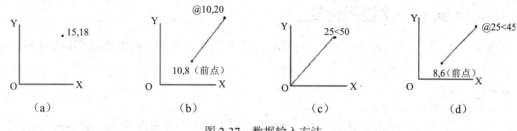

图 2-37　数据输入方法

3．动态数据输入

单击状态栏中的"动态输入"按钮 ，使其处于按下状态，系统打开动态输入功能，可以在绘图区动态地输入某些参数数据。例如，绘制直线时，在光标附近会动态地显示"指定第一个角点或"以及后面的坐标框。当前坐标框中显示的是目前光标所在位置，可以输入数据，两个数据之间以逗号隔开，如图 2-38 所示。指定第一点后，系统动态显示直线的角度，同时要求输入线段长度值，如图 2-39 所示，其输入效果与"@长度<角度"方式相同。

图 2-38　动态输入坐标值　　　　　图 2-39　动态输入长度值

下面分别介绍点与距离值的输入方法。

（1）点的输入

在绘图过程中，常需要输入点的位置，AutoCAD 提供了如下几种输入点的方式。

① 用键盘直接在命令行输入点的坐标。直角坐标有两种输入方式：x,y（点的绝对坐标值，如"100, 50"）和@ x,y（相对于上一点的相对坐标值，如"@50,-30"）。

极坐标的输入方式为"长度<角度"（其中，长度为点到坐标原点的距离，角度为原点至该点连线与 X 轴的正向夹角，如"20<45"）或"@长度<角度"（相对于上一点的相对极坐标，如"@50<-30"）。

② 用鼠标等定标设备移动光标，在绘图区单击直接取点。

③ 用目标捕捉方式捕捉绘图区已有图形的特殊点（如端点、中点、中心点、插入点、交点、切点、垂足等）。

④ 直接输入距离。先拖动出直线以确定方向，然后用键盘输入距离，这样有利于准确控制对象的长度。

（2）距离值的输入

在 AutoCAD 命令中，有时需要提供高度、宽度、半径、长度等表示距离的值。AutoCAD 系统提供了两种输入距离值的方式：一种是用键盘在命令行中直接输入数值；另一种是在绘图区选择两点，以两点的距离值确定出所需数值。

【操作实践——绘制线段】

绘制如图 2-40 所示的线段。

单击"绘图"工具栏中的"直线"按钮 ，绘制一条 10mm 长的线段。

这时在绘图区移动光标指明线段的方向，但不要单击，然后在命令行中输入"10"，

图 2-40　绘制线段

这样就在指定方向上准确地绘制了一条长度为 10mm 的线段。

2.4.4 综合演练——样板图设置

本实例绘制的样板图如图 2-41 所示。在前面学习的基础上，本实例主要讲解样板图的图形单位、图形界限以及保存等知识。

☆ 手把手教你学

绘制的大体顺序是先打开.dwg 格式的图形文件，设置图形单位与图形界限，最后将设置好的文件保存成.dwt 格式的样板图文件。绘制过程中要用到打开、单位、图形界限和保存等命令。

（1）打开文件。单击快速访问工具栏中的"打开"按钮 ⚲，打开"源文件\第 2 章\A3 图框样板图.dwg"。

（2）设置单位。选择菜单栏中的"格式"→"单位"命令，打开"图形单位"对话框，如图 2-42 所示。设置"长度"选项组的"类型"为"小数"，"精度"为 0；"角度"选项组的"类型"为"十进制度数"，"精度"为 0，系统默认逆时针方向为正，"用于缩放插入内容的单位"设置为"毫米"。

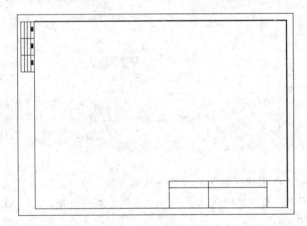

图 2-41 样板图文件

图 2-42 "图形单位"对话框

（3）设置图形边界。国标对图纸的幅面大小作了严格规定，如表 2-1 所示。

表 2-1 图幅国家标准

幅面代号	A0	A1	A2	A3	A4
宽×长/（mm×mm）	841×1189	594×841	420×594	297×420	210×297

此处不妨按国标 A3 图纸幅面设置图形边界。A3 图纸的幅面为 420mm×297mm。

选择菜单栏中的"格式"→"图形界限"命令，设置图幅，命令行提示与操作如下：

命令：LIMITS
重新设置模型空间界限：
指定左下角点或 [开(ON)/关(OFF)] <0,0>:
指定右上角点 <420,297>:

（4）保存成样板图文件。现阶段的样板图及其环境设置已经完成，先将其保存成样板图文件。

选择菜单栏中的"文件"→"另存为"命令，打开"图形另存为"对话框，如图 2-43 所示。在"文件类型"下拉列表框中选择"AutoCAD 图形样板（*.dwt）"选项，如图 2-43 所示，输入文件名"A3 建筑样板图"，单击"保存"按钮，系统打开"样板选项"对话框，如图 2-44 所示，接受默认的设置，单击"确定"按钮，保存文件。

图 2-43　保存样板图

图 2-44　"样板选项"对话框

2.5　名师点拨——基本图形设置技巧

1. 绘图前，绘图界限（LIMITS）一定要设好吗

绘制新图时最好按国标图幅设置图界。图形界限好比图纸的幅面，绘图时就在图界内，一目了然。按图界绘的图打印很方便，还可实现自动成批出图。当然，有人习惯在一个图形文件中绘制多张图，这样设置图界就没有太大意义了。在这里还是建议大家绘图前首先设置图形界限。

2. 什么是 DXF 文件格式

DXF（Drawing Exchange File，图形交换文件）是一种 ASCII 文本文件，包含对应的 DWG 文件的全部信息，不是 ASCII 码形式，可读性差，但用它形成图形速度快。不同类型的计算机（如 PC 及其兼容机与 SUN 工作站具体不同的 CPU 用总线），哪怕是用同一版本的文件，其 DWG 文件也是不可交换的。为了克服这一缺点，AutoCAD 提供了 DXF 类型文件，其内部为 ASCII 码，这样不同类型的计算机可通过交换 DXF 文件来达到交换图形的目的，由于 DXF 文件可读性好，用户可方便地对其进行修改、编程，达到从外部图形进行编辑、修改的目的。

2.6　上机实验

【练习 1】设置绘图环境。

1. 目的要求

任何一个图形文件都有一个特定的绘图环境，包括图形边界、绘图单位、角度等。设置绘图环境通常有两种方法：设置向导与单独的命令设置方法。通过学习设置绘图环境，可以促进读者对图形总体环境的认识。

2．操作提示

（1）单击快速访问工具栏中的"新建"按钮 ，系统打开"选择样板"对话框，单击"打开"按钮，进入绘图界面。

（2）选择菜单栏中的"格式"→"图形界限"命令，设置界限为（0,0），（297,210），在命令行中可以重新设置模型空间界限。

（3）选择菜单栏中的"格式"→"单位"命令，系统打开"图形单位"对话框，设置"长度"类型为"小数"，"精度"为 0；"角度"类型为"十进制度数"，"精度"为 0；"用于缩放插入内容的单位"为"毫米"，用于指定光源强度的单位为"国际"；角度方向为"顺时针"。

【练习2】熟悉操作界面。

1．目的要求

操作界面是用户绘制图形的平台，操作界面的各个部分都有其独特的功能，熟悉操作界面有助于用户方便快速地进行绘图。本实例要求了解操作界面各部分的功能，掌握改变绘图区颜色和光标大小的方法，能够熟练地打开、移动、关闭工具栏。

2．操作提示

（1）启动 AutoCAD 2017，进入操作界面。

（2）调整操作界面大小。

（3）设置绘图区颜色与光标大小。

（4）打开、移动、关闭工具栏。

（5）尝试同时利用命令行、菜单命令和工具栏绘制一条线段。

【练习3】管理图形文件。

1．目的要求

图形文件管理包括文件的新建、打开、保存、加密、退出等。本实例要求读者熟练掌握 DWG 文件的赋名保存、自动保存、加密及打开的方法。

2．操作提示

（1）启动 AutoCAD 2017，进入操作界面。

（2）打开一幅已经保存过的图形。

（3）进行自动保存设置。

（4）尝试在图形上绘制任意图线。

（5）将图形以新的名称保存。

（6）退出该图形。

【练习4】数据操作。

1．目的要求

AutoCAD 2017 人机交互的最基本内容就是数据输入。本实例要求用户能够熟练地掌握各种数据的输入方法。

2．操作提示

（1）在命令行中输入"LINE"命令。

（2）输入起点在直角坐标方式下的绝对坐标值。

（3）输入下一点在直角坐标方式下的相对坐标值。

（4）输入下一点在极坐标方式下的绝对坐标值。

（5）输入下一点在极坐标方式下的相对坐标值。

（6）单击直接指定下一点的位置。

（7）单击状态栏中的"正交模式"按钮 ，使其处于按下状态，用光标指定下一点的方向，在命令行输入一个数值。

（8）单击状态栏中的"动态输入"按钮 ，使其处于按下状态，拖动光标，系统会动态显示角度，拖动到选定角度后，在"长度"文本框中输入长度值。

（9）按 Enter 键，结束绘制线段的操作。

2.7　模拟考试

1．用（　　）命令可以设置图形界限。
    A．SCALE   B．EXTEND   C．LIMITS   D．LAYER

2．以下打开方式不存在的是（　　）。
    A．以只读方式打开   B．局部打开   C．以只读方式局部打开   D．参照打开

3．正常退出 AutoCAD 的方法有（　　）。
    A．使用 QUIT 命令   B．使用 EXIT 命令
    C．单击屏幕右上角的"关闭"按钮   D．直接关机

4．AutoCAD 打开后，只有一个菜单，如何恢复默认状态？（　　）
    A．MENU 命令加载 acad.cui   B．CUI 命令打开 AutoCAD 经典空间
    C．MENU 命令加载 custom.cui   D．重新安装

5．在图形修复管理器中，由系统自动创建的自动保存文件是（　　）。
    A．drawing1_1_1_6865.svs$ B．drawing1_1_68656.svs$
    C．drawing1_recovery.dwg   D．drawing1_1_1_6865.bak

6．取世界坐标系的点（70,20）作为用户坐标系的原点，则用户坐标系的点（-20,30）的世界坐标为（　　）。
    A．（50,50）   B．（90,-10）   C．（-20,30）   D．（70,20）

7．在日常工作中贯彻办公和绘图标准时，下列方式中最为有效的是（　　）。
    A．应用典型的图形文件   B．应用模板文件
    C．重复利用已有的二维绘图文件   D．在"启动"对话框中选取公制

8．重复使用刚执行的命令，按（　　）键。
    A．Ctrl   B．Alt   C．Enter   D．Shift

二维绘制命令

本章学习简单二维绘图的基本知识。了解直线类、圆类、平面图形、点命令，将读者带入绘图知识的殿堂。

3.1　直线类命令

直线类命令包括直线段、射线和构造线。这几个命令是 AutoCAD 中最简单的绘图命令。

【预习重点】

- ☑　了解有几种直线类命令。
- ☑　简单练习直线、构造线、多段线的绘制方法。

3.1.1　直线段

【执行方式】

- ☑　命令行：LINE（快捷命令：L）。
- ☑　菜单栏：选择菜单栏中的"绘图"→"直线"命令。
- ☑　工具栏：单击"绘图"工具栏中的"直线"按钮 ╱。
- ☑　功能区：单击"默认"选项卡"绘图"面板中的"直线"按钮 ╱。

【操作实践——绘制折叠门】

绘制如图 3-1 所示的折叠门，操作步骤如下。

（1）单击"默认"选项卡"绘图"面板中的"直线"按钮 ╱，绘制左门框。命令行提示与操作如下：

```
命令: _line
指定第一个点: 0,0↙
指定下一点或 [放弃(U)]: 100,0↙
指定下一点或 [放弃(U)]: 100,50↙
指定下一点或 [闭合(C)/放弃(U)]: 0,50↙
指定下一点或 [闭合(C)/放弃(U)]: ↙
```

结果如图 3-2 所示。

图 3-1　折叠门　　　　　　　　　　　图 3-2　绘制左门框

（2）选择菜单栏中的"绘图"→"直线"命令，绘制右门框。命令行提示与操作如下：

```
命令: _line
指定第一个点: 440,0↙
指定下一点或 [放弃(U)]: @-100,0↙
指定下一点或 [放弃(U)]: @0,50↙
指定下一点或 [闭合(C)/放弃(U)]: @100,0↙
指定下一点或 [闭合(C)/放弃(U)]: ↙
```

结果如图 3-3 所示。

（3）按 Enter 键，绘制左门框直线。命令行提示与操作如下：

```
命令: LINE
指定第一个点: 100,40↙
指定下一点或 [放弃(U)]: @60<60↙
指定下一点或 [放弃(U)]: @60<-60↙
指定下一点或 [闭合(C)/放弃(U)]: ↙
```

结果如图 3-4 所示。

图 3-3 绘制右门框   图 3-4 绘制左门框直线

（4）在命令行中输入"L"命令，绘制右门框直线。命令行提示与操作如下：

```
命令: L↙
指定第一个点: 340,40↙
指定下一点或 [放弃(U)]: @60<120↙
指定下一点或 [放弃(U)]: @60<210↙
指定下一点或 [闭合(C)/放弃(U)]: U↙
指定下一点或 [放弃(U)]: @60<240↙
指定下一点或 [闭合(C)/放弃(U)]: ↙
```

最终结果如图 3-1 所示。

【选项说明】

（1）若采用按 Enter 键响应"指定第一个点"提示，系统会把上次绘制图线的终点作为本次图线的起始点。若上次操作为绘制圆弧，按 Enter 键响应后绘出通过圆弧终点并与该圆弧相切的直线段，该线段的长度为光标在绘图区指定的一点与切点之间线段的距离。

（2）在"指定下一点"提示下，用户可以指定多个端点，从而绘出多条直线段。但是，每一段直线是一个独立的对象，可以进行单独的编辑操作。

（3）绘制两条以上直线段后，若采用输入选项 C 响应"指定下一点"提示，系统会自动连接起始点和最后一个端点，从而绘出封闭的图形。

（4）若采用输入选项 U 响应提示，则删除最近一次绘制的直线段。

（5）若设置正交方式（单击状态栏中的"正交模式"按钮⌐，使其处于按下状态），只能绘制水平线段或垂直线段。

（6）若设置动态数据输入方式（单击状态栏中的"动态输入"按钮⁺，使其处于按下状态），则可以动态输入坐标或长度值，效果与非动态数据输入方式类似。除了特别需要，以后不再强调，而只按非动态数据输入方式输入相关数据。

3.1.2 构造线

【执行方式】

☑ 命令行：XLINE（快捷命令：XL）。
☑ 菜单栏：选择菜单栏中的"绘图"→"构造线"命令。
☑ 工具栏：单击"绘图"工具栏中的"构造线"按钮✓。
☑ 功能区：单击"默认"选项卡"绘图"面板中的"构造线"按钮✓。

【操作步骤】

命令: XLINE✓
指定点或 [水平(H)/垂直(V)/角度(A)/二等分(B)/偏移(O)]:（给出根点 1）
指定通过点:（给定通过点 2，绘制一条双向无限长直线）
指定通过点:（继续给点，继续绘制线，如图 3-5（a）所示，按 Enter 键结束）

【选项说明】

（1）执行选项中有"指定点""水平""垂直""角度""二等分""偏移"6 种方式绘制构造线，分别如图 3-5（a）～图 3-5（f）所示。

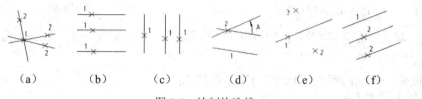

(a)　　　　(b)　　　　(c)　　　　(d)　　　　(e)　　　　(f)

图 3-5　绘制构造线

（2）构造线模拟手工作图中的辅助作图线。用特殊的线型显示，在图形输出时可不作输出。应用构造线作为辅助线绘制机械图中的三视图是构造线的最主要用途，构造线的应用保证了三视图之间"主、俯视图长对正，主、左视图高平齐，俯、左视图宽相等"的对应关系。

📢注意　一般每个命令有 3 种执行方式，这里只列出了命令行执行方式，其他两种执行方式的操作方法与命令行执行方式相同。

📢注意　在输入坐标数值时，中间的逗号一定要在西文状态下输入，否则系统无法识别。

3.2　圆类命令

圆类命令主要包括"圆""圆弧""圆环""椭圆""椭圆弧"命令，这几个命令是 AutoCAD 中最简单的曲线命令。

【预习重点】

☑　了解圆类命令的绘制方法。
☑　简单练习各命令操作。

3.2.1　圆

【执行方式】

☑　命令行：CIRCLE（快捷命令：C）。
☑　菜单栏：选择菜单栏中的"绘图"→"圆"命令。
☑　工具栏：单击"绘图"工具栏中的"圆"按钮 ⊙。
☑　功能区：单击"默认"选项卡"绘图"面板中的"圆"按钮 ⊙。

【操作实践——绘制擦背床】

绘制如图 3-6 所示的擦背床，操作步骤如下。

（1）单击"默认"选项卡"绘图"面板中的"直线"按钮／，取适当尺寸，绘制矩形外轮廓，如图 3-7 所示。

图 3-6　绘制擦背床　　　　　　　　　图 3-7　绘制外轮廓

（2）单击"默认"选项卡"绘图"面板中的"圆"按钮⊙，绘制圆。命令行提示与操作如下：

命令: _circle
指定圆的圆心或 [三点(3P)/两点(2P)/切点、切点、半径(T)]:
指定圆的半径或 [直径(D)]:

最终结果如图 3-6 所示。

（3）单击快速访问工具栏中的"保存"按钮🖫，保存图形。将绘制完成的图形以"擦背床.dwg"为文件名保存在指定的路径中。

【选项说明】

（1）三点(3P)：通过指定圆周上三点绘制圆。

（2）两点(2P)：通过指定直径的两端点绘制圆。

（3）切点、切点、半径(T)：通过先指定两个相切对象，再给出半径的方法绘制圆。如图 3-8 所示给出了以"切点、切点、半径"方式绘制圆的各种情形（加粗的圆为最后绘制的圆）。

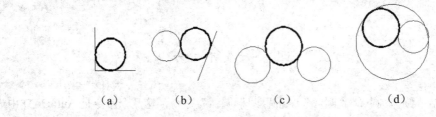

（a）　　　　　（b）　　　　　（c）　　　　　（d）

图 3-8　圆与另外两个对象相切

（4）在功能区中多了一种"相切、相切、相切"的绘制方法，如图 3-9 所示。

图 3-9　相切、相切、相切

🎓 高手支招

对于圆心点的选择，除了直接输入圆心点外，还可以通过圆心点与中心线的对应关系，利用对象捕捉的方法选择。单击状态栏中的"对象捕捉"按钮 🔲，命令行中会提示"命令：<对象捕捉 开>"。

🎓 高手支招

有时绘制出的圆的圆弧显得很不光滑，这时可以选择菜单栏中的"工具"→"选项"命令，打开"选项"对话框，在"显示"选项卡的"显示精度"选项组中把各项参数设置得高一些，如图3-10所示，但不要超过其最高允许的范围，如果设置超出允许范围，系统会提示允许范围。

图 3-10　设置显示精度

设置完毕后，选择菜单栏中的"视图"→"重生成"命令，就可以使显示的圆弧更光滑。

3.2.2　圆弧

【执行方式】

- ☑　命令行：ARC（快捷命令：A）。
- ☑　菜单栏：选择菜单栏中的"绘图"→"圆弧"命令。
- ☑　工具栏：单击"绘图"工具栏中的"圆弧"按钮 ⌒。
- ☑　功能区：单击"默认"选项卡"绘图"面板中的"圆弧"按钮 ⌒。

【操作实践——绘制小靠背椅】

绘制如图3-11所示的小靠背椅，操作步骤如下。

（1）单击"默认"选项卡"绘图"面板中的"直线"按钮 ∕，任意指定一点为线段起点，以点（@0，-140）为终点绘制一条线段。

（2）单击"默认"选项卡"绘图"面板中的"圆弧"按钮 ⌒，绘制圆弧。命令行提示与操作如下：

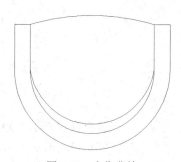

图 3-11　小靠背椅

```
命令: _arc
指定圆弧的起点或 [圆心(C)]:（选择第（1）步中绘制的直线的下端点）
```

指定圆弧的第二个点或 [圆心(C)/端点(E)]: @250,-250↙
指定圆弧的端点: @250,250↙

结果如图 3-12 所示。

（3）单击"默认"选项卡"绘图"面板中的"直线"按钮 ∕，以刚绘制圆弧的右端点为起点，以点（@0,140）为终点绘制一条线段，结果如图 3-13 所示。

（4）单击"默认"选项卡"绘图"面板中的"直线"按钮 ∕，分别以刚绘制的两条线段的上端点为起点，以点（@50,0）和（@-50,0）为终点绘制两条线段，结果如图 3-14 所示。

（5）单击"默认"选项卡"绘图"面板中的"直线"按钮 ∕ 和"圆弧"按钮 ∕，以刚绘制的两条水平线的两个端点为起点和终点绘制线段和圆弧，结果如图 3-15 所示。

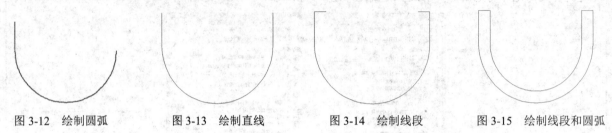

图 3-12　绘制圆弧　　　　图 3-13　绘制直线　　　　图 3-14　绘制线段　　　　图 3-15　绘制线段和圆弧

（6）再以图 3-15 中内部两条竖线的上下两个端点分别为起点和终点，以适当位置一点为中间点，绘制两条圆弧，最终结果如图 3-11 所示。

【选项说明】

（1）用命令行方式绘制圆弧时，可以根据系统提示选择不同的选项，具体功能和利用菜单栏中的"绘图"→"圆弧"子菜单中提供的 11 种方式相似。这 11 种方式绘制的圆弧分别如图 3-16（a）～图 3-16（k）所示。

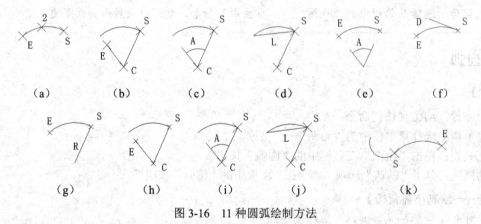

（a）　　　　　（b）　　　　　（c）　　　　　（d）　　　　　（e）　　　　　（f）

（g）　　　　　（h）　　　　　（i）　　　　　（j）　　　　　（k）

图 3-16　11 种圆弧绘制方法

（2）需要强调的是"连续"方式，绘制的圆弧与上一线段圆弧相切。继续绘制圆弧段，只提供端点即可，如图 3-16（k）所示。

🎓 **高手支招**

　　绘制圆弧时，注意圆弧的曲率是遵循逆时针方向的，所以在选择指定圆弧两个端点和半径模式时，需要注意端点的指定顺序，否则有可能导致圆弧的凹凸形状与预期的相反。

3.2.3　圆环

【执行方式】

- ☑ 命令行：DONUT（快捷命令：DO）。
- ☑ 菜单栏：选择菜单栏中的"绘图"→"圆环"命令。
- ☑ 工具栏：单击"绘图"工具栏中的"圆环"按钮◎。
- ☑ 功能区：单击"默认"选项卡"绘图"面板中的"圆环"按钮◎

【操作步骤】

命令: DONUT↙
指定圆环的内径 <默认值>:（指定圆环内径）
指定圆环的外径 <默认值>:（指定圆环外径）
指定圆环的中心点或 <退出>:（指定圆环的中心点）
指定圆环的中心点或 <退出>:（继续指定圆环的中心点，则继续绘制相同内外径的圆环。按 Enter 键、Space 键或右击结束命令，如图 3-17（a）所示）

【选项说明】

（1）绘制不等内外径，则画出填充圆环，如图 3-17（a）所示。

（2）若指定内径为 0，则画出实心填充圆，如图 3-17（b）所示。

（3）若指定内外径相等，则画出普通圆，如图 3-17（c）所示。

（4）用 FILL 命令可以控制圆环是否填充，命令行提示与操作如下：

命令: FILL↙
输入模式 [开(ON)/关(OFF)] <开>:（选择"开"表示填充，选择"关"表示不填充，如图 3-17（d）所示）

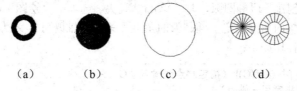

（a）　　（b）　　（c）　　（d）

图 3-17　绘制圆环

3.2.4　椭圆与椭圆弧

【执行方式】

- ☑ 命令行：ELLIPSE（快捷命令：EL）。
- ☑ 菜单栏：选择菜单栏中的"绘图"→"椭圆"→"圆弧"命令。
- ☑ 工具栏：单击"绘图"工具栏中的"椭圆"按钮◎或"椭圆弧"按钮◎。
- ☑ 功能区：单击"默认"选项卡"绘图"面板中的"椭圆"下拉菜单。

【操作实践——绘制马桶】

绘制如图 3-18 所示的马桶，操作步骤如下。

（1）单击"默认"选项卡"绘图"面板中的"椭圆弧"按钮◎，绘制马桶外沿，命令行提示与操作如下：

```
命令: _ellipse
指定椭圆的轴端点或 [圆弧(A)/中心点(C)]: _a
指定椭圆弧的轴端点或 [中心点(C)]: C
指定椭圆弧的中心点:
指定轴的端点: <正交 开: (适当指定一点)
指定另一条半轴长度或 [旋转(R)]:
指定起点角度或 [参数(P)]: 45
指定端点角度或 [参数(P)/夹角(I)]:
```

结果如图 3-19 所示。

（2）单击"默认"选项卡"绘图"面板中的"直线"按钮✐，连接椭圆弧两个端点，绘制马桶后沿，结果如图 3-20 所示。

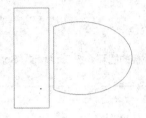 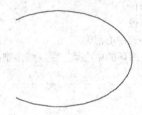 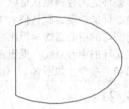

图 3-18　马桶　　　　　　　图 3-19　绘制马桶外沿　　　　　　图 3-20　绘制马桶后沿

（3）单击"默认"选项卡"绘图"面板中的"直线"按钮✐，取适当的尺寸，在左边绘制一个矩形框作为水箱。最终结果如图 3-18 所示。

【选项说明】

（1）指定椭圆的轴端点：根据两个端点定义椭圆的第一条轴，第一条轴的角度确定了整个椭圆的角度。第一条轴既可定义椭圆的长轴，也可定义其短轴。

（2）圆弧(A)：用于创建一段椭圆弧，与"单击'默认'选项卡'绘图'面板中的'椭圆弧'按钮⊙"功能相同。其中，第一条轴的角度确定了椭圆弧的角度。第一条轴既可定义椭圆弧长轴，也可定义其短轴。选择该项，命令行提示与操作如下：

```
指定椭圆弧的轴端点或 [中心点(C)]: (指定端点或输入"C"↙)
指定轴的另一个端点: (指定另一端点)
指定另一条半轴长度或 [旋转(R)]: (指定另一条半轴长度或输入"R"↙)
指定起点角度或 [参数(P)]: (指定起始角度或输入"P"↙)
指定端点角度或 [参数(P)/夹角(I)]:
```

其中各选项含义如下。

① 起点角度：指定椭圆弧端点的两种方式之一，光标与椭圆中心点连线的夹角为椭圆端点位置的角度，如图 3-21 所示。

② 参数(P)：指定椭圆弧端点的另一种方式，该方式同样是指定椭圆弧端点的角度，但通过以下矢量参数方程式创建椭圆弧。

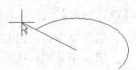

图 3-21　椭圆和椭圆弧

$$p(u) = c + a \times \cos(u) + b \times \sin(u)$$

其中，c 是椭圆的中心点，a 和 b 分别是椭圆的长轴和短轴，u 为光标与椭圆中心点连线的夹角。

③ 夹角(I)：定义从起点角度开始的包含角度。

（3）中心点(C)：通过指定的中心点创建椭圆。

（4）旋转(R)：通过绕第一条轴旋转圆来创建椭圆。相当于将一个圆绕椭圆轴翻转一个角度后的投影视图。

"椭圆"命令生成的椭圆是以多段线还是以椭圆为实体，是由系统变量 PELLIPSE 决定的，当其为 1 时，生成的椭圆将以多段线形式存在。

注意　本实例中指定起点角度和端点角度的点时不要将两个点的顺序指定反了，因为系统默认的旋转方向是逆时针，如果指定反了，得出的结果可能和预期的刚好相反。

3.3　平面图形

简单的平面图形命令包括"矩形"命令和"多边形"命令。

【预习重点】

- ☑　了解平面图形的种类及应用。
- ☑　简单练习矩形与多边形的绘制。

3.3.1　矩形

【执行方式】

- ☑　命令行：RECTANG（快捷命令：REC）。
- ☑　菜单栏：选择菜单栏中的"绘图"→"矩形"命令。
- ☑　工具栏：单击"绘图"工具栏中的"矩形"按钮 ▭。
- ☑　功能区：单击"默认"选项卡"绘图"面板中的"矩形"按钮 ▭。

【操作实践——绘制单扇平开门】

绘制如图 3-22 所示的单扇平开门，操作步骤如下。

（1）按 3.1.1 节的操作方法绘制门框，如图 3-23 所示。

（2）单击"默认"选项卡"绘图"面板中的"矩形"按钮 ▭，绘制门。命令行提示与操作如下：

图 3-22　单扇平开门

命令：_rectang↙
指定第一个角点或 [倒角(C)/标高(E)/圆角(F)/厚度(T)/宽度(W)]: 340,25↙
指定另一个角点或 [面积(A)/尺寸(D)/旋转(R)]: 335,290↙

结果如图 3-24 所示。

图 3-23　绘制门框　　　　　　　　　　　　　　图 3-24　绘制门

（3）单击"默认"选项卡"绘图"面板中的"圆弧"按钮 ⌒，绘制一段圆弧。命令行提示与操作如下：

命令: _arc↙
指定圆弧的起点或 [圆心(C)]: 335,290↙
指定圆弧的第二个点或 [圆心(C)/端点(E)]: E↙
指定圆弧的端点: 100,50↙
指定圆弧的中心点(按住 Ctrl 键以切换方向)或[角度(A)/方向(D)/半径(R)]: 340,50↙

最终结果如图 3-22 所示。

【选项说明】

（1）第一个角点：通过指定两个角点确定矩形，如图 3-25（a）所示。

（2）倒角(C)：指定倒角距离，绘制带倒角的矩形，如图 3-25（b）所示。每一个角点的逆时针和顺时针方向的倒角可以相同，也可以不同，其中第一个倒角距离是指角点逆时针方向的倒角距离，第二个倒角距离是指角点顺时针方向的倒角距离。

（3）标高(E)：指定矩形标高（Z 坐标），即把矩形放置在标高为 Z 并与 XOY 坐标面平行的平面上，并作为后续矩形的标高值。

（4）圆角(F)：指定圆角半径，绘制带圆角的矩形，如图 3-25（c）所示。

（5）厚度(T)：指定矩形的厚度，如图 3-25（d）所示。

（6）宽度(W)：指定线宽，如图 3-25（e）所示。

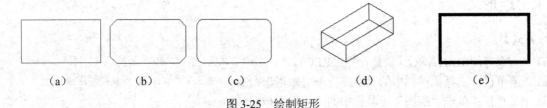

　　（a）　　　　　（b）　　　　　（c）　　　　　（d）　　　　　（e）

图 3-25　绘制矩形

（7）面积(A)：指定面积和长或宽创建矩形。选择该项，命令行提示与操作如下：

输入以当前单位计算的矩形面积 <20.0000>:（输入面积值）
计算矩形标注时依据 [长度(L)/宽度(W)] <长度>:（按 Enter 键或输入 "W"）
输入矩形长度 <4.0000>:（指定长度或宽度）

指定长度或宽度后，系统自动计算另一个维度，绘制出矩形。如果矩形被倒角或圆角，则在长度或面积计算中也会考虑此设置。

（8）尺寸(D)：使用长和宽创建矩形，第二个指定点将矩形定位在与第一角点相关的 4 个位置之一内。

（9）旋转(R)：使所绘制的矩形旋转一定角度。选择该项，命令行提示与操作如下：

指定旋转角度或 [拾取点(P)] <45>:（指定角度）
指定另一个角点或 [面积(A)/尺寸(D)/旋转(R)]:（指定另一个角点或选择其他选项）

指定旋转角度后，系统按指定角度创建矩形。

3.3.2　多边形

【执行方式】

☑　　命令行：POLYGON（快捷命令：POL）。

☑ 菜单栏：选择菜单栏中的"绘图"→"多边形"命令。
☑ 工具栏：单击"绘图"工具栏中的"多边形"按钮⬠。
☑ 功能区：单击"默认"选项卡"绘图"面板中的"多边形"按钮⬠。

【操作实践——绘制楼板开方孔符号】

绘制如图 3-26 所示的楼板开方孔符号，操作步骤如下。
（1）单击"默认"选项卡"绘图"面板中的"多边形"按钮⬠，绘制外轮廓线。命令行提示与操作如下：

命令: POLYGON✓
输入侧面数 <8>: 4✓
指定正多边形的中心点或 [边(E)]: 0,0✓
输入选项 [内接于圆(I)/外切于圆(C)] <I>: c✓
指定圆的半径: 100✓

绘制结果如图 3-27 所示。

图 3-26 楼板开方孔符号　　　　图 3-27 绘制轮廓线图

（2）单击"默认"选项卡"绘图"面板中的"直线"按钮／，绘制外轮廓线。命令行提示与操作如下：

命令: LINE✓
指定第一个点: -100,-100✓
指定下一点或 [放弃(U)]: -70,70✓
指定下一点或 [放弃(U)]: 100,100✓
指定下一点或 [闭合(C)/放弃(U)]: ✓

绘制结果如图 3-26 所示。

【选项说明】

（1）边(E)：选择该选项，则只要指定多边形的一条边，系统就会按逆时针方向创建该正多边形，如图 3-28（a）所示。
（2）内接于圆(I)：选择该选项，绘制的多边形内接于圆，如图 3-28（b）所示。
（3）外切于圆(C)：选择该选项，绘制的多边形外切于圆，如图 3-28（c）所示。

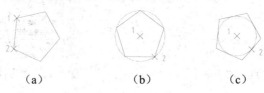

（a）　　　　（b）　　　　（c）

图 3-28 绘制正多边形

3.4 点　命　令

点在 AutoCAD 中有多种不同的表示方式，用户可以根据需要进行设置，也可以设置等分点和测量点。

【预习重点】

☑ 了解点类命令的应用。

☑ 简单练习点命令的基本操作。

3.4.1 点

【执行方式】

☑ 命令行：POINT（快捷命令：PO）。

☑ 菜单栏：选择菜单栏中的"绘图"→"点"命令。

☑ 工具栏：单击"绘图"工具栏中的"点"按钮 。

☑ 功能区：单击"默认"选项卡"绘图"面板中的"多点"按钮 。

【操作步骤】

```
命令: _point
当前点模式: PDMODE=0   PDSIZE=0.0000
指定点：（指定点所在的位置）
```

【选项说明】

（1）通过菜单方法操作时（如图 3-29 所示），"单点"命令表示只输入一个点，"多点"命令表示可输入多个点。

（2）可以单击状态栏中的"对象捕捉"按钮 ，使其处于按下状态，设置点捕捉模式，帮助用户选择点。

（3）点在图形中的表示样式共有 20 种。可通过 DDPTYPE 命令或选择菜单栏中的"格式"→"点样式"命令，通过打开的"点样式"对话框来进行设置，如图 3-30 所示。

图 3-29　"点"的子菜单

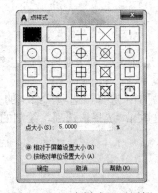

图 3-30　"点样式"对话框

3.4.2 等分点与测量点

1. 等分点

【执行方式】

☑ 命令行：DIVIDE（快捷命令：DIV）。

☑ 菜单栏：选择菜单栏中的"绘图"→"点"→"定数等分"命令。

☑ 功能区：单击"默认"选项卡"绘图"面板中的"定数等分"按钮。

【操作实践——绘制楼梯】

绘制如图 3-31 所示的楼梯，操作步骤如下。

（1）单击"默认"选项卡"绘图"面板中的"直线"按钮，绘制墙体与扶手，如图 3-32 所示。

（2）设置点样式。选择菜单栏中的"格式"→"点样式"命令，在打开的"点样式"对话框中选择"×"样式。

图 3-31　绘制楼梯

（3）单击"默认"选项卡"绘图"面板中的"定数等分"按钮，以左边扶手外面线段为对象，数目为 8 进行等分，如图 3-33 所示。

（4）单击"默认"选项卡"绘图"面板中的"直线"按钮，分别以等分点为起点，左边墙体上的点为终点绘制水平线段，如图 3-34 所示。

（5）单击"默认"选项卡"修改"面板中的"删除"按钮，删除绘制的点，如图 3-35 所示。

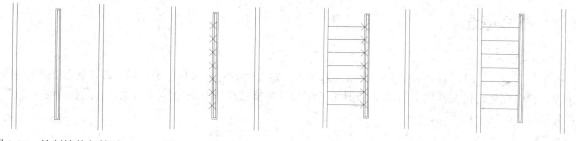

图 3-32　绘制墙体与扶手　　图 3-33　绘制等分点　　图 3-34　绘制水平线　　图 3-35　删除点

（6）用相同的方法绘制另一侧楼梯，结果如图 3-31 所示。

【选项说明】

（1）等分数目范围为 2～32767。

（2）在等分点处，按当前点样式设置绘制出等分点。

（3）在第二提示行选择"块(B)"选项时，表示在等分点处插入指定的块。

2．测量点

【执行方式】

☑ 命令行：MEASURE（快捷命令：ME）。

☑ 菜单栏：选择菜单栏中的"绘图"→"点"→"定距等分"命令。

☑ 功能区：单击"默认"选项卡"绘图"面板中的"定距等分"按钮。

【操作步骤】

```
命令: MEASURE↙
选择要定距等分的对象:（选择要设置测量点的实体）
指定线段长度或 [块(B)]:（指定分段长度）
```

【选项说明】

（1）设置的起点一般是指定线的绘制起点。

（2）在第二提示行选择"块(B)"选项时，表示在测量点处插入指定的块。

（3）在等分点处，按当前点样式设置绘制测量点。

（4）最后一个测量段的长度不一定等于指定分段长度。

3.5 图案填充

当用户需要用一个重复的图案（pattern）填充一个区域时，可以使用 BHATCH 命令，创建一个相关联的填充阴影对象，即所谓的图案填充。

【预习重点】

☑ 观察图案填充结果。

☑ 了解填充样例对应的含义。

☑ 确定边界选择要求。

☑ 了解对话框中参数含义。

3.5.1 基本概念

1．图案边界

当进行图案填充时，首先要确定填充图案的边界。定义边界的对象只能是直线、双向射线、单向射线、多段线、样条曲线、圆弧、圆、椭圆、椭圆弧、面域等对象或用这些对象定义的块，而且作为边界的对象在当前图层上必须全部可见。

2．孤岛

在进行图案填充时，把位于总填充区域内的封闭区称为孤岛，如图 3-36 所示。在使用 BHATCH 命令填充时，AutoCAD 系统允许用户以拾取点的方式确定填充边界，即在希望填充的区域内任意拾取一点，系统会自动确定出填充边界，同时也确定该边界内的岛。如果用户以选择对象的方式确定填充边界，则必须确切地选取这些岛，有关知识将在 3.5.2 节中介绍。

3．填充方式

在进行图案填充时，需要控制填充的范围，AutoCAD 系统为用户设置了以下 3 种填充方式以实现对填充范围的控制。

（1）普通方式。如图 3-37（a）所示，该方式从边界开始，从每条填充线或每个填充符号的两端向里填充，遇到内部对象与之相交时，填充线或符号断开，直到遇到下一次相交时再继续填充。采用这种填充方式时，要避免剖面线或符号与内部对象的相交次数为奇数，该方式为系统内部的默认方式。

（2）最外层方式。如图 3-37（b）所示，该方式从边界向里填充，只要在边界内部与对象相交，剖面符号就会断开，而不再继续填充。

（3）忽略方式。如图 3-37（c）所示，该方式忽略边界内的对象，所有内部结构都被剖面符号覆盖。

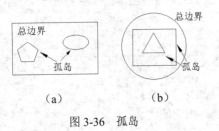

（a）　　　　　　（b）

图 3-36　孤岛

（a）普通方式　　（b）最外层方式　　（c）忽略方式

图 3-37　填充方式

3.5.2　图案填充的操作

【执行方式】

- ☑　命令行：BHATCH（快捷命令：H）。
- ☑　菜单栏：选择菜单栏中的"绘图"→"图案填充"或"渐变色"命令。
- ☑　工具栏：单击"绘图"工具栏中的"图案填充"按钮▨或"渐变色"按钮▨。
- ☑　功能区：单击"默认"选项卡"绘图"面板中的"图案填充"按钮▨。

【操作实践——绘制独立小屋】

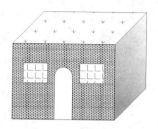

图 3-38　独立小屋

绘制如图 3-38 所示的独立小屋，操作步骤如下。

（1）单击"默认"选项卡"绘图"面板中的"矩形"按钮▢，绘制一个矩形，角点坐标为（210,160）和（400,25）。

（2）单击"默认"选项卡"绘图"面板中的"直线"按钮╱，坐标为{（210,160），（@80<45），（@190<0），（@135<-90），（400,25）}。重复"直线"命令，绘制另一条直线，坐标为{（400,160），（@80<45）}。

（3）绘制窗户。单击"默认"选项卡"绘图"面板中的"矩形"按钮▢，一个矩形的两个角点坐标为（230,125）和（275,90）。另一个矩形的两个角点坐标为（335,125）和（380,90）。

（4）单击"默认"选项卡"绘图"面板中的"多段线"按钮⌐，绘制门。命令行提示与操作如下：

```
命令: PL↙
指定起点: 288,25↙
当前线宽为  0.0000
指定下一点或 [圆弧(A)/闭合(C)/半宽(H)/长度(L)/放弃(U)/宽度(W)]: 288,76↙
指定下一点或 [圆弧(A)/闭合(C)/半宽(H)/长度(L)/放弃(U)/宽度(W)]: A↙
指定圆弧的端点(按住 Ctrl 键以切换方向)或 [角度(A)/圆心(CE)/闭合(CL)/方向(D)/半宽(H)/直线(L)/半径(R)/第二点(S)/放弃(U)/宽度(W)]: A↙（用给定圆弧的包角方式画圆弧）
指定夹角: -180↙（包角值为负，则顺时针画圆弧；反之，则逆时针画圆弧）
指定圆弧的端点(按住 Ctrl 键以切换方向)或 [圆心(CE)/半径(R)]: 322,76↙（给出圆弧端点的坐标值）
指定圆弧的端点(按住 Ctrl 键以切换方向)或 [角度(A)/圆心(CE)/闭合(CL)/方向(D)/半宽(H)/直线(L)/半径(R)/第二点(S)/放弃(U)/宽度(W)]: I↙
指定下一点或 [圆弧(A)/闭合(C)/半宽(H)/长度(L)/放弃(U)/宽度(W)]: @51<-90↙
指定下一点或 [圆弧(A)/闭合(C)/半宽(H)/长度(L)/放弃(U)/宽度(W)]: ↙
```

（5）单击"默认"选项卡"绘图"面板中的"图案填充"按钮▨，弹出"图案填充创建"选项卡，如图 3-39 所示，单击"选项"面板中的"图案填充设置"按钮◥，弹出"图案填充和渐变色"对话框，如图 3-40 所示，进行图案填充。命令行提示与操作如下：

```
命令: BHATCH↙
选择内部点:（单击"拾取点"按钮，用鼠标在屋顶内拾取一点，如图 3-41 所示点 1）
```

图 3-39　"图案填充创建"选项卡

返回"图案填充和渐变色"对话框，单击"确定"按钮，系统以选定的图案进行填充。

（6）单击"默认"选项卡"绘图"面板中的"图案填充"按钮，弹出"图案填充创建"选项卡，单击"选项"面板中的"图案填充设置"按钮，弹出"图案填充和渐变色"对话框，选择预定义的 ANGLE图案，"角度"为 0，"比例"为 1，拾取如图 3-42 所示点 2、点 3 两个位置的点填充窗户。

图 3-40　图案填充设置

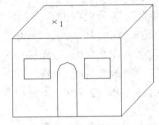

图 3-41　拾取点 1

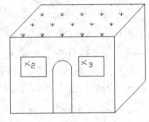

图 3-42　拾取点 2、点 3

（7）单击"默认"选项卡"绘图"面板中的"图案填充"按钮，弹出"图案填充创建"选项卡，单击"选项"面板中的"图案填充设置"按钮，弹出"图案填充和渐变色"对话框，选择预定义的 BRSTONE图案，"角度"为 0，"比例"为 0.25，拾取如图 3-43 所示点 4 位置的点填充小屋前面的砖墙。

（8）单击"默认"选项卡"绘图"面板中的"图案填充"按钮，弹出"图案填充创建"选项卡，单击"选项"面板中的"图案填充设置"按钮，弹出"图案填充和渐变色"对话框，按照如图 3-44 所示进行设置，拾取如图 3-45 所示点 5 位置的点填充小屋前面的砖墙。最终结果如图 3-38 所示。

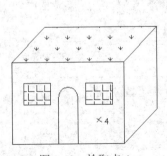

图 3-43　拾取点 4

图 3-44　"渐变色"选项卡

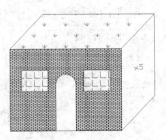

图 3-45　拾取点 5

（9）单击快速访问工具栏中的"保存"按钮，命令行提示与操作如下：

命令: SAVEAS↙　　（将绘制完成的图形以"田间小屋.dwg"为文件名保存在指定的路径中）

【选项说明】

1."边界"面板

（1）拾取点：通过选择由一个或多个对象形成的封闭区域内的点，确定图案填充边界，如图 3-46 所示。指定内部点时，可以随时在绘图区域中右击以显示包含多个选项的快捷菜单。

（2）选择边界对象：指定基于选定对象的图案填充边界。使用该选项时，不会自动检测内部对象，必须选择选定边界内的对象，以按照当前孤岛检测样式填充这些对象，如图 3-47 所示。

（a）选择一点　　（b）填充区域　　（c）填充结果　　　　（a）原始图形　　（b）选取边界对象　　（c）填充结果

图 3-46　边界确定　　　　　　　　　　　　　　　　图 3-47　选取边界对象

（3）"删除边界"按钮：从边界定义中删除之前添加的任何对象，如图 3-48 所示。

（a）选取边界对象　　（b）删除边界　　（c）填充结果

图 3-48　删除"岛"后的边界

（4）重新创建边界：围绕选定的图案填充或填充对象创建多段线或面域，并使其与图案填充对象相关联（可选）。

（5）显示边界对象：选择构成选定关联图案填充对象的边界的对象，使用显示的夹点可修改图案填充边界。

（6）保留边界对象：指定如何处理图案填充边界对象。选项包括以下几个。

① 不保留边界。（仅在图案填充创建期间可用）不创建独立的图案填充边界对象。

② 保留边界-多段线。（仅在图案填充创建期间可用）创建封闭图案填充对象的多段线。

③ 保留边界-面域。（仅在图案填充创建期间可用）创建封闭图案填充对象的面域对象。

④ 选择新边界集。指定对象的有限集（称为边界集），以便通过创建图案填充时的拾取点进行计算。

2."图案"面板

显示所有预定义和自定义图案的预览图像。

3."特性"面板

（1）图案填充类型：指定是使用纯色、渐变色、图案还是用户定义的填充。

（2）图案填充颜色：替代实体填充和填充图案的当前颜色。

（3）背景色：指定填充图案背景的颜色。

（4）图案填充透明度：设定新图案填充或填充的透明度，替代当前对象的透明度。

（5）图案填充角度：指定图案填充或填充的角度。

（6）填充图案比例：放大或缩小预定义或自定义填充图案。

（7）相对图纸空间：（仅在布局中可用）相对于图纸空间单位缩放填充图案。使用此选项，可很容易地做到以适合于布局的比例显示填充图案。

（8）双向：（仅当"图案填充类型"设定为"用户定义"时可用）将绘制第二组直线，与原始直线成90°，从而构成交叉线。

（9）ISO 笔宽：（仅对于预定义的 ISO 图案可用）基于选定的笔宽缩放 ISO 图案。

4."原点"面板

（1）设定原点：直接指定新的图案填充原点。

（2）左下：将图案填充原点设定在图案填充边界矩形范围的左下角。

（3）右下：将图案填充原点设定在图案填充边界矩形范围的右下角。

（4）左上：将图案填充原点设定在图案填充边界矩形范围的左上角。

（5）右上：将图案填充原点设定在图案填充边界矩形范围的右上角。

（6）中心：将图案填充原点设定在图案填充边界矩形范围的中心。

（7）使用当前原点：将图案填充原点设定在 HPORIGIN 系统变量中存储的默认位置。

（8）存储为默认原点：将新图案填充原点的值存储在 HPORIGIN 系统变量中。

5."选项"面板

（1）关联：指定图案填充或填充为关联图案填充。关联的图案填充或填充在用户修改其边界对象时将会更新。

（2）注释性：指定图案填充为注释性。此特性会自动完成缩放注释过程，从而使注释能够以正确的大小在图纸上打印或显示。

（3）特性匹配。

① 使用当前原点：使用选定图案填充对象（除图案填充原点外）设定图案填充的特性。

② 使用源图案填充的原点：使用选定图案填充对象（包括图案填充原点）设定图案填充的特性。

（4）允许的间隙：设定将对象用作图案填充边界时可以忽略的最大间隙。默认值为 0，此值指定对象必须封闭区域而没有间隙。

（5）创建独立的图案填充：控制当指定了几个单独的闭合边界时，是创建单个图案填充对象，还是创建多个图案填充对象。

（6）孤岛检测。

① 普通孤岛检测：从外部边界向内填充。如果遇到内部孤岛，填充将关闭，直到遇到孤岛中的另一个孤岛。

② 外部孤岛检测：从外部边界向内填充。此选项仅填充指定的区域，不会影响内部孤岛。

③ 忽略孤岛检测：忽略所有内部的对象，填充图案时将通过这些对象。

（7）绘图次序：为图案填充或填充指定绘图次序。选项包括不更改、后置、前置、置于边界之后和置于边界之前。

（8）图案填充设置：单击"图案填充设置"按钮 ⬃，弹出"图案填充和渐变色"对话框。

① "图案填充"选项卡。此选项卡下各选项用来确定图案及其参数。

② "渐变色"选项卡。渐变色是指从一种颜色到另一种颜色的平滑过渡。渐变色能产生光的效果，可为图形添加视觉效果。

6. "关闭" 面板

关闭 "图案填充创建"：退出 HATCH 并关闭上下文选项卡。也可以按 Enter 键或 Esc 键退出 HATCH。

3.5.3　编辑填充的图案

利用 HATCHEDIT 命令可以编辑已经填充的图案。

【执行方式】
- ☑　命令行：HATCHEDIT（快捷命令：HE）。
- ☑　菜单栏：选择菜单栏中的 "修改" → "对象" → "图案填充" 命令。
- ☑　工具栏：单击 "修改 II" 工具栏中的 "编辑图案填充" 按钮。
- ☑　功能区：单击 "默认" 选项卡 "修改" 面板中的 "编辑图案填充" 按钮。

【操作步骤】

执行上述命令后，系统提示 "选择图案填充对象"。选择填充对象后，系统打开如图 3-49 所示的 "图案填充编辑器" 选项卡。在图 3-49 中，只有亮显的选项才可以对其进行操作。

图 3-49　"图案填充编辑器" 选项卡

3.6　多　段　线

多段线是一种由线段和圆弧组合而成的不同线宽的多线，这种线由于其组合形式的多样和线宽的不同，弥补了直线或圆弧功能的不足，适合绘制各种复杂的图形轮廓，因而得到了广泛的应用。

【预习重点】
- ☑　比较多段线与直线、圆弧组合体的差异。
- ☑　了解 "多段线" 命令行选项的含义。
- ☑　了解如何编辑多段线。
- ☑　对比编辑多段线与面域的区别。

3.6.1　绘制多段线

【执行方式】
- ☑　命令行：PLINE（快捷命令：PL）。
- ☑　菜单栏：选择菜单栏中的 "绘图" → "多段线" 命令。
- ☑　工具栏：单击 "绘图" 工具栏中的 "多段线" 按钮。
- ☑　功能区：单击 "默认" 选项卡 "绘图" 面板中的 "多段线" 按钮。

【操作实践——绘制浴缸】

绘制如图 3-50 所示的浴缸，操作步骤如下。

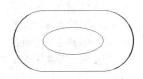

图 3-50　浴缸

（1）单击"默认"选项卡"绘图"面板中的"多段线"按钮 ，绘制浴缸外沿。命令行提示与操作如下：

命令: _pline
指定起点: 200,100↙
当前线宽为 0.0000
指定下一个点或 [圆弧(A)/半宽(H)/长度(L)/放弃(U)/宽度(W)]: 500,100↙
指定下一点或 [圆弧(A)/闭合(C)/半宽(H)/长度(L)/放弃(U)/宽度(W)]: H↙
指定起点半宽 <0.0000>:↙
指定端点半宽 <0.0000>: 2↙
指定下一点或 [圆弧(A)/闭合(C)/半宽(H)/长度(L)/放弃(U)/宽度(W)]: A↙
指定圆弧的端点(按住 Ctrl 键以切换方向)或[角度(A)/圆心(CE)/闭合(CL)/方向(D)/半宽(H)/直线(L)/半径(R)/第二个点(S)/放弃(U)/宽度(W)]: A↙
指定夹角: 90↙
指定圆弧的端点(按住 Ctrl 键以切换方向)或 [圆心(CE)/半径(R)]: CE↙
指定圆弧的圆心: 500,250↙
指定圆弧的端点(按住 Ctrl 键以切换方向)或[角度(A)/圆心(CE)/闭合(CL)/方向(D)/半宽(H)/直线(L)/半径(R)/第二个点(S)/放弃(U)/宽度(W)]: W↙
指定起点宽度 <4.0000>:↙
指定端点宽度 <4.0000>: 0↙
指定圆弧的端点(按住 Ctrl 键以切换方向)或[角度(A)/圆心(CE)/闭合(CL)/方向(D)/半宽(H)/直线(L)/半径(R)/第二个点(S)/放弃(U)/宽度(W)]: D↙
指定圆弧的起点切向:（指定竖直方向一点）
指定圆弧的端点(按住 Ctrl 键以切换方向): 500,400↙
指定圆弧的端点(按住 Ctrl 键以切换方向)或[角度(A)/圆心(CE)/闭合(CL)/方向(D)/半宽(H)/直线(L)/半径(R)/第二个点(S)/放弃(U)/宽度(W)]: L↙
指定下一点或 [圆弧(A)/闭合(C)/半宽(H)/长度(L)/放弃(U)/宽度(W)]: 200,400↙
指定下一点或 [圆弧(A)/闭合(C)/半宽(H)/长度(L)/放弃(U)/宽度(W)]: H↙
指定起点半宽 <0.0000>:↙
指定端点半宽 <0.0000>: 2↙
指定下一点或 [圆弧(A)/闭合(C)/半宽(H)/长度(L)/放弃(U)/宽度(W)]: A↙
指定圆弧的端点(按住 Ctrl 键以切换方向)或[角度(A)/圆心(CE)/闭合(CL)/方向(D)/半宽(H)/直线(L)/半径(R)/第二个点(S)/放弃(U)/宽度(W)]: CE↙
指定圆弧的圆心: 200,250↙
指定圆弧的端点(按住 Ctrl 键以切换方向)或 [角度(A)/长度(L)]: A↙
指定夹角(按住 Ctrl 键以切换方向): 90↙
指定圆弧的端点(按住 Ctrl 键以切换方向)或[角度(A)/圆心(CE)/闭合(CL)/方向(D)/半宽(H)/直线(L)/半径(R)/第二个点(S)/放弃(U)/宽度(W)]: W↙
指定起点宽度 <4.0000>:↙
指定端点宽度 <4.0000>: 0↙
指定圆弧的端点(按住 Ctrl 键以切换方向)或[角度(A)/圆心(CE)/闭合(CL)/方向(D)/半宽(H)/直线(L)/半径(R)/第二个点(S)/放弃(U)/宽度(W)]: CL↙

（2）单击"默认"选项卡"绘图"面板中的"椭圆"按钮 ，绘制缸底。命令行提示与操作如下：

命令: ELLIPSE↙
指定椭圆的轴端点或 [圆弧(A)/中心点(C)]:（指定端点）
指定轴的另一个端点:（指定另一端点）
指定另一条半轴长度或 [旋转(R)]:（指定半轴长度）

结果如图 3-50 所示。

【选项说明】

多段线主要由连续的不同宽度的线段或圆弧组成，如果在上述提示中选择"圆弧"选项，则命令行提示如下：

指定圆弧的端点(按住 Ctrl 键以切换方向)或 [角度(A)/圆心(CE)/闭合(CL)/方向(D)/半宽(H)/直线(L)/半径(R)/第二个点(S)/放弃(U)/宽度(W)]：

绘制圆弧的方法与"圆弧"命令相似。

3.6.2　编辑多段线

【执行方式】

- ☑　命令行：PEDIT（缩写名：PE）。
- ☑　菜单栏：选择菜单栏中的"修改"→"对象"→"多段线"命令。
- ☑　工具栏：单击"修改 II"工具栏中的"编辑多段线"按钮╱。
- ☑　功能区：单击"默认"选项卡"修改"面板中的"编辑多段线"按钮╱。
- ☑　快捷菜单：选择要编辑的多线段，在绘图区右击，从打开的快捷菜单中选择"多段线"→"编辑多段线"命令。

【操作步骤】

命令：PEDIT↙
选择多段线或 [多条(M)]：（选择一条要编辑的多段线）
输入选项 [闭合(C)/合并(J)/宽度(W)/编辑顶点(E)/拟合(F)/样条曲线(S)/非曲线化(D)/线型生成(L)/反转(R)/放弃(U)]：

【选项说明】

（1）合并(J)：以选中的多段线为主体，合并其他直线段、圆弧或多段线，使其成为一条多段线。能合并的条件是各段线的端点首尾相连，如图 3-51 所示。

（2）宽度(W)：修改整条多段线的线宽，使其具有同一线宽，如图 3-52 所示。

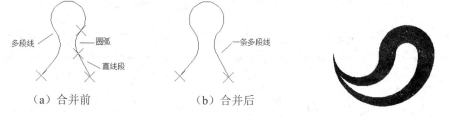

（a）合并前　　　　　　（b）合并后

图 3-51　合并多段线　　　　　　　　　　图 3-52　修改整条多段线的线宽

（3）编辑顶点(E)：选择该项后，在多段线起点处出现一个斜的十字叉"×"，为当前顶点的标记，命令行提示与操作如下：

[下一个(N)/上一个(P)/打断(B)/插入(I)/移动(M)/重生成(R)/拉直(S)/切向(T)/宽度(W)/退出(X)] <N>：

这些选项允许用户进行移动、插入顶点和修改任意两点间的线的线宽等操作。

（4）拟合(F)：从指定的多段线生成由光滑圆弧连接而成的圆弧拟合曲线，该曲线经过多段线的各顶点，如图 3-53 所示。

（5）样条曲线(S)：以指定的多段线的各顶点作为控制点生成 B 样条曲线，如图 3-54 所示。

修改前　　　　　　修改后　　　　　　　　修改前　　　　　　修改后

图 3-53　生成圆弧拟合曲线　　　　　　　图 3-54　生成 B 样条曲线

（6）非曲线化(D)：用直线代替指定的多段线中的圆弧。对于选择"拟合(F)"选项或"样条曲线(S)"选项后生成的圆弧拟合曲线或样条曲线，删去其生成曲线时新插入的顶点，则恢复成由直线段组成的多段线。

（7）线型生成(L)：当多段线的线型为点划线时，控制多段线的线型生成方式开关。选择此项，系统提示如下：

输入多段线线型生成选项 [开(ON)/关(OFF)] <关>：

选择 ON 时，将在每个顶点处允许以短画开始或结束生成线型，选择 OFF 时，将在每个顶点处允许以长画开始或结束生成线型。"线型生成"不能用于包含带变宽的线段的多段线，如图 3-55 所示。

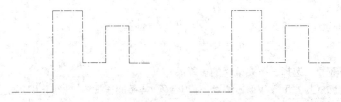

图 3-55　控制多段线的线型（线型为点画线时）

🎓 **高手支招**

（1）利用"多段线"命令可以画不同宽度的直线、圆和圆弧。但在实际绘制工程图时，不是利用 PLINE 命令在屏幕上画出具有宽度信息的图形，而是利用 LINE、ARC、CIRCLE 等命令画出不具有（或具有）宽度信息的图形。

（2）多段线是否填充受 FILL 命令的控制。执行该命令，输入"OFF"，即可使填充处于关闭状态。

3.7　样条曲线

AutoCAD 使用一种称为非一致有理 B 样条（NURBS）曲线的特殊样条曲线类型。NURBS 曲线在控制点之间产生一条光滑的样条曲线，如图 3-56 所示。样条曲线可用于创建形状不规则的曲线，例如，为地理信息系统（GIS）应用或汽车设计绘制轮廓线。

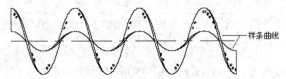

图 3-56　样条曲线

【预习重点】
☑　观察绘制的样条曲线。
☑　了解样条曲线中命令行选项的含义。

☑　对比观察利用夹点编辑与编辑样条曲线命令调整曲线轮廓的区别。

☑　练习样条曲线的应用。

3.7.1　绘制样条曲线

【执行方式】

☑　命令行：SPLINE。

☑　菜单栏：选择菜单栏中的"绘图"→"样条曲线"命令。

☑　工具栏：单击"绘图"工具栏中的"样条曲线"按钮⌁。

☑　功能区：单击"默认"选项卡"绘图"面板中的"样条曲线拟合"按钮⌁或"样条曲线控制点"按钮⌁。

【操作实践——绘制壁灯】

绘制如图 3-57 所示的壁灯，操作步骤如下。

（1）单击"默认"选项卡"绘图"面板中的"矩形"按钮▭，在适当位置绘制一个 220mm×50mm 的矩形。

（2）单击"默认"选项卡"绘图"面板中的"直线"按钮╱，在矩形中绘制 5 条水平直线，结果如图 3-58 所示。

（3）单击"默认"选项卡"绘图"面板中的"多段线"按钮⌁，绘制灯罩。命令行提示与操作如下：

```
命令：_pline
指定起点：（在矩形上方适当位置）
当前线宽为 0.0000
指定下一个点或 [圆弧(A)/半宽(H)/长度(L)/放弃(U)/宽度(W)]: A↙
指定圆弧的端点(按住 Ctrl 键以切换方向)或 [角度(A)/圆心(CE)/方向(D)/半宽(H)/直线(L)/半径(R)/第二个点(S)/放弃(U)/宽度(W)]: S↙
指定圆弧上的第二个点:（捕捉矩形上边线中点）
指定圆弧的端点:（适当指定一点，此点大约与第一点水平）
指定圆弧的端点(按住 Ctrl 键以切换方向)或 [角度(A)/圆心(CE)/闭合(CL)/方向(D)/半宽(H)/直线(L)/半径(R)/第二个点(S)/放弃(U)/宽度(W)]: L↙
指定下一点或 [圆弧(A)/闭合(C)/半宽(H)/长度(L)/放弃(U)/宽度(W)]:（捕捉圆弧起点）
```

重复"多段线"命令，在灯罩上绘制一个不等四边形，如图 3-59 所示。

（4）单击"默认"选项卡"绘图"面板中的"样条曲线拟合"按钮⌁，绘制装饰物，命令行提示与操作如下：

```
命令：_spline
当前设置：方式=拟合　　节点=弦
指定第一个点或 [方式(M)/节点(K)/对象(O)]:（适当指定一点）
输入下一个点或 [起点切向(T)/公差(L)]:（适当指定一点）
输入下一个点或 [端点相切(T)/公差(L)/放弃(U)]:（适当指定一点）
输入下一个点或 [端点相切(T)/公差(L)/放弃(U)/闭合(C)]:（适当指定一点）
输入下一个点或 [端点相切(T)/公差(L)/放弃(U)/闭合(C)]:（适当指定一点）
输入下一个点或 [端点相切(T)/公差(L)/放弃(U)/闭合(C)]: ↙
```

重复"样条曲线"命令，绘制另两条样条曲线，适当选取各控制点，结果如图 3-60 所示。

（5）单击"默认"选项卡"绘图"面板中的"多段线"按钮⌁，在矩形的两侧绘制月亮装饰，如图 3-57

所示。

图 3-57　壁灯

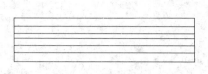
图 3-58　绘制底座

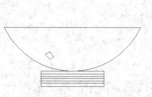
图 3-59　绘制灯罩

图 3-60　绘制装饰物

【选项说明】

（1）对象(O)：将二维或三维的二次或三次样条曲线的拟合多段线转换为等价的样条曲线，然后（根据 DelOBJ 系统变量的设置）删除该拟合多段线。

（2）闭合(C)：将最后一点定义为与第一点一致，并使其在连接处与样条曲线相切，这样可以闭合样条曲线。

用户可以指定一点来定义切向矢量，或者通过使用"切点"和"垂足"对象来捕捉模式使样条曲线与现有对象相切或垂直。

（3）拟合公差(F)：修改当前样条曲线的拟合公差。根据新的拟合公差，以现有点重新定义样条曲线。拟合公差表示样条曲线拟合时所指定的拟合点集的拟合精度。拟合公差越小，样条曲线与拟合点越接近。公差为 0 时，样条曲线将通过该点。输入大于 0 的拟合公差时，将使样条曲线在指定的公差范围内通过拟合点。在绘制样条曲线时，可以通过改变样条曲线的拟合公差以查看效果。

（4）起点切向(T)：定义样条曲线的第一点和最后一点的切向。

如果在样条曲线的两端都指定切向，可以通过输入一个点或者使用"切点"和"垂足"对象捕捉模式使样条曲线与已有的对象相切或垂直。如果按 Enter 键，AutoCAD 将计算默认切向。

3.7.2　编辑样条曲线

【执行方式】

- ☑　命令行：SPLINEDIT。
- ☑　菜单栏：选择菜单栏中的"修改"→"对象"→"样条曲线"命令。
- ☑　工具栏：单击"修改 II"工具栏中的"编辑样条曲线"按钮 ⌀。
- ☑　功能区：单击"默认"选项卡"修改"面板中的"编辑样条曲线"按钮 ⌀。
- ☑　快捷菜单：选择要编辑的样条曲线，在绘图区右击，从打开的快捷菜单中选择"样条曲线"下拉菜单中的选项进行编辑。

【操作步骤】

命令：SPLINEDIT✓
选择样条曲线：（选择要编辑的样条曲线。若选择的样条曲线是用 SPLINE 命令创建的，其近似点以夹点的颜色显示出来；若选择的样条曲线是用 PLINE 命令创建的，其控制点以夹点的颜色显示出来）
输入选项 [闭合(C)/合并(J)/拟合数据(F)/编辑顶点(E)/转换为多段线(P)/反转(R)/放弃(U)/退出(X)] <退出>：

【选项说明】

（1）拟合数据(F)：编辑近似数据。选择该项后，创建该样条曲线时指定的各点将以小方格的形式显示出来。

（2）移动顶点(M)：移动样条曲线上的当前点。

（3）精度(R)：调整样条曲线的定义精度。

（4）反转(R)：翻转样条曲线的方向。该项操作主要用于应用程序。

3.8　多　　线

多线是一种复合线，由连续的直线段复合组成。多线的一个突出优点是能够提高绘图效率，保证图线之间的统一性。

【预习重点】

☑　观察绘制的多线。

☑　了解多线的不同样式。

☑　观察如何编辑多线。

3.8.1　绘制多线

多线应用的一个最主要的场合是建筑墙线的绘制，在后面的学习中会通过相应的实例帮助读者进行体会。

【执行方式】

☑　命令行：MLINE。

☑　菜单栏：选择菜单栏中的"绘图"→"多线"命令。

【操作步骤】

```
命令: MLINE↙
当前设置: 对正 = 上，比例 = 20.00，样式 = STANDARD
指定起点或 [对正(J)/比例(S)/样式(ST)]：（指定起点）
指定下一点：（给定下一点）
指定下一点或 [放弃(U)]：（继续给定下一点绘制线段。输入"U"，则放弃前一段的绘制；右击或按 Enter 键，结束命令）
指定下一点或 [闭合(C)/放弃(U)]：（继续给定下一点绘制线段。输入"C"，则闭合线段，结束命令）
```

【选项说明】

（1）对正(J)：该项用于给定绘制多线的基准。共有 3 种对正类型，即"上"、"无"和"下"。其中，"上(T)"表示以多线上侧的线为基准，依此类推。

（2）比例(S)：选择该项，要求用户设置平行线的间距。输入值为 0 时平行线重合，值为负时多线的排列倒置。

（3）样式(ST)：该项用于设置当前使用的多线样式。

3.8.2　定义多线样式

【执行方式】

☑　命令行：MLSTYLE。

【操作步骤】

执行上述命令后，打开如图 3-61 所示的"多线样式"对话框。在该对话框中，用户可以对多线样式进行定义、保存和加载等操作。

3.8.3 编辑多线

【执行方式】

- ☑ 命令行：MLEDIT。
- ☑ 菜单栏：选择菜单栏中的"修改"→"对象"→"多线"命令。

图 3-61 "多线样式"对话框

【操作实践——绘制墙体】

绘制如图 3-62 所示的墙体，操作步骤如下。

（1）单击"默认"选项卡"绘图"面板中的"构造线"按钮 ，绘制出一条水平构造线和一条竖直构造线，组成"十"字形辅助线，如图 3-63 所示。

（2）单击"默认"选项卡"修改"面板中的"偏移"按钮 ，将水平构造线依次向上偏移 4200、5100、1800 和 3000，偏移得到的水平构造线如图 3-64 所示。重复"偏移"命令，将垂直构造线依次向右偏移 3900、1800、2100 和 4500，结果如图 3-65 所示。

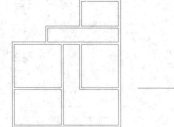
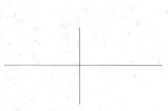

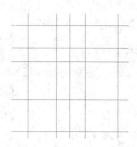

图 3-62 墙体   图 3-63 "十"字形辅助线   图 3-64 水平构造线   图 3-65 居室的辅助线网格

（3）选择菜单栏中的"格式"→"多线样式"命令，系统打开"多线样式"对话框，单击"新建"按钮，系统打开"创建新的多线样式"对话框，在"新样式名"文本框中输入"墙体线"，单击"继续"按钮。

（4）系统打开"新建多线样式:墙体线"对话框，进行如图 3-66 所示的设置。

（5）选择菜单栏中的"绘图"→"多线"命令，绘制多线墙体。命令行提示与操作如下：

```
命令: MLINE
当前设置: 对正 = 上, 比例 = 20.00, 样式 = 墙体线
指定起点或 [对正(J)/比例(S)/样式(ST)]: S↵
输入多线比例 <20.00>: 1↵
当前设置: 对正 = 上, 比例 = 1.00, 样式 =墙体线
指定起点或 [对正(J)/比例(S)/样式(ST)]: J↵
输入对正类型 [上(T)/无(Z)/下(B)] <上>: Z↵
当前设置: 对正 = 无, 比例 = 1.00, 样式 =墙体线
指定起点或 [对正(J)/比例(S)/样式(ST)]:（在绘制的辅助线交点上指定一点）
指定下一点:（在绘制的辅助线交点上指定下一点）
指定下一点或 [放弃(U)]:（在绘制的辅助线交点上指定下一点）
```

指定下一点或 [闭合(C)/放弃(U)]:（在绘制的辅助线交点上指定下一点）
指定下一点或 [闭合(C)/放弃(U)]: C↙

根据辅助线网格，用相同方法绘制多线，绘制结果如图 3-67 所示。

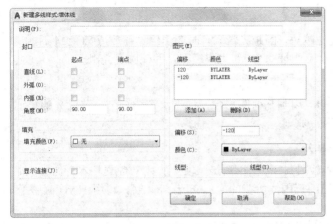

图 3-66 设置多线样式

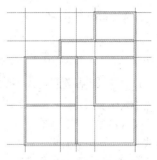

图 3-67 全部多线绘制结果

（6）编辑多线。选择菜单栏中的"修改"→"对象"→"多线"命令，系统打开"多线编辑工具"对话框，如图 3-68 所示。选择其中的"T 形合并"选项，单击"关闭"按钮后，命令行提示与操作如下：

命令: MLEDIT
选择第一条多线:（选择多线）
选择第二条多线:（选择多线）
选择第一条多线或 [放弃(U)]:

重复"编辑多线"命令继续进行多线编辑，编辑的最终结果如图 3-69 所示。

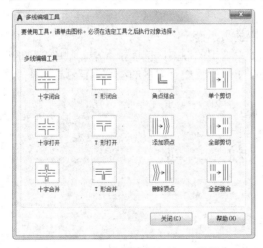

图 3-68 "多线编辑工具"对话框

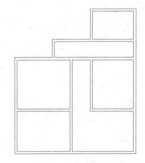

图 3-69 墙体

利用该对话框，可以创建或修改多线的模式。对话框中分 4 列显示了示例图形。其中，第 1 列管理十字交叉形式的多线，第 2 列管理 T 形多线，第 3 列管理拐角结合点和节点形式的多线，第 4 列管理多线被剪切或连接的形式。

单击选择某个示例图形，然后单击"关闭"按钮，即可调用该项编辑功能。

3.9 名师点拨——二维绘图技巧

1. 如何解决图形中的圆不圆的情况

圆是由 N 边形形成的，数值 N 越大，棱边越短，圆越光滑。有时图形经过缩放或 ZOOM 后，绘制的圆边显示棱边，图形会变得粗糙。在命令行中输入"RE"，重新生成模型，并使圆变光滑。

2. 如何等分几何图形

"等分点"命令只适用于直线，不能直接应用到几何图形中，如无法等分矩形，可以分解矩形，再等分矩形两条边线，适当连接等分点，即可完成矩形等分。

3. HATCH 图案填充时找不到范围怎么解决

在用 HATCH 图案填充时常常遇到找不到线段封闭范围的情况，尤其是 DWG 文件本身比较大时，此时可以采用 LAYISO（图层隔离）命令让欲填充的范围线所在的层孤立或"冻结"，再用 HATCH 图案填充即可快速找到所需填充范围。

另外，填充图案的边界确定有一个边界集设置的问题（在高级栏下）。在默认情况下，HATCH 通过分析图形中所有闭合的对象来定义边界。对屏幕中的所有完全可见或局部可见的对象进行分析以定义边界，在复杂的图形中可能耗费大量时间。要填充复杂图形的小区域，可以在图形中定义一个对象集，称作边界集。HATCH 不会分析边界集中未包含的对象。

4. 图案填充的操作技巧

当使用"图案填充"命令时，所使用图案的比例因子值均为 1，即原本定义时的真实样式。然而，随着界限定义的改变，比例因子应作相应的改变，否则会使填充图案过密或者过疏，因此在选择比例因子时可使用下列技巧进行操作：

（1）当处理较小区域的图案时，可以减小图案的比例因子值，相反地，当处理较大区域的图案填充时，则可以增加图案的比例因子值。

（2）比例因子应恰当选择，要视具体的图形界限的大小而定。

（3）当处理较大的填充区域时，要特别小心，如果选用的图案比例因子太小，则所产生的图案就像是使用 SOLID 命令所得到的填充结果一样，这是因为在单位距离中有太多的线，不仅看起来不恰当，而且也增加了文件的大小。

（4）比例因子的取值应遵循"宁大不小"这一原则。

3.10 上机实验

【练习 1】绘制如图 3-70 所示的圆桌。

1. 目的要求

本实例图形涉及的命令主要是"圆"。本实例帮助读者灵活掌握圆的绘制方法。

2. 操作提示

（1）单击"默认"选项卡"绘图"面板中的"圆"按钮⊙，绘制外沿。

（2）单击"默认"选项卡"绘图"面板中的"圆"按钮⊙，结合对象捕捉功能绘制同心内圆。

图 3-70 圆桌

【练习 2】绘制如图 3-71 所示的椅子。

图 3-71　椅子

1. 目的要求

本实例图形涉及的命令主要是"直线"和"圆弧"。本实例帮助读者灵活掌握直线和圆弧的绘制方法。

2. 操作提示

（1）单击"默认"选项卡"绘图"面板中的"直线"按钮／，绘制基本形状。

（2）单击"默认"选项卡"绘图"面板中的"圆弧"按钮╱，结合对象捕捉功能绘制一些圆弧造型。

【练习 3】绘制如图 3-72 所示的盥洗盆。

图 3-72　盥洗盆

1. 目的要求

本实例图形涉及的命令主要是"矩形""直线""圆""椭圆""椭圆弧"。本实例帮助读者灵活掌握各种基本绘图命令的操作方法。

2. 操作提示

（1）单击"默认"选项卡"绘图"面板中的"直线"按钮／，绘制水龙头图形。

（2）单击"默认"选项卡"绘图"面板中的"圆"按钮⊙，绘制两个水龙头旋钮。

（3）单击"默认"选项卡"绘图"面板中的"椭圆"按钮⬭，绘制盥洗盆外缘。

（4）单击"默认"选项卡"绘图"面板中的"椭圆弧"按钮⤺，绘制盥洗盆内缘。

（5）单击"默认"选项卡"绘图"面板中的"圆弧"按钮╱，完成盥洗盆绘制。

【练习 4】绘制如图 3-73 所示的雨伞。

1. 目的要求

本实例图形涉及的命令主要是"圆弧""样条曲线""多段线"。本实例帮助读者灵活掌握"样条曲线"和"多段线"命令的操作方法。

2. 操作提示

（1）单击"默认"选项卡"绘图"面板中的"圆弧"按钮╱，绘制伞的外框。

（2）单击"默认"选项卡"绘图"面板中的"样条曲线拟合"按钮∿，绘制伞的底边。

（3）单击"默认"选项卡"绘图"面板中的"圆弧"按钮╱，绘制伞面辐条。

图 3-73　雨伞

（4）单击"默认"选项卡"绘图"面板中的"多段线"按钮，绘制伞把。

3.11　模拟考试

1. 绘制圆环时，若将内径指定为0，则会（　　　）。

    A. 绘制一个线宽为0的圆　　　　　　　　B. 绘制一个实心圆

    C. 提示重新输入数值　　　　　　　　　　D. 提示错误，退出该命令

2. 同时填充多个区域，如果修改一个区域的填充图案而不影响其他区域，则（　　　）。

    A. 将图案分解　　　　　　　　　　　　　B. 在创建图案填充时选择"关联"

    C. 删除图案，重新对该区域进行填充　　　D. 在创建图案填充时选择"创建独立的图案填充"

3. 可以有宽度的线有（　　　）。

    A. 构造线　　　　　B. 多段线　　　　　　C. 直线　　　　　　　　D. 样条曲线

4. 绘制带有圆角的矩形，首先要（　　　）。

    A. 先确定一个角点　　　　　　　　　　　B. 绘制矩形再倒圆角

    C. 先设置圆角再确定角点　　　　　　　　D. 先设置倒角再确定角点

5. 绘制直线，起点坐标为（57,79），直线长度为173，与 X 轴正向的夹角为71°。将线5等分，从起点开始的第一个等分点的坐标为（　　　）。

    A. X = 113.3233，Y = 242.5747　　　　　B. X = 79.7336，Y = 145.0233

    C. X = 90.7940，Y = 177.1448　　　　　D. X = 68.2647，Y = 111.7149

6. 将用"矩形"命令绘制的四边形分解后，该矩形成为（　　　）个对象。

    A. 4　　　　　　　B. 3　　　　　　　　C. 2　　　　　　　　　D. 1

7. 根据图案填充创建边界时，边界类型可能是（　　　）选项。

    A. 三维多段线　　　B. 样条曲线　　　　　C. 多段线　　　　　　　D. 螺旋线

8. 绘制如图 3-74 所示的图形 1。

9. 绘制如图 3-75 所示的图形 2，其中，三角形是边长为 81 的等边三角形，3 个圆分别与三角形相切。

图 3-74　图形 1

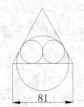

81

图 3-75　图形 2

第4章

基本绘图工具

　　为了快捷、准确地绘制图形，AutoCAD 提供了多种必要的辅助绘图工具，如图层工具、对象约束工具、对象捕捉工具、栅格和正交模式等。利用这些工具，用户可以方便、迅速、准确地实现图形的绘制和编辑，不仅可提高工作效率，而且能更好地保证图形的质量。

　　本章将详细讲述这些工具的具体使用方法和技巧。

4.1 显 示 控 制

【预习重点】

☑ 学习图形缩放。
☑ 学习图形平移。

4.1.1 图形的缩放

所谓视图，就是必须有特定的放大倍数、位置及方向。改变视图最一般的方法就是利用"缩放"和"平移"命令，可以在绘图区域放大或缩小图像显示，或者改变观察位置。

缩放并不改变图形的绝对大小，只是在图形区域内改变视图的大小。AutoCAD 提供了多种缩放视图的方法，下面以动态缩放为例介绍缩放的操作方法。

【执行方式】

☑ 命令行：ZOOM。
☑ 菜单栏：选择菜单栏中的"视图"→"缩放"→"动态"命令。
☑ 工具栏：单击"标准"工具栏中"缩放"下拉菜单栏中的"动态缩放"按钮。

【操作步骤】

命令: ZOOM✓
指定窗口的角点，输入比例因子 (nX 或 nXP)，或者 [全部(A)/中心(C)/动态(D)/范围(E)/上一个(P)/比例(S)/窗口(W)/对象(O)] <实时>: D✓

执行上述命令后，系统打开一个图框。选取动态缩放前的画面呈绿色点线。如果动态缩放的图形显示范围与选取动态缩放前的范围相同，则此框与边线重合而不可见。重生成区域的四周有一个蓝色虚线框，用来标记虚拟屏幕。

如果线框中有一个"×"，如图 4-1（a）所示，就可以拖动线框并将其平移到另外一个区域。如果要放大图形到不同的放大倍数，单击鼠标，"×"就会变成一个箭头，如图 4-1（b）所示。这时左右拖动边界线即可重新确定视口的大小。缩放后的图形如图 4-1（c）所示。

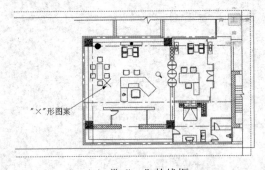

（a）带"×"的线框

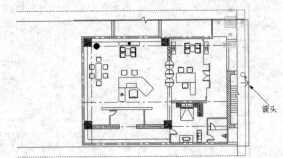

（b）带箭头的线框

图 4-1 动态缩放

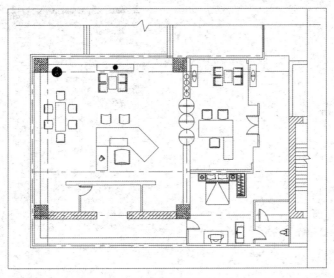

（c）缩放后的图形

图 4-1 动态缩放（续）

另外，还有实时缩放、窗口缩放、比例缩放、中心缩放、全部缩放、缩放对象、缩放上一个和范围缩放，操作方法与动态缩放类似，这里不再赘述。

4.1.2 平移

1. 实时平移

【执行方式】

- ☑ 命令行：PAN。
- ☑ 菜单栏：选择菜单栏中的"视图"→"平移"→"实时"命令。
- ☑ 工具栏：单击"标准"工具栏中的"实时平移"按钮 ✋。

【操作步骤】

执行上述命令后，单击鼠标，然后移动手形光标即可平移图形。当移动到图形的边沿时，光标呈三角形显示。

另外，在 AutoCAD 2017 中为显示控制命令设置了一个快捷菜单，单击鼠标右键，打开如图 4-2 所示的快捷菜单。在该菜单中，可以在显示命令执行的过程中透明地进行切换。

2. 定点平移和方向平移

【执行方式】

- ☑ 命令行：PAN。
- ☑ 菜单栏：选择菜单栏中的"视图"→"平移"→"实时"命令，如图 4-3 所示。

【操作步骤】

命令: PAN ↙

执行上述命令后，当前图形按指定的位移和方向进行平移。另外，在"平移"子菜单中还有"左""右""上""下""点"5 个平移命令，选择这些命令时，图形按指定的方向平移一定的距离。

图 4-2　右键快捷菜单　　　　　　　　　　　　　图 4-3　"平移"子菜单

4.2　精确定位工具

精确定位工具是指能够帮助用户快速准确地定位某些特殊点（如端点、中点、圆心等）和特殊位置（如水平位置、垂直位置）的工具，如图 4-4 所示。

图 4-4　状态栏

【预习重点】

- ☑　了解定位工具的应用。
- ☑　逐个对应各按钮与命令的相互关系。
- ☑　练习正交、栅格、捕捉按钮的应用。

4.2.1　捕捉工具

为了准确地在屏幕上捕捉点，AutoCAD 提供了捕捉工具，可以在屏幕上生成一个隐含的栅格（捕捉栅格），这个栅格能够捕捉光标，约束它只能落在栅格的某一个节点上，使用户能够高精确度地捕捉和选择该栅格上的点。本节介绍捕捉栅格的参数设置方法。

【执行方式】

- ☑　命令行：DSETTINGS。
- ☑　菜单栏：选择菜单栏中的"工具"→"绘图设置"命令。
- ☑　状态栏：▦（仅限于打开与关闭）。
- ☑　快捷键：F9（仅限于打开与关闭）。

【操作步骤】

执行上述命令后，系统打开"草图设置"对话框，其中的"捕捉和栅格"选项卡如图4-5所示。

图 4-5　"草图设置"对话框

【选项说明】

（1）"启用捕捉"复选框：控制捕捉功能的开关，与F9键或状态栏上的"捕捉"按钮功能相同。

（2）"捕捉间距"选项组：设置捕捉各参数。其中，"捕捉X轴间距"与"捕捉Y轴间距"确定捕捉栅格点在水平和垂直两个方向上的间距。

（3）"捕捉类型"选项组：确定捕捉类型，包括"栅格捕捉"、"矩形捕捉"和"等轴测捕捉"3种方式。"栅格捕捉"是指按正交位置捕捉位置点。在"矩形捕捉"方式下，捕捉栅格是标准的矩形；在"等轴测捕捉"方式下，捕捉栅格和光标十字线不再互相垂直，而是成绘制等轴测图时的特定角度，这种方式对于绘制等轴测图是十分方便的。

（4）"极轴间距"选项组：该选项组只有在"极轴捕捉"类型时才可用，可在"极轴距离"文本框中输入距离值。

也可以通过命令行中SNAP命令设置捕捉有关参数。

4.2.2　栅格工具

用户可以应用显示栅格工具使绘图区域上出现可见的网格。它是一个形象的画图工具，就像传统的坐标纸一样。本节介绍控制栅格的显示及设置栅格参数的方法。

【执行方式】

☑　菜单栏：选择菜单栏中的"工具"→"绘图设置"命令。

☑　状态栏：▦（仅限于打开与关闭）。

☑　快捷键：F7（仅限于打开与关闭）。

【操作步骤】

执行上述命令后，系统打开"草图设置"对话框，其中的"捕捉和栅格"选项卡如图4-5所示。"启用栅格"复选框用于控制是否显示栅格。"栅格X轴间距"和"栅格Y轴间距"文本框用来设置栅格在水平与垂直方向的间距，如果"栅格X轴间距"和"栅格Y轴间距"设置为0，则AutoCAD会自动将捕捉栅格间距应用于栅格，且其原点和角度总是与捕捉栅格的原点和角度相同。还可通过GRID命令在命令行设置栅格间距，不再赘述。

4.2.3　正交模式

在用 AutoCAD 绘图的过程中，经常需要绘制水平直线和垂直直线。但是用鼠标拾取线段的端点时，很难保证两个点严格沿水平或垂直方向。为此，AutoCAD 提供了正交功能。当启用正交模式时，画线或移动对象时只能沿水平方向或垂直方向移动光标，因此只能绘制平行于坐标轴的正交线段。

【执行方式】

- ☑　命令行：ORTHO。
- ☑　状态栏：∟（仅限于打开与关闭）。
- ☑　快捷键：F8。

【操作步骤】

命令: ORTHO↙
输入模式 [开(ON)/关(OFF)] <开>: 设置开或关

4.3　对象捕捉工具

在利用 AutoCAD 绘图时，经常要用到一些特殊的点，例如圆心、切点、线段或圆弧的端点、中点等。但是如果用鼠标拾取，要准确地找到这些点是十分困难的。为此，AutoCAD 提供了对象捕捉工具，通过这些工具可轻易找到这些点。

【预习重点】

- ☑　了解捕捉对象范围。
- ☑　练习如何打开捕捉。
- ☑　了解对象捕捉在绘图过程中的应用。

4.3.1　特殊位置点捕捉

在绘制 AutoCAD 图形时，有时需要指定一些特殊位置的点，例如圆心、端点、中点、平行线上的点等，如表 4-1 所示。可以通过对象捕捉功能来捕捉这些点。

表 4-1　特殊位置点捕捉

捕 捉 模 式	功　　　能
临时追踪点	建立临时追踪点
两点之间的中点	捕捉两个独立点之间的中点
自	建立一个临时参考点，作为指出后继点的基点
点过滤器	由坐标选择点
端点	线段或圆弧的端点
中点	线段或圆弧的中点
交点	线、圆弧或圆等的交点
外观交点	图形对象在视图平面上的交点
延长线	指定对象的延伸线
圆心	圆或圆弧的圆心

捕 捉 模 式	功　　能
象限点	距光标最近的圆或圆弧上可见部分的象限点，即圆周上 0°、90°、180° 和 270° 位置上的点
切点	最后生成的一个点到选中的圆或圆弧上引切线的切点位置
垂足	在线段、圆、圆弧或其延长线上捕捉一个点，使之与最后生成的点的连线与该线段、圆或圆弧正交
平行线	绘制与指定对象平行的图形对象
节点	捕捉用 POINT 或 DIVIDE 等命令生成的点
插入点	文本对象和图块的插入点
最近点	离拾取点最近的线段、圆、圆弧等对象上的点
无	关闭对象捕捉模式
对象捕捉设置	设置对象捕捉

AutoCAD 提供了命令行、工具栏和快捷菜单 3 种执行特殊点对象捕捉的方法。

1．命令行方式

绘图过程中，当在命令行中提示输入一点时，输入相应特殊位置点命令，如表 4-1 所示，然后根据提示操作即可。

2．工具栏方式

使用如图 4-6 所示的"对象捕捉"工具栏，可以使用户更方便地实现捕捉点的目的。当命令行提示输入一点时，从"对象捕捉"工具栏上单击相应的按钮。当把光标放在某一图标上时，会显示出该图标功能的提示，然后根据提示操作即可。

3．快捷菜单方式

快捷菜单可通过按下 Shift 键同时鼠标右击来激活，菜单中列出了 AutoCAD 提供的对象捕捉模式，如图 4-7 所示。操作方法与工具栏相似，只要在 AutoCAD 提示输入点时选择快捷菜单中相应的命令，然后按提示操作即可。

图 4-6　"对象捕捉"工具栏

图 4-7　对象捕捉快捷菜单

【操作实践——绘制线段】

从图 4-8 中线段的中点到圆的圆心绘制一条线段，操作步骤如下。

单击"默认"选项卡"绘图"面板中的"直线"按钮 ╱，绘制线段中点到圆的圆心的线段。命令行提示与操作如下：

命令: _line
指定第一个点:（捕捉直线中点）
指定下一点或 [放弃(U)]:（捕捉圆心）

结果如图 4-9 所示。

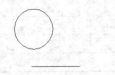

图 4-8　利用对象捕捉工具绘制线　　　图 4-9　绘制直线

4.3.2　设置对象捕捉

在用 AutoCAD 绘图之前，可以根据需要事先运行一些对象捕捉模式，绘图时 AutoCAD 能自动捕捉这些特殊点，从而加快绘图速度，提高绘图质量。

【执行方式】

☑　命令行：DDOSNAP。
☑　菜单栏：选择菜单栏中的"工具"→"绘图设置"命令。
☑　工具栏：单击"对象捕捉"工具栏中的"对象捕捉设置"按钮 ▯。
☑　状态栏：对象捕捉 ▯（仅限于打开与关闭功能）。
☑　快捷菜单：对象捕捉设置。
☑　快捷键：F3（仅限于打开与关闭功能）。

【操作实践——绘制花朵】

绘制如图 4-10 所示的花朵，操作步骤如下。

（1）选择菜单栏中的"工具"→"绘图设置"命令，在"草图设置"对话框中选择"对象捕捉"选项卡，如图 4-11 所示。单击"全部选择"按钮，选择所有的对象捕捉模式，确认后退出。

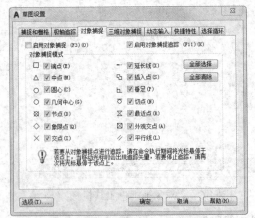

图 4-10　绘制花朵　　　　　图 4-11　"草图设置"对话框

（2）单击"默认"选项卡"绘图"面板中的"圆"按钮 ⊘，绘制圆，如图 4-12 所示。

（3）单击"默认"选项卡"绘图"面板中的"多边形"按钮 ⬠，再单击状态栏中的"对象捕捉"按钮，使其处于按下状态，打开对象捕捉功能，捕捉圆心，绘制内接于圆的正五边形。绘制结果如图 4-13 所示。

（4）单击"默认"选项卡"绘图"面板中的"圆弧"按钮 ⌒，捕捉最上斜边的中点为起点，最上顶点为第二点，左上斜边中点为端点绘制圆弧，绘制结果如图 4-14 所示。用同样方法绘制另外 4 段圆弧，结果如图 4-15 所示。

图 4-12　捕捉圆心　　图 4-13　绘制正五边形　　图 4-14　绘制一段圆弧　　图 4-15　绘制所有圆弧

（5）最后删除正五边形，结果如图 4-10 所示。

【选项说明】

（1）"启用对象捕捉"复选框：用于打开或关闭对象捕捉方式。当选中此复选框时，在"对象捕捉模式"选项组中选中的捕捉模式处于激活状态。

（2）"启用对象捕捉追踪"复选框：用于打开或关闭自动追踪功能。

（3）"对象捕捉模式"选项组：列出了各种捕捉模式，选中则该模式被激活。单击"全部清除"按钮，则所有模式均被清除。单击"全部选择"按钮，则所有模式均被选中。

另外，在对话框的左下角有一个"选项"按钮，单击该按钮可打开"选项"对话框的"草图"选项卡。利用该选项卡，可决定捕捉模式的各项设置。

4.4　对　象　约　束

约束能够用于精确地控制草图中的对象。草图约束有两种类型：尺寸约束和几何约束。

几何约束建立起草图对象的几何特性（如要求某一直线具有固定长度）以及两个或多个草图对象的关系类型（如要求两条直线垂直或平行，或是几个弧具有相同的半径）。在绘图区用户可以单击"参数化"选项卡中的"全部显示"、"全部隐藏"或"显示"按钮来显示有关信息，并显示代表这些约束的直观标记（如图 4-16 所示的水平标记 ⟠ 和共线标记 ⟩ 等）。

尺寸约束用于建立草图对象的大小（如直线的长度、圆弧的半径等）以及两个对象之间的关系（如两点之间的距离）。如图 4-17 所示为一带有尺寸约束的示例。

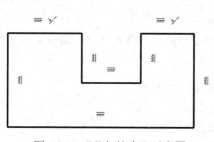

图 4-16　"几何约束"示意图

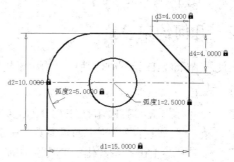

图 4-17　"尺寸约束"示意图

【预习重点】

☑ 了解对象约束菜单命令的使用。

☑ 练习几何约束命令的执行方法。

☑ 练习尺寸约束命令的执行方法。

4.4.1 建立几何约束

使用几何约束，可以指定草图对象必须遵守的条件，或是草图对象之间必须维持的关系。"参数化"选项卡中的"几何"面板及"几何约束"工具栏如图 4-18 所示，其主要几何约束选项的功能如表 4-2 所示。

图 4-18   "几何"面板及"几何约束"工具栏

表 4-2   特殊位置点捕捉

约 束 模 式	功　　能
重合	约束两个点使其重合，或者约束一个点使其位于曲线（或曲线的延长线）上。可以使对象上的约束点与某个对象重合，也可以使其与另一对象上的约束点重合
共线	使两条或多条直线段沿同一直线方向
同心	将两个圆弧、圆或椭圆约束到同一个中心点，与将重合约束应用于曲线的中心点所产生的结果相同
固定	将几何约束应用于一对对象时，选择对象的顺序以及选择每个对象的点都可能会影响对象彼此间的放置方式
平行	使选定的直线位于彼此平行的位置。平行约束在两个对象之间应用
垂直	使选定的直线位于彼此垂直的位置。垂直约束在两个对象之间应用
水平	使直线或点位于与当前坐标系的 X 轴平行的位置。默认选择类型为对象
竖直	使直线或点位于与当前坐标系的 Y 轴平行的位置
相切	将两条曲线约束为保持彼此相切或其延长线保持彼此相切。相切约束在两个对象之间应用
平滑	将样条曲线约束为连续，并与其他样条曲线、直线、圆弧或多段线保持 G2 连续性
对称	使选定对象受对称约束，相对于选定直线对称
相等	将选定的圆弧和圆重新调整为相同的半径，或将选定的直线重新调整为长度相同

绘图时可指定二维对象或对象上的点之间的几何约束。之后编辑受约束的几何图形时，将保留约束。因此，通过使用几何约束，可以在图形中包括设计要求。

4.4.2 几何约束设置

在使用 AutoCAD 绘图时，使用"约束设置"对话框可以控制显示或隐藏的几何约束类型。

【执行方式】

☑ 命令行：CONSTRAINTSETTINGS（快捷命令：CSETTINGS）。

☑ 菜单栏：选择菜单栏中的"参数"→"约束设置"命令。

☑ 工具栏：单击"参数化"工具栏中的"约束设置"按钮。

☑ 功能区：单击"参数化"选项卡"几何"面板中的"约束设置"按钮。

【操作步骤】

执行上述命令后，系统打开"约束设置"对话框，该对话框中的"几何"选项卡如图 4-19 所示，利用该选项卡可以控制约束栏上约束类型的显示。

图 4-19　"约束设置"对话框

【选项说明】

（1）"约束栏显示设置"选项组：此选项组用于控制图形编辑器中是否为对象显示约束栏或约束点标记。例如，可以为水平约束和竖直约束隐藏约束栏。

（2）"全部选择"按钮：用于选择几何约束类型。

（3）"全部清除"按钮：用于清除选定的几何约束类型。

（4）"仅为处于当前平面中的对象显示约束栏"复选框：仅为当前平面上受几何约束的对象显示约束栏。

（5）"约束栏透明度"选项组：用于设置图形中约束栏的透明度。

（6）"将约束应用于选定对象后显示约束栏"复选框：手动应用约束后或使用 AUTOCONSTRAIN 命令时显示相关约束栏。

（7）"选定对象时显示约束栏"复选框：临时显示选定对象的约束栏。

4.4.3　建立尺寸约束

建立尺寸约束就是限制图形几何对象的大小，与在草图上标注尺寸相似，同样设置尺寸标注线，与此同时建立相应的表达式，不同的是可以在后续的编辑工作中实现尺寸的参数化驱动。"标注"面板（在"参数化"选项卡的"标注"面板中）如图 4-20 所示。

生成尺寸约束时，用户可以选择草图曲线、边、基准平面或基准轴上的点，以生成水平、竖直、平行、垂直或角度尺寸。

生成尺寸约束时，系统会生成一个表达式，其名称和值显示在一个打开的文本区域中，如图 4-21 所示，用户可以接着编辑该表达式的名称和值。

图 4-20　"标注"面板

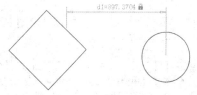

图 4-21　尺寸约束编辑

生成尺寸约束时，只要选中了几何体，其尺寸及其延伸线和箭头就会全部显示出来。将尺寸拖动到位后单击，即可完成尺寸的约束。完成尺寸约束后，用户可以随时更改。只需在绘图区选中该值并双击，即可使用和生成过程相同的方式，编辑其名称、值和位置。

4.4.4 尺寸约束设置

在使用 AutoCAD 绘图时，使用"约束设置"对话框中的"标注"选项卡，可以控制显示标注约束时的系统配置。尺寸可以约束以下内容。

（1）对象之间或对象上的点之间的距离。

（2）对象之间或对象上的点之间的角度。

在"约束设置"对话框中选择"标注"选项卡，对话框显示如图 4-22 所示。利用该选项卡可以控制约束类型的显示。

图 4-22 "标注"选项卡

【选项说明】

（1）"标注约束格式"选项组：在该选项组中可以设置标注名称格式以及锁定图标的显示。

（2）"名称和表达式"下拉列表框：选择应用标注约束时显示的文字指定格式。

（3）"为注释性约束显示锁定图标"复选框：针对已应用注释性约束的对象显示锁定图标。

（4）"为选定对象显示隐藏的动态约束"复选框：显示选定时已设置为隐藏的动态约束。

4.4.5 自动约束

【操作实践——绘制椅子】

绘制如图 4-23 所示的椅子，操作步骤如下。

（1）绘制直线。单击"默认"选项卡"绘图"面板中的"直线"按钮 ∕ 。绘制椅子初步轮廓，结果如图 4-24 所示。

（2）绘制圆弧。单击"默认"选项卡"绘图"面板中的"圆弧"按钮 ∕ ，命令行提示与操作如下：

命令：ARC↙
指定圆弧的起点或 [圆心(C)]：（用鼠标指定左上方竖线段端点 1，如图 4-24 所示）
指定圆弧的第二个点或 [圆心(C)/端点(E)]：（用鼠标在上方两竖线段正中间指定一点 2）
指定圆弧的端点：（用鼠标指定右上方竖线段端点 3）

（3）绘制直线。单击"默认"选项卡"绘图"面板中的"直线"按钮 /，命令行提示与操作如下：

命令: LINE↙
指定第一点: (用鼠标在刚才绘制的圆弧上指定一点)
指定下一点或 [放弃(U)]: (在垂直方向上用鼠标在中间水平线段上指定一点)
指定下一点或 [放弃(U)]: ↙

（4）用同样方法在圆弧上指定一点为起点向下绘制另一条竖线段。再以图 4-24 中 1、3 两点下面的水平线段的端点为起点各向下适当距离绘制两条竖直线段，如图 4-25 所示。

（5）单击"默认"选项卡"绘图"面板中的"圆弧"按钮 /，以图 4-25 所示的竖直线段的端点分别为圆弧的起点、第二点和端点来绘制圆弧，结果如图 4-26 所示，继续以同样方法绘制扶手位置另外 3 段圆弧。

命令: ARC↙
指定圆弧的起点或 [圆心(C)]: (用鼠标指定左边第一条竖线段上端点 4，如图 4-25 所示)
指定圆弧的第二个点或 [圆心(C)/端点(E)]: (选择刚绘制的竖线段上端点 5)
指定圆弧的端点: (用鼠标指定左下方第二条竖线段上端点 6)

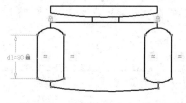

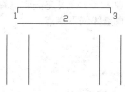

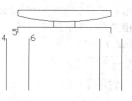

图 4-23　扶手长度为 80 的椅子　　　　图 4-24　椅子初步轮廓　　　　图 4-25　绘制过程

（6）单击"默认"选项卡"绘图"面板中的"直线"按钮 /，绘制直线。命令行提示与操作如下：

命令: LINE↙
指定第一个点: (用鼠标在刚才绘制圆弧正中间指定一点)
指定下一点或 [放弃(U)]: (在垂直方向上用鼠标指定一点)
指定下一点或 [放弃(U)]: ↙

（7）用同样方法绘制另一条竖线段。

（8）单击"默认"选项卡"绘图"面板中的"圆弧"按钮 /，绘制圆弧。命令行提示与操作如下：

命令: ARC
指定圆弧的起点或 [圆心(C)]: (用鼠标指定刚才绘制线段的下端点)
指定圆弧的第二个点或 [圆心(C)/端点(E)]: E↙
指定圆弧的端点: (用鼠标指定刚才绘制另一线段的下端点)
指定圆弧的中心点(按住 Ctrl 键以切换方向)或 [角度(A)/方向(D)/半径(R)]: D↙
指定圆弧起点的相切方向(按住 Ctrl 键以切换方向): (用鼠标指定圆弧起点切向)

（9）最后完成图形如图 4-26 所示。

（10）单击"参数化"选项卡"几何"面板中的"固定"按钮 ，使椅子扶手上部两圆弧均建立固定的几何约束。

（11）重复使用"相等"命令，使最左端竖直线与右端各条竖直线建立相等的几何约束。

（12）选择菜单栏中的"参数"→"约束设置"命令，打开"约束设置"对话框，设置自动约束。打开"自动约束"选项卡，选择重合约束，取消其余约束方式，如图 4-27 所示。

（13）单击"参数化"选项卡"几何"面板中的"自动约束"按钮 ，然后选择全部图形，为图形中所有交点建立"重合"约束。

图 4-26　椅子

图 4-27　"自动约束"设置

（14）单击"参数化"选项卡"标注"面板中的"线性"按钮，更改竖直尺寸。命令行提示与操作如下：

```
命令：_ DcLinear
指定第一个约束点或 [对象(O)] <对象>:（选择最左侧竖直直线的上端点）
指定第二个约束点:（选择最左侧竖直直线的下端点）
指定尺寸线位置:
标注文字 = 100
```

【选项说明】

（1）"自动约束"列表框：显示自动约束的类型以及优先级。可以通过"上移"和"下移"按钮调整优先级的先后顺序。可以单击✔图标选择或去掉某约束类型作为自动约束类型。

（2）"相切对象必须共用同一交点"复选框：指定两条曲线必须共用一个点（在距离公差范围内指定）以便应用相切约束。

（3）"垂直对象必须共用同一交点"复选框：指定直线必须相交或者一条直线的端点必须与另一条直线或直线的端点重合（在距离公差范围内指定）。

（4）"公差"选项组：设置可接受的"距离"和"角度"公差值以确定是否可以应用约束。

4.5　图　层　设　置

AutoCAD 中的图层如同在手工绘图中使用的重叠透明图纸，如图 4-28 所示，可以使用图层来组织不同类型的信息。在 AutoCAD 中，图形的每个对象都位于一个图层上，所有图形对象都具有图层、颜色、线型和线宽这 4 个基本属性。在绘图时，图形对象将创建在当前的图层上。每个 CAD 文档中图层的数量是不受限制的，每个图层都有自己的名称。

图 4-28　图层示意图

【预习重点】

☑　建立图层概念。
☑　练习图层命令设置。

4.5.1　建立新图层

新建的 CAD 文档中只能自动创建一个名为 0 的特殊图层。默认情况下，图层 0 将被指定使用 7 号颜色、

Continuous 线型、默认线宽以及 NORMAL 打印样式，并且不能被删除或重命名。通过创建新的图层，可以将类型相似的对象指定给同一个图层使其相关联。例如，可以将构造线、文字、标注和标题栏置于不同的图层上，并为这些图层指定通用特性。通过将对象分类放到各自的图层中，可以快速有效地控制对象的显示以及对其进行更改。

【执行方式】

- ☑　命令行：LAYER。
- ☑　菜单栏：选择菜单栏中的"格式"→"图层"命令。
- ☑　工具栏：单击"图层"工具栏中的"图层特性管理器"按钮，如图 4-29 所示。

图 4-29　"图层"工具栏

- ☑　功能区：单击"默认"选项卡"图层"面板中的"图层特性"按钮或单击"视图"选项卡"选项板"面板中的"图层特性"按钮。

【操作步骤】

执行上述命令后，系统打开"图层特性管理器"选项板，如图 4-30 所示。单击"图层特性管理器"选项板中的"新建图层"按钮，建立新图层，默认的图层名为"图层 1"。可以根据绘图需要更改图层名。在一个图形中可以创建的图层数以及在每个图层中可以创建的对象数实际上是无限的，图层最长可使用 255 个字符的字母数字命名。图层特性管理器按名称的字母顺序排列图层。

图 4-30　"图层特性管理器"选项板

> **注意**　如果要建立多个图层，无须重复单击"新建"按钮。更有效的方法是：在建立一个新的图层"图层 1"后，改变图层名，在其后输入逗号","，这样系统会自动建立一个新图层"图层 1"，改变图层名，再输入一个逗号，又一个新的图层建立了，这样可以依次建立各个图层。也可以按两次 Enter 键，建立另一个新的图层。

【选项说明】

在每个图层属性设置中，包括图层名称、关闭/打开图层、冻结/解冻图层、锁定/解锁图层、图层线条颜色、图层线条线型、图层线条宽度、图层打印样式以及图层是否打印等参数。下面将分别讲述如何设置这些图层参数。

1. 设置图层线条颜色

在工程图中，整个图形包含多种不同功能的图形对象，如实体、剖面线与尺寸标注等，为了便于直观地加以区分，有必要针对不同的图形对象使用不同的颜色，例如，实体层使用白色、剖面线层使用青色等。

要改变图层的颜色时，单击图层所对应的颜色图标，打开"选择颜色"对话框，如图 4-31 所示。这是一个标准的颜色设置对话框，可以使用"索引颜色"、"真彩色"和"配色系统" 3 个选项卡中的参数来设置颜色。

（a）"索引颜色"选项卡

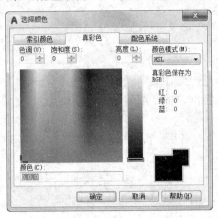
（b）"真彩色"选项卡

图 4-31　"选择颜色"对话框

2. 设置图层线型

线型是指作为图形基本元素的线条的组成和显示方式，如实线、点划线等。在许多绘图工作中，常常以线型划分图层，为某一个图层设置适合的线型。在绘图时，只需将该图层设为当前工作层，即可绘制出符合线型要求的图形对象，极大地提高了绘图效率。

单击图层所对应的线型图标，打开"选择线型"对话框，如图 4-32 所示。默认情况下，在"已加载的线型"列表框中，系统中只添加了 Continuous 线型。单击"加载"按钮，打开"加载或重载线型"对话框，如图 4-33 所示，可以看到 AutoCAD 提供了许多线型，选择所需的线型，单击"确定"按钮，即可把该线型加载到"已加载的线型"列表框中，可以按住 Ctrl 键选择几种线型同时加载。

3. 设置图层线宽

线宽设置顾名思义就是改变线条的宽度。用不同宽度的线条表现图形对象的类型，可以提高图形的表达能力和可读性，例如，绘制外螺纹时大径使用粗实线，小径使用细实线。

单击"图层特性管理器"选项板中图层所对应的线宽图标，打开"线宽"对话框，如图 4-34 所示。选择一个线宽，单击"确定"按钮完成对图层线宽的设置。

图 4-32　"选择线型"对话框　　　图 4-33　"加载或重载线型"对话框　　　图 4-34　"线宽"对话框

图层线宽的默认值为 0.25mm。在状态栏为"模型"状态时，显示的线宽同计算机的像素有关。线宽为 0 时，显示为一个像素的线宽。单击状态栏中的"显示/隐藏线宽"按钮，显示的图形线宽与实际线宽成比例，如图 4-35 所示，但线宽不随着图形的放大和缩小而变化。线宽功能关闭时，不显示图形的线宽，图形的线宽均按默认宽度值显示。可以在"线宽"对话框中选择所需的线宽。

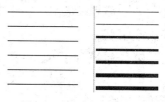

图 4-35 线宽显示效果图

4.5.2 设置图层

除了前面讲述的通过图层管理器设置图层的方法外，还有其他几种简便方法可以设置图层的颜色、线宽、线型等参数。

1．直接设置图层

可以直接通过命令行或菜单设置图层的颜色、线宽、线型等参数。

（1）设置颜色

【执行方式】

☑ 命令行：COLOR。

☑ 菜单栏：选择菜单栏中的"格式"→"颜色"命令。

【操作步骤】

执行上述命令后，系统打开"选择颜色"对话框，如图 4-31 所示。

（2）设置线型

【执行方式】

☑ 命令行：LINETYPE。

☑ 菜单栏：选择菜单栏中的"格式"→"线型"命令。

【操作步骤】

执行上述命令后，系统打开"线型管理器"对话框，如图 4-36 所示。该对话框的使用方法与图 4-32 所示的"选择线型"对话框类似。

图 4-36 "线型管理器"对话框

（3）设置线宽

【执行方式】

☑ 命令行：LINEWEIGHT 或 LWEIGHT。

☑ 菜单栏：选择菜单栏中的"格式"→"线宽"命令。

【操作步骤】

执行上述命令后，系统打开"线宽设置"对话框，如图 4-37 所示。该对话框的使用方法与图 4-34 所示的"线宽"对话框类似。

2. 利用"特性"面板设置图层

AutoCAD 提供了一个"特性"面板，如图 4-38 所示。用户可以利用面板中的图标快速地查看和改变所选对象的颜色、线型、线宽等特性。"特性"面板增强了查看和编辑对象属性的功能，在绘图区选择任意对象都将在该面板中自动显示其所在的图层、颜色、线型等属性。

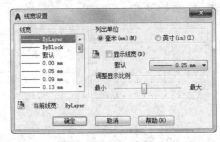

图 4-37 "线宽设置"对话框

图 4-38 "特性"面板

（1）"颜色控制"下拉列表框：单击右侧的向下箭头，用户可从打开的选项列表中选择一种颜色，使之成为当前颜色，如果选择"选择颜色"选项，系统打开"选择颜色"对话框以选择其他颜色。修改当前颜色后，不论在哪个图层上绘图都采用这种颜色，但对各个图层的颜色没有影响。

（2）"线型控制"下拉列表框：单击右侧的向下箭头，用户可从打开的选项列表中选择一种线型，使之成为当前线型。修改当前线型后，不论在哪个图层上绘图都采用这种线型，但对各个图层的线型设置没有影响。

（3）"线宽控制"下拉列表框：单击右侧的向下箭头，用户可从打开的选项列表中选择一种线宽，使之成为当前线宽。修改当前线宽后，不论在哪个图层上绘图都采用这种线宽，但对各个图层线宽设置没有影响。

（4）"打印类型控制"下拉列表框：单击右侧的向下箭头，用户可从打开的选项列表中选择一种打印样式，使之成为当前打印样式。

3. 用"特性"选项板设置图层

【执行方式】

☑ 命令行：DDMODIFY 或 PROPERTIES。

☑ 菜单栏：选择菜单栏中的"修改"→"特性"命令。

☑ 工具栏：单击"标准"工具栏中的"特性"按钮。

☑ 功能区：单击"视图"选项卡"选项板"面板中的"特性"按钮。

【操作步骤】

执行上述命令后，系统打开"特性"选项板，如图 4-39 所示。在其中可以方便地设置或修改图层、颜色、线型、线宽等属性。

图 4-39　"特性"选项板

4.5.3　控制图层

1．切换当前图层

不同的图形对象需要绘制在不同的图层中，在绘制前，需要将工作图层切换到所需的图层中。单击"图层"面板中的"图层特性"按钮，打开"图层特性管理器"选项板，选择图层，单击"置为当前"按钮即可完成设置。

2．删除图层

在"图层特性管理器"选项板的图层列表框中选择要删除的图层，单击"删除图层"按钮即可删除该图层。从图形文件定义中删除选定的图层时，只能删除未参照的图层。参照图层包括图层 0 及 DEFPOINTS、包含对象（包括块定义中的对象）的图层、当前图层和依赖外部参照的图层。不包含对象（包括块定义中的对象）的图层、非当前图层和不依赖外部参照的图层都可以删除。

3．关闭/打开图层

在"图层特性管理器"选项板中，单击图标，可以控制图层的可见性。图层打开时，图标小灯泡呈鲜艳的颜色时，该图层上的图形可以显示在屏幕上或绘制在绘图仪上。单击该属性图标后，图标小灯泡呈灰暗色时，该图层上的图形不显示在屏幕上，而且不能被打印输出，但仍然作为图形的一部分保留在文件中。

4．冻结/解冻图层

在"图层特性管理器"选项板中，单击图标，可以冻结图层或将图层解冻。图标呈雪花灰暗色时，该图层处于冻结状态；图标呈太阳鲜艳色时，该图层处于解冻状态。冻结图层上的对象不能显示，也不能打印，同时也不能编辑修改该图层。在冻结图层后，该图层上的对象不影响其他图层上对象的显示和打印。例如，在使用 HIDE 命令消隐对象时，被冻结图层上的对象不隐藏。

5．锁定/解锁图层

在"图层特性管理器"选项板中，单击或图标，可以锁定图层或将图层解锁。锁定图层后，该图层上的图形依然显示在屏幕上并可打印输出，也可以在该图层上绘制新的图形对象，但不能对该图层上的图形进行编辑修改操作。可以对当前图层进行锁定，也可对锁定图层上的图形对象进行查询或捕捉。锁定图层可以防止对图形的意外修改。

6. 打印样式

在 AutoCAD 2017 中，可以使用一个名为"打印样式"的对象特性。打印样式控制对象的打印特性，包括颜色、抖动、灰度、虚拟笔、线型、线宽、线条端点样式、线条连接样式和填充样式等。打印样式功能给用户提供了很大的灵活性，用户可以设置打印样式来替代其他对象特性，也可以根据需要关闭这些替代设置。

7. 打印/不打印

在"图层特性管理器"选项卡中，单击🖶或🖶图标，可以设定该图层是否打印，以保证在图形可见性不变的条件下，控制图形的打印特征。打印功能只对可见的图层起作用，对于已经被冻结或被关闭的图层不起作用。

8. 新视口冻结

新视口冻结功能用于控制在当前视口中图层的冻结和解冻，不解冻图形中设置为"关"或"冻结"的图层，对于模型空间视口不可用。

9. 透明度

控制所有对象在选定图层上的可见性。对单个对象应用透明度时，对象的透明度特性将替代图层的透明度设置。

10. 说明

（可选）描述图层或图层过滤器。

4.6 综合演练——样板图图层设置

本实例绘制的样板图如图 4-40 所示。在前面学习的基础上，本实例主要讲解样板图的图层设置知识。

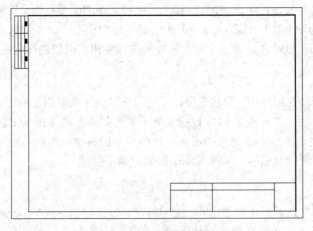

图 4-40 建筑样板图

⭐ 手把手教你学

本实例准备设置一个建筑制图样板图，图层设置如表4-3所示，结果如图4-41所示。

表4-3 图层设置

图层名	颜色	线型	线宽	用途
0	7（白色）	Continuous	b	图框线
轴线	2（红色）	CENTER	1/2b	绘制轴线
轮廓线	2（白色）	Continuous	b	可见轮廓线
注释	7（白色）	Continuous	1/2b	一般注释
图案填充	2（蓝色）	Continuous	1/2b	填充剖面线或图案
尺寸标注	3（绿色）	Continuous	1/2b	尺寸标注

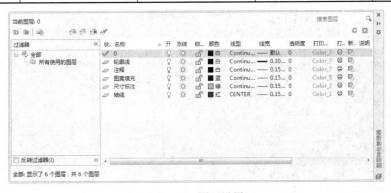

图4-41 图层设置

（1）打开文件。单击快速访问工具栏中的"打开"按钮，打开"源文件\第4章\建筑A3样板图.dwg"。

（2）设置图层名。单击"图层"面板中的"图层特性"按钮，打开"图层特性管理器"选项板，如图4-42所示。在该选项板中单击"新建"按钮，在图层列表框中出现一个默认名为"图层1"的新图层，如图4-43所示，单击该图层名，将图层名改为"轴线"，如图4-44所示。

图4-42 图层特性管理器

（3）设置图层颜色。为了区分不同图层上的图线，增加图形不同部分的对比性，可以为不同的图层设置不同的颜色。单击刚建立的"轴线"图层"颜色"选项卡下的颜色色块，AutoCAD打开"选择颜色"对话框，如图4-45所示。在该对话框中选择红色，单击"确定"按钮。在"图层特性管理器"选项板中可以发现"轴线"图层的颜色变成了红色，如图 4-46 所示。

图 4-43　新建图层

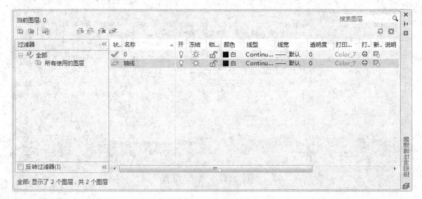

图 4-44　更改图层名

图 4-45　"选择颜色"对话框

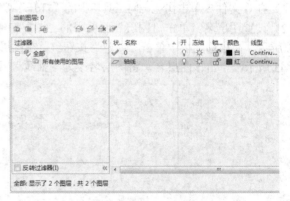

图 4-46　更改颜色

（4）设置线型。在常用的工程图纸中通常要用到不同的线型，这是因为不同的线型表示不同的含义。在上述"图层特性管理器"选项板中单击"轴线"图层的线型选项，AutoCAD 打开"选择线型"对话框，如图 4-47 所示，单击"加载"按钮，打开"加载或重载线型"对话框，如图 4-48 所示。在该对话框中选择CENTER 线型，单击"确定"按钮。系统回到"选择线型"对话框，这时在"已加载的线型"列表框中就出现了 CENTER 线型，如图 4-49 所示。选择 CENTER 线型，单击"确定"按钮，在图层特性管理器中可以发现"轴线"图层变成了 CENTER 线型，如图 4-50 所示。

92

图 4-47 "选择线型"对话框

图 4-48 "加载或重载线型"对话框

图 4-49 加载线型

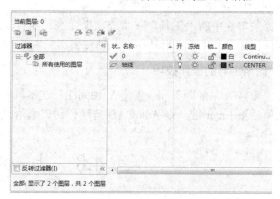

图 4-50 更改线型

（5）设置线宽。在工程图中，不同的线宽也表示不同的含义，因此也要对不同的图层的线宽界线进行设置，单击上述"图层特性管理器"选项板中"轴线"图层"线宽"选项卡下的选项，AutoCAD 打开"线宽"对话框，如图 4-51 所示。在该对话框中选择适当的线宽。单击"确定"按钮，在图层特性管理器中可以发现"轴线"图层的线宽变成了 0.15 毫米，如图 4-52 所示。

图 4-51 "线宽"对话框

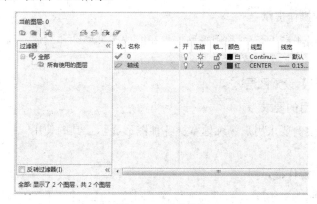

图 4-52 更改线宽

注意 应尽量保持细线与粗线之间的比例大约为 1:2，这样的线宽符合新国标相关规定。

（6）绘制其余图层。用同样方法建立不同图层名的新图层，这些不同的图层可以分别存放不同的图线或图形的不同部分。最后完成的图层设置如图 4-41 所示。

4.7 名师点拨——基本绘图技巧

1．设置图层时应注意什么

在绘图时，所有图元的各种属性都尽量与图层保持一致，也就是说，图元属性尽可能都是 ByLayer。这样有助于图面的清晰、准确和效率的提高。

2．如何改变自动捕捉标记的大小

选择菜单栏中的"工具"→"选项"命令，在打开的"选项"对话框中打开"绘图"选项卡，在"自动捕捉标记大小"选项下滑动指针，设置大小。

3．栅格工具的操作技巧

在"栅格 X 轴间距"和"栅格 Y 轴间距"文本框中输入数值时，若在"栅格 X 轴间距"文本框中输入一个数值后按 Enter 键，则 AutoCAD 自动传送该值给"栅格 Y 轴间距"，这样可减少工作量。

4.8 上 机 实 验

【练习1】查看室内设计图细节。

1．目的要求

本实例要求用户熟练地掌握各种图形显示工具的使用方法。

2．操作提示

如图 4-53 所示，利用平移工具和缩放工具移动和缩放图形。

【练习2】设置图层。

1．目的要求

本实例要求用户熟练地掌握各种图形显示工具的使用方法。

2．操作提示

如图 4-53 所示，根据需要设置不同的图层。注意设置不同的线型、线宽和颜色。

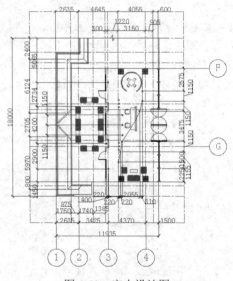

图 4-53　室内设计图

4.9 模 拟 考 试

1．当捕捉设定的间距与栅格所设定的间距不同时，（　　　）。

A．捕捉仍然只按栅格进行　　　　　　　　B．捕捉时按照捕捉间距进行

C．捕捉既按栅格，又按捕捉间距进行　　　D．无法设置

2．对"极轴"追踪进行设置，把增量角设为 30°，把附加角设为 10°，采用极轴追踪时，不会显示极轴对齐的是（　　　）。

A．10　　　　　　　　B．30　　　　　　　　C．40　　　　　　　　D．60

3．打开和关闭动态输入的快捷键是（　　　）。

A．F10　　　　　　　B．F11　　　　　　　C．F12　　　　　　　D．F9

4．关于自动约束，下面说法正确的是（　　　）。

A．相切对象必须共用同一交点　　　　　　B．垂直对象必须共用同一交点

C．平滑对象必须共用同一交点　　　　　　D．以上说法均不对

5．将圆心在（30,30）处的圆移动，移动中指定圆心的第二个点时，在动态输入框中输入（10,20），其结果是（　　　）。

A．圆心坐标为（10,20）　　　　　　　　　B．圆心坐标为（30,30）

C．圆心坐标为（40,50）　　　　　　　　　D．圆心坐标为（20,10）

6．对某图层进行锁定后，则（　　　）。

A．图层中的对象不可编辑，但可添加对象　　B．图层中的对象不可编辑，也不可添加对象

C．图层中的对象可编辑，也可添加对象　　　D．图层中的对象可编辑，但不可添加对象

7．不可以通过"图层过滤器特性"对话框中过滤的特性是（　　　）。

A．图层名、颜色、线型、线宽和打印样式　　B．打开还是关闭图层

C．锁定还是解锁图层　　　　　　　　　　　D．图层是 Bylayer 还是 ByBlock

8．在如图 4-54 所示的图形 1 中，正五边形的内切圆半径 R=（　　　）。

A．64.348　　　　　B．61.937　　　　　C．72.812　　　　　D．45

9．下列关于被固定约束的圆心的圆说法错误的是（　　　）。

A．可以移动圆　　　B．可以放大圆　　　C．可以偏移圆　　　D．可以复制圆

10．绘制如图 4-55 所示的图形 2，请问极轴追踪的极轴角该如何设置？（　　　）

A．增量角 15°，附加角 80°　　　　　　　B．增量角 15°，附加角 35°

C．增量角 30°，附加角 35°　　　　　　　D．增量角 15°，附加角 30°

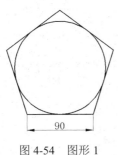

图 4-54　图形 1

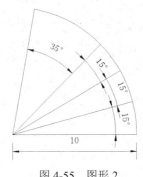

图 4-55　图形 2

11．下面选项中将图形进行动态放大的是（　　　）。

A．ZOOM/(D)　　　B．ZOOM/(W)　　　C．ZOOM/(E)　　　D．ZOOM/(A)

第 5 章

编 辑 命 令

　　二维图形的编辑操作配合绘图命令的使用可以进一步完成复杂图形对象的绘制，并可使用户合理安排和组织图形，保证绘图准确，减少重复，因此，对编辑命令的熟练掌握和使用有助于提高设计和绘图的效率。本章主要内容包括选择对象，复制类命令，改变位置类命令，删除及恢复类命令，改变几何特性命令和对象编辑等。

5.1　选　择　对　象

AutoCAD 2017 提供两种编辑图形的途径。

（1）先执行编辑命令，然后选择要编辑的对象。

（2）先选择要编辑的对象，然后执行编辑命令。

这两种途径的执行效果是相同的，但选择对象是进行编辑的前提。AutoCAD 2017 提供了多种对象选择方法，如点取方法、用选择窗口选择对象、用选择线选择对象、用对话框选择对象等。AutoCAD 可以把选择的多个对象组成整体，如选择集和对象组，进行整体编辑与修改。

【预习重点】

　　☑　　了解选择对象的途径。

5.1.1　构造选择集

选择集可以仅由一个图形对象构成，也可以是一个复杂的对象组，如位于某一特定层上的具有某种特定颜色的一组对象。选择集的构造可以在调用编辑命令之前或之后进行。

AutoCAD 提供以下几种方法来构造选择集：

（1）先选择一个编辑命令，然后选择对象，按 Enter 键，结束操作。

（2）使用 SELECT 命令。在命令行中输入"SELECT"，然后根据选择的选项，出现选择对象提示，按 Enter 键结束操作。

（3）用点取设备选择对象，然后调用编辑命令。

（4）定义对象组。

无论使用哪种方法，AutoCAD 2017 都将提示用户选择对象，并且光标的形状由十字光标变为拾取框。下面结合 SELECT 命令说明选择对象的方法。

SELECT 命令可以单独使用，也可以在执行其他编辑命令时被自动调用。此时屏幕提示：

选择对象：

等待用户以某种方式选择对象作为回答。AutoCAD 2017 提供多种选择方式，可以输入"?"查看这些选择方式。选择选项后，出现如下提示：

需要点或窗口(W)/上一个(L)/窗交(C)/框(BOX)/全部(ALL)/栏选(F)/圈围(WP)/圈交(CP)/编组(G)/添加(A)/删除(R)/多个(M)/前一个(P)/放弃(U)/自动(AU)/单个(SI)/子对象/对象

各选项的含义如下。

（1）点：该选项表示直接通过点取的方式选择对象。用鼠标或键盘移动拾取框，使其框住要选取的对象，然后单击，就会选中该对象并以高亮度显示。

（2）窗口(W)：用由两个对角顶点确定的矩形窗口选取位于其范围内部的所有图形，与边界相交的对象不会被选中。在指定对角顶点时，应该按照从左向右的顺序，如图 5-1 所示。

（3）上一个(L)：在"选择对象:"提示下输入"L"后，按 Enter 键，系统会自动选取最后绘出的一个对象。

（4）窗交(C)：该方式与上述"窗口"方式类似，区别在于，它不但选中矩形窗口内部的对象，也选中与矩形窗口边界相交的对象。选择的对象如图 5-2 所示。

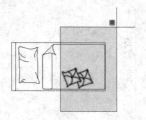 

（a）图中深色覆盖部分为选择窗口　　　　　　　　（b）选择后的图形

图 5-1　"窗口"对象选择方式

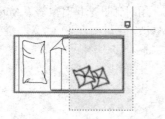 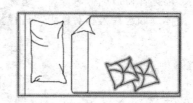

（c）图中深色覆盖部分为选择窗口　　　　　　　　（d）选择后的图形

图 5-2　"窗交"对象选择方式

（5）框(BOX)：使用时，系统根据用户在屏幕上给出的两个对角点的位置自动引用"窗口"或"窗交"方式。若从左向右指定对角点，则为"窗口"方式；反之，则为"窗交"方式。

（6）全部(ALL)：选取图面上的所有对象。

（7）栏选(F)：用户临时绘制一些直线，这些直线不必构成封闭图形，凡是与这些直线相交的对象均被选中。执行结果如图 5-3 所示。

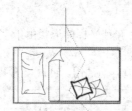 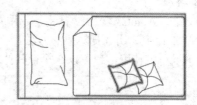

（a）图中虚线为选择栏　　　　　　　　　　　　（b）选择后的图形

图 5-3　"栏选"对象选择方式

（8）圈围(WP)：使用一个不规则的多边形来选择对象。根据提示，用户顺次输入构成多边形的所有顶点的坐标，最后按 Enter 键，作出空回答结束操作，系统将自动连接第一个顶点到最后一个顶点的各个顶点，形成封闭的多边形。凡是被多边形围住的对象均被选中（不包括边界）。执行结果如图 5-4 所示。

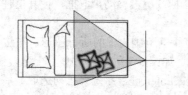 

（a）图中十字线所拉出深色多边形为选择窗口　　　　　　（b）选择后的图形

图 5-4　"圈围"对象选择方式

（9）圈交(CP)：类似于"圈围"方式，在"选择对象:"提示后输入"CP"，后续操作与"圈围"方式相同。区别在于，与多边形边界相交的对象也被选中。

（10）编组(G)：使用预先定义的对象组作为选择集。事先将若干个对象组成对象组，用组名引用。

（11）添加(A)：添加下一个对象到选择集。也可用于从移走模式（Remove）到选择模式的切换。

（12）删除(R)：按住 Shift 键选择对象，可以从当前选择集中移走该对象。对象由高亮度显示状态变为正常显示状态。

（13）多个(M)：指定多个点，不高亮度显示对象。这种方法可以加快在复杂图形上选择对象的过程。若两个对象交叉，两次指定交叉点，则可以选中这两个对象。

（14）前一个(P)：用关键字 P 回应"选择对象:"的提示，则把上次编辑命令中的最后一次构造的选择集或最后一次使用 SELECT（DDSELECT）命令预置的选择集作为当前选择集。这种方法适用于对同一选择集进行多种编辑操作的情况。

（15）放弃(U)：用于取消加入选择集的对象。

（16）自动(AU)：选择结果视用户在屏幕上的选择操作而定。如果选中单个对象，则该对象为自动选择的结果；如果选择点落在对象内部或外部的空白处，系统会提示如下。

指定对角点:

此时，系统会采取一种窗口的选择方式。对象被选中后，变为虚线形式，并以高亮度显示。

注意 若矩形框从左向右定义，即第一个选择的对角点为左侧的对角点，矩形框内部的对象被选中，框外部及与矩形框边界相交的对象不会被选中。若矩形框从右向左定义，矩形框内部及与矩形框边界相交的对象都会被选中。

（17）单个(SI)：选择指定的第一个对象或对象集，而不继续提示进行下一步的选择。

5.1.2　快速选择

有时用户需要选择具有某些共同属性的对象来构造选择集，如选择具有相同颜色、线型或线宽的对象，用户当然可以使用前面介绍的方法来选择这些对象，但如果要选择的对象数量较多且分布在较复杂的图形中，则会导致很大的工作量。AutoCAD 2017 提供了 QSELECT 命令来解决这个问题。调用 QSELECT 命令后，打开"快速选择"对话框，利用该对话框可以根据用户指定的过滤标准快速创建选择集。"快速选择"对话框如图 5-5 所示。

【执行方式】

- ☑　命令行：QSELECT。
- ☑　菜单栏：选择菜单栏中的"工具"→"快速选择"命令。
- ☑　快捷菜单：在绘图区右击，从打开的快捷菜单中选择"快速选择"命令，如图 5-6 所示。或在"特性"选项板中单击"快速选择"按钮，如图 5-7 所示。

【操作步骤】

执行上述命令后，系统打开"快速选择"对话框。在该对话框中，可以选择符合条件的对象或对象组。

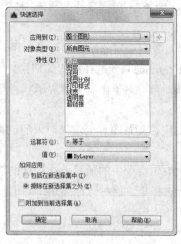

图 5-5　"快速选择"对话框　　　图 5-6　右键快捷菜单　　　图 5-7　"特性"选项板

5.1.3　构造对象组

对象组与选择集并没有本质的区别，当把若干个对象定义为选择集并想让其在以后的操作中始终作为一个整体时，为了简捷，可以将这个选择集命名并保存起来，这个命名了的对象选择集就是对象组，其名字称为组名。

如果对象组可以被选择（位于锁定层上的对象组不能被选择），那么可以通过其组名引用该对象组，并且一旦组中任何一个对象被选中，那么组中的全部对象成员都被选中。

【执行方式】

☑　命令行：GROUP。

【操作步骤】

执行上述命令后，系统打开"对象编组"对话框。利用该对话框可以查看或修改存在的对象组的属性，也可以创建新的对象组。

5.2　复制类命令

本节详细介绍 AutoCAD 2017 的复制类命令。利用这些复制类命令，可以方便地编辑绘制图形。

【预习重点】

☑　了解复制类命令有几种。

☑　简单练习几种复制操作方法。

☑　观察在不同情况下使用哪种方法更简便。

5.2.1　"复制"命令

【执行方式】

☑　命令行：COPY。

☑　菜单栏：选择菜单栏中的"修改"→"复制"命令。
☑　工具栏：单击"修改"工具栏中的"复制"按钮🗞。
☑　功能区：单击"默认"选项卡"修改"面板中的"复制"按钮🗞，如图 5-8 所示。

图 5-8　"修改"面板

☑　快捷菜单：选择要复制的对象，在绘图区右击，从打开的快捷菜单中选择"复制选择"命令。

【操作实践—绘制办公桌】

绘制如图 5-9 所示的办公桌，操作步骤如下。

（1）单击"默认"选项卡"绘图"面板中的"矩形"按钮囗，在合适的位置绘制矩形，如图 5-10 所示。

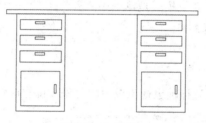

图 5-9　办公桌　　　　　　　　　　　图 5-10　绘制矩形 1

（2）单击"默认"选项卡"绘图"面板中的"矩形"按钮囗，在合适的位置绘制一系列的矩形，结果如图 5-11 所示。

（3）单击"默认"选项卡"绘图"面板中的"矩形"按钮囗，在合适的位置绘制一系列的矩形，结果如图 5-12 所示。

（4）单击"默认"选项卡"绘图"面板中的"矩形"按钮囗，在合适的位置绘制矩形，结果如图 5-13 所示。

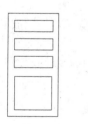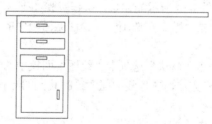

图 5-11　绘制矩形 2　　图 5-12　绘制矩形 3　　　　图 5-13　绘制矩形 4

（5）单击"默认"选项卡"修改"面板中的"复制"按钮🗞，将办公桌左边的一系列矩形复制到右边，完成办公桌的绘制。命令行提示与操作如下：

```
命令: COPY↙
选择对象:（选取左边的一系列矩形）
选择对象: ↙
当前设置: 复制模式 = 多个
指定基点或 [位移(D)/模式(O)] <位移>:（在左边的一系列矩形上任意指定一点）
```

指定第二个点或 [阵列(A)] <使用第一个点作为位移>：（打开状态栏上的"正交"开关功能，指定适当位置的一点）
指定第二个点或 [阵列(A)/退出(E)/放弃(U)] <退出>：↙

结果如图 5-9 所示。

【选项说明】

（1）指定基点：指定一个坐标点后，AutoCAD 2017 把该点作为复制对象的基点。

指定第二个点后，系统将根据这两点确定的位移矢量把选择的对象复制到第二点处。如果此时直接按 Enter 键，即选择默认的"用第一点作位移"，则第一个点被当作相对于 X、Y、Z 的位移。例如，如果指定基点为（2,3）并在下一个提示下按 Enter 键，则该对象从其当前的位置开始，在 X 方向上移动 2 个单位，在 Y 方向上移动 3 个单位。一次复制完成后，可以不断指定新的第二点，从而实现多重复制。

（2）位移：直接输入位移值，表示以选择对象时的拾取点为基准，以拾取点坐标为移动方向，按纵横比移动指定位移后所确定的点为基点。例如，选择对象时的拾取点坐标为（2,3），输入位移为 5，则表示以（2,3）点为基准，沿纵横比为 3:2 的方向移动 5 个单位所确定的点为基点。

（3）模式：控制是否自动重复该命令。确定复制模式是单个还是多个。

（4）阵列：指定在线性阵列中排列的副本数量。

5.2.2　"镜像"命令

镜像对象是指把选择的对象以一条镜像线为对称轴进行镜像后的对象。镜像操作完成后，可以保留原对象也可以将其删除。

【执行方式】

☑　命令行：MIRROR。
☑　菜单栏：选择菜单栏中的"修改"→"镜像"命令。
☑　工具栏：单击"修改"工具栏中的"镜像"按钮▲。
☑　功能区：单击"默认"选项卡"修改"面板中的"镜像"按钮▲。

【操作实践——绘制盆景】

绘制如图 5-14 所示的盆景，操作步骤如下。

（1）单击"默认"选项卡"绘图"面板中的"直线"按钮／和"圆弧"按钮⌒，绘制放射状造型，如图 5-15 所示。

（2）单击"默认"选项卡"绘图"面板中的"样条曲线拟合"按钮～，绘制叶状图案造型，如图 5-16 所示。用同样方法，在直线的同侧绘制其他的叶状图案。

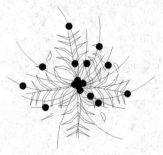

图 5-14　盆景

图 5-15　绘制放射状造型

图 5-16　绘制叶状图案

（3）单击"默认"选项卡"修改"面板中的"镜像"按钮 ⚐，完成一条线条上的叶状图案，如图 5-17 所示。命令行提示与操作如下：

命令：_mirror
选择对象：（选择叶状图案）
指定镜像线的第一点：（选择左侧直线的左端点）
指定镜像线的第二点：（选择左侧直线的右端点）
要删除源对象吗？[是(Y)/否(N)] <否>：

（4）按上述方法完成其他方向花草造型的绘制，如图 5-18 所示。

（5）单击"默认"选项卡"绘图"面板中的"圆弧"按钮 ⌒，再绘制放射状的弧线造型，如图 5-19 所示。

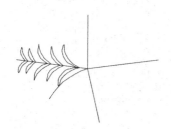

图 5-17　完成叶状图案　　　　图 5-18　完成整个花草图案　　　　图 5-19　绘制放射状弧线

注意 再绘制放射状的弧线造型为创建花果造型。

（6）单击"默认"选项卡"绘图"面板中的"圆"按钮 ⊙ 和"图案填充"按钮 ▦，在弧线上创建小实心体图案，如图 5-20 所示。

（7）按上述方法创建其他位置的实心体图案，如图 5-21 所示。

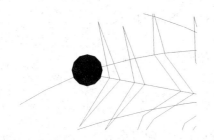

图 5-20　创建小实心体　　　　　　图 5-21　完成整个花草图案

（8）最后完成整个花草图案造型的绘制，如图 5-14 所示。

5.2.3　"偏移"命令

偏移对象是指保持选择的对象的形状、在不同的位置以不同的尺寸大小新建的一个对象。

【执行方式】

☑　命令行：OFFSET。

☑　菜单栏：选择菜单栏中的"修改"→"偏移"命令。

☑　工具栏：单击"修改"工具栏中的"偏移"按钮🔲。

☑　功能区：单击"默认"选项卡"修改"面板中的"偏移"按钮🔲。

【操作实践——绘制液晶显示器】

绘制如图 5-22 所示的液晶显示器，操作步骤如下。

（1）单击"默认"选项卡"绘图"面板中的"矩形"按钮🔲，先绘制显示器屏幕外轮廓，如图 5-23 所示。

（2）单击"默认"选项卡"修改"面板中的"偏移"按钮🔲，创建屏幕内侧显示屏区域的轮廓线，如图 5-24 所示。

图 5-22　液晶显示器　　　　　　图 5-23　绘制外轮廓　　　　　　图 5-24　绘制内侧矩形

命令行提示与操作如下：

```
命令: OFFSET（偏移生成平行线）
当前设置: 删除源=否　图层=源　OFFSETGAPTYPE=0
指定偏移距离或 [通过(T)/删除(E)/图层(L)] <通过>:（输入偏移距离或指定通过点位置）
选择要偏移的对象，或 [退出(E)/放弃(U)] <退出>:（选择要偏移的图形）
指定要偏移的那一侧上的点，或 [退出(E)/多个(M)/放弃(U)] <退出>:
选择要偏移的对象，或 [退出(E)/放弃(U)] <退出>:
```

（3）单击"默认"选项卡"绘图"面板中的"直线"按钮✎，将内侧显示屏区域的轮廓线的交角处连接起来，如图 5-25 所示。

（4）单击"默认"选项卡"绘图"面板中的"多段线"按钮⤴，绘制显示器矩形底座，如图 5-26 所示。

（5）单击"默认"选项卡"绘图"面板中的"圆弧"按钮◠，绘制底座的弧线造型，如图 5-27 所示。

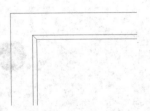

图 5-25　连接交角处

（6）单击"默认"选项卡"绘图"面板中的"直线"按钮✎，绘制底座与显示屏之间的连接线造型。单击"默认"选项卡"修改"面板中的"镜像"按钮◮，命令行提示与操作如下：

```
命令: MIRROR（镜像生成对称图形）
选择对象:（按 Enter 键）
指定镜像线的第一点:（以中间的轴线位置作为镜像线）
指定镜像线的第二点:
要删除源对象吗? [是(Y)/否(N)] <否>: N（输入"N"并按 Enter 键保留原有图形）
```

结果如图 5-28 所示。

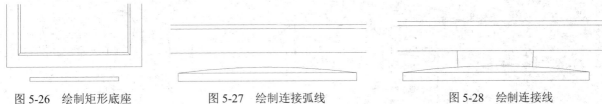

图 5-26 绘制矩形底座　　　图 5-27 绘制连接弧线　　　图 5-28 绘制连接线

（7）单击"默认"选项卡"绘图"面板中的"圆"按钮⊙，创建显示屏的由多个大小不同圆形构成的调节按钮，如图 5-29 所示。

注意 显示器的调节按钮仅为示意造型。

（8）单击"默认"选项卡"修改"面板中的"复制"按钮，复制图形。

（9）在显示屏的右下角绘制电源开关按钮。单击"默认"选项卡"绘图"面板中的"圆"按钮⊙，先绘制两个同心圆，如图 5-30 所示。

（10）单击"默认"选项卡"修改"面板中的"偏移"按钮，偏移图形。命令行提示与操作如下：

命令: OFFSET（偏移生成平行线）
当前设置: 删除源=否 图层=源 OFFSETGAPTYPE=0
指定偏移距离或 [通过(T)/删除(E)/图层(L)] <通过>:（输入偏移距离或指定通过点位置）
选择要偏移的对象，或 [退出(E)/放弃(U)] <退出>:（选择要偏移的图形）
指定要偏移的那一侧上的点，或 [退出(E)/多个(M)/放弃(U)] <退出>
选择要偏移的对象，或 [退出(E)/放弃(U)] <退出>:（按 Enter 键结束）

（11）单击"默认"选项卡"绘图"面板中的"矩形"按钮，绘制开关按钮的矩形造型如图 5-31 所示。

图 5-29 创建调节按钮　　　图 5-30 绘制圆形开关　　　图 5-31 绘制按钮矩形造型

（12）图形绘制完成，结果如图 5-22 所示。

【选项说明】

（1）指定偏移距离：输入一个距离值，或按 Enter 键，使用当前的距离值，系统把该距离值作为偏移距离，如图 5-32 所示。

（2）通过(T)：指定偏移对象的通过点。选择该选项后出现如下提示。

选择要偏移的对象，或 [退出(E)/放弃(U)] <退出>:（选择要偏移的对象，按 Enter 键会结束操作）
指定通过点或 [退出(E)/多个(M)/放弃(U)]:（指定偏移对象的一个通过点）

操作完毕后，系统根据指定的通过点绘出偏移对象，如图 5-33 所示。

（3）删除(E)：偏移后，将源对象删除。选择该选项，系统提示如下：

要在偏移后删除源对象吗? [是(Y)/否(N)] <否>:（输入选项）

图 5-32　指定偏移对象的距离　　　　　　　图 5-33　指定偏移对象的通过点

（4）图层(L)：确定将偏移对象创建在当前图层上还是源对象所在的图层上。这样就可以在不同图层上偏移对象。选择该选项，系统提示如下：

输入偏移对象的图层选项 [当前(C)/源(S)] <源>:（输入选项）

5.2.4　"阵列"命令

阵列是指多重复制选择对象并把这些副本按矩形或环形排列。把副本按矩形排列称为建立矩形阵列，把副本按环形排列称为建立极阵列。建立极阵列时，应该控制复制对象的次数和对象是否被旋转；建立矩形阵列时，应该控制行和列的数量以及对象副本之间的距离。

用该命令可以建立矩形阵列、极阵列（环形）和旋转的矩形阵列。

【执行方式】

- ☑　命令行：ARRAY。
- ☑　菜单栏：选择菜单栏中的"修改"→"阵列"命令。
- ☑　工具栏：单击"修改"工具栏中的"矩形阵列"按钮▦/"路径阵列"按钮↗/"环形阵列"按钮✥。
- ☑　功能区：单击"默认"选项卡"修改"面板中的"矩形阵列"按钮▦/"路径阵列"按钮↗/"环形阵列"按钮✥。

【操作实践——绘制影碟机】

绘制如图 5-34 所示的影碟机，操作步骤如下。

（1）单击"默认"选项卡"绘图"面板中的"矩形"按钮▭，绘制角点坐标分别为{（0,15），（396,107）}、{（19.1,0），（59.3,15）}和{（336.8,0），（377,15）}的 3 个矩形，绘制结果如图 5-35 所示。

图 5-34　影碟机　　　　　　　　　　　图 5-35　绘制矩形 1

（2）单击"默认"选项卡"绘图"面板中的"矩形"按钮▭，绘制角点坐标分别为{（15.3,86），（28.7,93.7）}、{（166.5,45.9），（283.2,91.8）}和{（55.5,66.9），（88,70.7）}的 3 个矩形，绘制结果如图 5-36 所示。

（3）单击"默认"选项卡"修改"面板中的"矩形阵列"按钮▦，选择上述绘制的第二个矩形为阵列对象，输入行数为 2，列数为 2，行间距为 9.6，列间距为 47.8，绘制结果如图 5-37 所示。

（4）单击"默认"选项卡"绘图"面板中的"圆"按钮⊙，绘制圆心坐标为（30.6,36.3），半径为 6 的一个圆。

（5）单击"默认"选项卡"绘图"面板中的"圆"按钮⊙，绘制圆心坐标为（338.7,72.6），半径为 23 的一个圆，绘制结果如图 5-38 所示。

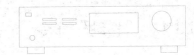

图 5-36　绘制矩形 2　　　　图 5-37　阵列处理　　　　图 5-38　绘制圆

（6）单击"默认"选项卡"修改"面板中的"矩形阵列"按钮，选择上述步骤中绘制的第一个圆为阵列对象，输入行数为 1，列数为 5，列间距为 23，命令行提示与操作如下：

```
命令: _arrayrect
选择对象:（选择上步所绘制的圆）
类型 = 矩形　关联 = 是
选择夹点以编辑阵列或 [关联(AS)/基点(B)/计数(COU)/间距(S)/列数(COL)/行数(R)/层数(L)/退出(X)] <退出>: COL↙
输入列数或 [表达式(E)] <4>: 5↙
指定列数之间的距离或 [总计(T)/表达式(E)] <18>: 23↙
选择夹点以编辑阵列或 [关联(AS)/基点(B)/计数(COU)/间距(S)/列数(COL)/行数(R)/层数(L)/退出(X)] <退出>: R↙
输入行数或 [表达式(E)] <3>: 1↙
指定行数之间的距离或 [总计(T)/表达式(E)] <18>: 1↙
指定行数之间的标高增量或 [表达式(E)] <0>:↙
选择夹点以编辑阵列或 [关联(AS)/基点(B)/计数(COU)/间距(S)/列数(COL)/行数(R)/层数(L)/退出(X)] <退出>:↙
```

绘制结果如图 5-34 所示。

【选项说明】

（1）矩形(R)：将选定对象的副本分布到行数、列数和层数的任意组合。选择该选项后出现如下提示。

```
选择夹点以编辑阵列或 [关联(AS)/基点(B)/计数(COU)/间距(S)/列数(COL)/行数(R)/层数(L)/退出(X)] <退出>:（通过夹点，调整阵列间距、列数、行数和层数；也可以分别选择各选项输入数值）
```

（2）路径(PA)：沿路径或部分路径均匀分布选定对象的副本。选择该选项后出现如下提示。

```
选择路径曲线:（选择一条曲线作为阵列路径）
选择夹点以编辑阵列或 [关联(AS)/方法(M)/基点(B)/切向(T)/项目(I)/行(R)/层(L)/对齐项目(A)/Z 方向(Z)/退出(X)] <退出>:（通过夹点，调整阵列行数和层数；也可以分别选择各选项输入数值）
```

（3）极轴(PO)：在绕中心点或旋转轴的环形阵列中均匀分布对象副本。选择该选项后出现如下提示。

```
指定阵列的中心点或 [基点(B)/旋转轴(A)]:（选择中心点、基点或旋转轴）
选择夹点以编辑阵列或 [关联(AS)/基点(B)/项目(I)/项目间角度(A)/填充角度(F)/行(ROW)/层(L)/旋转项目(ROT)/退出(X)] <退出>:（通过夹点，调整角度、填充角度；也可以分别选择各选项输入数值）
```

5.3　改变位置类命令

这一类编辑命令的功能是按照指定要求改变当前图形或图形的某部分的位置，主要包括"移动""旋转"和"缩放"等命令。

【预习重点】

☑　了解改变位置类命令的种类。
☑　练习使用"移动""旋转""缩放"命令的使用方法。

5.3.1 "移动"命令

【执行方式】

☑ 命令行：MOVE。

☑ 菜单栏：选择菜单栏中的"修改"→"移动"命令。

☑ 工具栏：单击"修改"工具栏中的"移动"按钮✛。

☑ 功能区：单击"默认"选项卡"修改"面板中的"移动"按钮✛。

☑ 快捷菜单：选择要复制的对象，在绘图区右击，从打开的快捷菜单中选择"移动"命令。

【操作实践——客厅的布置】

绘制如图 5-39 所示的客厅布置图，操作步骤如下。

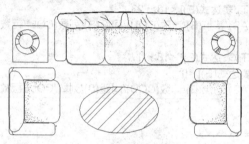

图 5-39　客厅布置图

（1）单击"默认"选项卡"绘图"面板中的"直线"按钮╱，绘制其中的单个沙发面的4边，如图 5-40 所示。

（2）单击"默认"选项卡"绘图"面板中的"圆弧"按钮╭，将沙发面的4边连接起来，得到完整的沙发面，如图 5-41 所示。

📢**注意** 使用"直线"命令绘制沙发面的4边，尺寸适当选取，注意其相对位置和长度的关系。

（3）单击"默认"选项卡"绘图"面板中的"直线"按钮╱，绘制侧面扶手轮廓，如图 5-42 所示。

（4）单击"默认"选项卡"绘图"面板中的"圆弧"按钮╭，绘制侧面扶手的弧边线，如图 5-43 所示。

图 5-40　创建沙发面4边　　图 5-41　连接边角　　图 5-42　绘制扶手轮廓　　图 5-43　绘制扶手的弧边线

（5）单击"默认"选项卡"修改"面板中的"镜像"按钮⚐，用镜像方法绘制另外一个侧面的扶手轮廓，如图 5-44 所示。

📢**注意** 以中间的轴线作为镜像线，镜像另一侧的扶手轮廓。

（6）单击"默认"选项卡"绘图"面板中的"圆弧"按钮╭和"修改"面板中的"镜像"按钮⚐，绘制沙发背部扶手轮廓，如图 5-45 所示。

（7）单击"默认"选项卡"绘图"面板中的"圆弧"按钮、"直线"按钮和"修改"面板中的"镜像"按钮，完善沙发背部扶手，如图 5-46 所示。

（8）单击"默认"选项卡"修改"面板中的"偏移"按钮，对沙发面进行修改，使其更为形象，如图 5-47 所示。

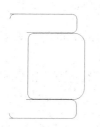 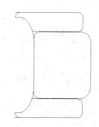 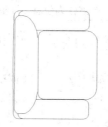 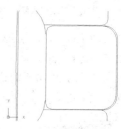

图 5-44　创建另外一侧扶手　　图 5-45　创建背部扶手　　图 5-46　完善背部扶手　　图 5-47　修改沙发面

（9）单击"默认"选项卡"绘图"面板中的"多点"按钮，在沙发座面上绘制点，细化沙发面，如图 5-48 所示。

（10）单击"默认"选项卡"修改"面板中的"镜像"按钮，进一步完善沙发面造型，使其更为形象，如图 5-49 所示。

（11）采用相同的方法，绘制 3 人座的沙发面造型，如图 5-50 所示。

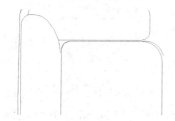 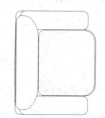 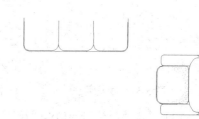

图 5-48　细化沙发面　　　　图 5-49　完善沙发面造型　　　图 5-50　绘制 3 人座的沙发面造型

注意 先绘制沙发面造型。

（12）单击"默认"选项卡"绘图"面板中的"直线"按钮、"圆弧"按钮和"修改"面板中的"镜像"按钮，绘制 3 人座沙发扶手造型，如图 5-51 所示。

（13）单击"默认"选项卡"绘图"面板中的"圆弧"按钮和"直线"按钮，绘制 3 人座沙发背部造型，如图 5-52 所示。

（14）单击"默认"选项卡"绘图"面板中的"多点"按钮，对 3 人座沙发面造型进行细化，如图 5-53 所示。

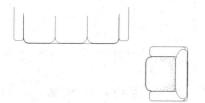 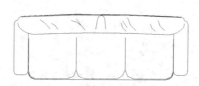 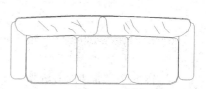

图 5-51　绘制 3 人座沙发扶手造型　　图 5-52　绘制 3 人座沙发背部造型　　图 5-53　细化 3 人座沙发面造型

（15）单击"默认"选项卡"修改"面板中的"移动"按钮✥，调整两个沙发造型的位置。命令行提示与操作如下：

```
命令: MOVE↙
选择对象:（选择右侧的小沙发）
指定基点或 [位移(D)] <位移>:（指定移动基点位置）
指定第二个点或 <使用第一个点作为位移>:（指定移动位置）
```

（16）单击"默认"选项卡"修改"面板中的"镜像"按钮⚐，对单个沙发进行镜像，得到沙发组造型，如图 5-54 所示。

（17）单击"默认"选项卡"绘图"面板中的"椭圆"按钮⬭，绘制一个椭圆形，建立椭圆形茶几造型，如图 5-55 所示。

📢注意 可以绘制其他形式的茶几造型。

（18）单击"默认"选项卡"绘图"面板中的"图案填充"按钮▧，打开"图案填充创建"选项卡；单击"默认"选项卡"选项"面板中的"图案填充设置"按钮↘，打开"图案填充和渐变色"对话框，选择适当的图案，对茶几填充图案，如图 5-56 所示。

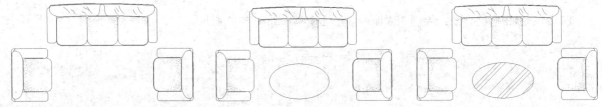

图 5-54　沙发组　　　　　图 5-55　建立椭圆形茶几造型　　　　　图 5-56　填充茶几图案

（19）单击"默认"选项卡"绘图"面板中的"多边形"按钮⬠，绘制沙发之间的一个正方形桌面灯造型，如图 5-57 所示。

📢注意 先绘制一个正方形作为桌面。

（20）单击"默认"选项卡"绘图"面板中的"圆"按钮⊙，绘制两个大小和圆心位置都不同的圆形，如图 5-58 所示。

（21）单击"默认"选项卡"绘图"面板中的"直线"按钮／，绘制随机斜线，形成灯罩效果，如图 5-59 所示。

图 5-57　绘制桌面灯造型　　　　　图 5-58　绘制两个圆形　　　　　图 5-59　创建灯罩

（22）单击"默认"选项卡"修改"面板中的"镜像"按钮⚐，进行镜像得到两个沙发桌面灯，完成客厅沙发茶几图的绘制，如图 5-39 所示。

5.3.2 "旋转"命令

【执行方式】

- ☑ 命令行：ROTATE。
- ☑ 菜单栏：选择菜单栏中的"修改"→"旋转"命令。
- ☑ 工具栏：单击"修改"工具栏中的"旋转"按钮○。
- ☑ 功能区：单击"默认"选项卡"修改"面板中的"旋转"按钮○。
- ☑ 快捷菜单：选择要旋转的对象，在绘图区右击，从打开的快捷菜单中选择"旋转"命令。

【操作实践——绘制接待台】

绘制如图 5-60 所示的接待台，操作步骤如下。

（1）单击快速访问工具栏中的"打开"按钮📂，打开随书光盘"源文件"文件夹中的办公椅图形，将其另存为"接待台.dwg"文件。

（2）单击"默认"选项卡"绘图"面板中的"直线"按钮╱和"矩形"按钮▢，绘制桌面图形，如图 5-61 所示。

（3）单击"默认"选项卡"修改"面板中的"镜像"按钮⚐，将桌面图形进行镜像处理，利用"对象追踪"功能将对称线捕捉为过矩形右下角的 45°斜线。绘制结果如图 5-62 所示。

（4）单击"默认"选项卡"绘图"面板中的"圆弧"按钮╭，绘制两段圆弧，如图 5-63 所示。

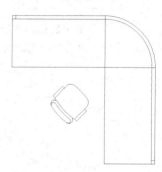

图 5-60 绘制接待台

（5）单击"默认"选项卡"修改"面板中的"旋转"按钮○，旋转绘制的办公椅。命令行提示与操作如下：

```
命令: _rotate
UCS 当前的正角方向: ANGDIR=逆时针    ANGBASE=0
选择对象:（选择办公椅）
选择对象: ↙
指定基点:（指定椅背中点）
指定旋转角度，或 [复制(C)/参照(R)] <2>: -45↙
```

绘制结果如图 5-64 所示。

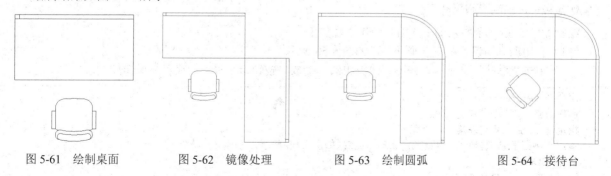

图 5-61 绘制桌面　　　图 5-62 镜像处理　　　图 5-63 绘制圆弧　　　图 5-64 接待台

【选项说明】

（1）复制(C)：选择该选项，旋转对象的同时保留原对象，如图 5-65 所示。

图 5-65　复制旋转

（2）参照(R)：采用"参照"方式旋转对象时，系统提示如下：

指定参照角 <0>: 指定要参照的角度，默认值为 0
指定新角度或[点(P)]: 输入旋转后的角度值

操作完毕后，对象被旋转至指定角度的位置。

🎓 高手支招

可以用拖动鼠标的方法旋转对象。选择对象并指定基点后，从基点到当前光标位置会出现一条连线，鼠标选择的对象会动态地随着该连线与水平方向的夹角的变化而旋转，按 Enter 键确认旋转操作，如图 5-66 所示。

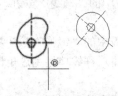

图 5-66　拖动鼠标旋转对象

5.3.3　"缩放"命令

【执行方式】

- ☑　命令行：SCALE。
- ☑　菜单栏：选择菜单栏中的"修改"→"缩放"命令。
- ☑　工具栏：单击"修改"工具栏中的"缩放"按钮 🔲。
- ☑　功能区：单击"默认"选项卡"修改"面板中的"缩放"按钮 🔲。
- ☑　快捷菜单：选择要缩放的对象，在绘图区右击，从打开的快捷菜单中选择"缩放"命令。

【操作实践——绘制双扇平开门】

绘制如图 5-67 所示的双扇平开门，操作步骤如下。

（1）利用所学知识绘制双扇平开门，如图 5-68 所示。

（2）单击"默认"选项卡"修改"面板中的"缩放"按钮 🔲，命令行提示与操作如下：

命令: SCALE✓
选择对象: ✓（框选左边门扇）
指定基点: ✓（指定左墙体右上角）
指定比例因子或 [复制(C)/参照(R)]: 0.5✓（结果如图 5-69 所示）
命令: SCALE✓
选择对象: ✓（框选右边门扇）
指定基点: ✓（指定右门右下角）
指定比例因子或 [复制(C)/参照(R)]: 1.5✓

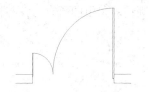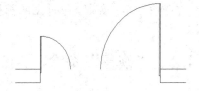

图 5-67　双扇平开门　　　　图 5-68　初步绘制双扇平开门　　　　图 5-69　缩放左、右扇门

最终结果如图 5-67 所示。

【选项说明】

（1）指定比例因子：选择对象并指定基点后，从基点到当前光标位置会出现一条线段，线段的长度即为比例大小。鼠标选择的对象会动态地随着该连线长度的变化而缩放，按 Enter 键，确认缩放操作。

（2）复制(C)：选择"复制(C)"选项时，可以复制缩放对象，即缩放对象时保留原对象，如图 5-69 所示。

（3）参照(R)：采用"参照"方式缩放对象时，系统提示如下：

指定参照长度 <1>:（指定参考长度值）
指定新的长度或 [点(P)] <1.0000>:（指定新长度值）

若新长度值大于参考长度值，则放大对象，否则，缩小对象。操作完毕后，系统以指定的基点按指定的比例因子缩放对象。如果选择"点(P)"选项，则指定两点来定义新的长度。

5.4　删除及恢复类命令

这一类命令主要用于删除图形的某部分或对已被删除的部分进行恢复，包括"删除""回退""重做""清除"等命令。

【预习重点】

☑　了解删除图形有几种方法。
☑　练习使用 3 种删除方法。

5.4.1　"删除"命令

如果所绘制的图形不符合要求或错绘了图形，则可以使用"删除"命令将其删除。

【执行方式】

☑　命令行：ERASE。
☑　菜单栏：选择菜单栏中的"修改"→"删除"命令。
☑　工具栏：单击"修改"工具栏中的"删除"按钮✐。
☑　功能区：单击"默认"选项卡"修改"面板中的"删除"按钮✐。
☑　快捷菜单：选择要删除的对象，在绘图区右击，从打开的快捷菜单中选择"删除"命令。

【操作步骤】

可以先选择对象，然后调用"删除"命令；也可以先调用"删除"命令，然后再选择对象。选择对象时，可以使用前面介绍的各种对象选择的方法。

当选择多个对象时，多个对象都被删除；若选择的对象属于某个对象组，则该对象组的所有对象都被删除。

5.4.2 "恢复"命令

若误删除了图形，则可以使用"恢复"命令恢复误删除的对象。

【执行方式】

- ☑ 命令行：OOPS 或 U。
- ☑ 工具栏：单击"标准"工具栏中的"放弃"按钮↩。
- ☑ 快捷键：Ctrl+Z。

【操作步骤】

在命令行窗口的提示行中输入"OOPS"，按 Enter 键。

5.5 改变几何特性类命令

这一类编辑命令在对指定对象进行编辑后，使编辑对象的几何特性发生改变，包括"倒角""圆角""打断""剪切""延伸""拉长""拉伸"等命令。

【预习重点】

- ☑ 了解改变几何特性类命令有几种。
- ☑ 比较使用"剪切""延伸"命令。
- ☑ 比较使用"圆角""倒角"命令。
- ☑ 比较使用"拉伸""拉长"命令。
- ☑ 比较使用"打断""打断于点"命令。
- ☑ 比较分解、合并前后对象属性。

5.5.1 "圆角"命令

圆角是指用指定的半径决定的一段平滑的圆弧连接两个对象。系统规定可以圆角连接一对直线段、非圆弧的多段线段、样条曲线、双向无限长线、射线、圆、圆弧和椭圆。可以在任何时刻圆角连接非圆弧多段线的每个节点。

【执行方式】

- ☑ 命令行：FILLET。
- ☑ 菜单栏：选择菜单栏中的"修改"→"圆角"命令。
- ☑ 工具栏：单击"修改"工具栏中的"圆角"按钮⬜。
- ☑ 功能区：单击"默认"选项卡"修改"面板中的"圆角"按钮⬜。

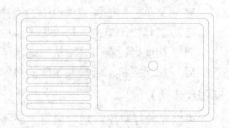

图 5-70 微波炉

【操作实践——绘制微波炉】

绘制如图 5-70 所示的微波炉，操作步骤如下。

（1）绘制矩形。单击"默认"选项卡"绘图"面板中的"矩形"按钮▢，绘制矩形，命令行提示与操作如下：

```
命令: _rectang
指定第一个角点或 [倒角(C)/标高(E)/圆角(F)/厚度(T)/宽度(W)]: 0,0↙
指定另一个角点或 [面积(A)/尺寸(D)/旋转(R)]: 800,420↙
```

重复"矩形"命令，绘制另外 3 个矩形，角点坐标分别为{（20,20），（780,400）}、{（327,40），（760,380）}和{（50,46.6），（290.3,70）}。绘制结果如图 5-71 所示。

（2）绘制圆。单击"默认"选项卡"绘图"面板中的"圆"按钮◉，绘制圆，命令行提示与操作如下：

```
命令: _circle
指定圆的圆心或 [三点(3P)/两点(2P)/切点、切点、半径(T)]: 554.4,215↙
指定圆的半径或 [直径(D)]: 20↙
```

（3）圆角处理。单击"默认"选项卡"修改"面板中的"圆角"按钮▢，将 4 个矩形进行圆角处理，3 个大矩形的圆角半径为 20，一个小矩形的圆角半径为 10。命令行提示与操作如下：

```
命令: _fillet
当前设置: 模式 = 修剪，半径 = 0.0000
选择第一个对象或 [放弃(U)/多段线(P)/半径(R)/修剪(T)/多个(M)]: R↙
指定圆角半径 <0.0000>: 20↙
选择第一个对象或 [放弃(U)/多段线(P)/半径(R)/修剪(T)/多个(M)]: P↙
选择二维多段线或 [半径(R)]:（选择最外边大矩形）
```

4 条直线已被圆角。

重复"圆角"命令，绘制其他圆角，绘制结果如图 5-72 所示。

图 5-71　绘制矩形

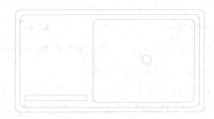

图 5-72　圆角处理

（4）阵列处理。单击"默认"选项卡"修改"面板中的"矩形阵列"按钮▦，阵列 10 行，1 列，行间距为 33。

最终结果如图 5-70 所示。

【选项说明】

（1）多段线(P)：在一条二维多段线的两段直线段的节点处插入圆滑的弧。选择多段线后，系统会根据指定的圆弧的半径把多段线各顶点用圆滑的弧连接起来。

（2）修剪(T)：决定在圆角连接两条边时，是否修剪这两条边，如图 5-73 所示。

（3）多个(M)：可以同时对多个对象进行圆角编辑，而不必重新输入命令。

图 5-73　圆角连接

⚡注意　按住 Shift 键并选择两条直线，可以快速创建零距离倒角或零半径圆角。

5.5.2 "修剪"命令

【执行方式】

- ☑ 命令行：TRIM。
- ☑ 菜单栏：选择菜单栏中的"修改"→"修剪"命令。
- ☑ 工具栏：单击"修改"工具栏中的"修剪"按钮┼。
- ☑ 功能区：单击"默认"选项卡"修改"面板中的"修剪"按钮┼。

【操作实践——绘制电视机】

绘制如图5-74所示的电视机，操作步骤如下。

（1）单击"默认"选项卡"绘图"面板中的"矩形"按钮□，在适当的位置绘制长为50mm、宽为20mm的矩形，如图5-75所示。

（2）单击"默认"选项卡"修改"面板中的"偏移"按钮▣，将矩形向内偏移，偏移距离为2mm，如图5-76所示。

图5-74 电视机模型

图5-75 绘制矩形

图5-76 偏移矩形

（3）单击"默认"选项卡"绘图"面板中的"直线"按钮╱，捕捉矩形长边的中点，绘制一条竖直直线作为绘图的辅助线，如图5-77所示。

（4）单击"默认"选项卡"绘图"面板中的"直线"按钮╱，在矩形的上部适当位置绘制一条长为30mm的直线，并将其中点移动到辅助线上，如图5-78所示。

（5）单击"默认"选项卡"绘图"面板中的"直线"按钮╱，在水平直线左端绘制一条斜向直线。

（6）单击"默认"选项卡"修改"面板中的"镜像"按钮▲，将第（5）步中绘制的斜向直线镜像到辅助线的另外一侧，如图5-79所示。

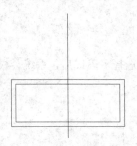

图5-77 绘制辅助线

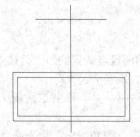

图5-78 绘制水平直线

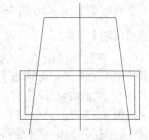

图5-79 绘制并镜像斜向直线

（7）单击"默认"选项卡"绘图"面板中的"直线"按钮╱，在水平直线的下方继续绘制两条水平直线。

（8）单击"默认"选项卡"修改"面板中的"修剪"按钮┼，将刚刚绘制的水平直线在斜向直线外侧的部分删除，命令行提示与操作如下：

```
命令: _trim
当前设置: 投影=UCS，边=无
选择剪切边...
选择对象或 <全部选择>:（依次选择两条斜线）
选择要修剪的对象，或按住 Shift 键选择要延伸的对象，或 [栏选(F)/窗交(C)/投影(P)/边(E)/删除(R)/放弃(U)]:（依次选择刚绘制的水平线的两端）
...
选择要修剪的对象，或按住 Shift 键选择要延伸的对象，或 [栏选(F)/窗交(C)/投影(P)/边(E)/删除(R)/放弃(U)]: ↙
```

结果如图 5-80 所示。

（9）单击"默认"选项卡"绘图"面板中的"圆弧"按钮，过矩形下方以如图 5-81 所示的 A、B、C 这 3 个点绘制圆弧。

（10）单击"默认"选项卡"修改"面板中的"删除"按钮和"修剪"按钮，删除多余的直线和辅助线，结果如图 5-82 所示。

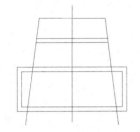 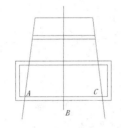 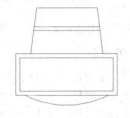

图 5-80　绘制并修剪水平直线　　　　图 5-81　绘制圆弧的点　　　　图 5-82　删除多余直线

（11）单击"默认"选项卡"注释"面板中的"多行文字"按钮，在矩形框中输入"T.V."字样，设置文字高度为 10、字体为 Times New Roman，完成电视机模型的绘制，最终结果如图 5-74 所示。

【选项说明】

（1）按住 Shift 键：在选择对象时，如果按住 Shift 键，系统就自动将"修剪"命令转换成"延伸"命令，"延伸"命令将在 5.5.3 节介绍。

（2）栏选(F)：选择此选项时，系统以栏选的方式选择被修剪对象，如图 5-83 所示。

（a）选定剪切边　　　（b）使用栏选选定的要修剪的对象　　　（c）结果

图 5-83　"栏选"选择修剪对象

（3）窗交(C)：选择此选项时，系统以窗交的方式选择被修剪对象。

被选择的对象可以互为边界和被修剪对象，此时系统会在选择的对象中自动判断边界，如图 5-84 所示。

（4）边(E)：选择此选项时，可以选择对象的修剪方式，即延伸和不延伸。

☑　延伸(E)：延伸边界进行修剪。在此方式下，如果剪切边没有与要修剪的对象相交，系统会延伸剪切边直至与要修剪的对象相交，然后再修剪，如图 5-85 所示。

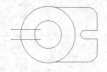 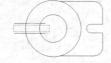

（a）使用窗交选择选定的边　　　（b）选定要修剪的对象　　　（c）结果

图 5-84　　"窗交"选择修剪对象

（a）选择剪切边　　　（b）选择要修剪的对象　　　（c）修剪后的结果

图 5-85　　"延伸"方式修剪对象

☑　不延伸(N)：不延伸边界修剪对象。只修剪与剪切边相交的对象。

5.5.3　　"延伸"命令

延伸对象是指延伸要延伸的对象直至另一个对象的边界线，如图 5-86 所示。

【执行方式】

☑　命令行：EXTEND。

☑　菜单栏：选择菜单栏中的"修改"→"延伸"命令。

☑　工具栏：单击"修改"工具栏中的"延伸"按钮-/。

☑　功能区：单击"默认"选项卡"修改"面板中的"延伸"按钮-/。

【操作实践——绘制梳妆凳】

绘制如图 5-87 所示的梳妆凳，操作步骤如下。

图 5-86　　延伸对象　　　　　　　　　　图 5-87　　梳妆凳

（1）单击"默认"选项卡"绘图"面板中的"圆弧"按钮 ⌒ 和"直线"按钮 ╱，绘制梳妆凳的初步轮廓，如图 5-88 所示。

（2）单击"默认"选项卡"修改"面板中的"偏移"按钮 ⚌，将绘制的圆弧向内偏移一定距离，如图 5-89 所示。

（3）单击"默认"选项卡"修改"面板中的"延伸"按钮-/，命令行提示与操作如下：

```
命令: _extend
当前设置: 投影=UCS，边=无
选择边界的边...
选择对象: (选择两条斜线)
```

选择要延伸的对象，或按住 Shift 键选择要修剪的对象，或 [栏选(F)/窗交(C)/投影(P)/边(E)/放弃(U)]:（选择圆弧左侧）
选择要延伸的对象，或按住 Shift 键选择要修剪的对象，或 [栏选(F)/窗交(C)/投影(P)/边(E)/放弃(U)]:（选择圆弧右侧）
选择要延伸的对象，或按住 Shift 键选择要修剪的对象，或 [栏选(F)/窗交(C)/投影(P)/边(E)/放弃(U)]: ✓

结果如图 5-90 所示。

图 5-88　绘制初步轮廓　　　　　图 5-89　偏移圆弧　　　　　图 5-90　延伸圆弧

（4）单击"默认"选项卡"修改"面板中的"圆角"按钮□，以适当的半径对上面两个角进行圆角处理，最终结果如图 5-87 所示。

【选项说明】

（1）如果要延伸的对象是适配样条多段线，则延伸后会在多段线的控制框上增加新节点。如果要延伸的对象是锥形的多段线，系统会修正延伸端的宽度，使多段线从起始端平滑地延伸至新的终止端。如果延伸操作导致新终止端的宽度为负值，则取宽度值为 0，如图 5-91 所示。

（2）选择对象时，如果按住 Shift 键，系统自动将"延伸"命令转换成"修剪"命令。

图 5-91　延伸对象

5.5.4　"倒角"命令

倒角是指用斜线连接两个不平行的线型对象。可以用斜线连接直线段、双向无限长线、射线和多段线。

【执行方式】

- ☑　命令行：CHAMFER。
- ☑　菜单栏：选择菜单栏中的"修改"→"倒角"命令。
- ☑　工具栏：单击"修改"工具栏中的"倒角"按钮□。
- ☑　功能区：单击"默认"选项卡"修改"面板中的"倒角"按钮□。

【操作实践——绘制洗菜盆】

绘制如图 5-92 所示的洗菜盆，操作步骤如下。

（1）单击"默认"选项卡"绘图"面板中的"直线"按钮／，可以绘制出初步轮廓，大约尺寸如图 5-93 所示。

（2）单击"默认"选项卡"绘图"面板中的"圆"按钮⊙，以图 5-93 中长 240、宽 80 的矩形左中位置处为圆心，绘制半径为 35 的圆。

（3）单击"默认"选项卡"修改"面板中的"复制"按钮%，选择刚绘制的圆，复制到右边合适的位置，完成旋钮的绘制。

（4）单击"默认"选项卡"绘图"面板中的"圆"按钮⊙，以图 5-93 中长 139、宽 40 的矩形正中位置为圆心，绘制半径为 25 的圆作为出水口。

（5）单击"默认"选项卡"修改"面板中的"修剪"按钮 ，将绘制的出水口圆形修剪成如图 5-94 所示。

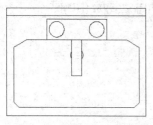

图 5-92　洗菜盆

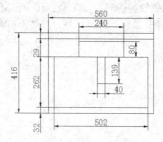

图 5-93　初步轮廓图

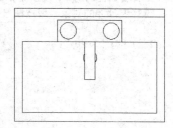

图 5-94　绘制水笼头和出水口

（6）单击"默认"选项卡"修改"面板中的"倒角"按钮 ，绘制水盆的 4 个角。命令行提示与操作如下：

```
命令: CHAMFER✓
（"修剪"模式）当前倒角距离 1 = 0.0000，距离 2 = 0.0000
选择第一条直线或 [放弃(U)/多段线(P)/距离(D)/角度(A)/修剪(T)/方式(E)/多个(M)]: D✓
指定第一个倒角距离 <0.0000>: 50✓
指定第二个倒角距离 <50.0000>: 30✓
选择第一条直线或 [多段线(P)/距离(D)/角度(A)/修剪(T)/方式(M)/多个(U)]: U✓
选择第一条直线或 [放弃(U)/多段线(P)/距离(D)/角度(A)/修剪(T)/方式(E)/多个(M)]:（选择右上角横线段）
选择第二条直线，或按住 Shift 键选择要应用角点的直线:（选择右上角竖线段）
选择第一条直线或 [放弃(U)/多段线(P)/距离(D)/角度(A)/修剪(T)/方式(E)/多个(M)]:（选择左上角横线段）
选择第二条直线，或按住 Shift 键选择要应用角点的直线:（选择右上角竖线段）
命令: CHAMFER✓
（"修剪"模式）当前倒角距离 1 = 50.0000，距离 2 = 30.0000
选择第一条直线或 [放弃(U)/多段线(P)/距离(D)/角度(A)/修剪(T)/方式(E)/多个(M)]: A✓
指定第一条直线的倒角长度 <20.0000>: ✓
指定第一条直线的倒角角度 <0>: 45✓
选择第一条直线或 [放弃(U)/多段线(P)/距离(D)/角度(A)/修剪(T)/方式(E)/多个(M)]: U✓
选择第一条直线或 [放弃(U)/多段线(P)/距离(D)/角度(A)/修剪(T)/方式(E)/多个(M)]:（选择左下角横线段）
选择第二条直线，或按住 Shift 键选择要应用角点的直线:（选择左下角竖线段）
选择第一条直线或 [放弃(U)/多段线(P)/距离(D)/角度(A)/修剪(T)/方式(E)/多个(M)]:（选择右下角横线段）
选择第二条直线，或按住 Shift 键选择要应用角点的直线:（选择右下角竖线段）
```

重复"倒角"命令，绘制左下角和右下角的倒角，倒角长度为 20，倒角角度为 45°。

洗菜盆绘制结果如图 5-92 所示。

【选项说明】

（1）距离(D)：选择倒角的两个斜线距离。斜线距离是指从被连接的对象与斜线的交点到被连接的两对象的可能的交点之间的距离，如图 5-95 所示。这两个斜线距离可以相同也可以不相同，若二者均为 0，则系统不绘制连接的斜线，而是把两个对象延伸至相交，并修剪超出的部分。

（2）角度(A)：选择第一条直线的斜线距离和角度。采用这种方法用斜线连接对象时，需要输入两个参数：斜线与一个对象的斜线距离和斜线与该对象的夹角，如图 5-96 所示。

（3）多段线(P)：对多段线的各个交叉点进行倒角编辑。为了得到最好的连接效果，一般设置斜线是相等的值。系统根据指定的斜线距离把多段线的每个交叉点都作斜线连接，连接的斜线成为多段线新添加的构成部分，如图 5-97 所示。

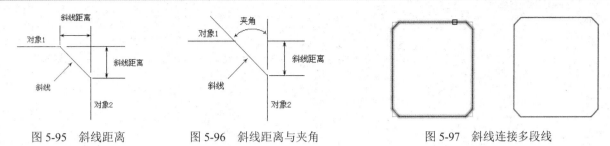

图 5-95　斜线距离　　　　图 5-96　斜线距离与夹角　　　　图 5-97　斜线连接多段线

（4）修剪(T)：与圆角连接命令 FILLET 相同，该选项决定连接对象后，是否剪切原对象。

（5）方式(E)：决定采用"距离"方式还是"角度"方式来倒角。

（6）多个(M)：同时对多个对象进行倒角编辑。

🎓 **高手支招**

有时用户在执行"圆角"和"倒角"命令时，发现命令不执行或执行后没什么变化，那是因为系统默认圆角半径和斜线距离均为 0，如果不事先设定圆角半径或斜线距离，系统就以默认值执行命令，所以看起来好像没有执行命令。

5.5.5　"拉伸"命令

拉伸对象是指拖拉选择的对象，且形状发生改变后的对象。拉伸对象时，应指定拉伸的基点和移至点。利用一些辅助工具，如捕捉、钳夹功能及相对坐标等可以提高拉伸的精度。

【执行方式】

☑　命令行：STRETCH。

☑　菜单栏：选择菜单栏中的"修改"→"拉伸"命令。

☑　工具栏：单击"修改"工具栏中的"拉伸"按钮 🔲。

☑　功能区：单击"默认"选项卡"修改"面板中的"拉伸"按钮 🔲。

【操作实践——绘制门把手】

绘制如图 5-98 所示的门把手，操作步骤如下。

（1）设置图层。单击"默认"选项卡"图层"面板中的"图层特性"按钮 🔳，打开"图层特性管理器"选项板，新建两个图层。

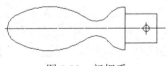

图 5-98　门把手

① 第一个图层命名为"轮廓线"，线宽属性为 0.3mm，其余属性默认。

② 第二个图层命名为"中心线"，颜色设为红色，线型加载为 CENTER，其余属性默认。

（2）将"轮廓线"图层设置为当前图层。单击"默认"选项卡"绘图"面板中的"直线"按钮 ／，绘制坐标分别为（150,150），（@120,0）的直线，结果如图 5-99 所示。

（3）单击"默认"选项卡"绘图"面板中的"圆"按钮 ◉，绘制圆心坐标为（160,150），半径为 10 的圆。重复"圆"命令，以（235,150）为圆心，绘制半径为 15 的圆。再绘制半径为 50 的圆与前两个圆相切，结果如图 5-100 所示。

（4）单击"默认"选项卡"绘图"面板中的"直线"按钮 ／，绘制坐标为（250,150）、（@10<90）和（@15<180）的两条直线。重复"直线"命令，绘制坐标为（235,165）和（235,150）的直线，结果如图 5-101

所示。

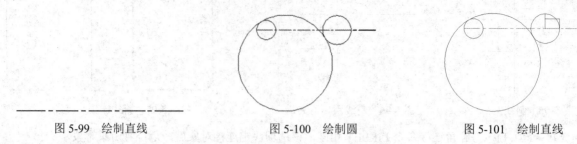

图 5-99　绘制直线　　　　　　　　图 5-100　绘制圆　　　　　　　　图 5-101　绘制直线

（5）单击"默认"选项卡"修改"面板中的"修剪"按钮，进行修剪处理，结果如图 5-102 所示。

（6）绘制圆。单击"默认"选项卡"绘图"面板中的"圆"按钮，绘制与圆弧 1 和圆弧 2 相切的圆，半径为 12，结果如图 5-103 所示。

图 5-102　修剪处理　　　　　　　　　　　　　　图 5-103　绘制圆

（7）修剪处理。单击"默认"选项卡"修改"面板中的"修剪"按钮，将多余的圆弧进行修剪，结果如图 5-104 所示。

（8）单击"默认"选项卡"修改"面板中的"镜像"按钮，对图形进行镜像处理，镜像线的两点坐标分别为（150,150）和（250,150），结果如图 5-105 所示。

（9）单击"默认"选项卡"修改"面板中的"修剪"按钮，进行修剪处理，结果如图 5-106 所示。

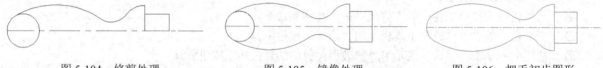

图 5-104　修剪处理　　　　　　　图 5-105　镜像处理　　　　　　图 5-106　把手初步图形

（10）将"中心线"图层设置为当前图层。单击"默认"选项卡"绘图"面板中的"直线"按钮，在把手接头处中间位置绘制适当长度的竖直线段，作为销孔定位中心线，如图 5-107 所示。

（11）将"轮廓线"图层设置为当前图层。单击"默认"选项卡"绘图"面板中的"圆"按钮，以中心线交点为圆心绘制适当半径的圆作为销孔，如图 5-108 所示。

（12）单击"默认"选项卡"修改"面板中的"拉伸"按钮，拉伸接头长度，结果如图 5-109 所示。

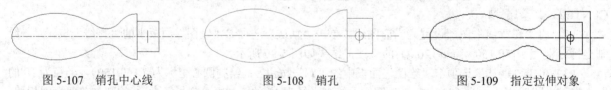

图 5-107　销孔中心线　　　　　　图 5-108　销孔　　　　　　图 5-109　指定拉伸对象

🎓 **高手支招**

用交叉窗口选择拉伸对象时，落在交叉窗口内的端点被拉伸，落在外部的端点保持不动。

5.5.6 "拉长"命令

【执行方式】

- ☑ 命令行：LENGTHEN。
- ☑ 菜单栏：选择菜单栏中的"修改"→"拉长"命令。
- ☑ 功能区：单击"默认"选项卡"修改"面板中的"拉长"按钮✎。

【操作实践——绘制挂钟】

绘制如图 5-110 所示的挂钟，操作步骤如下。

（1）单击"默认"选项卡"绘图"面板中的"圆"按钮⊙，绘制圆心为（100,100），半径为 20 的圆形作为挂钟的外轮廓线，如图 5-111 所示。

（2）单击"默认"选项卡"绘图"面板中的"直线"按钮✎，分别绘制坐标为{（100,100），（100,117.25）}、{（100,100），（82.75,100）}和{（100,100），（105,94）}的 3 条直线作为挂钟的指针，如图 5-112 所示。

图 5-110 挂钟图形　　　　图 5-111 绘制圆形　　　　图 5-112 绘制指针

（3）单击"默认"选项卡"修改"面板中的"拉长"按钮✎，将秒针拉长至圆的边缘，完成挂钟的绘制，如图 5-110 所示。

【选项说明】

（1）增量(DE)：用指定增加量的方法来改变对象的长度或角度。

（2）百分数(P)：用指定要修改对象的长度占总长度的百分比的方法来改变圆弧或直线段的长度。

（3）全部(T)：用指定新的总长度或总角度值的方法来改变对象的长度或角度。

（4）动态(DY)：在这种模式下，可以使用拖拉鼠标的方法来动态地改变对象的长度或角度。

5.5.7 "打断"命令

【执行方式】

- ☑ 命令行：BREAK。
- ☑ 菜单栏：选择菜单栏中的"修改"→"打断"命令。
- ☑ 工具栏：单击"修改"工具栏中的"打断"按钮▥。
- ☑ 功能区：单击"默认"选项卡"修改"面板中的"打断"按钮▥。

【操作步骤】

命令: BREAK✎
选择对象:（选择要打断的对象）
指定第二个打断点或 [第一点(F)]:（指定第二个打断点或输入"F"）

【选项说明】

如果选择"第一点(F)"选项，系统将丢弃前面的第一个选择点，重新提示用户指定两个打断点。

5.5.8 "打断于点"命令

打断于点是指在对象上指定一点，从而把对象在此点拆分成两部分。此命令与"打断"命令类似。

【执行方式】

☑ 工具栏：单击"修改"工具栏中的"打断于点"按钮⊏。
☑ 功能区：单击"默认"选项卡"修改"面板中的"打断于点"按钮⊏。

【操作实践——绘制吸顶灯】

绘制如图 5-113 所示的吸顶灯，操作步骤如下。

（1）单击"默认"选项卡"图层"面板中的"图层特性"按钮⊜，打开"图层特性管理器"选项板，新建两个图层。

① 1 图层，颜色为蓝色，其余属性默认。
② 2 图层，颜色为黑色，其余属性默认。

（2）将 1 图层设置为当前图层，单击"默认"选项卡"绘图"面板中的"直线"按钮╱，绘制坐标点为{（50,100），（100,100）}、{（75,75），（75,125）}的两条相交的直线，如图 5-114 所示。

（3）将 2 图层设置为当前图层，单击"默认"选项卡"绘图"面板中的"圆"按钮⊙，绘制以（75,100）为圆心，半径分别为 15、10 的两个同心圆，如图 5-115 所示。

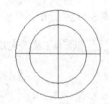

图 5-113　吸顶灯图形　　　　图 5-114　绘制相交直线　　　　图 5-115　绘制同心圆

（4）单击"默认"选项卡"修改"面板中的"打断于点"按钮⊏，将超出圆外的直线修剪掉。命令行提示与操作如下：

```
命令: _break↙
选择对象:（选择竖直直线）
指定第二个打断点或 [第一点(F)]: F↙
指定第一个打断点:（选择竖直直线的上端点）
指定第二个打断点:（选择竖直直线与大圆上面的相交点）
```

重复"打断于点"命令，将其他 3 段超出圆外的直线修剪掉，结果如图 5-113 所示。

5.5.9 "分解"命令

【执行方式】

☑ 命令行：EXPLODE。
☑ 菜单栏：选择菜单栏中的"修改"→"分解"命令。
☑ 工具栏：单击"修改"工具栏中的"分解"按钮⊡。
☑ 功能区：单击"默认"选项卡"修改"面板中的"分解"按钮⊡。

【操作实践——绘制西式沙发】

绘制如图 5-116 所示的西式沙发，操作步骤如下。

（1）单击"默认"选项卡"绘图"面板中的"矩形"按钮 ⬚，绘制一个长为 100mm、宽为 40mm 的矩形，如图 5-117 所示。

（2）单击"默认"选项卡"绘图"面板中的"圆"按钮 ⊙，在矩形上侧的两个角处绘制直径为 8 的圆；单击"默认"选项卡"修改"面板中的"复制"按钮 ⬚，并以矩形角点为参考点，复制到另外一个角点处，如图 5-118 所示。

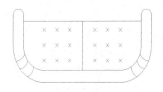

图 5-116　西式沙发

图 5-117　绘制矩形

图 5-118　绘制圆

（3）选择菜单栏中的"绘图"→"多线"命令，即多线功能，绘制沙发的靠背。选择菜单栏中的"格式"→"多线样式"命令，打开"多线样式"对话框，如图 5-119 所示。单击"新建"按钮，打开"创建新的多线样式"对话框，设置好新样式名 MLINE1，单击"继续"按钮，打开"新建多线样式"对话框，如图 5-120 所示。

图 5-119　"多线样式"对话框

图 5-120　设置多线样式

单击"确定"按钮，关闭所有对话框。

（4）选择菜单栏中的"绘图"→"多线"命令，输入"st"，选择多线样式为 mline1，然后输入"j"，设置对正方式为无，将比例设置为 1，以图 5-118 中的圆心为起点，沿矩形边界绘制多线，命令行提示与操作如下：

```
命令: MLINE↙
当前设置: 对正 = 上, 比例 = 20.00, 样式 = STANDARD
指定起点或 [对正(J)/比例(S)/样式(ST)]: ST↙（设置当前多线样式）
输入多线样式名或 [?]: mline1↙（选择样式 mline1）
当前设置: 对正 = 上, 比例 = 20.00, 样式 = MLINE1
```

指定起点或 [对正(J)/比例(S)/样式(ST)]: J↙（设置对正方式）
输入对正类型 [上(T)/无(Z)/下(B)] <上>: Z↙（设置对正方式为无）
当前设置: 对正 = 无, 比例 = 20.00, 样式 = MLINE1
指定起点或 [对正(J)/比例(S)/样式(ST)]: S↙
输入多线比例 <20.00>: 1↙（设定多线比例为1）
当前设置: 对正 = 无, 比例 = 1.00, 样式 = MLINE1
指定起点或 [对正(J)/比例(S)/样式(ST)]:（单击圆心）
指定下一点:（单击矩形角点）
指定下一点或 [放弃(U)]:
指定下一点或 [闭合(C)/放弃(U)]:（单击另外一侧圆心）
指定下一点或 [闭合(C)/放弃(U)]: ↙

（5）绘制完成后，如图 5-121 所示。选择刚刚绘制的多线和矩形，单击"默认"选项卡"修改"面板中的"分解"按钮，将多线分解。

（6）将多线中间的矩形轮廓线删除，如图 5-122 所示。单击"默认"选项卡"修改"面板中的"移动"按钮，以直线的左端点为基点，将其移动到圆的下端点，如图 5-123 所示。单击"默认"选项卡"修改"面板中的"修剪"按钮，将多余线剪切，移动剪切后如图 5-124 所示。

图 5-121　绘制多线　　　　　图 5-122　删除直线　　　　　图 5-123　移动直线

（7）单击"默认"选项卡"修改"面板中的"圆角"按钮，设置倒角的大小，绘制沙发扶手及靠背的转角。内侧圆角半径为16，修改内侧圆角后如图 5-125 所示，外侧圆角半径为24，修改后如图 5-126 所示。

图 5-124　修剪多余线　　　　图 5-125　修改内侧圆角　　　　图 5-126　修改外侧圆角

（8）利用"中点捕捉"工具，单击"默认"选项卡"绘图"面板中的"直线"按钮，在沙发中心绘制一条垂直的直线，如图 5-127 所示。单击"默认"选项卡"绘图"面板中的"圆弧"按钮，在沙发扶手的拐角处绘制 3 条弧线，两边对称复制，如图 5-128 所示。

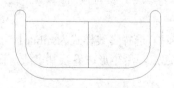 

图 5-127　绘制中线　　　　　　　　　图 5-128　绘制沙发转角

（9）在沙发左侧空白处用"直线"命令绘制一"×"形图案，如图 5-129 所示，单击"默认"选项卡"修改"面板中的"矩形阵列"按钮，设置行、列数均为 3，然后将行间距设置为-10、列间距设置为 10。单击"选择对象"按钮，选择刚刚绘制的"×"图形，进行阵列复制，如图 5-130 所示。

单击"默认"选项卡"修改"面板中的"镜像"按钮⚖，将左侧的花纹镜像到右侧，如图 5-131 所示。

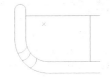
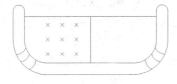
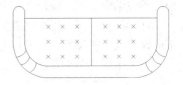

图 5-129　绘制"×"　　　　图 5-130　阵列图形　　　　图 5-131　镜像花纹

在命令行中输入"WBLOCK"命令，绘制好沙发模块，将其保存成块存储起来，以便绘图中调用。

5.5.10　"合并"命令

可以将直线、圆弧、椭圆弧和样条曲线等独立的对象合并为一个对象。

【执行方式】

- ☑　命令行：JOIN。
- ☑　菜单栏：选择菜单栏中的"修改"→"合并"命令。
- ☑　工具栏：单击"修改"工具栏中的"合并"按钮➼。
- ☑　功能区：单击"默认"选项卡"修改"面板中的"合并"按钮➼。

【操作步骤】

```
命令: JOIN↙
选择源对象或要一次合并的多个对象:（选择一个对象）
选择要合并的对象:（选择另一个对象）
选择要合并的对象: ↙
```

5.6　对象编辑

在对图形进行编辑时，还可以对图形对象本身的某些特性进行编辑，从而方便地进行图形绘制。

【预习重点】

- ☑　了解编辑对象的方法有几种。
- ☑　观察几种编辑方法结果的差异。
- ☑　对比几种方法的适用对象。

5.6.1　钳夹功能

利用钳夹功能可以快速方便地编辑对象。AutoCAD 在图形对象上定义了一些特殊点，称为夹点，利用夹点可以灵活地控制对象，如图 5-132 所示。

要使用钳夹功能编辑对象，必须先打开钳夹功能，打开方法是：选择"工具"→"选项"→"选择"命令。

在"选项"对话框的"选择集"选项卡中，打开"启用夹点"复选框。在该选项卡中，还可以设置代表夹点的小方格的尺寸和颜色。

也可以通过 GRIPS 系统变量来控制是否打开钳夹功能，1 代表打开，0 代表关闭。

打开了钳夹功能后，应该在编辑对象之前先选择对象。夹点表示了对象的控制位置。

使用夹点编辑对象，要选择一个夹点作为基点，称为基准夹点，然后选择一种编辑操作：镜像、移动、旋转、拉伸和缩放。可以用空格键、Enter键或键盘上的快捷键循环选择这些功能。

下面仅以其中的拉伸对象操作为例进行讲述，其他操作类似。

在图形上拾取一个夹点，该夹点改变颜色，此点为夹点编辑的基准夹点。这时系统提示：

** 拉伸 **
指定拉伸点或 [基点(B)/复制(C)/放弃(U)/退出(X)]:

在上述拉伸编辑提示下，输入"镜像"命令或右击，在打开的快捷菜单中选择"镜像"命令，如图5-133所示。

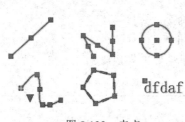

图 5-132　夹点　　　　　　　　　图 5-133　快捷菜单

系统就会转换为"镜像"操作，其他操作类似。

5.6.2　修改对象属性

【执行方式】

- ☑　命令行：DDMODIFY 或 PROPERTIES。
- ☑　菜单栏：选择菜单中的"修改"→"特性"或"工具"→"选项板"→"特性"命令。
- ☑　工具栏：单击"标准"工具栏中的"特性"按钮▤。
- ☑　功能区：单击"默认"选项卡"特性"面板中的"对话框启动器"按钮↘。

【操作实践——绘制花枝】

绘制如图5-134所示的花枝，操作步骤如下。

（1）打开4.3.2节绘制的花朵图形。

（2）单击"默认"选项卡"绘图"面板中的"多段线"按钮⤵，绘制枝叶。花枝的宽度为4；叶子的起点半宽为12，端点半宽为3。用同样方法绘制另两片叶子，结果如图5-135所示。

（3）选择枝叶，枝叶上显示夹点标志，在一个夹点上右击，打开快捷菜单，选择其中的"特性"命令，打开"特性"选项板，在"颜色"下拉列表框中选择"绿"选项，如图5-136所示。设置完成后的效果如图5-137所示。

图 5-134　花枝

（4）采用同样方法修改花朵颜色为红色，花蕊颜色为洋红色，最终结果如图5-134所示。

图 5-135 绘制出花朵图案

图 5-136 快捷菜单

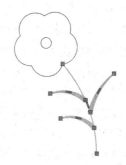
图 5-137 修改枝叶颜色

5.6.3 特性匹配

利用特性匹配功能可以将目标对象的属性与源对象的属性进行匹配，使目标对象的属性与源对象的属性相同。利用特性匹配功能可以方便、快捷地修改对象属性，并保持不同对象的属性相同。

【执行方式】

☑ 命令行：MATCHPROP。

☑ 菜单栏：选择菜单栏中的"修改"→"特性匹配"命令。

【操作步骤】

命令：_matchprop
选择源对象：
当前活动设置：颜色 图层 线型 线型比例 线宽 透明度 厚度 打印样式 标注 文字 图案填充 多段线 视口 表格 材质 多重引线中心对象
选择目标对象或 [设置(S)]：
选择目标对象或 [设置(S)]：

如图 5-138（a）所示为两个属性不同的对象，以左边的圆为源对象，对右边的矩形进行特性匹配，结果如图 5-138（b）所示。

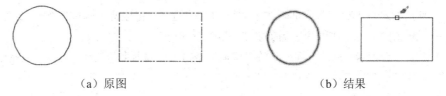

（a）原图　　　　　　　　　　（b）结果

图 5-138 特性匹配

5.7 综合演练——电脑桌椅

本实例绘制的电脑桌椅如图 5-139 所示。可以看出，电脑桌椅由电脑桌、座椅和电脑组成。首先通过"矩形"和"圆角"命令绘制电脑桌，然后通过"矩形"、"圆角"和"修剪"命令绘制座椅，再通过"多段线"、"矩形"、"阵列"和"旋转"命令绘制电脑。

1．设置图层

单击"默认"选项卡"图层"面板中的"图层特性"按钮🖳，系统打开"图层特性管理器"选项板，设置两个图层：图层 1，颜色设为黑色，其余属性默认；图层 2，颜色设为蓝色，其余属性默认。

2．绘制电脑桌

（1）将图层 2 设置为当前图层，单击"默认"选项卡"绘图"面板中的"矩形"按钮⬜，绘制 3 个矩形，角点坐标分别为{（0,589），（1100,1069）}、{（50,589），（1050,1069）}和{（129,589），（（700,471）}。

（2）将图层 1 设置为当前图层，单击"默认"选项卡"绘图"面板中的"矩形"按钮⬜，以角点坐标{（144,589），（684,486）}绘制矩形，如图 5-140 所示。

（3）单击"默认"选项卡"修改"面板中的"圆角"按钮⬜，将圆角半径设置为 20，将桌子的拐角与键盘抽屉均作圆角处理，结果如图 5-141 所示。

图 5-139　电脑桌椅　　　　　图 5-140　绘制矩形　　　　　图 5-141　圆角处理

3．绘制座椅

（1）将图层 2 设置为当前图层，单击"默认"选项卡"绘图"面板中的"矩形"按钮⬜，绘制 5 个矩形，角点坐标分别为{（212,150），（284,400）}、{（264,100），（612,450）}、{（592,150），（664,400）}、{（418,74），（468,100）}和{（264,0），（612,74）}。

（2）将图层 1 设置为当前图层，单击"默认"选项卡"绘图"面板中的"矩形"按钮⬜，绘制 4 个矩形，角点坐标分别为{（228,165），（268,385）}、{（278,115），（598,435）}、{（608,165），（648,385）}和{（279,15），（597,59）}，如图 5-142 所示。

（3）单击"默认"选项卡"修改"面板中的"圆角"按钮⬜，将座椅外围的圆角半径设置为 20，内侧矩形的圆角半径设置为 10，椅子倒圆角之后如图 5-143 所示。

（4）单击"默认"选项卡"修改"面板中的"修剪"按钮✂，修剪多余的线段，命令行提示与操作如下：

```
命令:_trim
当前设置: 投影=UCS，边=无
选择剪切边...
选择对象或<全部选择>:（选择座椅两边的矩形）
选择对象:↙
选择要修剪的对象，或按住 Shift 键选择要延伸的对象，或 [栏选(F)/窗交(C)/投影(P)/边(E)/删除(R)/放弃(U)]:（拾取两边矩形内的线段）
选择要修剪的对象，或按住 Shift 键选择要延伸的对象，或 [栏选(F)/窗交(C)/投影(P)/边(E)/删除(R)/放弃(U)]:
```

修剪处理后的图形如图 5-144 所示。

　　图 5-142　绘制椅子　　　　　　图 5-143　圆角处理　　　　　　图 5-144　修剪处理

4．绘制电脑

（1）单击"默认"选项卡"绘图"面板中的"多段线"按钮，绘制电脑外轮廓，命令行提示与操作如下：

```
命令: _pline✓
指定起点: 100,627✓
当前线宽为  0.0000
指定下一个点或 [圆弧(A)/半宽(H)/长度(L)/放弃(U)/宽度(W)]: @0,50✓
指定下一点或 [圆弧(A)/闭合(C)/半宽(H)/长度(L)/放弃(U)/宽度(W)]: A✓
指定圆弧的端点(按住 Ctrl 键以切换方向)或 [角度(A)/圆心(CE)/闭合(CL)/方向(D)/半宽(H)/直线(L)/半径(R)/第二个
点(S)/放弃(U)/宽度(W)]: 128,757✓
指定圆弧的端点(按住 Ctrl 键以切换方向)或 [角度(A)/圆心(CE)/闭合(CL)/方向(D)/半宽(H)/直线(L)/半径(R)/第二个
点(S)/放弃(U)/宽度(W)]: S✓
指定圆弧上的第二个点: 155,776✓
指定圆弧的端点: 174,824✓
指定圆弧的端点(按住 Ctrl 键以切换方向)或 [角度(A)/圆心(CE)/闭合(CL)/方向(D)/半宽(H)/直线(L)/半径(R)/第二个
点(S)/放弃(U)/宽度(W)]: L✓
指定下一点或 [圆弧(A)/闭合(C)/半宽(H)/长度(L)/放弃(U)/宽度(W)]: 174,1004✓
指定下一点或 [圆弧(A)/闭合(C)/半宽(H)/长度(L)/放弃(U)/宽度(W)]: 374,1004✓
指定下一点或 [圆弧(A)/闭合(C)/半宽(H)/长度(L)/放弃(U)/宽度(W)]: 374,824✓
指定下一点或 [圆弧(A)/闭合(C)/半宽(H)/长度(L)/放弃(U)/宽度(W)]: A✓
指定圆弧的端点(按住 Ctrl 键以切换方向)或 [角度(A)/圆心(CE)/闭合(CL)/方向(D)/半宽(H)/直线(L)/半径(R)/第二个
点(S)/放弃(U)/宽度(W)]: S✓
指定圆弧上的第二个点: 390,780✓
指定圆弧的端点: 420,757✓
指定圆弧的端点(按住 Ctrl 键以切换方向)或 [角度(A)/圆心(CE)/闭合(CL)/方向(D)/半宽(H)/直线(L)/半径(R)/第二个
点(S)/放弃(U)/宽度(W)]: S✓
指定圆弧上的第二个点: 439,722✓
指定圆弧的端点: 449,677✓
指定圆弧的端点(按住 Ctrl 键以切换方向)或 [角度(A)/圆心(CE)/闭合(CL)/方向(D)/半宽(H)/直线(L)/半径(R)/第二个
点(S)/放弃(U)/宽度(W)]: L✓
指定下一点或 [圆弧(A)/闭合(C)/半宽(H)/长度(L)/放弃(U)/宽度(W)]: 449,627✓
指定下一点或 [圆弧(A)/闭合(C)/半宽(H)/长度(L)/放弃(U)/宽度(W)]: A✓
指定圆弧的端点(按住 Ctrl 键以切换方向)或 [角度(A)/圆心(CE)/闭合(CL)/方向(D)/半宽(H)/直线(L)/半径(R)/第二个
点(S)/放弃(U)/宽度(W)]: S✓
指定圆弧上的第二个点: 287,611✓
指定圆弧的端点: 100,627✓
指定圆弧的端点(按住 Ctrl 键以切换方向)或 [角度(A)/圆心(CE)/闭合(CL)/方向(D)/半宽(H)/直线(L)/半径(R)/第二个
```

点(S)/放弃(U)/宽度(W)]: ↙
命令: _pline↙
指定起点: 174,1004↙
当前线宽为 0.0000
指定下一个点或 [圆弧(A)/半宽(H)/长度(L)/放弃(U)/宽度(W)]: 164,1004↙
指定下一点或 [圆弧(A)/闭合(C)/半宽(H)/长度(L)/放弃(U)/宽度(W)]: A↙
指定圆弧的端点(按住 Ctrl 键以切换方向)或 [角度(A)/圆心(CE)/闭合(CL)/方向(D)/半宽(H)/直线(L)/半径(R)/第二个点(S)/放弃(U)/宽度(W)]: 154,995↙
指定圆弧的端点(按住 Ctrl 键以切换方向)或 [角度(A)/圆心(CE)/闭合(CL)/方向(D)/半宽(H)/直线(L)/半径(R)/第二个点(S)/放弃(U)/宽度(W)]: L↙
指定下一点或 [圆弧(A)/闭合(C)/半宽(H)/长度(L)/放弃(U)/宽度(W)]: 128,757↙
指定下一点或 [圆弧(A)/闭合(C)/半宽(H)/长度(L)/放弃(U)/宽度(W)]: ↙
命令: _pline↙
指定起点: 374,1004↙
当前线宽为 0.0000
指定下一个点或 [圆弧(A)/半宽(H)/长度(L)/放弃(U)/宽度(W)]: 384,1004↙
指定下一点或 [圆弧(A)/闭合(C)/半宽(H)/长度(L)/放弃(U)/宽度(W)]: A↙
指定圆弧的端点(按住 Ctrl 键以切换方向)或 [角度(A)/圆心(CE)/闭合(CL)/方向(D)/半宽(H)/直线(L)/半径(R)/第二个点(S)/放弃(U)/宽度(W)]: 394,996↙
指定圆弧的端点(按住 Ctrl 键以切换方向)或 [角度(A)/圆心(CE)/闭合(CL)/方向(D)/半宽(H)/直线(L)/半径(R)/第二个点(S)/放弃(U)/宽度(W)]: L↙
指定下一点或 [圆弧(A)/闭合(C)/半宽(H)/长度(L)/放弃(U)/宽度(W)]: 420,757↙
指定下一点或 [圆弧(A)/闭合(C)/半宽(H)/长度(L)/放弃(U)/宽度(W)]: ↙

（2）单击"默认"选项卡"绘图"面板中的"圆弧"按钮，绘制电脑上的弧线，命令行提示与操作如下：

命令: _arc
指定圆弧的起点或 [圆心(C)]: 100,677↙
指定圆弧的第二个点或 [圆心(C)/端点(E)]: 272,668↙
指定圆弧的端点: 449,677↙
命令: _arc
指定圆弧的起点或 [圆心(C)]: 190,800↙
指定圆弧的第二个点或 [圆心(C)/端点(E)]: 275,850↙
指定圆弧的端点: 360,800↙

绘制结果如图 5-145 所示。

（3）单击"默认"选项卡"绘图"面板中的"矩形"按钮，绘制角点坐标为（120,690）和（130,700）的散热孔。

（4）单击"默认"选项卡"修改"面板中的"矩形阵列"按钮，选择第（3）步中绘制的矩形为阵列对象，设置"行数"为20、"列数"为11、"行间距介于"为15、"列间距介于"为30，结果如图 5-146 所示。

（5）单击"默认"选项卡"修改"面板中的"删除"按钮，将多余的矩形删除。

（6）单击"默认"选项卡"修改"面板中的"旋转"按钮，将电脑图形进行旋转操作，命令行提示与操作如下：

命令: _rotate
UCS 当前的正角方向: ANGDIR=逆时针　ANGBASE=0
选择对象: (选择电脑图形)
指定基点: (拾取电脑左下点)
指定旋转角度，或 [复制(C)/参照(R)]<0>: 25↙

结果如图 5-147 所示。

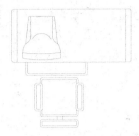

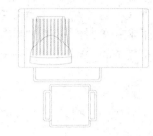

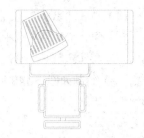

图 5-145　绘制电脑　　　　　　图 5-146　绘制矩形并阵列处理　　　　　图 5-147　删除矩形并旋转图形

5.8　名师点拨——编辑技巧

1. 如何用 BREAK 命令在一点打断对象

执行 BREAK 命令，在提示输入第二点时，可以输入"@"再按 Enter 键，这样即可在第一点打断选定对象。

2. 怎样用"修剪"命令同时修剪多条线段

竖直线与 4 条平行线相交，现在要剪切掉竖直线右侧的部分，执行 TRIM 命令，在命令行中显示"选择对象"时，选择直线并按 Enter 键，然后输入"F"并按 Enter 键，最后在竖直线右侧绘制一条直线并按 Enter 键，即可完成修剪。

3. 对圆进行打断操作时的方向问题

AutoCAD 会沿逆时针方向将圆上从第一断点到第二断点之间的圆弧删除。

4. "偏移"命令的作用是什么

在 AutoCAD 中，可以使用"偏移"命令对指定的直线、圆弧、圆等对象作定距离偏移复制。在实际应用中，常利用"偏移"命令的特性创建平行线或等距离分布图。

5.9　上机实验

【练习 1】绘制如图 5-148 所示的燃气灶。

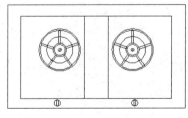

图 5-148　燃气灶

1. 目的要求

本实例图形涉及的命令主要是"矩形""直线""圆""样条曲线""环形阵列""镜像"。本实例帮助读者灵活掌握各种基本绘图命令的操作方法。

2．操作提示

（1）单击"默认"选项卡"绘图"面板中的"矩形"按钮▢和"直线"按钮╱，绘制燃气灶外轮廓。

（2）单击"默认"选项卡"绘图"面板中的"圆"按钮⊙和"样条曲线拟合"按钮～，绘制支撑骨架。

（3）单击"默认"选项卡"修改"面板中的"环形阵列"按钮❖和"镜像"按钮◭，绘制燃气灶。

【练习2】绘制如图5-149所示的门。

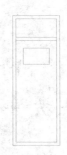

图5-149　门

1．目的要求

本实例图形涉及的命令主要是"矩形"和"偏移"命令。本实例帮助读者灵活掌握各种基本绘图命令的操作方法。

2．操作提示

（1）单击"默认"选项卡"绘图"面板中的"矩形"按钮▢，绘制门轮廓。

（2）单击"默认"选项卡"修改"面板中的"偏移"按钮◢，绘制门。

【练习3】绘制如图5-150所示的小房子。

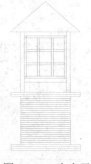

图5-150　小房子

1．目的要求

本实例图形涉及的命令主要是"矩形""直线""阵列"。本实例帮助读者灵活掌握各种基本绘图命令的操作方法。

2．操作提示

（1）单击"默认"选项卡"绘图"面板中的"矩形"按钮▢和"修改"面板中的"矩形阵列"按钮▦，绘制主要轮廓。

（2）单击"默认"选项卡"绘图"面板中的"直线"按钮╱和"修改"面板中的"矩形阵列"按钮▦，处理细节。

5.10 模 拟 考 试

1. 关于"分解"（EXPLODE）命令的描述正确的是（　　　）。

　A．对象分解后颜色、线型和线宽不会改变　　　B．图案分解后图案与边界的关联性仍然存在

　C．多行文字分解后将变为单行文字　　　D．构造线分解后可得到两条射线

2. 使用"复制"命令时，正确的情况是（　　　）。

　A．复制一个对象就退出命令　　　B．最多可复制 3 个

　C．复制时选择放弃，则退出命令　　　D．可复制多个对象，直到选择退出，才结束复制

3. "拉伸"命令对（　　）对象没有作用。

　A．多段线　　　B．样条曲线　　　C．圆　　　D．矩形

4. 关于偏移，下面说明错误的是（　　　）。

　A．偏移值为 30　　　B．偏移值为-30

　C．偏移圆弧时，即可以创建更大的圆弧，也可以创建更小的圆弧

　D．可以偏移的对象类型有样条曲线

5. 下面图形不能偏移的是（　　　）。

　A．构造线　　　B．多线　　　C．多段线　　　D．样条曲线

6. 下面图形中偏移后图形属性没有发生变化的是（　　　）。

　A．多段线　　　B．椭圆弧　　　C．椭圆　　　D．样条曲线

7. 使用 SCALE 命令缩放图形时，在提示输入比例时输入"r"，然后指定缩放的参照长度分别为 1、2，则缩放后的比例值为（　　　）。

　A．2　　　B．1　　　C．0.5　　　D．4

8. 能够将物体某部分改变角度的复制命令有（　　　）。

　A．MIRROR　　　B．ROTATE　　　C．COPY　　　D．ARRAY

9. 要剪切与剪切边延长线相交的圆，则需执行的操作为（　　　）。

　A．剪切时按住 Shift 键　　　B．剪切时按住 Alt 键

　C．修改"边"参数为"延伸"　　　D．剪切时按住 Ctrl 键

10. 对于一个多段线对象中的所有角点进行圆角，可以使用"圆角"命令中的什么命令选项？（　　　）

　A．多段线(P)　　　B．修剪(T)　　　C．多个(U)　　　D．半径(R)

11. 绘制如图 5-151 所示的图形。

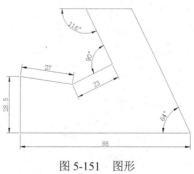

图 5-151　图形

第 **6** 章

文字、表格与尺寸

为了方便读者学习后续章节中的 AutoCAD 2017 室内设计制图的内容，本章将介绍文本、表格与尺寸的具体绘制方法。

6.1　文　　字

在工程制图中，文字标注往往是必不可少的环节。AutoCAD 2017 提供了文字相关命令来进行文字的输入与标注。

【预习重点】

☑　对比单行与多行文字区别。

☑　练习多行文字应用。

6.1.1　文字样式

AutoCAD 2017 提供了"文字样式"对话框，通过该对话框可方便、直观地设置需要的文字样式，或对已有的样式进行修改。

【执行方式】

☑　命令行：STYLE。

☑　菜单栏：选择菜单栏中的"格式"→"文字样式"命令。

☑　工具栏：单击"文字"工具栏中的"文字样式"按钮 。

☑　功能区：单击"默认"选项卡"注释"面板中的"文字样式"按钮 或单击"注释"选项卡"文字"面板上的"文字样式"下拉菜单中的"管理文字样式"按钮或单击"注释"选项卡"文字"面板中的"对话框启动器"按钮 。

【操作步骤】

执行上述命令后，系统打开"文字样式"对话框，如图 6-1 所示。

图 6-1　"文字样式"对话框

【选项说明】

（1）"字体"选项组：确定字体样式。在 AutoCAD 中，除了固有的 SHX 字体外，还可以使用 TrueType 字体（如宋体、楷体、Italic 等）。一种字体可以设置不同的效果从而被多种文字样式使用。

（2）"大小"选项组：用来确定文字样式使用的字体文件、字体风格及字高等。

① "注释性"复选框：指定文字为注释性文字。

② "使文字方向与布局匹配"复选框：指定图纸空间视口中的文字方向与布局方向匹配。如果取消选中"注释性"复选框，则该选项不可用。

③ "高度"文本框：如果在"高度"文本框中输入一个数值，则将其作为添加文字时的固定字高，在用 TEXT 命令输入文字时，AutoCAD 将不再提示输入字高参数。如果在该文本框中设置字高为 0，文字默认值为 0.2，AutoCAD 则会在每一次创建文字时提示输入字高。

（3）"效果"选项组：用于设置字体的特殊效果。

① "颠倒"复选框：选中该复选框，表示将文本文字倒置标注，如图 6-2（a）所示。

② "反向"复选框：确定是否将文本文字反向标注。如图 6-2（b）所示给出了这种标注效果。

③ "垂直"复选框：确定文本是水平标注还是垂直标注。选中该复选框为垂直标注，否则为水平标注，如图 6-3 所示。

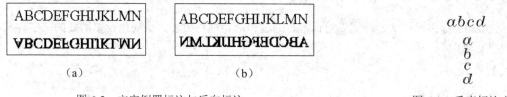

图 6-2　文字倒置标注与反向标注　　　　　　　　　　　图 6-3　垂直标注文字

（4）"宽度因子"文本框：用于设置宽度系数，确定文本字符的宽高比。当"宽度因子"为 1 时，表示将按字体文件中定义的宽高比标注文字；小于 1 时文字会变窄，反之变宽。

（5）"倾斜角度"文本框：用于确定文字的倾斜角度。角度为 0 时不倾斜，为正时向右倾斜，为负时向左倾斜。

6.1.2　单行文本标注

【执行方式】

- ☑　命令行：TEXT 或 DTEXT。
- ☑　菜单栏：选择菜单栏中的"绘图"→"文字"→"单行文字"命令。
- ☑　工具栏：单击"文字"工具栏中的"单行文字"按钮 Ⅰ 。
- ☑　功能区：单击"默认"选项卡"注释"面板中的"单行文字"按钮 Ⅰ 或单击"注释"选项卡"文字"面板中的"单行文字"按钮 Ⅰ 。

【操作步骤】

命令: TEXT↙
当前文字样式: Standard　文字高度: 2.5000　注释性: 否　对正: 左
指定文字的起点或 [对正(J)/样式(S)]:

【选项说明】

（1）指定文字的起点：在此提示下直接在绘图区拾取一点作为文本的起始点。利用 TEXT 命令也可创建多行文本，只是这种多行文本每一行都是一个对象，因此不能对多行文本同时进行操作，但可以单独修改每一单行的文字样式、字高、旋转角度和对齐方式等。

（2）对正(J)：在命令行中输入"J"，用来确定文本的对齐方式。对齐方式决定文本的哪一部分与所选的插入点对齐。

（3）样式(S)：指定文字样式，文字样式决定文字字符的外观。创建的文字使用当前文字样式。

实际绘图时，有时需要标注一些特殊字符，如直径符号、上划线或下划线、温度符号等，由于这些符号不能直接从键盘上输入，AutoCAD 提供了一些控制码来实现这些要求。控制码用两个百分号（%%）加一个字符构成，常用的控制码如表 6-1 所示。

表 6-1　AutoCAD 常用控制码

符　　号	功　　能	符　　号	功　　能
%%O	上划线	\u+0278	电相位
%%U	下划线	\u+E101	流线
%%D	"度"符号	\u+2261	标识
%%P	正负符号	\u+E102	界碑线
%%C	直径符号	\u+2260	不相等
%%%	百分号（%）	\u+2126	欧姆
\u+2248	几乎相等	\u+03A9	欧米伽
\u+2220	角度	\u+214A	低界线
\u+E100	边界线	\u+2082	下标 2
\u+2104	中心线	\u+00B2	上标 2
\u+0394	差值		

其中，%%O 和%%U 分别是上划线和下划线的开关，第一次出现此符号时开始绘制上划线和下划线，第二次出现此符号时上划线和下划线终止。例如，在"输入文字:"提示后输入"I want to %%U go to Beijing%%U"，则得到如图 6-4（a）所示的文本行；输入"50%%D+%%C75%%P12"，则得到如图 6-4（b）所示的文本行。

I want to go to Beijing.　　　　　　50°+Ø75±12

（a）　　　　　　　　　　　　　（b）

图 6-4　文本行

用 TEXT 命令可以创建一个或若干个单行文本，也就是说用此命令可以用于标注多行文本。在"输入文字:"提示下输入一行文本后按 Enter 键，用户可输入第二行文本，依此类推，直到文本全部输入完，再在此提示下按 Enter 键，结束文本输入命令。每按一次 Enter 键就结束一个单行文本的输入。

用 TEXT 命令创建文本时，在命令行中输入的文字同时显示在屏幕上，而且在创建过程中可以随时改变文本的位置，只要将光标移到新的位置单击，则当前行结束，随后输入的文本出现在新的位置上。用这种方法可以把多行文本标注到屏幕的任何地方。

6.1.3　多行文本标注

【执行方式】

- ☑ 命令行：MTEXT。
- ☑ 菜单栏：选择菜单栏中的"绘图"→"文字"→"多行文字"命令。
- ☑ 工具栏：单击"绘图"工具栏中的"多行文字"按钮 A 或单击"文字"工具栏中的"多行文字"按钮 A。

☑ 功能区：单击"默认"选项卡"注释"面板中的"多行文字"按钮**A**或单击"注释"选项卡"文字"面板中的"多行文字"按钮**A**。

【操作实践——绘制内视符号】

绘制如图 6-5 所示的内视符号，操作步骤如下。

（1）单击"默认"选项卡"绘图"面板中的"圆"按钮⊙，绘制一个适当大小的圆。

（2）单击"默认"选项卡"绘图"面板中的"多边形"按钮⬠，绘制一个正四边形，捕捉刚才绘制的圆的圆心作为正多边形所内接的圆的圆心，如图 6-6 所示，完成正多边形的绘制。

（3）单击"默认"选项卡"绘图"面板中的"直线"按钮/，绘制一条连接正四边形上下两顶点的直线，如图 6-7 所示。

图 6-5　内视符号

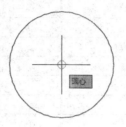

图 6-6　捕捉圆心

图 6-7　绘制正四边形和直线

（4）单击"默认"选项卡"绘图"面板中的"图案填充"按钮▨，打开"图案填充创建"选项卡，单击"选项"面板中的"图案填充设置"按钮↘，打开"图案填充和渐变色"对话框，如图 6-8 所示，设置填充图案样式为 SOLID，填充正四边形与圆之间所夹的区域，如图 6-9 所示。

图 6-8　"图案填充和渐变色"对话框

图 6-9　图案填充

（5）单击"默认"选项卡"注释"面板中的"文字样式"按钮🅰，打开"文字样式"对话框，如图 6-10 所示。将字体名设置为"宋体"，"高度"设置为 900（高度可以根据前面所绘制的图形大小而变化），其他设置不变，单击"置为当前"按钮，再单击"应用"按钮，关闭"文字样式"对话框。

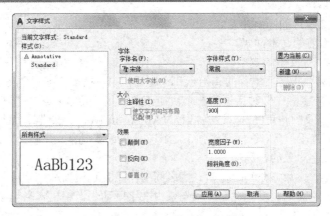

图 6-10 "文字样式"对话框

（6）单击"默认"选项卡"注释"面板中的"多行文字"按钮 **A**，打开"文字编辑器"选项卡和多行文字编辑器，如图 6-11 所示。输入字母 A，完成字母 A 的绘制，如图 6-12 所示。

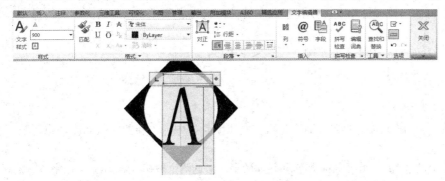

图 6-11 "文字编辑器"选项卡和多行文字编辑器 图 6-12 绘制文字

注意 标注文字的位置可能需要多次调整才能使文字处于相对合适的位置。

（7）用同样方法绘制字母 B，结果如图 6-5 所示。

【选项说明】

（1）指定对角点：指定对角点后，系统显示如图 6-13 所示的"文字编辑器"选项卡和多行文字编辑器，可利用此选项卡与编辑器输入多行文本并对其格式进行设置。

图 6-13 "文字编辑器"选项卡和多行文字编辑器

（2）对正(J)：确定所标注文本的对齐方式。

（3）行距(L)：确定多行文本的行间距，这里所说的行间距是指相邻两文本行的基线之间的垂直距离。

（4）旋转(R)：确定文本行的倾斜角度。

（5）样式(S)：确定当前的文本样式。

（6）宽度(W)：指定多行文本的宽度。

在创建多行文本时，只要指定文本行的起始点和宽度后，系统就会打开如图 6-11 所示的多行文字编辑器，该编辑器包含一个"文字格式"对话框和一个快捷菜单。用户可以在编辑器中输入和编辑多行文本，包括设置字高、文本样式以及倾斜角度等。该编辑器与 Microsoft Word 编辑器界面相似，事实上该编辑器与 Word 编辑器在某些功能上趋于一致。这样既增强了多行文字的编辑功能，又能使用户更熟悉和方便地使用。

（7）栏：指定多行文字对象的栏选项。

① 静态：指定总栏宽、栏数、栏间距宽度（栏之间的间距）和栏高。

② 动态：指定栏宽、栏间距宽度和栏高。动态栏由文字驱动。调整栏将影响文字流，而文字流将导致添加或删除栏。

③ 不分栏：将不分栏模式设置给当前多行文字对象。

默认列设置存储在系统变量 MTEXTCOLUMN 中。

（8）"文字编辑器"选项卡：用来控制文本文字的显示特性。可以在输入文本文字前设置文本的特性，也可以改变已输入的文本文字特性。要改变已有文本文字显示特性，首先应选择要修改的文本，选择文本的方式有以下 3 种。

① 将光标定位到文本文字开始处，按住鼠标左键，拖到文本末尾。

② 双击某个文字，则该文字被选中。

③ 3 次单击鼠标，则选中全部内容。

对话框中部分选项的功能介绍如下。

① "高度"下拉列表框：用于确定文本的字符高度，可在文本编辑器中输入新的字符高度，也可从下拉列表框中选择已设定过的高度值。

② "粗体"按钮**B**和"斜体"按钮*I*：用于设置加粗和斜体效果，但这两个按钮只对 TrueType 字体有效。

③ "下划线"按钮U和"上划线"按钮Ō：用于设置或取消文字的上下划线。

④ "堆叠"按钮：为层叠或非层叠文本按钮，用于层叠所选的文本文字，也就是创建分数形式。当文本中某处出现"/"、"^"或"#"3 种层叠符号之一时，可层叠文本，其方法是选中需层叠的文字，然后单击此按钮，则符号左边的文字作为分子，右边的文字作为分母进行层叠。AutoCAD 提供了 3 种分数形式，如果选中 abcd/efgh 后单击此按钮，得到如图 6-14（a）所示的分数形式；如果选中 abcd^efgh 后单击此按钮，则得到如图 6-14（b）所示的形式，此形式多用于标注极限偏差；如果选中 abcd # efgh 后单击此按钮，则创建斜排的分数形式，如图 6-14（c）所示。如果选中已经层叠的文本对象后单击此按钮，则恢复到非层叠形式。

⑤ "倾斜角度"数值框：用于设置文字的倾斜角度。

abcd　abcd　abcd/
efgh　efgh　efgh

（a）　（b）　（c）

图 6-14　文本层叠

📢 提示

　　倾斜角度与斜体效果是两个不同的概念，前者可以设置任意倾斜角度，后者是在任意倾斜角度的基础上设置斜体效果，如图 6-15 所示。第一行倾斜角度为 0°，非斜体效果；第二行倾斜角度为 12°，非斜体效果；第三行倾斜角度为 12°，斜体效果。

都市农夫
都市农夫
都市农夫

图 6-15　倾斜角度与斜体效果

⑥ "符号"按钮@：用于输入各种符号。单击此按钮，系统打开符号列表，如图 6-16 所示，可以从中选择符号输入到文本中。

⑦ "插入字段"按钮：用于插入一些常用或预设字段。单击此按钮，系统打开"字段"对话框，如图 6-17 所示，用户可从中选择字段，插入到标注文本中。

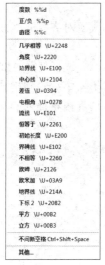

图 6-16　符号列表

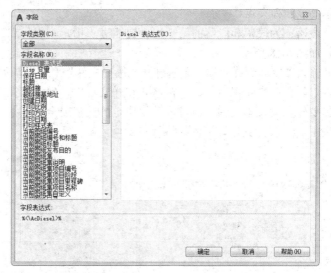

图 6-17　"字段"对话框

⑧ "追踪"数值框：用于增大或减小选定字符之间的空间。1.0 表示设置常规间距，设置大于 1.0 表示增大间距，设置小于 1.0 表示减小间距。

⑨ "宽度因子"数值框 ◯：用于扩展或收缩选定字符。1.0 表示设置代表此字体中字母的常规宽度，可以增大该宽度或减小该宽度。

（9）"上标"按钮 x：将选定文字转换为上标，即在输入线的上方设置稍小的文字。

（10）"下标"按钮 x：将选定文字转换为下标，即在输入线的下方设置稍小的文字。

（11）"清除格式"下拉列表框：删除选定字符的字符格式，或删除选定段落的段落格式，或删除选定段落中的所有格式。

① 关闭：如果选择此选项，将从应用了列表格式的选定文字中删除字母、数字和项目符号。不更改缩进状态。

② 以数字标记：应用将带有句点的数字用于列表中的项的列表格式。

③ 以字母标记：应用将带有句点的字母用于列表中的项的列表格式。如果列表含有的项多于字母中含有的字母，可以使用双字母继续标注。

④ 以项目符号标记：应用将项目符号用于列表中的项的列表格式。

⑤ 启动：在列表格式中启动新的字母或数字序列。如果选定的项位于列表中间，则选定项下面的未选中的项也将成为新列表的一部分。

⑥ 继续：将选定的段落添加到上面最后一个列表然后继续序列。如果选择了列表项而非段落，选定项下面的未选中的项将继续序列。

⑦ 允许自动项目符号和编号：在输入时应用列表格式。以下字符可以用作字母和数字后的标点而不能用作项目符号：句点（.）、逗号（,）、右括号 ())、右尖括号（>）、右方括号（]）和右花括号（}）。

⑧ 允许项目符号和列表：如果选择此选项，列表格式将应用到外观类似列表的多行文字对象中的所有纯文本。

⑨ 拼写检查：确定输入时拼写检查处于打开还是关闭状态。

⑩ 编辑词典：显示"词典"对话框，从中可添加或删除在拼写检查过程中使用的自定义词典。

⑪ 标尺：在编辑器顶部显示标尺。拖动标尺末尾的箭头可更改文字对象的宽度。列模式处于活动状态时，还显示高度和列夹点。

（12）段落：为段落和段落的第一行设置缩进。指定制表位和缩进，控制段落对齐方式、段落间距和段落行距，如图6-18所示。

（13）输入文字：选择此项，系统打开"选择文件"对话框，如图6-19所示。选择任意ASCII或RTF格式的文件。输入的文字保留原始字符格式和样式特性，但可以在多行文字编辑器中编辑和格式化输入的文字。选择要输入的文本文件后，可以替换选定的文字或全部文字，或在文字边界内将插入的文字附加到选定的文字中。输入文字的文件必须小于32KB。

图6-18 "段落"对话框

图6-19 "选择文件"对话框

（14）编辑器设置：显示"文字格式"工具栏的选项列表。有关详细信息请参见编辑器设置。

提示

> 多行文字是由任意数目的文字行或段落组成的，布满指定的宽度，还可以沿垂直方向无限延伸。多行文字中，无论行数是多少，单个编辑任务中创建的每个段落集将构成单个对象；用户可对其进行移动、旋转、删除、复制、镜像或缩放操作。

6.1.4 文本编辑

【执行方式】
- ☑ 命令行：DDEDIT。
- ☑ 菜单栏：选择菜单栏中的"修改"→"对象"→"文字"→"编辑"命令。
- ☑ 工具栏：单击"文字"工具栏中的"编辑"按钮。

【操作步骤】

选择相应的菜单项，或在命令行中输入"DDEDIT"命令后按Enter键，AutoCAD提示：

命令: DDEDIT↙
选择注释对象或 [放弃(U)]:

要求选择想要修改的文本，同时光标变为拾取框。用拾取框选择对象，如果选择的文本是用 TEXT 命令创建的单行文本，则深显该文本，此时可对其进行修改；如果选择的文本是用 MTEXT 命令创建的多行文本，选择后则打开多行文字编辑器，可根据前面的介绍对各项设置或内容进行修改。

6.2　表　格

使用 AutoCAD 提供的表格功能，创建表格就变得非常容易，用户可以直接插入设置好样式的表格，而不用由单独的图线重新绘制。

【预习重点】
- ☑　练习如何定义表格样式。
- ☑　观察"插入表格"对话框中选项卡的设置。
- ☑　练习插入表格文字。

6.2.1　定义表格样式

表格样式是用来控制表格基本形状和间距的一组设置。与文字样式一样，所有 AutoCAD 图形中的表格都有和其相对应的表格样式。当插入表格对象时，AutoCAD 使用当前设置的表格样式。模板文件 acad.dwt 和 acadiso.dwt 中定义了名为 Standard 的默认表格样式。

【执行方式】
- ☑　命令行：TABLESTYLE。
- ☑　菜单栏：选择菜单栏中的"格式"→"表格样式"命令。
- ☑　工具栏：单击"样式"工具栏中的"表格样式"按钮。
- ☑　功能区：单击"默认"选项卡"注释"面板中的"表格样式"按钮或单击"注释"选项卡"表格"面板上"表格样式"下拉菜单中的"管理表格样式"按钮或单击"注释"选项卡"表格"面板中的"对话框启动器"按钮。

【操作步骤】
执行上述命令后，打开"表格样式"对话框，如图 6-20 所示。单击"新建"按钮，打开"创建新的表格样式"对话框，如图 6-21 所示。输入新的表格样式名后，单击"继续"按钮，打开"新建表格样式"对话框，如图 6-22 所示，从中可以定义新的表格样式。

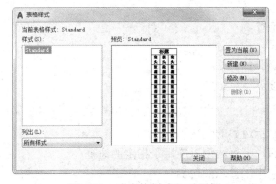

图 6-20　"表格样式"对话框

图 6-21　"创建新的表格样式"对话框

"新建表格样式"对话框中有 3 个选项卡："常规"、"文字"和"边框"，分别用于控制表格中数据、表头和标题的有关参数，如图 6-23 所示。

图 6-22 "新建表格样式"对话框

标题		
表头	表头	表头
数据	数据	数据
数据	数据	数据
数据	数据	数据
数据	数据	数据
数据	数据	数据
数据	数据	数据

图 6-23 表格样式

【选项说明】

1．"常规"选项卡

（1）"特性"选项组

① "填充颜色"下拉列表框：用于指定填充颜色。

② "对齐"下拉列表框：用于为单元内容指定一种对齐方式。

③ "格式"选项框：用于设置表格中各行的数据类型和格式。

④ "类型"下拉列表框：将单元样式指定为标签或数据，在包含起始表格的表格样式中插入默认文字时使用。

（2）"页边距"选项组

① "水平"文本框：设置单元中的文字或块与左右单元边界之间的距离。

② "垂直"文本框：设置单元中的文字或块与上下单元边界之间的距离。

（3）"创建行/列时合并单元"复选框

将使用当前单元样式创建的所有新行或列合并到一个单元中。

2．"文字"选项卡

（1）"文字样式"下拉列表框：用于指定文字样式。

（2）"文字高度"文本框：用于指定文字高度。

（3）"文字颜色"下拉列表框：用于指定文字颜色。

（4）"文字角度"文本框：用于设置文字角度。

3．"边框"选项卡

（1）"线宽"下拉列表框：用于设置要用于显示边界的线宽。

（2）"线型"下拉列表框：通过单击边框按钮，设置线型以应用于指定的边框。

（3）"颜色"下拉列表框：用于指定颜色以应用于显示的边界。

146

（4）"双线"复选框：选中该复选框，指定选定的边框为双线。

6.2.2 创建表格

设置好表格样式后，用户可以利用 TABLE 命令创建表格。

【执行方式】

- ☑ 命令行：TABLE。
- ☑ 菜单栏：选择菜单栏中的"绘图"→"表格"命令。
- ☑ 工具栏：单击"绘图"工具栏中的"表格"按钮 📑 。
- ☑ 功能区：单击"默认"选项卡"注释"面板中的"表格"按钮 📑 或单击"注释"选项卡"表格"面板中的"表格"按钮 📑 。

【操作步骤】

执行上述命令后，打开"插入表格"对话框，如图 6-24 所示。

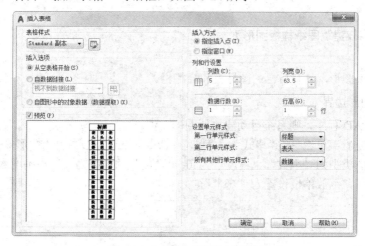

图 6-24 "插入表格"对话框

【选项说明】

（1）"表格样式"选项组：可以在其下拉列表框中选择一种表格样式，也可以单击右侧的"启动'表格样式'对话框"按钮 📑 ，新建或修改表格样式。

（2）"插入方式"选项组。

① "指定插入点"单选按钮：用于指定表格左上角的位置。可以使用定点设备，也可以在命令行中输入坐标值。如果表样式将表的方向设置为由下而上读取，则插入点位于表的左下角。

② "指定窗口"单选按钮：用于指定表格的大小和位置。可以使用定点设备，也可以在命令行中输入坐标值。选中该单选按钮时，行数、列数、列宽和行高取决于窗口的大小以及列和行的设置。

（3）"列和行设置"选项组：指定列和行的数目以及列宽与行高。

在"插入表格"对话框中进行相应的设置后，单击"确定"按钮，系统在指定的插入点处自动插入一个空表格，并显示多行文字编辑器和"文字编辑器"选项卡，用户可以逐行逐列输入相应的文字或数据，如图 6-25 所示。

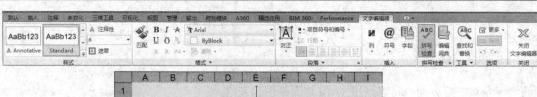

图 6-25　空表格和多行文字编辑器

6.2.3　表格文字编辑

【执行方式】

- ☑ 命令行：TABLEDIT。
- ☑ 快捷菜单：选定表的一个或多个单元后右击，在打开的快捷菜单中选择"编辑文字"命令。
- ☑ 定点设备：在表单元内双击。

【操作实践——绘制 A3 建筑图纸样板图形】

操作步骤如下。

下面绘制一个样板图形，具有自己的图标栏和会签栏。

1．设置单位和图形边界

（1）打开 AutoCAD 程序，则系统自动建立新图形文件。

（2）设置单位。选择菜单栏中的"格式"→"单位"命令，AutoCAD 打开"图形单位"对话框，如图 6-26 所示。设置"长度"的类型为"小数"，"精度"为 0；"角度"的类型为"十进制度数"，"精度"为 0，系统默认逆时针方向为正，缩放单位设置为"毫米"。

图 6-26　"图形单位"对话框

（3）设置图形边界。国标对图纸的幅面大小作了严格规定，此处不妨按国标 A3 图纸幅面设置图形边界。A3 图纸的幅面为 420mm×297mm，命令行提示与操作如下：

```
命令: LIMITS✓
重新设置模型空间界限:
指定左下角点或 [开(ON)/关(OFF)] <0.0000,0.0000>:✓
指定右上角点 <12.0000,9.0000>: 420,297✓
```

2．设置图层

按 4.5 节所述方法设置图层，如图 6-27 所示。这些不同的图层分别存放不同的图线或图形的不同部分。

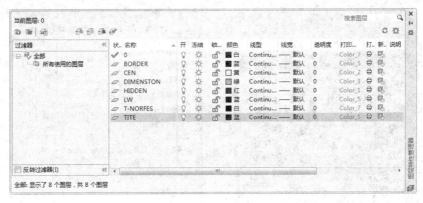

图 6-27　设置图层

3．设置文本样式

下面列出一些本练习中的格式，请按如下约定进行设置：文本高度一般注释 7mm，零件名称 10mm，图标栏和会签栏中其他文字 5mm，尺寸文字 5mm，线型比例 1，图纸空间线型比例 1，单位十进制，小数点后 0 位，角度小数点后 0 位。

可以生成 4 种文字样式，分别用于一般注释、标题块中零件名、标题块注释及尺寸标注。

单击"默认"选项卡"注释"面板中的"文字样式"按钮 ，打开"文字样式"对话框，单击"新建"按钮，系统打开"新建文字样式"对话框，如图 6-28 所示。接受默认的"样式 1"文字样式名，单击"确定"按钮退出。

系统回到"文字样式"对话框，在"字体名"下拉列表框中选择"宋体"选项；将"宽度因子"设置为 0.7；将文字"高度"设置为 5，如图 6-29 所示。单击"应用"按钮，再单击"关闭"按钮。其他文字样式按类似方式进行设置。

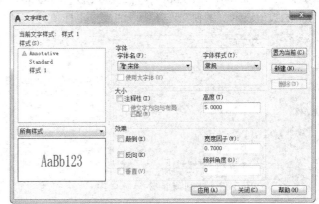

图 6-28　"新建文字样式"对话框　　　　　图 6-29　"文字样式"对话框

4．设置尺寸标注样式

单击"默认"选项卡"注释"面板中的"标注样式"按钮 ，打开"标注样式管理器"对话框，如图 6-30 所示。在"预览"显示框中显示出标注样式的预览图形。

根据前面的约定，单击"修改"按钮，打开"修改标注样式"对话框，在该对话框中对标注样式的选项按照需要进行修改，如图6-31所示。

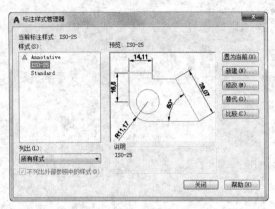

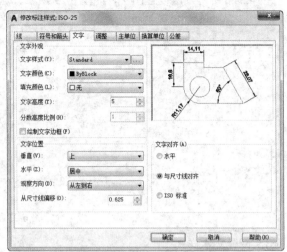

图6-30　"标注样式管理器"对话框　　　　图6-31　"修改标注样式"对话框

其中，在"线"选项卡中设置"颜色"和"线宽"为ByLayer，在"符号和箭头"选项卡中设置"箭头大小"为1，"基线间距"为6，其他不变。在"文字"选项卡中设置"文字颜色"为ByBlock，"文字高度"为5，其他不变。在"主单位"选项卡中设置"精度"为0，其他不变。其他选项卡参数设置不变。

5．绘制图框线和标题栏

（1）单击"默认"选项卡"绘图"面板中的"矩形"按钮口，两个角点的坐标分别为（25,10）和（410, 287），绘制一个420mm×297mm（A3图纸大小）的矩形作为图纸范围，如图6-32所示（外框表示设置的图纸范围）。

（2）单击"默认"选项卡"绘图"面板中的"直线"按钮／，绘制标题栏。坐标分别为{（230,10），（230,50），（410,50）}、{（280,10），（280,50）}、{（360,10），（360,50）}和{（230,40），（360,40）}，如图6-33所示。（大括号中的数值表示一条独立连续线段的端点坐标值。）

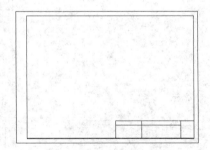

图6-32　绘制图框线　　　　　　　　　　图6-33　绘制标题栏

6．绘制会签栏

（1）单击"默认"选项卡"注释"面板中的"表格样式"按钮，打开"表格样式"对话框，如图6-34所示。

（2）单击"修改"按钮，系统打开"修改表格样式"对话框，在"单元样式"下拉列表框中选择"数据"选项，在下面的"文字"选项卡中将"文字高度"设置为 3，如图 6-35 所示。再打开"常规"选项卡，将"页边距"选项组中的"水平"和"垂直"都设置为 1，如图 6-36 所示。

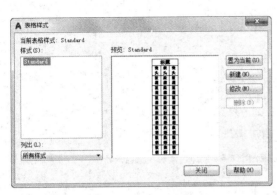

图 6-34   "表格样式"对话框

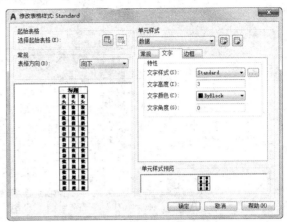

图 6-35   "修改表格样式"对话框

注意 表格的行高=文字高度+2×垂直页边距，此处设置为 3+2×1=5。

（3）系统回到"表格样式"对话框，单击"关闭"按钮退出。

（4）单击"默认"选项卡"注释"面板中的"表格"按钮，系统打开"插入表格"对话框，在"列和行设置"选项组中将"列数"设置为 3，"列宽"设置为 25，将"数据行数"设置为 2（加上标题行和表头行共 4 行)，"行高"设置为 1 行（即为 5)；在"设置单元样式"选项组中将"第一行单元样式"、"第二行单元样式"和"所有其他行单元样式"都设置为"数据"，如图 6-37 所示。

图 6-36   设置"常规"选项卡

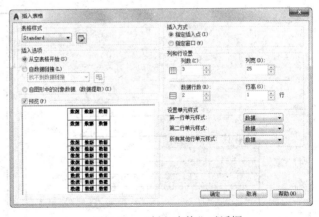

图 6-37   "插入表格"对话框

（5）在图框线左上角指定表格位置，系统生成表格，同时打开多行文字编辑器，如图 6-38 所示，在各单元格中依次输入文字，如图 6-39 所示，最后按 Enter 键或单击多行文字编辑器中的"确定"按钮，生成的表格如图 6-40 所示。

（6）单击"默认"选项卡"修改"面板中的"旋转"按钮，将会签栏旋转-90°，结果如图 6-41 所示。这样就得到了一个样板图形，带有自己的图标栏和会签栏。

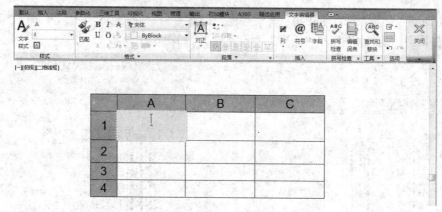

图 6-38　生成表格

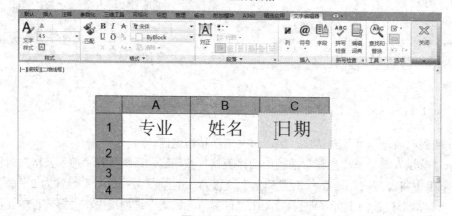

图 6-39　输入文字

图 6-40　完成表格

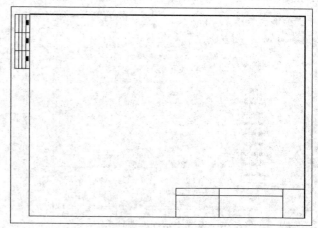

图 6-41　旋转会签栏

7. 保存成样板图文件

样板图及其环境设置完成后，可以将其保存成样板图文件。单击快速访问工具栏中的"保存"按钮，打开"图形另存为"对话框。在"文件类型"下拉列表框中选择"AutoCAD 图形样板（*.dwt）"选项，输入文件名为 A3，单击"保存"按钮保存文件。

下次绘图时，可以打开该样板图文件，在此基础上开始绘图。

6.3 尺 寸 标 注

组成尺寸标注的尺寸界线、尺寸线、尺寸文本及箭头等可以采用多种多样的形式，实际标注一个几何对象的尺寸时，其尺寸标注以什么形态出现取决于当前所采用的尺寸标注样式。标注样式决定尺寸标注的形式，包括尺寸线、尺寸界线、箭头和中心标记的形式，以及尺寸文本的位置、特性等。在 AutoCAD 2017 中用户可以利用"标注样式管理器"对话框方便地设置自己需要的尺寸标注样式。下面介绍如何定制尺寸标注样式。

【预习重点】

- ☑ 了解如何设置尺寸样式。
- ☑ 了解设置尺寸样式参数。
- ☑ 了解尺寸标注类型。
- ☑ 练习不同类型尺寸标注应用。

6.3.1 尺寸样式

在进行尺寸标注之前，要建立尺寸标注的样式。如果用户不建立尺寸样式而直接进行标注，系统使用默认名称为 Standard 的样式。用户如果认为使用的标注样式有某些设置不合适，也可以修改标注样式。

【执行方式】

- ☑ 命令行：DIMSTYLE。
- ☑ 菜单栏：选择菜单栏中的"格式"→"标注样式"或"标注"→"标注样式"命令。
- ☑ 工具栏：单击"标注"工具栏中的"标注样式"按钮 ⊿。
- ☑ 功能区：单击"默认"选项卡"注释"面板中的"标注样式"按钮 ⊿ 或单击"注释"选项卡"标注"面板中"标注样式"下拉菜单中的"管理标注样式"按钮或单击"注释"选项卡"标注"面板中的"对话框启动器"按钮 ⌐。

【操作步骤】

执行上述命令后，打开"标注样式管理器"对话框，如图 6-42 所示。利用此对话框可方便、直观地设置和浏览尺寸标注样式，包括建立新的标注样式、修改已存在的样式、设置当前尺寸标注样式、重命名样式以及删除一个已存在的样式等。

【选项说明】

（1）"置为当前"按钮：单击该按钮，将在"样式"列表框中选中的样式设置为当前样式。

（2）"新建"按钮：定义一个新的尺寸标注样式。单击该按钮，打开"创建新标注样式"对话框，如图 6-43 所示，利用此对话框可创建一个新的尺寸标注样式，如图 6-44 所示。

（3）"修改"按钮：修改一个已存在的尺寸标注样式。单击该按钮，打开"修改标注样式"对话框，该对话框中的各选项与"创建新标注样式"对话框中完全相同，用户可以对已有标注样式进行修改。

（4）"替代"按钮：设置临时覆盖尺寸标注样式。单击该按钮，打开"替代当前样式"对话框。用户可改变选项的设置覆盖原来的设置，但这种修改只对指定的尺寸标注起作用，而不影响当前尺寸变量的设置。

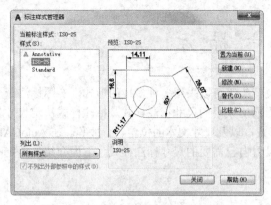

图 6-42 "标注样式管理器"对话框

图 6-43 "创建新标注样式"对话框

（5）"比较"按钮：比较两个尺寸标注样式在参数上的区别，或浏览一个尺寸标注样式的参数设置。单击该按钮，打开"比较标注样式"对话框，如图 6-45 所示。可以把比较结果复制到剪贴板上，然后再粘贴到其他的 Windows 应用软件上。

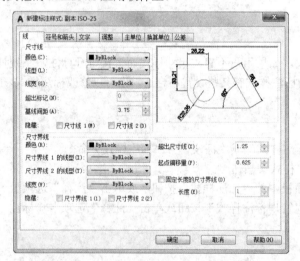

图 6-44 "新建标注样式"对话框

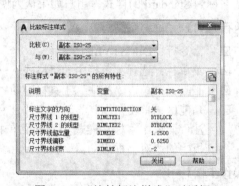

图 6-45 "比较标注样式"对话框

下面对如图 6-44 所示的"新建标注样式"对话框中的主要选项卡进行简要说明。

1．线

"新建标注样式"对话框中的"线"选项卡用于设置尺寸线、尺寸界线的形式和特性。现分别进行说明。

（1）"尺寸线"选项组：用于设置尺寸线的特性。

（2）"尺寸界限"选项组：用于确定尺寸界限的形式。

（3）"尺寸样式"显示框：在"新建标注样式"对话框的右上方是一个"尺寸样式"显示框，该显示框以样例的形式显示用户设置的尺寸样式。

2．符号和箭头

"新建标注样式"对话框中的"符号和箭头"选项卡如图 6-46 所示。该选项卡用于设置箭头、圆心标记、弧长符号和半径折弯标注的形式和特性。

（1）"箭头"选项组：用于设置尺寸箭头的形式。系统提供了多种箭头形状，列在"第一个"和"第二个"下拉列表框中。另外，还允许采用用户自定义的箭头形状。两个尺寸箭头可以采用相同的形式，也可以采用不同的形式。一般建筑制图中的箭头采用建筑标记样式。

（2）"圆心标记"选项组：用于设置半径标注、直径标注和中心标注中的中心标记和中心线的形式。相应的尺寸变量是 DIMCEN。

（3）"弧长符号"选项组：用于控制弧长标注中圆弧符号的显示。

（4）"折断标注"选项组：控制折断标注的间隙宽度。

（5）"半径折弯标注"选项组：控制折弯半径标注的显示。

（6）"线性折弯标注"选项组：控制线性标注折弯的显示。

3．文字

"新建标注样式"对话框中的"文字"选项卡如图 6-47 所示，该选项卡用于设置尺寸文本的形式、位置和对齐方式等。

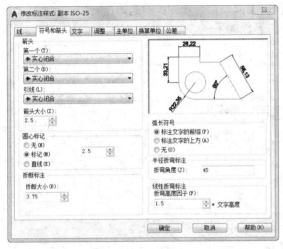

图 6-46　"符号和箭头"选项卡

图 6-47　"文字"选项卡

（1）"文字外观"选项组：用于设置文字的样式、颜色、填充颜色、高度、分数高度比例以及文字是否带边框。

（2）"文字位置"选项组：用于设置文字的位置是垂直还是水平，以及从尺寸线偏移的距离。

（3）"文字对齐"选项组：用于控制尺寸文本排列的方向。当尺寸文本在尺寸界线之内时，与其对应的尺寸变量是 DIMTIH；当尺寸文本在尺寸界线之外时，与其对应的尺寸变量是 DIMTOH。

6.3.2　标注图形尺寸

正确地进行尺寸标注是设计绘图工作中非常重要的一个环节，AutoCAD 2017 提供了方便快捷的尺寸标注方法，可通过执行命令实现，也可利用菜单或工具按钮来实现。本节将重点介绍如何对各种类型的尺寸进行标注。

1．线性标注

【执行方式】

☑　命令行：DIMLINEAR（快捷命令：DIMLIN）。

☑ 菜单栏：选择菜单栏中的"标注"→"线性"命令。

☑ 工具栏：单击"标注"工具栏中的"线性"按钮⊟。

☑ 功能区：单击"默认"选项卡"注释"面板中的"线性"按钮⊟或单击"注释"选项卡"标注"面板中的"线性"按钮⊟。

【操作步骤】

命令: DIMLINEAR↙
指定第一个尺寸界线原点或<选择对象>:

在此提示下有两种选择，直接按 Enter 键选择要标注的对象或确定尺寸界线的起始点，按 Enter 键并选择要标注的对象或指定两条尺寸界线的起始点后，系统继续提示：

指定尺寸线位置或 [多行文字(M)/文字(T)/角度(A)/水平(H)/垂直(V)/旋转(R)]:

【选项说明】

在此提示下有两种选择，直接按 Enter 键选择要标注的对象或确定尺寸界线的起始点。

（1）直接按 Enter 键，光标变为拾取框，命令行提示与操作如下：

选择标注对象:

用拾取框拾取要标注尺寸的线段，命令行提示与操作如下：

指定尺寸线位置或 [多行文字(M)/文字(T)/角度(A)/水平(H)/垂直(V)/旋转(R)]:

（2）指定第一条尺寸界线原点：指定第一条与第二条尺寸界线的起始点。

2．对齐标注

【执行方式】

☑ 命令行：DIMALIGNED。

☑ 菜单栏：选择菜单栏中的"标注"→"对齐"命令。

☑ 工具栏：单击"标注"工具栏中的"对齐"按钮↖。

☑ 功能区：单击"默认"选项卡"注释"面板中的"对齐"按钮↖或单击"注释"选项卡"标注"面板中的"已对齐"按钮↖。

【操作步骤】

命令: DIMALIGNED↙
指定第一个尺寸界线原点或 <选择对象>:

使用"对齐标注"命令标注的尺寸线与所标注的轮廓线平行，标注的是起始点到终点之间的距离尺寸。

3．基线标注

基线标注用于产生一系列基于同一条尺寸界线的尺寸标注，适用于长度尺寸标注、角度标注和坐标标注等。在使用基线标注方式之前，应该先标注出一个相关的尺寸。

【执行方式】

☑ 命令行：DIMBASELINE。

☑ 菜单栏：选择菜单栏中的"标注"→"基线"命令。

☑ 工具栏：单击"标注"工具栏中的"基线"按钮⊟。

☑ 功能区：单击"注释"选项卡"标注"面板中的"基线"按钮⊟。

【操作步骤】

命令: DIMBASELINE✓
指定第二条尺寸界线原点或 [放弃(U)/选择(S)] <选择>:

【选项说明】

（1）指定第二条尺寸界线原点：直接确定另一个尺寸的第二条尺寸界线的起点，以上次标注的尺寸为基准标注出相应的尺寸。

（2）选择(S)：在上述提示下直接按 Enter 键，AutoCAD 提示如下：

选择基准标注：（选取作为基准的尺寸标注）

4．连续标注

连续标注又叫尺寸链标注，用于产生一系列连续的尺寸标注，后一个尺寸标注均把前一个标注的第二条尺寸界线作为其第一条尺寸界线。适用于长度尺寸标注、角度标注和坐标标注等。在使用连续标注方式之前，应该先标注出一个相关的尺寸。

【执行方式】

- ☑　命令行：DIMCONTINUE。
- ☑　菜单栏：选择菜单栏中的"标注"→"连续"命令。
- ☑　工具栏：单击"标注"工具栏中的"连续"按钮。
- ☑　功能区：单击"注释"选项卡"标注"面板中的"连续"按钮。

【操作步骤】

命令: DIMCONTINUE✓
选择连续标注:
指定第二条尺寸界线原点或 [放弃(U)/选择(S)] <选择>:

此提示下的各选项与基线标注中的选项完全相同，在此不再赘述。

5．引线标注

AutoCAD 提供了引线标注功能，利用该功能不仅可以标注特定的尺寸，如圆角、倒角等，还可以在图中添加多行旁注、说明。在引线标注中，指引线可以是折线，也可以是曲线；指引线端部可以有箭头，也可以没有箭头。

利用 QLEADER 命令可快速生成指引线及注释，而且可以通过命令行优化对话框进行用户自定义，由此可以消除不必要的命令行提示，获得最高的工作效率。

【执行方式】

- ☑　命令行：QLEADER。

【操作步骤】

命令: QLEADER✓
指定第一个引线点或 [设置(S)] <设置>:

【选项说明】

（1）指定第一个引线点

根据命令行中的提示确定一点作为指引线的第一点，命令行提示与操作如下：

指定下一点:（输入指引线的第二点）
指定下一点:（输入指引线的第三点）

AutoCAD 提示用户输入的点的数目由"引线设置"对话框确定，如图 6-48 所示。输入完指引线的点后，命令行提示与操作如下：

指定文字宽度<0.0000>:（输入多行文本的宽度）
输入注释文字的第一行<多行文字(M)>:

此时有以下两种方式进行输入选择。

① 输入注释文字的第一行：在命令行中输入第一行文本。此时，命令行提示与操作如下：

输入注释文字的下一行:（输入另一行文本）
输入注释文字的下一行:（输入另一行文本或按 Enter 键）

② 多行文字(M)：打开多行文字编辑器，输入、编辑多行文字。输入全部注释文本后直接按 Enter 键，系统结束 QLEADER 命令，并把多行文本标注在指引线的末端附近。

（2）设置(S)

在上面的命令行提示下直接按 Enter 键或输入"S"，打开"引线设置"对话框，允许对引线标注进行设置。该对话框中包含"注释"、"引线和箭头"和"附着" 3 个选项卡，下面分别进行介绍。

① "注释"选项卡：用于设置引线标注中注释文本的类型、多行文本的格式并确定注释文本是否多次使用。

② "引线和箭头"选项卡：用于设置引线标注中引线和箭头的形式，如图 6-49 所示。其中，"点数"选项组用于设置执行 QLEADER 命令时提示用户输入的点的数目。例如，设置"点数"为 3，执行 QLEADER 命令时，当用户在提示下指定 3 个点后，AutoCAD 自动提示用户输入注释文本。

图 6-48　"引线设置"对话框

图 6-49　"引线和箭头"选项卡

需要注意的是，设置的点数要比用户希望的指引线段数多 1。如果选中"无限制"复选框，AutoCAD 会一直提示用户输入点直到连续按两次 Enter 键为止。"角度约束"选项组用于设置第一段和第二段指引线的角度约束。

③ "附着"选项卡：用于设置注释文本和指引线的相对位置，如图 6-50 所示。如果最后一段指引线指向右边，系统自动把注释文本放在右侧；如果最后一段指引线指向左边，系统自动把注释文本放在左侧。利用该选项卡中左侧和右侧的单选按钮，可以分别设置位于左侧和右侧的注释文本

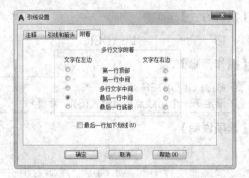

图 6-50　"附着"选项卡

与最后一段指引线的相对位置，二者可相同也可不同。

6.4　综合演练——标注居室平面图尺寸和文字

标注如图 6-51 所示的居室平面图尺寸。

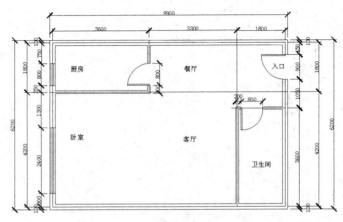

图 6-51　标注居室平面图尺寸

6.4.1　标注尺寸

设置"建筑标记"的标注样式，利用功能区中"默认"选项卡"注释"面板中的"线性"按钮┣┫和"连续"按钮┼┼等，标注尺寸，并设置"工程字"的文字样式，利用"多行文字"按钮A，标注文字，最终完成对居室平面图尺寸和文字的标注。

（1）单击快速访问工具栏中的"打开"按钮🖿，打开随书光盘中的"源文件\居室平面图"，如图 6-52 所示。

（2）单击"默认"选项卡"注释"面板中的"标注样式"按钮◢，系统打开"标注样式管理器"对话框，如图 6-53 所示。单击"新建"按钮，在打开的"创建新标注样式"对话框中设置"新样式名"为"S_50_轴线"，单击"继续"按钮，打开"新建标注样式"对话框。在如图 6-54 所示的"符号和箭头"选项卡中设置"箭头"为"建筑标记"，其他参数采用默认设置，完成后确认退出。

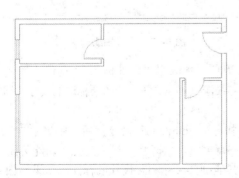

图 6-52　居室平面图

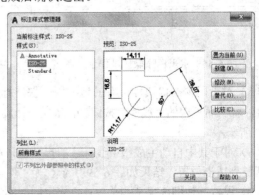

图 6-53　"标注样式管理器"对话框

（3）首先将"S_50_轴线"样式置为当前状态，并把墙体和轴线的上侧放大显示，如图 6-55 所示；然后单击"默认"选项卡"注释"面板中的"快速"按钮⬚，当命令行提示"选择要标注的几何图形"时，依次选中竖向的 4 条轴线，右击确定选择，向外拖动鼠标到适当位置确定，该尺寸标注完成，如图 6-56 所示。

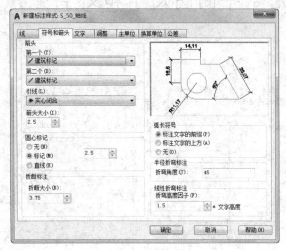

图 6-54　设置"符号和箭头"选项卡

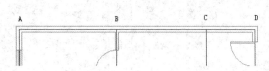

图 6-55　放大显示墙体

（4）单击"默认"选项卡"注释"面板中的"快速"按钮⬚，完成水平轴线尺寸的标注，结果如图 6-57 所示。

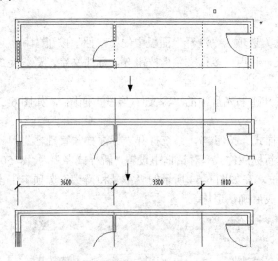

图 6-56　水平标注操作过程示意图

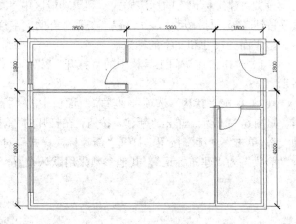

图 6-57　完成轴线标注

（5）对于门窗洞口尺寸，有的地方用"快速标注"不太方便，现改用"线性标注"。单击"默认"选项卡"注释"面板中的"线性"按钮⊢，依次选择尺寸的两个界线源点，完成每一个需要标注的尺寸，结果如图 6-58 所示。

（6）对于其中自动生成指引线标注的尺寸值，在命令行中输入"dimtedit"命令然后选中尺寸值，将其逐个调整到适当位置，结果如图 6-59 所示。为了便于操作，在调整时可暂时将"对象捕捉"功能关闭。

（7）设置其他细部尺寸和总尺寸。采用同样的方法完成其他细部尺寸和总尺寸的标注，结果如图 6-60 所示。注意总尺寸的标注位置。

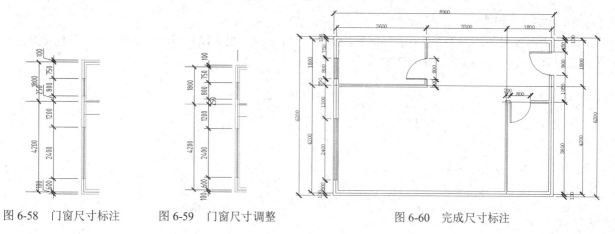

图 6-58　门窗尺寸标注　　　　图 6-59　门窗尺寸调整　　　　　图 6-60　完成尺寸标注

6.4.2　文字标注

此处标注的文字主要是各房间的名称，可以用"单行文字"或"多行文字"标注。

1. 建立图层

建立"文字"图层，参数设置如图 6-61 所示，将其设置为当前图层。

✔ 文字　　　🔅 🌣 ☐ ■白　Continu... —— 默认 0　　Color_7 🖶 📇

图 6-61　"文字"图层参数

2. 多行文字标注

单击"默认"选项卡"注释"面板中的"多行文字"按钮 **A**，用鼠标在房间中部拉出一个矩形框，打开文字输入窗口，将文字样式设为"工程字"，字高为 175，在文本框中输入"卧室"，单击"关闭"按钮 ✕，关闭文字编辑器，结果如图 6-62 所示。

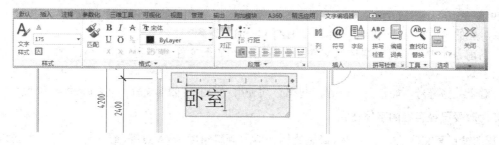

图 6-62　输入文字示意图

3. 单行文字标注

若采用单行文字标注，则单击"默认"选项卡"注释"面板中的"单行文字"按钮 **A**，当命令行提示"指定文字的起点或 [对正(J)/样式(S)]:"时，用鼠标在客厅位置单击文字起点，命令行提示与操作如下：

命令: _dtext ↙
当前文字样式: 工程字　当前文字高度: 0
指定文字的起点或 [对正(J)/样式(S)]:（用鼠标在客厅位置单击文字起点）
指定高度 <0>: 175↙
指定文字的旋转角度 <0.0>:↙（然后在屏幕上显示的文本框中输入"客厅"）

4．完成文字标注

利用"单行文字"或"多行文字"命令完成其他文字标注，也可以复制已标注的文字到其他位置，然后双击打开进行修改，结果如图 6-63 所示。

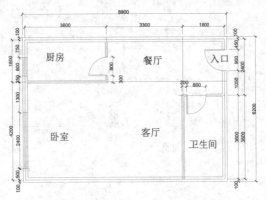

图 6-63　完成文字标注

6.5　名师点拨——细说文本

1．为什么尺寸标注后，图形中有时出现一些小白点，且无法删除

AutoCAD 在标注尺寸时，自动生成 DEFPOINTS 层，保存有关标注点的位置等信息，该层一般是冻结的。由于某种原因，这些点有时会显示出来。要删除可先将 DEFPOINTS 层解冻后再删除。但要注意，如果删除了与尺寸标注还有关联的点，将同时删除对应的尺寸标注。

2．为什么不能显示汉字，或输入的汉字变成了问号

原因可能是：

（1）对应的字型没有使用汉字字体，如 HZTXT.SHX 等。

（2）当前系统中没有汉字字体形文件；应将所用到的形文件复制到 AutoCAD 的字体目录中（一般为...\FONTS\）。

（3）对于某些符号，如希腊字母等，同样必须使用对应的字体形文件，否则会显示成"？"。

3．如何改变已经存在的字体格式

如果想改变已有文字的大小、字体、高宽比例、间距、倾斜角度、插入点等，最好利用"特性"（DDMODIFY）命令（前提是已经定义好许多文字格式）。选择"特性"命令，单击要修改的文字，按 Enter 键，出现"修改文字"窗口，选择要修改的项目进行修改即可。

6.6　上机实验

【练习 1】绘制如图 6-64 所示的会签栏。

1．目的要求

本实例要求读者利用"表格"和"多行文字"命令，体会表格功能的便捷性。

专业	姓名	日期

图 6-64 会签栏

2．操作提示

（1）单击"默认"选项卡"注释"面板中的"表格"按钮，绘制表格。

（2）单击"默认"选项卡"注释"面板中的"多行文字"按钮 A ，标注文字。

【练习 2】标注如图 6-65 所示的技术要求。

设计说明：本图 5000×5000 放线网格以大地坐标 X=596.885，Y=810.849 为原点，
平行于溪河路中轴线往东北方向 A 轴为正，
垂直于溪河路中轴线往南方向 B 轴为正，
放线网格与坐标冲突时以坐标为准。

图 6-65 技术要求

1．目的要求

文字标注技术要求在制图中经常用到，正确进行文字标注是 AutoCAD 必不可少的一项工作。本实例的目的是使读者通过练习掌握文字标注的一般方法。

2．操作提示

（1）单击"默认"选项卡"注释"面板中的"文字样式"按钮，设置文字标注的样式。

（2）单击"默认"选项卡"注释"面板中的"多行文字"按钮 A ，进行标注。

（3）利用快捷菜单输入特殊字符。

6.7 模 拟 考 试

1．所有尺寸标注共用一条尺寸界线的是（ ）。

　　A．引线标注　　　　　　B．连续标注　　　　　C．基线标注　　　　　D．公差标注

2．创建标注样式时，下面不是文字对齐方式的是（ ）。

　　A．垂直　　　　　　　　B．与尺寸线对齐　　　C．ISO 标准　　　　　D．水平

3．在设置文字样式时，设置了文字的高度，其效果是（ ）。

　　A．在输入单行文字时，可以改变文字高度　　　　B．在输入单行文字时，不可以改变文字高度

　　C．在输入多行文字时，不能改变文字高度　　　　D．都能改变文字高度

4．使用多行文本编辑器时，%%C、%%D、%%P 分别表示（ ）。

　　A．直径、度数、下划线　　　　　　　　　　　　B．直径、度数、正负

　　C．度数、正负、直径　　　　　　　　　　　　　D．下划线、直径、度数

5．在正常输入汉字时却显示"?"，原因是（ ）。

　　A．因为文字样式没有设定好　　　　　　　　　　B．输入错误

　　C．堆叠字符　　　　　　　　　　　　　　　　　D．字高太高

6．以下不是表格的单元格式数据类型的是（　　）。

A．百分比　　B．时间　　C．货币　　D．点

7．在表格中不能插入（　　）。

A．块　　B．字段　　C．公式　　D．点

8．试用 MTEXT 命令输入如图 6-66 所示的文本。

9．试用 DTEXT 命令输入如图 6-67 所示的文本。

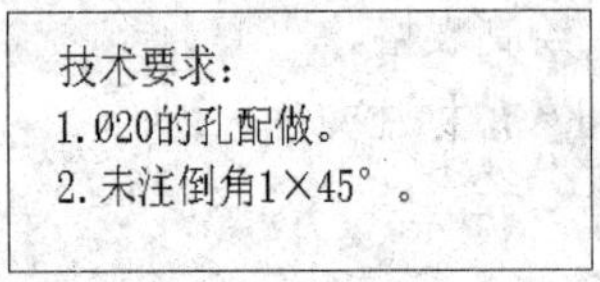

技术要求：
1.Ø20的孔配做。
2.未注倒角1×45°。

图 6-66　MTEXT 命令练习

用特殊字符输入下划线
字体倾斜角度为15度

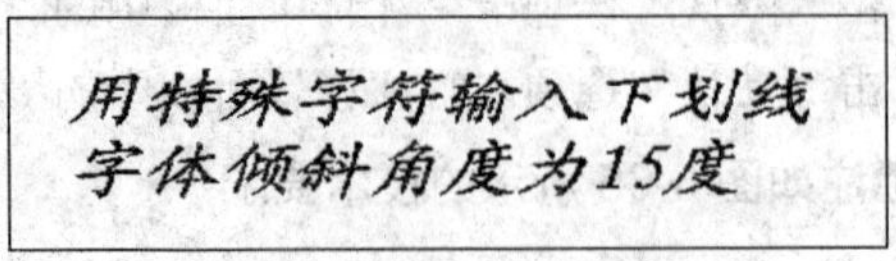

图 6-67　DTEXT 命令练习

10．标注如图 6-68 所示的角度和尺寸。

82.84
135°
95

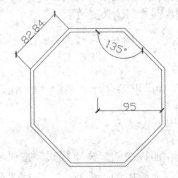

图 6-68　角度和尺寸标注

第7章

快速绘图工具

为了方便绘图，提高绘图效率，AutoCAD 提供了一些快速绘图工具，包括图块及其图块属性、设计中心、工具选项板等。这些工具的一个共同特点是可以将分散的图形通过一定的方式组织成一个单元，在绘图时将这些单元插入到图形中，达到提高绘图速度和图形标准化的目的。

7.1 查询工具

【预习重点】

- ☑ 打开查询菜单。
- ☑ 练习查询距离命令。
- ☑ 练习其余查询命令。

7.1.1 距离查询

【执行方式】

- ☑ 命令行：MEASUREGEOM。
- ☑ 菜单栏：选择菜单栏中的"工具"→"查询"→"距离"命令。
- ☑ 工具栏：单击"查询"工具栏中的"距离"按钮📐。
- ☑ 功能区：单击"默认"选项卡"实用工具"面板上"测量"下拉菜单中的"距离"按钮📐。

【操作步骤】

命令: MEASUREGEOM✓
输入选项 [距离(D)/半径(R)/角度(A)/面积(AR)/体积(V)] <距离>: D
指定第一点：（指定第一点）
指定第二个点或 [多个点(M)]:（指定第二点）
距离=5.2699，XY 平面中的倾角=0，与 XY 平面的夹角 = 0
X 增量=5.2699，Y 增量=0.0000，Z 增量=0.0000

面积、面域/质量特性的查询与距离查询类似，这里不再赘述。

【选项说明】

多个点(M)：如果使用此选项，将基于现有直线段和当前橡皮线即时计算总距离。

7.1.2 面积查询

【执行方式】

- ☑ 命令行：MEASUREGEOM。
- ☑ 菜单栏：选择菜单栏中的"工具"→"查询"→"面积"命令。
- ☑ 工具栏：单击"查询"工具栏中的"面积"按钮📄。
- ☑ 功能区：单击"默认"选项卡"实用工具"面板上"测量"下拉菜单中的"面积"按钮📄。

【操作步骤】

命令:_MEASUREGEOM
输入选项 [距离(D)/半径(R)/角度(A)/面积(AR)/体积(V)] <距离>: _area
指定第一个角点或 [对象(O)/增加面积(A)/减少面积(S)/退出(X)] <对象(O)>:
指定下一个点或 [圆弧(A)/长度(L)/放弃(U)]:
指定下一个点或 [圆弧(A)/长度(L)/放弃(U)]:
指定下一个点或 [圆弧(A)/长度(L)/放弃(U)/总计(T)] <总计>:
区域 = 3929.5903，周长 =285.7884

【选项说明】

在工具选项板中，系统设置了一些常用图形的选项卡，这些选项卡可以方便用户绘图。

（1）指定角点：计算由指定点定义的面积和周长。

（2）增加面积：打开"加"模式，并在定义区域时即时保持总面积。

（3）减少面积：从总面积中减去指定的面积。

7.2 图　　块

把多个图形对象集合起来成为一个对象，这就是图块（Block）。图块既方便于图形的集合管理，也方便于一些图形的重复使用，还可以节约磁盘空间。图块在绘图实践中应用广泛，例如第 6 章中的门窗、家具图形，若进一步制作成图块，则要方便得多。本节首先介绍图块操作的基本方法，然后着重讲解图块属性和图块在建筑制图中的应用。实例效果如图 7-1 所示。

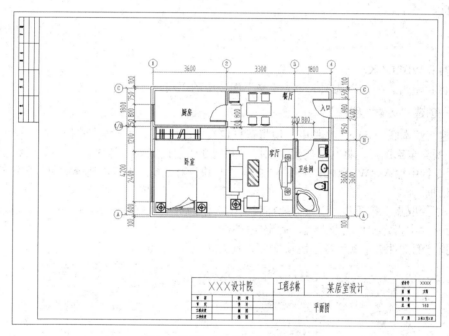

图 7-1　图块功能的综合应用实例

【预习重点】

☑　了解图块定义。

☑　练习图块应用操作。

7.2.1　定义图块

【执行方式】

☑　命令行：BLOCK。

☑　菜单栏：选择菜单栏中的"绘图"→"块"→"创建"命令。

☑　工具栏：单击"绘图"工具栏中的"创建块"按钮。

☑ 功能区：单击"默认"选项卡"块"面板中的"创建"按钮或单击"插入"选项卡"块定义"面板中的"创建块"按钮。

【操作实践——定义组合沙发图块】

打开随书光盘中的"源文件\建筑基本图元.dwg"文件，将绘制好的组合沙发定义成图块。操作步骤如下。

（1）单击"默认"选项卡"块"面板中的"创建"按钮，打开"块定义"对话框。

（2）单击"选择对象"按钮，框选组合沙发，右击回到对话框。

（3）单击"拾取点"按钮，用鼠标捕捉沙发靠背中点作为基点，右击返回。

（4）在名称栏中输入名称"组合沙发"，然后确定完成。

结果如图 7-2 所示。

创建块后，松散的沙发图形就成为一个单独的对象。此时，该图块存在于"建筑基本图元.dwg"文件中，随文件的保存而保存。

读者可以尝试将其他图形创建成块。

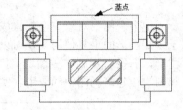

图 7-2　组合沙发图块

7.2.2　写块

【执行方式】

☑ 命令行：WBLOCK。

☑ 功能区：单击"插入"选项卡"块定义"面板中的"写块"按钮。

【操作实践——创建"餐桌"图块】

对象在"建筑基本图元.dwg"文件中，现将餐桌定义成图块保存。操作步骤如下：

（1）选中餐桌全部图形，将其置换到 0 图层，并把 0 图层设置为当前图层。

（2）在命令行中输入"WBLOCK"命令，打开"写块"对话框，单击"选择对象"按钮，框选餐桌，右击返回到对话框。

（3）单击"拾取点"按钮，用鼠标捕捉餐桌中部作为基点，右击返回。

（4）在目标栏中指定文件名及路径，确定完成。

于是，在指定的文件夹中就生成了图块文件"餐桌.dwg"，如图 7-3 所示。

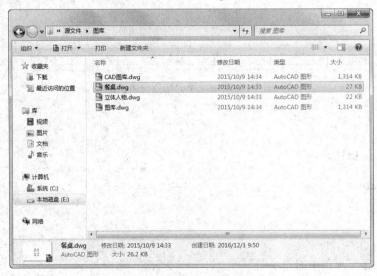

图 7-3　"餐桌"图块文件

此外，也可以先分别将单个椅子和桌子用"块定义"命令生成块，然后将椅子沿周边布置，最后将二者定义成块，这叫作"块嵌套"。请读者自己尝试。

7.2.3 图块插入

【执行方式】

☑ 命令行：INSERT。

☑ 菜单栏：选择菜单栏中的"插入"→"块"命令 。

☑ 工具栏：单击"插入"工具栏中的"插入块"按钮 或"绘图"工具栏中的"插入块"按钮 。

☑ 功能区：单击"默认"选项卡"块"面板中的"插入"按钮 或单击"插入"选项卡"块"面板中的"插入"按钮 。

【操作实践——用"插入"命令布置居室】

操作步骤如下。

（1）将"家具"图层设置为当前图层，对暂时不必要的图层（如"文字""尺寸"）作冻结处理。将居室客厅部分放大显示，以便进行插入操作。

（2）单击"默认"选项卡"块"面板中的"插入"按钮 ，打开"插入"对话框。

（3）单击名称处箭头，找到"组合沙发"图块，插入点、比例、旋转、角度等参数，按如图 7-4 所示进行设置，单击"确定"按钮。

（4）移动鼠标捕捉插图点，单击完成插入操作，如图 7-5 所示。

图 7-4 插入"组合沙发"图块设置

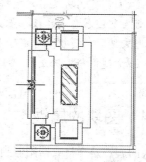

图 7-5 完成组合沙发插入

（5）由于客厅较小，沙发上端小茶几和单人沙发应该去掉。单击"默认"选项卡"修改"面板中的"分解"按钮 ，将沙发分解开，删除这两部分，然后将地毯部分补全，结果如图 7-6 所示。

也可以将如图 7-4 所示"插入"对话框左下角的"分解"复选框选中，插入时将自动分解，从而省去分解一步。

（6）重新将修改后的沙发图形定义为图块，完成沙发布置。

（7）单击"默认"选项卡"块"面板中的"插入"按钮 ，单击"插入"对话框中的"浏览"按钮，找到"光盘\图库\餐桌.dwg"，设置相关参数，如图 7-7 所示，确定后将其放置在餐厅相应位置。

结果如图 7-8 所示。这就是"插入块"调用图块文件的情形。

通过"插入块"命令布置居室就讲解到此。剩余的家具图块均存在于"建筑基本图元.dwg"文件中，读者可参照图 7-9 自己完成。

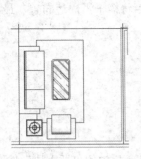

图 7-6 修改"组合沙发"图块　　　　　　图 7-7　插入"餐桌"图块设置

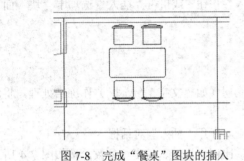

图 7-8 完成"餐桌"图块的插入　　　　　图 7-9 居室室内布置

🎓 **高手支招**

（1）创建图块之前，宜将待建图形放置到 0 图层，这样生成的图块插入到其他图层时，其图层特性跟随当前图层自动转换，例如前面制作的餐桌图块。如果图形不放置在 0 图层，制作的图块插入到其他图形文件时，将携带原有图层信息进入。

（2）建议将图块图形以 1:1 的比例绘制，以便插入图块时的比例缩放。

7.2.4　图块的属性

　　块的属性是指将数据附着到块上的标签或标记，需要单独定义，然后和图形捆绑在一起创建成为图块。块属性可以是常量属性，也可以是变量属性。常量属性在插入块时不提示输入值。插入带有变量属性的块时，会提示用户输入需要与块一同存储的数据。此外，还可以从图形中提取属性信息用于电子表格或数据库，以生成构建列表或材料清单等。只要每个属性的标记都不相同，就可以将多个属性与块关联。属性也可以"不可见"，即不在图形中显示出来。不可见属性不能显示和打印，但其属性信息存储在图形文件中，并且可以写入提取文件供数据库程序使用。

1．属性定义

【执行方式】

☑　命令行：ATTDEF。

☑　菜单栏：选择菜单栏中的"绘图"→"块"→"定义属性"命令。

☑　功能区：单击"默认"选项卡"块"面板中的"定义属性"按钮◎或单击"插入"选项卡"块定义"面板中的"定义属性"按钮◎。

【操作实践——标注轴线编号】

操作步骤如下。

（1）制作轴号。

① 将 0 图层设置为当前图层。

② 绘制一个直径为 400mm 的圆。

③ 选择菜单栏中的"绘图"→"块"→"定义属性"命令，打开"属性定义"对话框，按照图 7-10 所示进行设置。

④ 单击"确定"按钮后将"轴号"二字指定到圆圈内，如图 7-11 所示。

图 7-10　"轴号"属性设置　　　　　　图 7-11　将"轴号"二字指定到圆圈内

⑤ 在命令行中输入"WBLOCK"命令，将圆圈和"轴号"字样全部选中，选取如图 7-12 所示的点为基点（也可以是其他点，以便于定位），将图块保存，文件名为"400mm 轴号.dwg"。

下面将"尺寸"图层设置为当前图层，将"轴号"图块插入到居室平面图中轴线尺寸超出的端点上。

⑥ 单击"默认"选项卡"块"面板中的"插入"按钮 ，通过"插入"对话框调入"400mm 轴号"图块，参数设置如图 7-13 所示。

图 7-12　"基点"选择　　　　　　　　图 7-13　插入"轴号"参数

⑦ 单击"确定"按钮，打开"编辑属性"对话框，输入轴号"1"，将轴号图块定位在左上角第一根轴线尺寸端点上，结果如图 7-14 所示。

同理，可以标注其他轴号。也可以复制轴号①到其他位置，通过属性编辑来完成，下面将进行介绍。

（2）编辑轴号。

① 将轴号①逐个复制到其他轴线尺寸端部。

② 双击轴号，打开"增强属性编辑器"对话框，修改相应的属性值，完成所有的轴线编号，结果如图 7-15 所示。

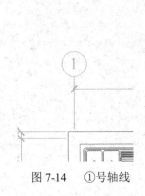

图 7-14 ①号轴线

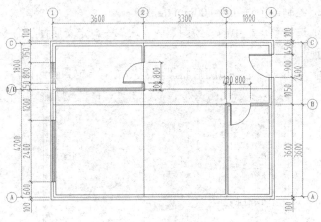

图 7-15 完成轴线编号

【选项说明】

（1）"模式"选项组：用于设置图块属性存在的方式。其中，"不可见"指属性不在插入后的图块中显示，但可以被提取成为数据库；"固定"表示属性值为常量；"验证"指在命令行输入属性值后重复显示进行验证；"预设"表示当插入图块时，自动将事先设置好的默认值赋予属性，此后便不再提示输入属性值。

（2）"属性"选项组：在"标记"文本框中输入属性的标签，非属性本身；在"提示"文本框中输入属性值输入前的提示用语；在"值"文本框中输入默认值。

（3）"文字设置"选项组：用于设置属性值文字的位置、字高和字样等。

2．编辑属性定义

【执行方式】

☑ 命令行：DDEDIT。

☑ 菜单栏：选择菜单栏中的"修改"→"对象"→"文字"→"编辑"命令。

【操作步骤】

执行上述命令后，打开"编辑属性定义"对话框，如图 7-16 所示，进行相应修改。

3．增强属性编辑

【执行方式】

☑ 命令行：EATTEDIT。

☑ 菜单栏：选择菜单栏中的"修改"→"对象"→"属性"→"单个"命令。

【操作步骤】

执行上述命令后，或者双击带属性的图块，即可打开"增强属性编辑器"对话框，如图 7-17 所示，进行相应修改。

图 7-16　"编辑属性定义"对话框

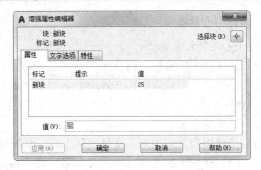

图 7-17　"增强属性编辑器"对话框

7.3　设计中心与工具选项板

设计中心为用户在当前图形文件与其他图形文件之间实现图形、块、图案填充和其他图形内容的交换调配提供可能，为用户整合图形资源、提高绘图效益和效率提供了方便。工具选项板是"工具选项板"窗口中选项卡形式的区域，是组织、共享和放置块及填充图案的有效方法。工具选项板还可以包含由第三方开发人员提供的自定义工具。"设计中心"的图形内容可以拖到"工具选项板"上，从而将二者联系起来。本节将依次介绍这两项内容。

【预习重点】

- ☑　打开设计中心。
- ☑　利用设计中心操作图形。
- ☑　打开工具选项板。
- ☑　设置工具选项板参数。

7.3.1　设计中心

1. 认识设计中心

【执行方式】

- ☑　命令行：ADCENTER。
- ☑　菜单栏：选择菜单栏中的"工具"→"选项板"→"设计中心"命令。
- ☑　工具栏：单击"标准"工具栏中的"设计中心"按钮圖。
- ☑　功能区：单击"视图"选项卡"选项板"面板中的"设计中心"按钮圖。
- ☑　快捷键：Ctrl+2。

【操作步骤】

执行上述命令后，打开如图 7-18 所示的设计中心。

窗体左侧为资源管理器，右侧为内容显示区。资源管理器采用树形结构来浏览资源，相当于 Windows 中的资源管理器，不同之处在于，它能够浏览到 AutoCAD 图形文件下的"标注样式""表格样式""块""图层"等 8 项内容，每一项中的具体内容可以进一步显示到右侧图形内容区。

窗体上有 3 个选项卡。"文件夹"为默认打开的选项卡，从中可以浏览本机及网上邻居中的资源。"打开的图形"选项卡中显示当前打开的图形。"历史记录"选项卡中为设计中心使用记录。

2．设计中心功能

设计中心功能汇总如下：

（1）浏览用户计算机、网络驱动器和 Web 页上的图形或符号库。

（2）在定义表中查看图形文件中命名对象（如块、图层等）的定义，然后将对象插入、附着、复制和粘贴到当前图形中。

（3）更新块定义。

（4）创建指向常用图形、文件夹和 Internet 网址的快捷方式。

（5）向图形中添加内容，如外部参照、块和填充等。

（6）在新窗口中打开图形文件。

（7）将图形、块和图案填充拖动到工具选项板上以便于访问。

3．操作说明

（1）块操作：在内容区选中块对象并右击，即可进行具体操作，如图 7-19 所示。如果选择快捷菜单中的"插入为块"命令，则打开"插入块"对话框，后面操作同 INSERT 命令。在内容显示区双击块，则默认为"插入块"。也可以将图块直接拖动到绘图区，实现块插入。

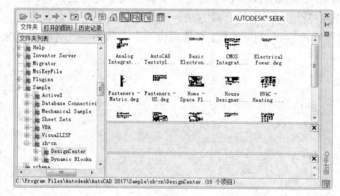

图 7-18　AutoCAD 设计中心的资源管理器和内容显示区

图 7-19　快捷菜单

（2）对于其他内容（如图层、标注样式等），可以选中后拖动到当前文件绘图区，从而为当前文件添加相应的设置。

7.3.2　工具选项板

1．认识工具选项板

【执行方式】

- ☑　命令行：TOOLPALETTES。
- ☑　菜单栏：选择菜单栏中的"工具"→"选项板"→"工具选项板"命令。
- ☑　工具栏：单击"标准"工具栏中的"工具选项板"按钮。
- ☑　功能区：单击"视图"选项卡"选项板"面板中的"工具选项板"按钮。
- ☑　快捷键：Ctrl+3。

【操作步骤】

执行上述命令后，打开如图 7-20 所示的工具选项板。

默认打开的是"动态块"选项板，其中包含"电力""机械""建筑"等多个选项卡。移动鼠标到标题处右击，打开快捷菜单，从中可以调出"样例"选项板和"所有选项板"，如图 7-21 所示。也可以选择"新建选项板"命令来新建选项板。对于不需要的选项板，可以移动光标到选项卡名上，从快捷菜单中单击删除。选项板中的内容被称为"工具"，可以是几何图形、标注、块、图案填充、实体填充、渐变填充、光栅图像和外部参照等内容。使用时，选择选项板上的内容，拖动到绘图区，这时，注意配合命令行提示进行操作，从而实现几何图形绘制、块插入或图案填充等。

图 7-20　工具选项板窗口

图 7-21　从快捷菜单中打开其他选项板

2．从设计中心添加内容到工具选项板

可以从设计中心中的 4 个层次添加内容到工具选项板，即文件夹、图形文件、块和具体的块对象，如图 7-22 所示。

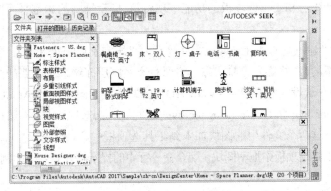

图 7-22　可添加到工具选项板的 4 个层次

（1）添加文件夹。选中需添加的文件夹，右击并打开快捷菜单，选择"创建工具选项板"命令，即可把文件夹中的所有图形文件加入到工具选项板中，不过程序自动将每个图形文件中的图形生成一个块，如图 7-23 和图 7-24 所示。

（2）添加图形文件或块。在设计中心中选择"图形文件名"或"块"选项卡，右击，选择快捷菜单中的"创建工具选项板"命令，则可把文件中的所有块加入到工具选项板中，自动生成一个以文件名为名的选项板。至于具体单个的图块，选择"创建工具选项板"命令，需要为因此新建的工具选项板输入名称，如图 7-25 所示。

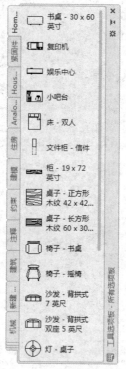

图 7-23　从文件夹创建块的工具选项板　　图 7-24　DesignCenter 选项板　　图 7-25　为单个图块加入新建选项板

3.应用示例——居室布置

为了进一步体验设计中心和工具选项板的功能，现将第 6 章绘制的居室平面图通过工具选项板的图块插入功能来重新布置。

（1）准备工作。将"建筑基本图元.dwg"文件另存为"居室室内布置.dwg"。新建一个家具图层（图层名与原有"家具"图层不同），并置为当前状态。将原有家具图层冻结，不需要的图层也冻结。

（2）加入家具图块。从设计中心找到 AntoCAD 2017 安装目录下的"\AutoCAD 2017\Sample\DesignCenter\Home-Space Planner.dwg 和 House designer.dwg 文件，分别选中文件名，选择快捷菜单中的"创建工具选项板"命令，分别将这两个文件中的图块加入到工具选项板中。

（3）室内布置。从工具选项板中拖动图块，配合命令行中的提示输入必要的比例和旋转角度，按如图 7-26 所示进行布置。

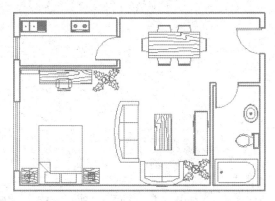

图 7-26　通过工具选项板布置居室

7.4　综合实例——绘制住房室内布置平面图

利用设计中心中的图块组合如图 7-27 所示的住房布局平面图。

（1）单击"视图"选项卡"选项板"面板中的"工具选项板"按钮，打开工具选项板，如图 7-28 所示。打开工具选项板菜单，如图 7-29 所示。

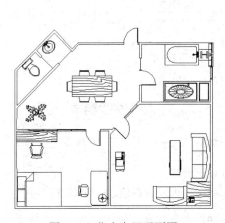

图 7-27　住房布局平面图　　　　　图 7-28　工具选项板　　　　图 7-29　工具选项板菜单

（2）新建工具选项板。在工具选项板菜单中选择"新建选项板"命令，建立新的工具选项板选项卡。在新建工具栏名称栏中输入"住房"并确认。新建的"住房"选项卡如图 7-30 所示。

（3）向工具选项板插入设计中心图块。单击"视图"选项卡"选项板"面板中的"设计中心"按钮，打开设计中心，将设计中心中的 Kitchens、House Designer 和 Home Space Planner 图块拖动到工具选项板的"住房"选项卡中，如图 7-31 所示。

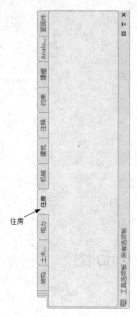

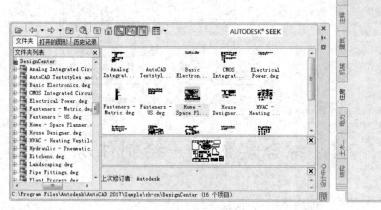

图 7-30 "住房"选项卡   图 7-31 向工具选项板插入设计中心图块

（4）绘制住房结构截面图。利用以前学过的绘图命令与编辑命令绘制住房结构截面图，如图 7-32 所示。其中进门为餐厅，左边为厨房，右边为卫生间，正对为客厅，客厅左边为寝室。

（5）布置餐厅。将工具选项板中的 Home Space Planner 图块拖动到当前图形中，利用"缩放"命令调整所插入的图块与当前图形的相对大小，如图 7-33 所示。

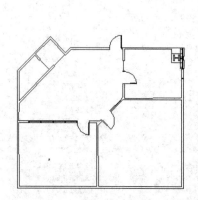

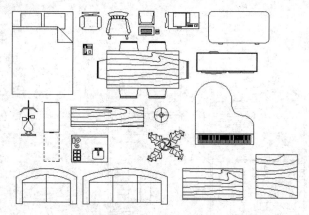

图 7-32 住房结构截面图   图 7-33 将 Home Space Planner 图块拖动到当前图形中

对该图块进行分解操作，将 Home Space Planner 图块分解成单独的小图块集。将图块集中的"饭桌"和"植物"图块拖动到餐厅适当位置，如图 7-34 所示。

（6）布置寝室。将"双人床"图块移动到当前图形的寝室中，单击"默认"选项卡"修改"面板中的"旋转"按钮◯和"移动"按钮✥，进行位置调整。重复"旋转"和"移动"命令，将"琴桌"、"书桌"、"台灯"和两个"椅子"图块移动并旋转到当前图形的寝室中，如图 7-35 所示。

（7）布置客厅。单击"默认"选项卡"修改"面板中的"旋转"按钮◯和"移动"按钮✥，将"转角桌"、"电视机"、"茶几"和两个"沙发"图块移动并旋转到当前图形的客厅中，如图 7-36 所示。

图 7-34　布置餐厅

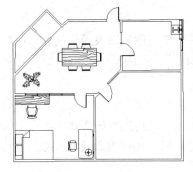

图 7-35　布置寝室

图 7-36　布置客厅

（8）布置厨房。将工具选项板中的 House Designer 图块拖动到当前图形中，单击"默认"选项卡"修改"面板中的"缩放"按钮，调整所插入的图块与当前图形的相对大小，如图 7-37 所示。

单击"默认"选项卡"修改"面板中的"分解"按钮，对该图块进行分解操作，将 House Designer 图块分解成单独的小图块集。

单击"默认"选项卡"修改"面板中的"旋转"按钮和"移动"按钮，将"灶台"、"洗菜盆"和"水龙头"图块移动并旋转到当前图形的厨房中，如图 7-38 所示。

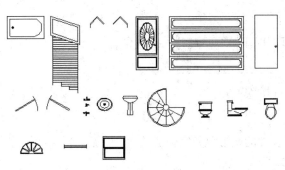

图 7-37　插入 House Designer 图块

图 7-38　布置厨房

（9）布置卫生间。单击"默认"选项卡"修改"面板中的"旋转"按钮和"移动"按钮，将"坐便器"和"洗脸盆"移动并旋转到当前图形的卫生间中；单击"默认"选项卡"修改"面板中的"复制"按钮，复制"水龙头"图块，重复"旋转"和"移动"命令，将其旋转移动到洗脸盆上。单击"默认"选项卡"修改"面板中的"删除"按钮，删除当前图形中没有用处的图块，最终绘制出的图形如图 7-27 所示。

7.5　名师点拨——快速绘图技巧

1. 设计中心的操作技巧

通过设计中心，用户可以组织对图形、块、图案填充和其他图形内容的访问。可以将源图形中的任何内容拖动到当前图形中。可以将图形、块和填充拖动到工具选项板上。源图形可以位于用户的计算机、网络位置或网站上。另外，如果打开了多个图形，则可以通过设计中心在图形之间复制和粘贴其他内容（如图层定义、布局和文字样式）来简化绘图过程。AutoCAD 制图人员一定要利用好设计中心的优势。

2．块的作用

用户可以将绘制的图例创建为块，即将图例以块为单位进行保存，并归类于每一个文件夹内，以后再次需要利用此图例制图时，只需"插入"该图块即可，同时还可以对块进行属性赋值。图块的使用可以大大提高制图效率。

3．内部图块与外部图块的区别

内部图块是在一个文件内定义的图块，可以在该文件内部自由作用，内部图块一旦被定义，就和文件同时被存储和打开。外部图块将"块"以主文件的形式写入磁盘，其他图形文件也可以使用，要注意这是外部图块和内部图块的一个重要区别。

7.6 上 机 操 作

【练习1】标注如图 7-39 所示的穹顶展览馆立面图形的标高符号。

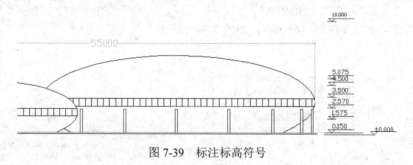

图 7-39 标注标高符号

1．目的要求

绘制重复性图形单元的最简单快捷的办法是将重复性的图形单元制作成图块，然后将图块插入图形。本实例通过对标高符号的标注使读者掌握图块的相关知识。

2．操作提示

（1）利用"直线"命令绘制标高符号。

（2）定义标高符号的属性，将标高值设置为其中需要验证的标记。

（3）将绘制的标高符号及其属性定义成图块。

（4）保存图块。

（5）在建筑图形中插入标高图块，每次插入时输入不同的标高值作为属性值。

【练习2】利用设计中心绘制如图 7-40 所示的居室布局图。

1．目的要求

设计中心最大的优点是简洁、方便、集中，读者可以在某个专门的设计中心组织自己需要的素材，快速简便地绘制图形。本实例的目的是通过绘制如图 7-40 所示的居室平面图，使读者灵活掌握利用设计中心进行快速绘图的方法。

2．操作提示

打开设计中心，在设计中心选择适当的图块，插入到居室平面图中。

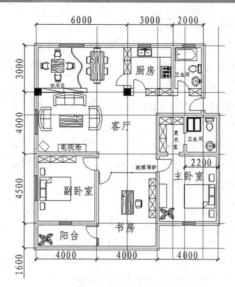

图7-40 居室布置平面图

7.7 模 拟 考 试

1. 使用块的优点有（　　）。

　　A．一个块中可以定义多个属性　　　　B．多个块可以共用一个属性

　　C．块必须定义属性　　　　　　　　　D．A 和 B

2. 如果插入的块所使用的图形单位与为图形指定的单位不同，则（　　）。

　　A．对象以一定比例缩放以维持视觉外观

　　B．英制的放大 25.4 倍

　　C．公制的缩小 25.4 倍

　　D．块将自动按照两种单位相比的等价比例因子进行缩放

3. 关于用 BLOCK 命令定义的内部图块，下面说法正确的是（　　）。

　　A．只能在定义它的图形文件内自由调用

　　B．只能在另一个图形文件内自由调用

　　C．既能在定义它的图形文件内自由调用，又能在另一个图形文件内自由调用

　　D．两者都不能用

4. 利用 AutoCAD 的"设计中心"不可能完成的操作是（　　）。

　　A．根据特定的条件快速查找图形文件

　　B．打开所选的图形文件

　　C．将某一图形中的块通过鼠标拖动添加到当前图形中

　　D．删除图形文件中未使用的命名对象，例如，块定义、标注样式、图层、线型和文字样式等

5. 在 AutoCAD 的"设计中心"选项板的（　　）选项卡中可以查看当前图形中的图形信息。

　　A．文件夹　　　　　　　　　　　　　B．打开的图形

　　C．历史记录　　　　　　　　　　　　D．联机设计中心

6. 下列操作不能在"设计中心"完成的有（　　）。
   A．两个 DWG 文件的合并　　　　　　B．创建文件夹的快捷方式
   C．创建 Web 站点的快捷方式　　　　D．浏览不同的图形文件
7. 在设计中心中打开图形错误的方法是（　　）。
   A．在设计中心内容区中的图形图标上右击，在弹出的快捷菜单中选择"在应用程序窗口中打开"命令
   B．按住 Ctrl 键，同时将图形图标从设计中心内容区拖至绘图区域
   C．将图形图标从设计中心内容区拖动到应用程序窗口绘图区域以外的任何位置
   D．将图形图标从设计中心内容区拖动到绘图区域中
8. 无法通过设计中心更改的是（　　）。
   A．大小　　　　　　　　　　　　B．名称
   C．位置　　　　　　　　　　　　D．外观
9. 什么是设计中心？设计中心有什么功能？
10. 什么是工具选项板？怎样利用工具选项板进行绘图？

第2篇

别墅室内设计综合实例篇

本篇主要结合一个典型的居住空间实例——别墅实例讲解利用 AutoCAD 2017 进行各种室内设计的操作步骤、方法技巧等,包括别墅空间室内设计平面图和别墅建筑室内设计客厅平面图及立面图的绘制等知识。

本篇内容通过别墅实例加深读者对 AutoCAD 功能的理解和掌握,熟悉居住空间室内的设计方法。

- ▶▶ 别墅首层平面图的绘制
- ▶▶ 别墅二层平面图的绘制
- ▶▶ 屋顶平面图的绘制
- ▶▶ 客厅平面图的绘制
- ▶▶ 客厅立面图 A 的绘制
- ▶▶ 客厅立面图 B 的绘制
- ▶▶ 别墅首层地坪图的绘制
- ▶▶ 别墅首层顶棚图的绘制

别墅建筑平面图的绘制

建筑平面图（除屋顶平面图外）是指用假想的水平剖切面，在建筑各层窗台上方将整幢房屋剖开所得到的水平剖面图。建筑平面图是表达建筑物的基本图样之一，主要反映建筑物的平面布局情况。通常情况下，建筑平面图应该表达以下内容：

- ☑ 墙（或柱）的位置和尺度
- ☑ 门、窗的类型、位置和尺度
- ☑ 其他细部的配置和位置情况，如楼梯、家具和各种卫生设备等
- ☑ 室外台阶、花池等建筑小品的大小和位置
- ☑ 建筑物及其各部分的平面尺寸标注
- ☑ 各层地面的标高。通常情况下，首层平面的室内地坪标高定为 ± 0.000

8.1　别墅空间室内设计概述

别墅一般有两种类型：一种是住宅型别墅，大多建造在城市郊区附近，或独立或群体，环境幽雅恬静，有花园绿地，交通便捷，便于上下班；二是休闲型别墅，建造在人口稀少、风景优美、山清水秀的风景区，供周末、假期度假消遣或疗养、避暑之用。

别墅造型外观雅致美观，独幢独户，庭院视野宽阔，花园树茂草盛，有较大绿地。有的依山傍水，景观宜人，使住户能享受大自然之美，有心旷神怡之感；别墅还有附属的汽车间、门房间、花棚等；社区型的别墅大多是整体开发建造的，整个别墅区有数十幢独立独户别墅住宅，区内公共设施完备，有中心花园、水池绿地，还设有健身房、文化娱乐场所以及购物场所等。

就建筑功能而言，别墅平面需要设置的空间虽然不多，但应齐全，满足日常生活的不同需要。根据日常起居和生活质量的要求，别墅空间平面一般设置以下一些房间。

（1）厅：门厅、客厅和餐厅等。

（2）卧室：主人房、次卧室、儿童房、客人房等。

（3）辅助房间：书房、家庭团聚室、娱乐室、衣帽间等。

（4）生活配套：厨房、卫生间、淋浴间、运动健身房等。

（5）其他房间：工人房、洗衣房、储藏间、车库等。

在上述各个房间中，门厅、客厅、餐厅、厨房、卫生间、淋浴间等多设置在首层平面中，如图 8-1 所示，次卧室、儿童房、主人房和衣帽间等多设置在二层或者三层平面中，如图 8-2 所示。与普通住宅居室建筑平面图绘制方法类似，同样是先建立各个功能房间的开间和进深轴线，然后按轴线位置绘制各个功能房间墙体及相应的门窗洞口的平面造型，最后绘制楼梯、阳台及管道等辅助空间的平面图形，同时标注相应的尺寸和文字说明。

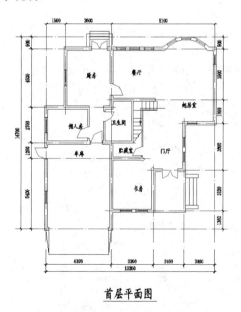

首层平面图

图 8-1　别墅首层平面

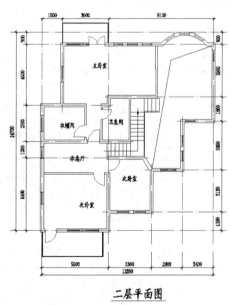

二层平面图

图 8-2　别墅二层平面

8.2　别墅首层平面图的绘制

别墅首层平面图的主要绘制思路为：首先绘制别墅的定位轴线，接着在已有轴线的基础上绘出别墅的墙线，然后借助已有图库或图形模块绘制别墅的门窗和室内的家具、洁具，最后进行尺寸和文字标注。别墅的首层平面图如图 8-3 所示。

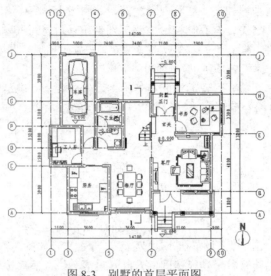

图 8-3　别墅的首层平面图

8.2.1　设置绘图环境

新建文件，并将新建的文件以"别墅首层平面图"的名称进行保存，新建的文件设置了图形"单位"以及"图层"。

（1）创建图形文件。启动 AutoCAD 2017 软件，选择菜单栏中的"格式"→"单位"命令，在打开的"图形单位"对话框中设置角度"类型"为"十进制度数"、"精度"为 0，如图 8-4 所示。单击"方向"按钮，系统打开"方向控制"对话框，将"方向控制"设置为"东"，如图 8-5 所示。

图 8-4　"图形单位"对话框

图 8-5　"方向控制"对话框

（2）命名图形。单击快速访问工具栏中的"保存"按钮🖫，打开"图形另存为"对话框。在"文件名"下拉列表框中输入图形名称"别墅首层平面图"，如图 8-6 所示。单击"保存"按钮，完成对新建图形文件的保存。

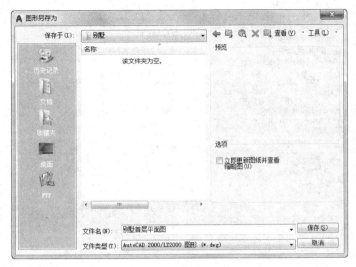

图 8-6　命名图形

（3）设置图层。单击"默认"选项卡"图层"面板中的"图层特性"按钮🖺，打开"图层特性管理器"选项板，依次创建平面图中的基本图层，如轴线、墙体、楼梯、门窗、家具、标注和文字等，如图 8-7 所示。

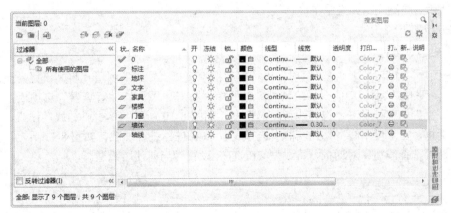

图 8-7　图层特性管理器

📢**注意**　在使用 AutoCAD 2017 绘图过程中，应经常性地保存已绘制的图形文件，以避免因软件系统的不稳定导致软件的瞬间关闭而无法及时保存文件，丢失大量已绘制的信息。AutoCAD 2017 软件有自动保存图形文件的功能，使用者只需在绘图时将该功能激活即可。具体设置步骤如下：选择菜单栏中的"工具"→"选项"命令，打开"选项"对话框；选择"打开和保存"选项卡，在"文件安全措施"选项组中选中"自动保存"复选框，根据个人需要在"保存间隔分钟数"文本框中输入具体数字，然后单击"确定"按钮，完成设置，如图 8-8 所示。

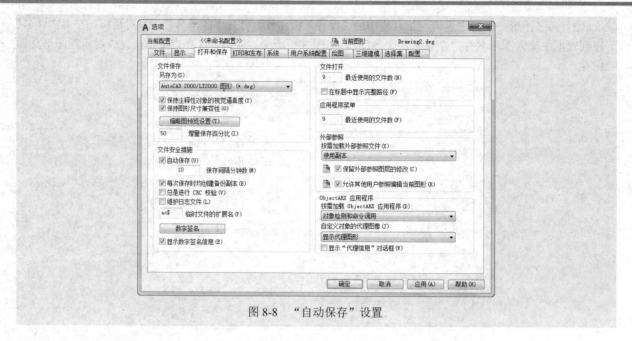

图 8-8　"自动保存"设置

8.2.2　绘制建筑轴线

建筑轴线是在绘制建筑平面图时布置墙体和门窗的依据，同样也是建筑施工定位的重要依据。在轴线的绘制过程中，主要使用的绘图命令是"直线"命令和"偏移"命令。

如图 8-9 所示为绘制完成的别墅平面轴线。

具体绘制方法如下。

1. 设置"轴线"特性

（1）选择图层，加载线型。在"图层"下拉列表框中选择"轴线"图层，将其设置为当前图层，单击"默认"选项卡"图层"面板中的"图层特性"按钮，打开"图层特性管理器"选项板，单击"轴线"图层栏中的"线型"名称，打开"选择线型"对话框，如图 8-10 所示；单击"加载"按钮，打开"加载或重载线型"对话框，在"可用线型"列表框中选择线型 CENTER 进行加载，如图 8-11 所示；然后单击"确定"按钮，返回"选择线型"对话框，将线型 CENTER 设置为当前使用线型。

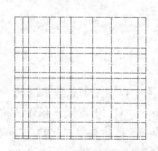

图 8-9　别墅平面轴线

图 8-10　"选择线型"对话框

图 8-11　加载线型 CENTER

（2）设置线型比例。单击"默认"选项卡"特性"面板中的"线型"下拉列表中的"其他…"选项，打开"线型管理器"对话框；选择 CENTER 线型，将"全局比例因子"设置为 20，如图 8-12 所示；然后单击"确定"按钮，完成对"轴线"线型的设置。

2. 绘制横向轴线

（1）绘制横向轴线基准线。单击"默认"选项卡"绘图"面板中的"直线"按钮／，绘制一条长度为14700mm 的横向基准轴线，如图 8-13 所示。命令行提示与操作如下：

命令: _line
指定第一个点:（适当指定一点）
指定下一点或 [放弃(U)]: @14700,0↙
指定下一点或 [放弃(U)]: ↙

（2）绘制横向轴线。单击"默认"选项卡"修改"面板中的"偏移"按钮，将横向基准轴线依次向下偏移，偏移距离分别为 3300mm、3900mm、6000mm、6600mm、7800mm、9300mm、11400mm 和 13200mm，如图 8-14 所示，依次完成横向轴线的绘制。

图 8-12　设置线型比例　　　　　图 8-13　绘制横向基准轴线　　图 8-14　绘制横向轴线

3. 绘制纵向轴线

（1）绘制纵向轴线基准线。单击"默认"选项卡"绘图"面板中的"直线"按钮／，以前面绘制的横向基准轴线的左端点为起点，垂直向下绘制一条长度为 13200mm 的纵向基准轴线，如图 8-15 所示。命令行提示与操作如下：

命令: _line
指定第一个点:（适当指定一点）
指定下一点或 [放弃(U)]: @0,-13200↙
指定下一点或 [放弃(U)]: ↙

（2）绘制其余纵向轴线。单击"默认"选项卡"修改"面板中的"偏移"按钮，将纵向基准轴线依次向右偏移，偏移量分别为 900mm、1500mm、2700mm、3900mm、5100mm、6300mm、8700mm、10800mm、13800mm 和 14700mm，依次完成纵向轴线的绘制，并单击"默认"选项卡"修改"面板中的"修剪"按钮，对多线进行修剪，如图 8-16 所示。

注意 在绘制建筑轴线时，一般选择建筑横向、纵向的最大长度为轴线长度，但当建筑物形体过于复杂时，太长的轴线往往会影响图形效果，因此，也可以仅在一些需要轴线定位的建筑局部绘制轴线。

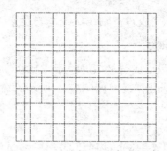

图 8-15 绘制纵向基准轴线   图 8-16 绘制纵向轴线

8.2.3 绘制墙体

在建筑平面图中，墙体用双线表示，一般采用轴线定位的方式，以轴线为中心，具有很强的对称关系，因此绘制墙线通常有 3 种方法。

（1）单击"默认"选项卡"修改"面板中的"偏移"按钮 ，直接偏移轴线，将轴线向两侧偏移一定距离，得到双线，然后将所得双线转移至"墙线"图层。

（2）选择菜单栏中的"绘图"→"多线"命令，直接绘制墙线。

（3）当墙体要求填充成实体颜色时，也可以单击"默认"选项卡"绘图"面板中的"多段线"按钮 ，直接绘制，将线宽设置为墙厚即可。

在本实例中，笔者推荐选用第二种方法，即利用"多线"命令绘制墙线，绘制完成的别墅首层墙体平面如图 8-17 所示。

具体绘制方法如下。

1. 定义多线样式

在使用"多线"命令绘制墙线前，应首先对多线样式进行设置。

（1）选择菜单栏中的"格式"→"多线样式"命令，打开"多线样式"对话框，如图 8-18 所示。

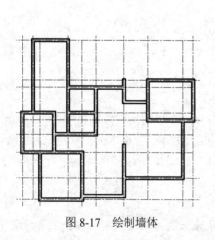

图 8-17 绘制墙体

图 8-18 "多线样式"对话框

（2）单击"新建"按钮，在打开的对话框中输入"新样式名"为"240 墙"，如图 8-19 所示。

图 8-19 命名多线样式

（3）单击"继续"按钮，打开"新建多线样式:240 墙"对话框，如图 8-20 所示。在该对话框中设置如下多线样式：将图元偏移量的首行设为 120，第二行设为-120。

（4）单击"确定"按钮，返回"多线样式"对话框，在"样式"列表框中选择"240 墙"多线样式，并将其置为当前样式，如图 8-21 所示。

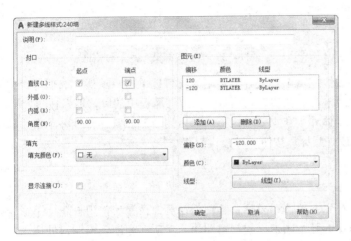

图 8-20 设置多线样式

图 8-21 将多线样式"240 墙"置为当前样式

2．绘制墙线

（1）在"图层"下拉列表框中选择"墙体"图层，将其设置为当前图层。

（2）选择菜单栏中的"绘图"→"多线"命令，绘制墙线，绘制结果如图 8-22 所示。命令行提示与操作如下：

```
命令:_mline
当前设置: 对正 = 上，比例 = 20.00，样式 = 240 墙
指定起点或 [对正(J)/比例(S)/样式(ST)]: J ✓（在命令行中输入"J"，重新设置多线的对正方式）
输入对正类型 [上(T)/无(Z)/下(B)] <上>: Z ✓（在命令行中输入"Z"，选择"无"为当前对正方式）
当前设置: 对正 = 无，比例 = 20.00，样式 = 240 墙
指定起点或 [对正(J)/比例(S)/样式(ST)]: S ✓（在命令行中输入"S"，重新设置多线比例）
输入多线比例 <20.00>: 1 ✓（在命令行中输入"1"，作为当前多线比例）
当前设置: 对正 = 无，比例 = 1.00，样式 = 240 墙
指定起点或 [对正(J)/比例(S)/样式(ST)]:（捕捉左上部墙体轴线交点作为起点）
指定下一点（依次捕捉墙体轴线交点，绘制墙线）
指定下一点或 [放弃(U)]: ✓（绘制完成后，按 Enter 键结束命令）
```

3．编辑和修整墙线

选择菜单栏中的"修改"→"对象"→"多线"命令，打开"多线编辑工具"对话框，如图 8-23 所示。

该对话框中提供了 12 种多线编辑工具，可根据不同的多线交叉方式选择相应的工具进行编辑。

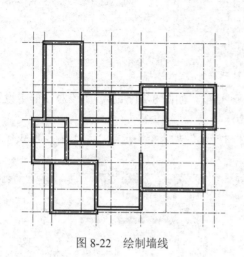

图 8-22 绘制墙线

图 8-23 "多线编辑工具"对话框

少数较复杂的墙线结合处无法找到相应的多线编辑工具进行编辑，因此可以单击"默认"选项卡"修改"面板中的"分解"按钮 将多线分解，然后单击"默认"选项卡"修改"面板中的"修剪"按钮 ，对该结合处的线条进行修整。另外，一些内部墙体并不在主要轴线上，可以通过添加辅助轴线并单击"默认"选项卡"修改"面板中的"修剪"按钮 或"延伸"按钮 进行绘制和修整。

8.2.4 绘制门窗

建筑平面图中门窗的绘制过程基本如下：首先在墙体相应位置绘制门窗洞口；接着使用直线、矩形和圆弧等工具绘制门窗基本图形，并根据所绘门窗的基本图形创建门窗图块；然后在相应门窗洞口处插入门窗图块，并根据需要进行适当调整，进而完成平面图中所有门和窗的绘制。

具体绘制方法如下。

1．绘制门、窗洞口

在平面图中，门洞口与窗洞口基本形状相同，因此，在绘制过程中可以将其一并绘制。

（1）在"图层"下拉列表框中选择"墙体"图层，将其设置为当前图层。

（2）绘制门窗洞口基本图形。单击"默认"选项卡"绘图"面板中的"直线"按钮 ，绘制一条长度为 240mm 的垂直方向的线段，然后单击"默认"选项卡"修改"面板中的"偏移"按钮 ，将线段向右偏移 1000mm，即得到门窗洞口基本图形，如图 8-24 所示。命令行提示与操作如下：

```
命令:_line
指定第一个点:（适当指定一点）✓
指定下一点或 [放弃(U)]: @0,240✓
指定下一点或 [放弃(U)]: ✓
命令:_offset
当前设置: 删除源=否  图层=源  OFFSETGAPTYPE=0✓
指定偏移距离或 [通过(T)/删除(E)/图层(L)] <240>: 1000✓
选择要偏移的对象，或 [退出(E)/放弃(U)] <退出>:（选择竖直线）✓
指定要偏移的那一侧上的点，或 [退出(E)/多个(M)/放弃(U)] <退出>:✓
选择要偏移的对象，或 [退出(E)/放弃(U)] <退出>:✓
```

（3）绘制门洞。下面以正门门洞（1500mm×240mm）为例，介绍平面图中门洞的绘制方法。单击"默认"选项卡"块"面板中的"创建"按钮，打开"块定义"对话框，在"名称"下拉列表框中输入"门洞"；单击"选择对象"按钮，选中如图 8-24 所示的图形；单击"拾取点"按钮，选择左侧门洞线上端的端点为插入点；单击"确定"按钮，如图 8-25 所示，完成图块"门洞"块的创建。

图 8-24　门窗洞口基本图形

单击"默认"选项卡"块"面板中的"插入"按钮，打开"插入"对话框，在"名称"下拉列表框中选择"门洞"，在"比例"一栏中将 X 方向的比例设置为 1，如图 8-26 所示。

图 8-25　"块定义"对话框　　　　　　　　　　图 8-26　"插入"对话框

单击"确定"按钮，在图中点选正门入口处左侧墙线交点作为基点，插入"门洞"图块，如图 8-27 所示。

单击"默认"选项卡"修改"面板中的"移动"按钮，在图中点选已插入的正门门洞图块，将其水平向右移动，距离为 300mm，如图 8-28 所示。命令行提示与操作如下：

```
命令: _move
选择对象: (在图中点选正门门洞图块)✓
指定基点或 [位移(D)] <位移>: (捕捉图块插入点作为移动基点)✓
指定第二个点或 <使用第一个点作为位移>: @300,0 ✓ (在命令行中输入第二点相对位置坐标)✓
```

最后单击"默认"选项卡"修改"面板中的"修剪"按钮，修剪洞口处多余的墙线，完成正门门洞的绘制，如图 8-29 所示。

　　　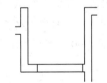　　　

图 8-27　插入正门门洞　　　　图 8-28　移动门洞图块　　　　图 8-29　修剪多余墙线

（4）绘制窗洞。以卫生间窗户洞口（1500mm×240mm）为例，介绍如何绘制窗洞。首先，单击"默认"选项卡"块"面板中的"插入"按钮，打开"插入"对话框，在"名称"下拉列表框中选择"门洞"，将 X 方向的比例设置为 1，如图 8-30 所示。由于门窗洞口基本形状一致，因此没有必要创建新的窗洞图块，可以直接利用已有门洞图块进行绘制。

单击"确定"按钮，在图中点选左侧墙线交点作为基点，插入"门洞"图块（此处实为窗洞）；继续单击"默认"选项卡"修改"面板中的"移动"按钮✛，在图中点选已插入的窗洞图块，将其向右移动，距离为 60mm，如图 8-31 所示。

最后，单击"默认"选项卡"修改"面板中的"修剪"按钮，修剪窗洞处多余的墙线，完成卫生间窗洞的绘制，如图 8-32 所示。

图 8-30　"插入"对话框

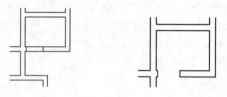

图 8-31　插入窗洞图块　　图 8-32　修剪多余墙线

2. 绘制平面门

从开启方式上看，门的常见形式主要有平开门、弹簧门、推拉门、折叠门、旋转门、升降门和卷帘门等。门的尺寸要满足人流通行、交通疏散、家具搬运的要求，而且应符合建筑模数的有关规定。在平面图中，单扇门的宽度一般在 800～1000mm，双扇门则为 1200～1800mm。

门的绘制步骤为：先绘制出门的基本图形，然后将其创建成图块，最后将门图块插入到已绘制好的相应门洞口位置，在插入门图块的同时，还应调整图块的比例大小和旋转角度以适应平面图中不同宽度和角度的门洞口。

下面通过两个有代表性的实例来介绍别墅平面图中不同种类的门的绘制。

（1）单扇平开门。单扇平开门主要应用于卧室、书房和卫生间等私密性较强、来往人流较少的房间。下面以别墅首层书房的单扇门（宽 900mm）为例，介绍单扇平开门的绘制方法。

① 在"图层"下拉列表框中选择"门窗"图层，将其设置为当前图层。

② 单击"默认"选项卡"绘图"面板中的"矩形"按钮▭，绘制一个尺寸为 40mm×900mm 的矩形门扇，如图 8-33 所示。命令行提示与操作如下：

```
命令:_rectang
指定第一个角点或 [倒角(C)/标高(E)/圆角(F)/厚度(T)/宽度(W)]:（在绘图空白区域内任取一点）✓
指定另一个角点或 [面积(A)/尺寸(D)/旋转(R)]: @40,900✓
```

然后单击"默认"选项卡"绘图"面板中的"圆弧"按钮，以矩形门扇右上角顶点为起点，右下角顶点为圆心，绘制一条圆心角为 90°，半径为 900mm 的圆弧，得到如图 8-34 所示的单扇平开门图形。命令行提示与操作如下：

```
命令:_arc
指定圆弧的起点或 [圆心(C)]:（选取矩形门扇右上角顶点为圆弧起点）✓
指定圆弧的第二个点或 [圆心(C)/端点(E)]: C ✓
指定圆弧的圆心: ✓（选取矩形门扇右下角顶点为圆心）
指定圆弧的端点(按住 Ctrl 键以切换方向)或 [角度(A)/弦长(L)]: A✓
指定夹角(按住 Ctrl 键以切换方向): 90✓
```

③ 单击"默认"选项卡"块"面板中的"创建"按钮，打开"块定义"对话框，如图 8-35 所示，在"名称"下拉列表框中输入"900 宽单扇平开门"；单击"选择对象"按钮，选取如图 8-34 所示的单扇平开门的基本图形为块定义对象；单击"拾取点"按钮，选择矩形门扇右下角顶点为基点；最后单击"确定"按钮，完成"单扇平开门"图块的创建。

图 8-33　矩形门扇　　　　图 8-34　900 宽单扇平开门　　　　　　图 8-35　"块定义"对话框

④ 单击"默认"选项卡"块"面板中的"插入"按钮，打开"插入"对话框，如图 8-36 所示，在"名称"下拉列表框中选择"900 宽单扇平开门"，输入"旋转"角度为-90°，然后单击"确定"按钮，在平面图中点选书房门洞右侧墙线的中点作为插入点，插入门图块，如图 8-37 所示，完成书房门的绘制。

（2）双扇平开门。在别墅平面图中，别墅正门以及客厅的阳台门均设计为双扇平开门。下面以别墅正门（宽 1500mm）为例，介绍双扇平开门的绘制方法。

① 在"图层"下拉列表框中选择"门窗"图层，将其设置为当前图层。

② 参照上述单扇平开门画法，绘制宽度为 750mm 的单扇平开门。

③ 单击"默认"选项卡"修改"面板中的"镜像"按钮，将已绘制完成的"750 宽单扇平开门"进行水平方向的"镜像"操作，得到宽 1500mm 的双扇平开门，如图 8-38 所示。

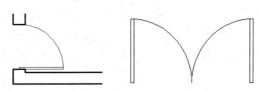

图 8-36　"插入"对话框　　　　图 8-37　绘制书房门　图 8-38　1500 宽双扇平开门

④ 单击"默认"选项卡"块"面板中的"创建"按钮，打开"块定义"对话框，在"名称"下拉列表框中输入"1500 宽双扇平开门"；单击"选择对象"按钮，选取双扇平开门的基本图形为块定义对象；单击"拾取点"按钮，选择右侧矩形门扇右下角顶点为基点；然后单击"确定"按钮，完成"1500 宽双扇平开门"图块的创建。

⑤ 单击"默认"选项卡"块"面板中的"插入"按钮，打开"插入"对话框，在"名称"下拉列表

框中选择"1500宽双扇平开门",然后单击"确定"按钮,在图中点选正门门洞右侧墙线的中点作为插入点,插入门图块,如图8-39所示,完成别墅正门的绘制。

3. 绘制平面窗

从开启方式上看,常见窗的形式主要有固定窗、平开窗、横式旋窗、立式转窗和推拉窗等。窗洞口的宽度和高度尺寸均为300mm的扩大模数;在平面图中,一般平开窗的窗扇宽度为400~600mm,固定窗和推拉窗的尺寸可更大一些。

窗的绘制步骤与门的绘制步骤基本相同,即先绘制出窗体的基本形状,然后将其创建成图块,最后将图块插入到已绘制好的相应窗洞位置,在插入窗图块的同时,可以调整图块的比例大小和旋转角度以适应不同宽度和角度的窗洞口。

下面以餐厅外窗(宽2400mm)为例,介绍平面窗的绘制方法。

(1)在"图层"下拉列表框中选择"门窗"图层,并将其设置为当前图层。

(2)单击"默认"选项卡"绘图"面板中的"直线"按钮 ∕,绘制第一条窗线,长度为1000mm,如图8-40所示。命令行提示与操作如下:

```
命令: _line
指定第一个点:(适当指定一点)
指定下一点或 [放弃(U)]: @1000, 0✓
指定下一点或 [放弃(U)]: ✓
```

(3)单击"默认"选项卡"修改"面板中的"矩形阵列"按钮 ▦,点选第(2)步中所绘窗线;然后右击,设置行数为4、列数为1、行间距为80、列间距为1,命令行提示与操作如下:

```
命令: _arrayrect
选择对象:(选择窗线)
类型 = 矩形   关联 = 是
选择夹点以编辑阵列或 [关联(AS)/基点(B)/计数(COU)/间距(S)/列数(COL)/行数(R)/层数(L)/退出(X)] <退出>: COU
输入列数数或 [表达式(E)] <4>: 1
输入行数数或 [表达式(E)] <3>: 4
选择夹点以编辑阵列或 [关联(AS)/基点(B)/计数(COU)/间距(S)/列数(COL)/行数(R)/层数(L)/退出(X)] <退出>: S
指定列之间的距离或 [单位单元(U)] <1500>:
指定行之间的距离 <1>: 80
```

最后,单击"确定"按钮,完成窗的基本图形的绘制。

(4)单击"默认"选项卡"块"面板中的"创建"按钮 ⛶,打开"块定义"对话框,在"名称"下拉列表框中输入"窗";单击"选择对象"按钮 ⊞,选取如图8-41所示的窗的基本图形为"块定义对象";单击"拾取点"按钮 ⛶,选择第一条窗线左端点为基点;然后单击"确定"按钮,完成"窗"图块的创建。

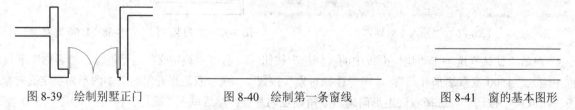

图 8-39 绘制别墅正门   图 8-40 绘制第一条窗线   图 8-41 窗的基本图形

(5)单击"默认"选项卡"块"面板中的"插入"按钮 ⛶,打开"插入"对话框,在"名称"下拉列表框中选择"窗",将X方向的比例设置为2.4,然后单击"确定"按钮,在图中点选餐厅窗洞左侧墙线的上端点作为插入点，插入窗图块，单击"默认"选项卡"修改"面板中的"移动"按钮✛，将插入的窗图形向右移动 480，如图 8-42 所示。

（6）绘制窗台。首先，单击"默认"选项卡"绘图"面板中的"矩形"按钮▢，绘制一个尺寸为 1000mm× 100mm 的矩形；接着，单击"默认"选项卡"块"面板中的"创建"按钮▣，将所绘矩形定义为"窗台"图块，将矩形上侧长边的中点设置为图块基点；然后，单击"默认"选项卡"块"面板中的"插入"按钮▣，打开"插入"对话框，在"名称"下拉列表框中选择"窗台"，并将 X 方向的比例设置为 2.6；最后，单击"确定"按钮，点选餐厅窗最外侧窗线中点作为插入点，插入窗台图块，如图 8-43 所示。

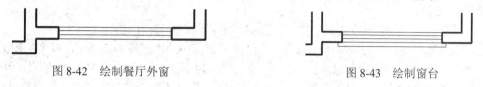

图 8-42 绘制餐厅外窗　　　　　图 8-43 绘制窗台

4．绘制其余门和窗

根据以上介绍的平面门窗绘制方法，利用已经创建的门窗图块完成别墅首层平面所有门和窗的绘制，如图 8-44 所示。

以上所介绍的是 AutoCAD 中最基本的门、窗绘制方法，下面介绍另外两种绘制门窗的方法。

（1）在建筑设计中，门和窗的样式、尺寸随着房间功能和开间的变化而不同。逐个绘制每一扇门窗是既费时又费力的事。因此，绘图者常常选择借助图库来绘制门窗。通常来说，在图库中有多种不同样式和大小的门、窗可供选择和调用，这给设计者和绘图者提供了很大的方便。在本实例中，笔者推荐使用门窗图库。在本实例别墅的首层平面图中共有 8 扇门，其中 4 扇为 900 宽的单扇平开门，2 扇为 1500 宽的双扇平开门，1 扇为推拉门，还有 1 扇为车库升降门。在图库中，很容易就可以找到以上这几种样式的门的图形模块（参见光盘）。

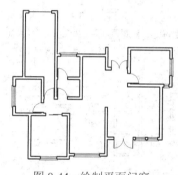

图 8-44 绘制平面门窗

AutoCAD 图库的使用方法很简单，主要步骤如下。

① 打开图库文件，在图库中选择所需的图形模块，并将选中对象进行复制。

② 将复制的图形模块粘贴到所要绘制的图样中。

③ 根据实际情况的需要，单击"默认"选项卡"修改"面板中的"旋转"按钮↻、"镜像"按钮⚐或"缩放"按钮▣，对图形模块进行适当的修改和调整。

（2）在 AutoCAD 2017 中，还可以借助"视图"选项卡"选项板"面板中的"工具选项板"的"建筑"选项卡提供的"公制样例"来绘制门窗。利用这种方法添加门窗时，可以根据需要直接对门窗的尺寸和角度进行设置和调整，使用起来比较方便。然而，需要注意的是，"工具选项板"中仅提供普通平开门的绘制，而且所绘制的平面窗中玻璃为单线形式，而非建筑平面图中常用的双线形式，因此，不推荐初学者使用这种方法绘制门窗。

8.2.5　绘制楼梯和台阶

楼梯和台阶都是建筑的重要组成部分，是人们在室内和室外进行垂直交通的必要建筑构件。在本实例别墅的首层平面中，共有一处楼梯和 3 处台阶，如图 8-45 所示。

1．绘制楼梯

楼梯是上下楼层之间的交通通道，通常由楼梯段、休息平台和栏杆（或栏板）组成。在本实例别墅中，楼梯为常见的双跑式。楼梯宽度为 900mm，踏步宽为 260mm，高为 175mm；楼梯平台净宽为 960mm。本节只介绍首层楼梯平面画法，至于二层楼梯画法，将在后面的章节中进行介绍。

首层楼梯平面的绘制过程分为 3 个阶段：首先绘制楼梯踏步线；然后在踏步线两侧（或一侧）绘制楼梯扶手；最后绘制楼梯剖断线以及用来标识方向的带箭头引线和文字，进而完成楼梯平面的绘制。如图 8-46 所示为首层楼梯平面图。

具体绘制方法如下。

（1）在"图层"下拉列表框中选择"楼梯"图层，将其设置为当前图层。

（2）绘制楼梯踏步线。单击"默认"选项卡"绘图"面板中的"直线"按钮，以平面图上相应位置点作为起点（通过计算得到的第一级踏步的位置），绘制长度为 1020mm 的水平踏步线。然后，单击"默认"选项卡"修改"面板中的"矩形阵列"按钮，选择已绘制的第一条踏步线为阵列对象，设置行数为 6、列数为 1、行间距为 260、列间距为 1，如图 8-47 所示。

（3）绘制楼梯扶手。单击"默认"选项卡"绘图"面板中的"直线"按钮，以楼梯第一条踏步线两侧端点作为起点，分别向上绘制垂直方向线段，长度为 1500mm。然后，单击"默认"选项卡"修改"面板中的"偏移"按钮，将所绘两线段向梯段中央偏移，偏移量为 60mm（即扶手宽度），如图 8-48 所示。

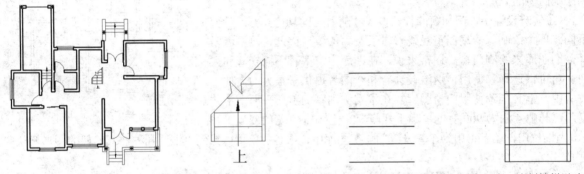

图 8-45　楼梯和台阶　　　图 8-46　首层楼梯平面图　　　图 8-47　绘制楼梯踏步线　　　图 8-48　绘制楼梯踏步边线

（4）绘制剖断线。单击"默认"选项卡"绘图"面板中的"构造线"按钮，设置角度为 45°，绘制剖断线并使其通过楼梯右侧栏杆线的上端点。命令行提示与操作如下：

```
命令: _xline
指定点或 [水平(H)/垂直(V)/角度(A)/二等分(B)/偏移(O)]: A✓
输入构造线的角度 (0) 或 [参照(R)]: 45✓
指定通过点：（选取右侧栏杆线的上端点为通过点）
指定通过点: ✓
```

单击"默认"选项卡"绘图"面板中的"直线"按钮，绘制 Z 字形折断线；然后单击"默认"选项卡"修改"面板中的"修剪"按钮，修剪楼梯踏步线和栏杆线，如图 8-49 所示。

（5）绘制带箭头引线。首先，在命令行中输入"QLEADER"命令，再输入"S"，设置引线样式；在打开的"引线设置"对话框中进行如下设置：在"引线和箭头"选项卡中选择"引线"为"直线"、"箭头"为"实心闭合"，如图 8-50 所示；在"注释"选项卡中，选择"注释类型"为"无"，如图 8-51 所示。然后，

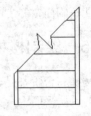

图 8-49　绘制楼梯剖断线

以第一条楼梯踏步线中点为起点，垂直向上绘制长度为 750mm 的带箭头引线；然后单击"默认"选项卡"修改"面板中的"旋转"按钮◎，将带箭头引线旋转 180°；最后，单击"默认"选项卡"修改"面板中的"移动"按钮✥，将引线垂直向下移动 60mm，如图 8-52 所示。

图 8-50　设置"引线和箭头"选项卡

图 8-51　设置"注释"选项卡

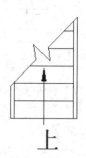

图 8-52　添加箭头和文字

（6）标注文字：单击"默认"选项卡"注释"面板中的"多行文字"按钮A，设置"文字高度"为 300，在引线下端输入文字为"上"。

📣 **提示**

> 楼梯平面图是距地面 1m 以上位置，用一个假想的剖切平面沿水平方向剖开（尽量剖到楼梯间的门窗），然后向下投影得到的投影图。楼梯平面一般来说是分层绘制的，在绘制时，按照特点可分为底层平面、标准层平面和顶层平面。
>
> 按国标规定，在楼梯平面图中，各层被剖切到的楼梯均在平面图中以一条 45° 的折断线表示。在每一梯段处绘制有一个长箭头，并注写"上"或"下"字标明方向。
>
> 楼梯的底层平面图中，只有一个被剖切的梯段及栏板和一个注有"上"字的长箭头。

2. 绘制台阶

本实例中有 3 处台阶，其中室内台阶一处，室外台阶两处。下面以正门处台阶为例，介绍台阶的绘制方法，如图 8-53 所示。

台阶的绘制思路与前面介绍的楼梯平面绘制思路基本相似，因此，可以参考楼梯绘制方法进行绘制。

具体绘制方法如下。

（1）单击"默认"选项卡"图层"面板中的"图层特性"按钮🖹，打开"图层特性管理器"选项板，创建新图层，将新图层命名为"台阶"，并将其设置为当前图层。

（2）单击"默认"选项卡"绘图"面板中的"直线"按钮／，以别墅正门中点为起点，垂直向上绘制一条长度为 3600mm 的辅助线段；然后以辅助线段的上端点为中点，绘制一条长度为 1770mm 的水平线段，此线段则为台阶第一条踏步线。

（3）单击"默认"选项卡"修改"面板中的"矩形阵列"按钮🔠，选择第 1 条踏步线为阵列对象，输入行数为 4、列数为 1、行间距为-300，列间距为 0；完成第 2～4 条踏步线的绘制，如图 8-54 所示。

（4）单击"默认"选项卡"绘图"面板中的"矩形"按钮▭，在踏步线的左右两侧分别绘制两个尺寸为 340mm×1980mm 的矩形，为两侧条石平面。

（5）绘制方向箭头。选择菜单栏中的"标注"→"多重引线"命令，在台阶踏步的中间位置绘制带箭头的引线，标示踏步方向，如图 8-55 所示。

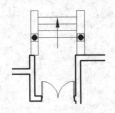 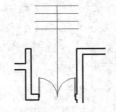 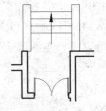

图 8-53　正门处台阶平面图　　　图 8-54　绘制台阶踏步线　　　图 8-55　添加方向箭头

（6）绘制立柱。在本实例中，两个室外台阶处均有立柱，其平面形状为圆形，内部填充为实心，下面为方形基座。由于立柱的形状、大小基本相同，可以将其做成图块，再把图块插入各相应点即可。具体绘制方法如下。

首先，单击"默认"选项卡"图层"面板中的"图层特性"按钮，打开"图层特性管理器"选项板，创建新图层，将新图层命名为"立柱"，并将其设置为当前图层；接着，单击"默认"选项卡"绘图"面板中的"矩形"按钮，绘制边长为 340mm 的正方形基座；单击"默认"选项卡"绘图"面板中的"圆"按钮，绘制直径为 240mm 的圆形柱身平面；然后，单击"默认"选项卡"绘图"面板中的"图案填充"按钮，打开"图案填充创建"选项卡，选择填充图案为 SOLID，单击"拾取点"按钮，在绘图区域选择已绘制的圆形柱身为填充对象，参数设置如图 8-56 所示，结果如图 8-57 所示。

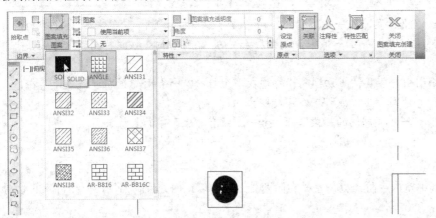 

图 8-56　图案填充设置　　　　　　　　　　　　　　　图 8-57　绘制立柱平面

单击"默认"选项卡"块"面板中的"创建"按钮，将图形定义为"立柱"图块；最后，单击"默认"选项卡"块"面板中的"插入"按钮，将定义好的"立柱"图块插入平面图中相应位置，完成正门处台阶平面的绘制。

8.2.6　绘制家具

在建筑平面图中，通常要绘制室内家具，以增强平面方案的视觉效果。在本实例别墅的首层平面中，共有 7 种不同功能的房间，分别是客厅、工人休息室、厨房、餐厅、书房、卫生间和车库。不同功能种类的房间内所布置的家具也有所不同，对于这些种类和尺寸都不尽相同的室内家具，如果利用直线、偏移等简单的二维线条编辑工具一一绘制，不仅绘制过程反复烦琐容易出错，而且浪费绘图者的时间和精力。因此，笔者推荐借助 AutoCAD 图库来完成平面家具的绘制。

AutoCAD 图库的使用方法，在前面介绍门窗绘制方法时曾有所提及。下面将结合首层客厅家具和卫生间洁具的绘制实例，详细讲述 AutoCAD 图库的用法。

1. 绘制客厅家具

客厅是主人会客和休闲的空间，因此，在客厅里通常会布置沙发、茶几、电视柜等家具，如图 8-58 所示。在"图层"下拉列表框中选择"家具"图层，将其设置为当前图层。

（1）单击快速访问工具栏中的"打开"按钮 📂，在打开的"选择文件"对话框中，打开"光盘\源文件\图库"，如图 8-59 所示。

（2）在名称为"沙发和茶几"的一栏中，选择名称为"组合沙发—002P"的图形模块，如图 8-60 所示，选中该图形模块，然后右击，在打开的快捷菜单中选择"复制"命令。

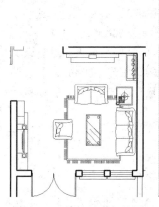
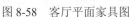

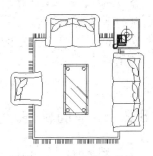

图 8-58　客厅平面家具图　　　　　　图 8-59　打开图库文件　　　　　　图 8-60　组合沙发模块

（3）返回"别墅首层平面图"的绘图界面，选择菜单栏中的"编辑"→"粘贴为块"命令，将复制的组合沙发图形插入到客厅平面相应位置。

（4）在图库中，在名称为"灯具和电器"一栏中，选择"电视柜 P"图块，如图 8-61 所示，将其复制并粘贴到首层平面图中；单击"默认"选项卡"修改"面板中的"旋转"按钮 ⟳，使该图形模块以自身中心点为基点旋转 90°，然后将其插入客厅相应位置。

（5）按照同样方法，在图库中选择"电视墙 P""文化墙 P""柜子—01P""射灯组 P"图形模块分别进行复制，并在客厅平面内依次插入这些家具模块，绘制结果如图 8-58 所示。

贴心小帮手

在使用图库插入家具模块时，经常会遇到家具尺寸太大或太小、角度与实际要求不一致，或在家具组合图块中，部分家具需要更改等情况。

2. 绘制卫生间洁具

卫生间主要是供主人盥洗和沐浴的房间，因此，卫生间内应设置浴盆、马桶、洗手池和洗衣机等设施，如图 8-62 所示的卫生间由两部分组成。在家具安排上，外间设置洗手盆和洗衣机；内间则设置浴盆和马桶。下面介绍卫生间洁具的绘制步骤。

（1）在"图层"下拉列表框中选择"家具"图层，将其设置为当前图层。

（2）打开"光盘\源文件\图库"，在"洁具和厨具"一栏中，选择适合的洁具模块，进行复制后，依次粘贴到平面图中的相应位置，绘制结果如图 8-63 所示。

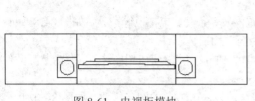

图 8-61　电视柜模块

图 8-62　卫生间平面图

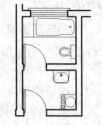

图 8-63　绘制卫生间洁具

☆ **贴心小帮手**

　　在图库中，图形模块的名称一般很简要，除汉字外还经常包含英文字母或数字，通常来说，这些名称都是用来表明该家具的特性或尺寸的。例如，前面使用过的图形模块"组合沙发—004P"，其名称中"组合沙发"表示家具的性质；"004"表示该家具模块是同类型家具中的第 4 个；字母"P"则表示这是该家具的平面图形。例如，一个床模块名称为"单人床 9×20"，就是表示该单人床宽度为 900mm、长度为 2000mm。有了这些简单又明了的名称，绘图者就可以依据自己的实际需要快捷地选择有用的图形模块，而无须再一一测量。

8.2.7　平面标注

　　在别墅的首层平面图中，标注主要包括 4 部分，即轴线编号、平面标高、尺寸标注和文字标注。完成标注后的首层平面图如图 8-64 所示。

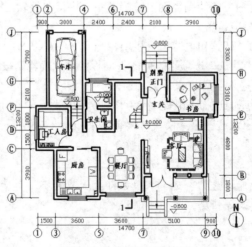

图 8-64　首层平面标注

下面将依次介绍这 4 种标注方式的绘制方法。

1. 轴线编号

　　在平面形状较简单或对称的房屋中，平面图的轴线编号一般标注在图形的下方及左侧。对于较复杂或不对称的房屋，图形上方和右侧也可以标注。在本实例中，由于平面形状不对称，因此需要在上、下、左、右 4 个方向均标注轴线编号。

具体绘制方法如下。

（1）单击"默认"选项卡"图层"面板中的"图层特性"按钮🗂，打开"图层特性管理器"选项板，打开"标注"图层，使其保持可见。创建新图层，将新图层命名为"轴线编号"，其属性按默认设置，并将其设置为当前图层。

（2）单击"默认"选项卡"绘图"面板中的"直线"按钮╱，以轴线端点为绘制直线的起点，竖直向下绘制长为 3000mm 的短直线，完成第一条轴线延长线的绘制。

（3）单击"默认"选项卡"绘图"面板中的"圆"按钮⊙，以已绘制的轴线延长线端点作为圆心，绘制半径为 350mm 的圆。然后，单击"默认"选项卡"修改"面板中的"移动"按钮✛，向下移动所绘制的圆，移动距离为 350mm，如图 8-65 所示。

（4）重复上述步骤，完成其他轴线延长线及编号圆的绘制。

（5）单击"默认"选项卡"注释"面板中的"多行文字"按钮**A**，设置文字"样式"为"仿宋 GB2312"，"文字高度"为 300；在每个轴线端点处的圆内输入相应的轴线编号，如图 8-66 所示。

图 8-65　绘制第一条轴线的延长线及编号圆

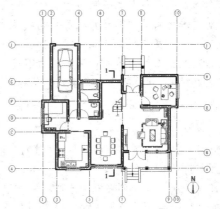

图 8-66　添加轴线编号

2．平面标高

建筑物中的某一部分与所确定的标准基点的高度差称为该部位的标高，在图样中通常用标高符号结合数字来表示。建筑制图标准规定，标高符号应以等腰直角三角形表示，如图 8-67 所示。

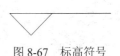

图 8-67　标高符号

具体绘制方法如下。

（1）在"图层"下拉列表框中选择"标注"图层，将其设置为当前图层。

（2）单击"默认"选项卡"绘图"面板中的"多边形"按钮⬠，绘制边长为 350mm 的正方形。

（3）单击"默认"选项卡"绘图"面板中的"旋转"按钮↻，将正方形旋转 45°；然后单击"默认"选项卡"绘图"面板中的"直线"按钮╱，连结正方形左右两个端点，绘制水平对角线。

（4）单击水平对角线，将十字光标移动至其右端点处单击，将夹持点激活（此时，夹持点成为红色），然后鼠标向右移动，在命令行中输入"600"后，按 Enter 键完成绘制。单击"默认"选项卡"修改"面板中的"修剪"按钮，对多余线段进行修剪。

（5）单击"默认"选项卡"块"面板中的"创建"按钮，将标高符号定义为图块。

（6）单击"默认"选项卡"块"面板中的"插入"按钮，将已创建的图块插入到平面图中需要标高的位置。

（7）单击"默认"选项卡"注释"面板中的"多行文字"按钮 A，设置字体为"仿宋_GB2312"，"文字高度"为300，在标高符号的长直线上方添加具体的标注数值。

如图 8-68 所示为台阶处室外地面标高。

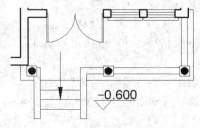

图 8-68　台阶处室外标高

☆ 贴心小帮手

　　一般来说，在平面图上绘制的标高反映的是相对标高，而不是绝对标高。绝对标高指的是我国青岛市附近的黄海海平面作为零点面测定的高度尺寸。

　　通常情况下，室内标高要高于室外标高，主要使用房间标高要高于卫生间、阳台标高。在绘图中，常见的是将建筑首层室内地面的高度设为零点，标作±0.000；低于此高度的建筑部位标高值为负值，在标高数字前加"−"号；高于此高度的部位标高值为正值，标高数字前不加任何符号。

3．尺寸标注

本实例中采用的尺寸标注分两道：一道为各轴线之间的距离，另一道为平面总长度或总宽度。

具体绘制方法如下。

（1）在"图层"下拉列表框中选择"标注"图层，将其设置为当前图层。

（2）设置标注样式。单击"默认"选项卡"注释"面板中的"标注样式"按钮，打开"标注样式管理器"对话框，如图 8-69 所示；单击"新建"按钮，打开"创建新标注样式"对话框，在"新样式名"文本框中输入"平面标注"，如图 8-70 所示。

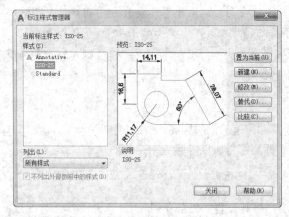

图 8-69　"标注样式管理器"对话框

图 8-70　"创建新标注样式"对话框

单击"继续"按钮，打开"新建标注样式:平面标注"对话框，进行以下设置。

选择"线"选项卡，在"基线间距"文本框中输入"200"，在"超出尺寸线"文本框中输入"200"，在"起点偏移量"文本框中输入"300",如图 8-71 所示。

选择"符号和箭头"选项卡,在"箭头"选项组的"第一个"和"第二个"下拉列表框中均选择"建筑标记",在"引线"下拉列表框中选择"实心闭合",在"箭头大小"数值框中输入"250",如图 8-72 所示。

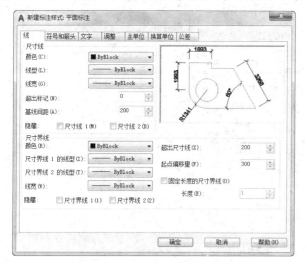

图 8-71　"线"选项卡

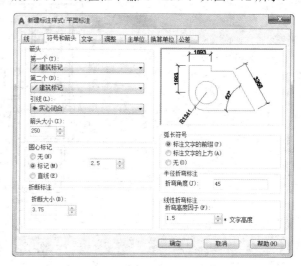

图 8-72　"符号和箭头"选项卡

选择"文字"选项卡,在"文字高度"数值框中输入"300",如图 8-73 所示。

选择"主单位"选项卡,在"精度"下拉列表框中选择 0,其他选项默认,如图 8-74 所示。

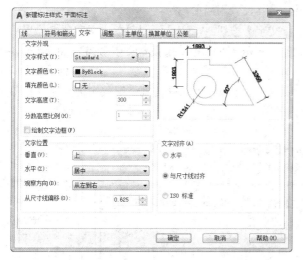

图 8-73　"文字"选项卡

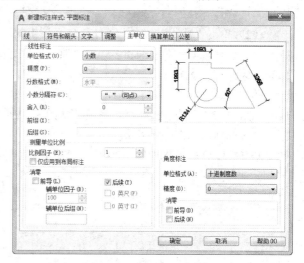

图 8-74　"主单位"选项卡

单击"确定"按钮,回到"标注样式管理器"对话框。在"样式"列表框中激活"平面标注"标注样式,单击"置为当前"按钮,再单击"关闭"按钮,完成标注样式的设置。

(3)单击"默认"选项卡"注释"面板中的"线性"按钮⊢⊣和"连续"按钮⊢⊢,标注相邻两轴线之间的距离。

(4)单击"默认"选项卡"注释"面板中的"线性"按钮⊢⊣,在已绘制的尺寸标注的外侧,对建筑平面横向和纵向的总长度进行尺寸标注。

（5）完成尺寸标注后，单击"默认"选项卡"图层"面板中的"图层特性"按钮🖿，打开"图层特性管理器"选项板，关闭"轴线"图层，如图 8-75 所示。

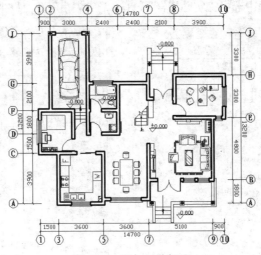

图 8-75　添加尺寸标注

4．文字标注

在平面图中，各房间的功能用途可以用文字进行标识。下面以首层平面中的厨房为例，介绍文字标注的具体方法。

（1）在"图层"下拉列表框中选择"文字"图层，将其设置为当前图层。

（2）单击"默认"选项卡"注释"面板中的"多行文字"按钮 A，在平面图中指定文字插入位置后，打开"文字编辑器"选项卡和多行文字编辑器，如图 8-76 所示；在选项卡中设置文字样式为 Standard，字体为"宋体"，"文字高度"为 300。

（3）在"多行文字编辑器"矩形框中输入文字"厨房"，并拖动"宽度控制"滑块来调整文本框的宽度，然后单击"关闭"按钮✖，完成该处的文字标注。

文字标注结果如图 8-77 所示。

图 8-76　"文字编辑器"选项卡和多行文字编辑器　　　　　　图 8-77　标注厨房文字

8.2.8　绘制指北针和剖切符号

在建筑首层平面图中应绘制指北针以标明建筑方位；如果需要绘制建筑的剖面图，则还应在首层平面图中画出剖切符号以标明剖面剖切位置。

下面将分别介绍平面图中指北针和剖切符号的绘制方法。

1.　绘制指北针

（1）单击"默认"选项卡"图层"面板中的"图层特性"按钮📚，打开"图层特性管理器"选项板，创建新图层，将新图层命名为"指北针与剖切符号"，并将其设置为当前图层。

（2）单击"默认"选项卡"绘图"面板中的"圆"按钮⊙，绘制直径为 1200mm 的圆。

（3）单击"默认"选项卡"绘图"面板中的"直线"按钮／，绘制圆的垂直方向直径作为辅助线。

（4）单击"默认"选项卡"修改"面板中的"偏移"按钮⚏，将辅助线分别向左右两侧偏移，偏移量均为 75mm。

（5）单击"默认"选项卡"绘图"面板中的"直线"按钮／，将两条偏移线与圆的下方交点同辅助线上端点连接起来；然后，单击"默认"选项卡"修改"面板中的"删除"按钮✏，删除 3 条辅助线（原有辅助线及两条偏移线），得到一个等腰三角形，如图 8-78 所示。

（6）单击"默认"选项卡"绘图"面板中的"图案填充"按钮▨，打开"图案填充创建"选项卡，选择填充图案为 SOLID，对所绘制的等腰三角形进行填充。

单击"默认"选项卡"图层"面板中的"图层特性"按钮📚，打开"图层特性管理器"选项板，打开"文字"图层，使其保持可见。

（7）单击"默认"选项卡"注释"面板中的"多行文字"按钮Ａ，设置文字高度为 500mm，在等腰三角形上端顶点的正上方书写大写的英文字母 N，标示平面图的正北方向，如图 8-79 所示。

2.　绘制剖切符号

（1）单击"默认"选项卡"绘图"面板中的"直线"按钮／，在平面图中绘制剖切面的定位线，并使得该定位线两端伸出被剖切外墙面的距离均为 1000mm，如图 8-80 所示。

（2）单击"默认"选项卡"绘图"面板中的"直线"按钮／，分别以剖切面定位线的两端点为起点，向剖面图投影方向绘制剖视方向线，长度为 500mm。

（3）单击"默认"选项卡"绘图"面板中的"圆"按钮⊙，分别以定位线两端点为圆心，绘制两个半径为 700mm 的圆。

（4）单击"默认"选项卡"修改"面板中的"修剪"按钮✂，修剪两圆之间的投影线条，然后删除两圆，得到两条剖切位置线。

（5）将剖切位置线和剖视方向线的线宽都设置为 0.30mm。

（6）单击"默认"选项卡"注释"面板中的"多行文字"按钮Ａ，设置"文字高度"为 300mm，在平面图两侧剖视方向线的端部书写剖面剖切符号的编号为 1，如图 8-81 所示，完成首层平面图中剖切符号的绘制。

图 8-78　圆与三角形

图 8-79　指北针

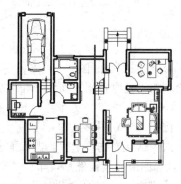
图 8-80　绘制剖切面定位线

图 8-81　绘制剖切符号

贴心小帮手

> 剖面的剖切符号，应由剖切位置线及剖视方向线组成，均应以粗实线绘制。剖视方向线应垂直于剖切位置线，长度应短于剖切位置线，绘图时，剖面剖切符号不宜与图面上的图线相接触。
>
> 剖面剖切符号的编号宜采用阿拉伯数字，按顺序由左至右、由下至上连续编排，并应注写在剖视方向线的端部。

8.3　别墅二层平面图的绘制

在本实例别墅中，二层平面图与首层平面图在设计中有很多相同之处，两层平面的基本轴线关系是一致的，只有部分墙体形状和内部房间的设置存在着一些差别。因此，可以在首层平面图的基础上对已有图形元素进行修改和添加，进而完成别墅二层平面图的绘制。

别墅二层平面图的绘制是在首层平面图绘制的基础上进行的。首先，在首层平面图中已有墙线的基础上，根据本层实际情况修补墙体线条；然后，在图库中选择适合的门窗和家具模块，将其插入平面图中相应位置，最后，进行尺寸标注和文字说明。下面就按照这个思路绘制别墅的二层平面图，如图 8-82 所示。

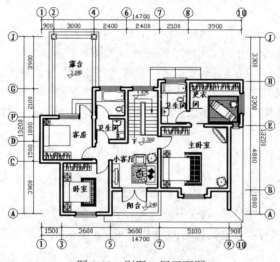

图 8-82　别墅二层平面图

8.3.1　设置绘图环境

利用前面所绘制的图形，来绘制别墅二层平面图。

（1）建立图形文件。打开已绘制的"别墅首层平面图.dwg"文件，选择"文件"→"另存为"命令，打开"图形另存为"对话框，如图 8-83 所示。在"文件名"下拉列表框中输入新的图形文件的名称为"别墅二层平面图"，然后单击"保存"按钮，建立图形文件。

（2）清理图形元素。首先，单击"默认"选项卡"修改"面板中的"删除"按钮 ✍，删除首层平面图中所有文字、室内外台阶和部分家具等图形元素；然后，单击"默认"选项卡"图层"面板中的"图层特性"按钮 ☶，打开"图层特性管理器"选项板，关闭"轴线""家具""轴线编号""标注"图层。

8.3.2　修整墙体和门窗

1. 修补墙体

（1）在"图层"下拉列表框中选择"墙体"图层，将其设置为当前图层。

（2）单击"默认"选项卡"修改"面板中的"删除"按钮 ✎，删除多余的墙体和门窗（与首层平面中位置和大小相同的门窗可保留）。

（3）选择"多线"命令，补充绘制二层平面墙体，参看本书 8.2.3 节中介绍的首层墙体绘制方法，绘制结果如图 8-84 所示。

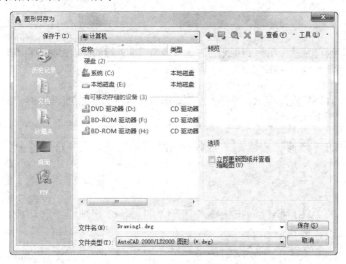

图 8-83　"图形另存为"对话框

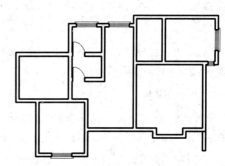

图 8-84　修补二层墙体

2. 绘制门窗

二层平面中门窗的绘制，主要借助已有的门窗图块来完成，单击"默认"选项卡"块"面板中的"插入"按钮 ⬚，选择在首层平面绘制过程中创建的门窗图块，进行适当的比例和角度调整后，插入二层平面图中。绘制结果如图 8-85 所示。

具体绘制方法如下。

（1）单击"默认"选项卡"块"面板中的"插入"按钮 ⬚，在二层平面相应的门窗位置插入门窗洞图块，并修剪洞口处多余墙线。

（2）单击"默认"选项卡"块"面板中的"插入"按钮 ⬚，在新绘制的门窗洞口位置，根据需要插入门窗图块，并对该图块作适当的比例或角度调整。

图 8-85　绘制二层平面门窗

（3）在新插入的窗平面外侧绘制窗台，具体做法可参考前面章节。

8.3.3　绘制阳台和露台

在二层平面中，有一处阳台和一处露台，两者绘制方法较相似，主要利用"默认"选项卡"绘图"面板中的"矩形"按钮口和"修改"面板中的"修剪"按钮┴进行绘制。

下面分别介绍阳台和露台的绘制步骤。

1．绘制阳台

阳台平面为两个矩形的组合，外部较大矩形长 3600mm、宽 1800mm，较小矩形长 3400mm、宽 1600mm。

（1）单击"默认"选项卡"图层"面板中的"图层特性"按钮🗂，打开"图层特性管理器"选项板，创建新图层，将新图层命名为"阳台"，并将其设置为当前图层。

（2）单击"默认"选项卡"绘图"面板中的"矩形"按钮口，指定阳台左侧纵墙与横向外墙的交点为第一角点，分别绘制尺寸为 3600mm×1800mm 和 3400mm×1600mm 的两个矩形，如图 8-86 所示。命令行提示与操作如下：

```
命令: _rectang
指定第一个角点或 [倒角(C)/标高(E)/圆角(F)/厚度(T)/宽度(W)]:（点取阳台左侧纵墙与横向外墙的交点为第一角点）
指定另一个角点或 [面积(A)/尺寸(D)/旋转(R)]: @3600,-1800↙
命令: _rectang
指定第一个角点或 [倒角(C)/标高(E)/圆角(F)/厚度(T)/宽度(W)]:（点取阳台左侧纵墙与横向外墙的交点为第一角点）
指定另一个角点或 [面积(A)/尺寸(D)/旋转(R)]: @3400, -1600↙
```

（3）单击"默认"选项卡"修改"面板中的"修剪"按钮┴，修剪多余线条，完成阳台平面的绘制，绘制结果如图 8-87 所示。

2．绘制露台

（1）单击"默认"选项卡"图层"面板中的"图层特性"按钮🗂，打开"图层特性管理器"选项板，创建新图层，将新图层命名为"露台"，并将其设置为当前图层。

（2）单击"默认"选项卡"绘图"面板中的"矩形"按钮口，绘制露台矩形外轮廓线，矩形尺寸为 3720mm×6240mm；然后单击"默认"选项卡"修改"面板中的"修剪"按钮┴，修剪多余线条。

（3）露台周围结合立柱设计有花式栏杆，选择菜单栏中的"绘图"→"多线"命令，绘制扶手平面，多线间距为 200mm。

（4）绘制门口处台阶。该处台阶由两个矩形踏步组成，上层踏步尺寸为 1500mm×1100mm；下层踏步尺寸为 1200mm×800mm。首先，单击"默认"选项卡"绘图"面板中的"矩形"按钮口，以门洞右侧的墙线交点为第一角点，分别绘制这两个矩形踏步平面，如图 8-88 所示。单击"默认"选项卡"修改"面板中的"修剪"按钮┴，修剪多余线条，完成台阶的绘制。

露台绘制结果如图 8-89 所示。

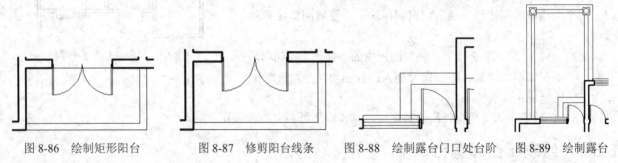

图 8-86　绘制矩形阳台　　　图 8-87　修剪阳台线条　　　图 8-88　绘制露台门口处台阶　　图 8-89　绘制露台

露台外围线段向内偏移，偏移距离分别为 285、200，露台上矩形大小分别为 320、320，内部圆半径为 120。

8.3.4　绘制楼梯

别墅中的楼梯共有两跑梯段，首跑 9 个踏步，次跑 10 个踏步，中间楼梯井宽 240mm（楼梯井较通常情况宽一些，做室内装饰用）。本层为别墅的顶层，因此本层楼梯应根据顶层楼梯平面的特点进行绘制，绘制结果如图 8-90 所示。

具体绘制方法如下。

（1）在"图层"下拉列表框中选择"楼梯"图层，将其设置为当前图层。

（2）单击"默认"选项卡"修改"面板中的"偏移"按钮 ，补全楼梯踏步和扶手线条，如图 8-91 所示。

（3）在命令行中输入"QLEADER"命令，在梯段的中央位置绘制带箭头引线并标注方向文字，如图 8-92 所示。

 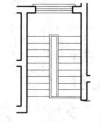 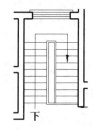

图 8-90　绘制二层平面楼梯　　　图 8-91　修补楼梯线　　　图 8-92　添加剖断线和方向文字

（4）在楼梯平台处添加平面标高。楼梯外部矩形为 357mm×2440mm，外部矩形向内进行偏移，偏移距离为 50。踏步间偏移距离 260，距离矩形上步边 50，设置引线点数为"无限制"。

> 📌 **贴心小帮手**
>
> 在顶层平面图中，由于剖切平面在安全栏板之上，该层楼梯的平面图形中应包括两段完整的梯段、楼梯平台以及安全栏板。
>
> 在顶层楼梯口处有一个注有"下"字的长箭头，表示方向。

8.3.5　绘制雨篷

在别墅中有两处雨篷，其中一处位于别墅北面的正门上方，另一处则位于别墅南面和东面的转角部分。下面以正门处雨篷为例介绍雨篷平面的绘制方法。

正门处雨篷宽度为 3660mm，其出挑长度为 1500mm。

具体绘制方法如下。

（1）单击"默认"选项卡"图层"面板中的"图层特性"按钮 ，打开"图层特性管理器"选项板，创建新图层，将新图层命名为"雨篷"，并将其设置为当前图层。

（2）单击"默认"选项卡"绘图"面板中的"矩形"按钮 ，绘制尺寸为 3660mm×1500mm 的矩形雨篷平面。然后单击"默认"选项卡"修改"面板中的"偏移"按钮 ，将雨篷最外侧边向内偏移 150mm，得到雨篷外侧线脚。

（3）单击"默认"选项卡"修改"面板中的"修剪"按钮 ，修剪被遮挡部分的矩形线条，完成雨篷的绘制，如图 8-93 所示。

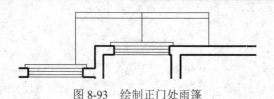

图 8-93　绘制正门处雨篷

8.3.6　绘制家具

同首层平面一样，二层平面中家具的绘制要借助图库来进行，绘制结果如图 8-94 所示。

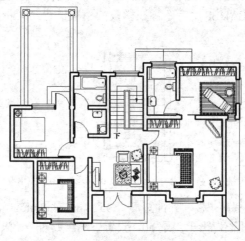

图 8-94　绘制家具

（1）在"图层"下拉列表框中选择"家具"图层，将其设置为当前图层。

（2）单击快速访问工具栏中的"打开"按钮，在打开的"选择文件"对话框中选择"光盘\源文件\图库"路径，将图库打开。

（3）在图库中选择所需家具图形模块进行复制，依次粘贴到二层平面图中相应位置。

8.3.7　平面标注

二层平面的定位轴线和尺寸标注与首层平面基本一致，无须另做改动，直接沿用首层平面的轴线和尺寸标注结果即可。

1．尺寸标注与定位轴线编号

单击"图层"工具栏中的"图层特性管理器"按钮，打开"图层特性管理器"选项板，选择"轴线""轴线编号""标注"图层，使其均保持可见状态。

2．平面标高

（1）在"图层"下拉列表框中选择"标注"图层，将其设置为当前图层。

（2）单击"默认"选项卡"块"面板中的"插入"按钮，将已创建的图块插入到平面图中需要标高的位置。

（3）单击"默认"选项卡"注释"面板中的"多行文字"按钮，设置字体为"宋体"，"文字高度"为 300，在标高符号的长直线上方添加具体的标注数值。

3. 文字标注

（1）在"图层"下拉列表框中选择"文字"图层，将其设置为当前图层。

（2）单击"默认"选项卡"注释"面板中的"多行文字"按钮 **A**，字体为"宋体"，"文字高度"为300，标注二层平面中各房间的名称。

8.4 屋顶平面图的绘制

屋顶平面图是建筑平面图的一种类型。绘制建筑屋顶平面图，不仅能表现屋顶的形状、尺寸和特征，还可以从另一个角度更好地帮助人们设计和理解建筑，如图8-95所示。

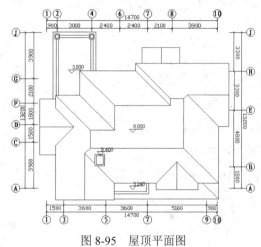

图 8-95 屋顶平面图

在本实例中，别墅的屋顶设计为复合式坡顶，由几个不同大小、不同朝向的坡屋顶组合而成。因此在绘制过程中，应该认真分析它们之间的结合关系，并将这种结合关系准确地表现出来。

别墅屋顶平面图的主要绘制思路为：首先根据已有平面图绘制出外墙轮廓线，接着偏移外墙轮廓线得到屋顶檐线，并对屋顶的组成关系进行分析，确定屋脊线条；然后绘制烟囱平面和其他可见部分的平面投影，最后对屋顶平面进行尺寸和文字标注。下面就按照这个思路绘制别墅的屋顶平面图。

8.4.1 设置绘图环境

由于屋顶平面图以二层平面图为生成基础，因此不必新建图形文件，可借助已经绘制的二层平面图进行创建。

1. 创建图形文件

打开已绘制的"别墅二层平面图.dwg"图形文件，选择"文件"→"另存为"命令，打开"图形另存为"对话框，如图8-96所示，在"文件名"下拉列表框中输入新的图形名称为"别墅屋顶平面图.dwg"，然后单击"保存"按钮，建立图形文件。

2. 清理图形元素

（1）单击"默认"选项卡"修改"面板中的"删除"按钮 **✍**，删除二层平面图中"家具""楼梯""门窗"图层中的所有图形元素。

（2）选择菜单栏中的"文件"→"图形实用工具"→"清理"命令，打开"清理"对话框，如图 8-97 所示。在该对话框中选择无用的数据内容，然后单击"清理"按钮，删除"家具""楼梯""门窗"图层。

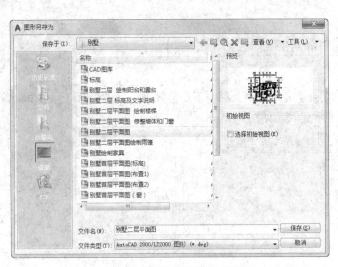

图 8-96 "图形另存为"对话框　　　　　　　图 8-97 "清理"对话框

（3）单击"默认"选项卡"图层"面板中的"图层特性"按钮，打开"图层特性管理器"选项板，关闭除"墙线"图层以外的所有可见图层。

8.4.2 绘制屋顶平面

1．绘制外墙轮廓线

屋顶平面轮廓由建筑的平面轮廓决定，因此，首先要根据二层平面图中的墙体线条生成外墙轮廓线。

（1）单击"默认"选项卡"图层"面板中的"图层特性"按钮，打开"图层特性管理器"选项板，创建新图层，将新图层命名为"外墙轮廓线"，并将其设置为当前图层。

（2）单击"默认"选项卡"绘图"面板中的"多段线"按钮，在二层平面图中捕捉外墙端点，绘制闭合的外墙轮廓线，如图 8-98 所示。

2．分析屋顶组成

本实例别墅的屋顶是由几个坡屋顶组合而成的。在绘制过程中，可以先将屋顶分解成几部分，将每部分单独绘制后，再重新组合。此处笔者推荐将该屋顶划分为 5 个部分，如图 8-99 所示。

3．绘制檐线

坡屋顶出檐宽度一般根据平面的尺寸和屋面坡度确定。在本实例中，双坡顶出檐 500mm 或 600mm，四坡顶出檐 900mm，坡屋顶结合处的出檐尺度视结合方式而定。下面以"分屋顶 4"为例，介绍屋顶檐线的绘制方法。

（1）单击"默认"选项卡"图层"面板中的"图层特性"按钮，打开"图层特性管理器"选项板，创建新图层，将新图层命名为"檐线"，并将其设置为当前图层。

（2）单击"默认"选项卡"修改"面板中的"偏移"按钮，将"平面 4"的两侧短边分别向外偏移

600mm、前侧长边向外偏移 500mm。

（3）单击"默认"选项卡"修改"面板中的"延伸"按钮，将偏移后的 3 条线段延伸，使其相交，生成一组檐线，如图 8-100 所示。

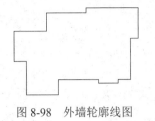
图 8-98　外墙轮廓线图

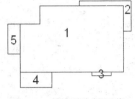
图 8-99　屋顶分解示意

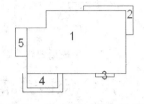
图 8-100　生成"分屋顶 4"檐线

（4）按照上述绘制方法依次生成其他分组屋顶的檐线，然后单击"默认"选项卡"修改"面板中的"修剪"按钮，对檐线结合处进行修整，结果如图 8-101 所示。

4．绘制屋脊

（1）单击"默认"选项卡"图层"面板中的"图层特性"按钮，打开"图层特性管理器"选项板，创建新图层，将新图层命名为"屋脊"，并将其设置为当前图层。

（2）单击"默认"选项卡"绘图"面板中的"直线"按钮，在每个檐线交点处绘制倾斜角度为 45°（或 315°）的直线，生成垂脊定位线，如图 8-102 所示。

（3）单击"默认"选项卡"绘图"面板中的"直线"按钮，绘制屋顶平脊，结果如图 8-103 所示。

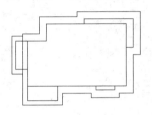
图 8-101　生成屋顶檐线

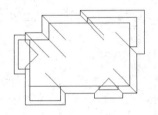
图 8-102　绘制屋顶垂脊

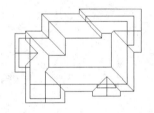
图 8-103　绘制屋顶平脊

（4）单击"默认"选项卡"修改"面板中的"删除"按钮，删除外墙轮廓线和其他辅助线，完成屋脊线条的绘制，如图 8-104 所示。

5．绘制烟囱

（1）单击"默认"选项卡"图层"面板中的"图层特性"按钮，打开"图层特性管理器"选项板，创建新图层，将新图层命名为"烟囱"，并将其设置为当前图层。

（2）单击"默认"选项卡"绘图"面板中的"矩形"按钮，绘制烟囱平面，尺寸为 750mm×900mm，然后单击"默认"选项卡"修改"面板中的"偏移"按钮，将得到的矩形向内偏移，偏移量为 120mm（120mm 为烟囱材料厚度）。

（3）将绘制的烟囱平面插入屋顶平面相应位置，并修剪多余线条，绘制结果如图 8-105 所示。

6．绘制其他可见部分

（1）单击"默认"选项卡"图层"面板中的"图层特性"按钮，打开"图层特性管理器"选项板，打开"阳台""露台""立柱""雨篷"图层。

（2）单击"默认"选项卡"修改"面板中的"删除"按钮，删除平面图中被屋顶遮住的部分，如图 8-106 所示。

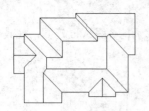
图 8-104　完成屋脊线绘制

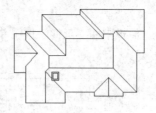
图 8-105　绘制烟囱

图 8-106　屋顶平面

8.4.3　尺寸标注与标高

对所绘制的图形进行尺寸标注和文字说明。

1．尺寸标注

（1）在"图层"下拉列表框中选择"标注"图层，将其设置为当前图层。

（2）单击"默认"选项卡"注释"面板中的"线性"按钮╟和"连续"按钮╟╟，在屋顶平面图中添加尺寸标注。

2．屋顶平面标高

（1）单击"默认"选项卡"块"面板中的"插入"按钮🗔，在坡屋顶和烟囱处添加标高符号。

（2）单击"默认"选项卡"注释"面板中的"多行文字"按钮A，在标高符号上方添加相应的标高数值，如图 8-107 所示。

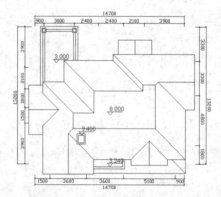
图 8-107　添加尺寸标注与标高

3．绘制轴线编号

由于屋顶平面图中的定位轴线及编号都与二层平面相同，因此可以继续沿用原有轴线编号图形。具体操作为：单击"默认"选项卡"图层"面板中的"图层特性"按钮🗐，打开"图层特性管理器"选项板，打开"轴线编号"图层，使其保持可见状态，对图层中的内容无须做任何改动。

8.5　上机实验

【练习1】绘制如图 8-108 所示的住宅平面图。

1．目的要求

本实例主要要求读者通过练习进一步熟悉和掌握住宅室内平面图的绘制方法。本实例可以帮助读者学会完成整个平面图绘制的全过程。

2．操作提示

（1）绘图前准备。

（2）绘制轴线和轴号。

（3）绘制墙体和柱子。

（4）绘制门窗及阳台。

（5）绘制家具。

（6）标注尺寸和文字。

【练习 2】 绘制如图 8-109 所示的歌舞厅室内平面图。

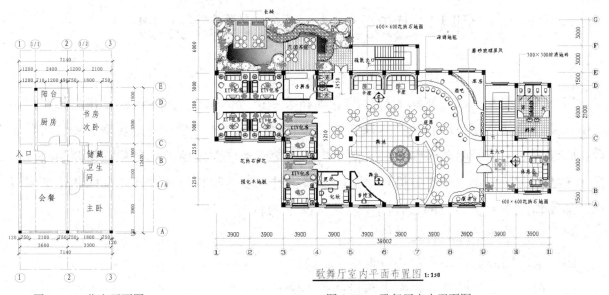

图 8-108　住宅平面图　　　　　　　图 8-109　歌舞厅室内平面图

1．目的要求

本实例主要要求读者通过练习进一步熟悉和掌握歌舞厅室内平面图的绘制方法。本实例可以帮助读者学会完成整个平面图绘制的全过程。

2．操作提示

（1）绘图前准备。

（2）绘制轴线和轴号。

（3）绘制墙体和柱子。

（4）绘制入口区。

（5）绘制酒吧。

（6）绘制歌舞区。

（7）绘制包房区。

（8）标注尺寸、文字及符号。

别墅建筑室内设计图的绘制

　　室内设计图是反映建筑物内部空间装饰和装修情况的图样。室内设计是指根据空间的使用性质和所处环境运用物质技术及艺术手段，创造出功能合理、舒适美观、符合人的生理、心理要求，使使用者心情愉快，便于生活、学习的理想场所的内部空间环境设计，包括4个组成部分，即空间形象设计、室内装修设计、室内物理环境设计和室内陈设艺术设计。通常情况下，建筑室内设计图中应表达以下内容：

- ☑ 室内平面功能分析和布局
- ☑ 室内墙面装饰材料和构造做法
- ☑ 家具、洁具以及其他室内陈设的位置和尺寸
- ☑ 室内地面和顶棚的材料以及装修做法
- ☑ 室内各主要部位的标高
- ☑ 各房间灯具的类型和位置

9.1　客厅平面图的绘制

客厅平面图的主要绘制思路为：首先利用已绘制的首层平面图生成客厅平面图轮廓，然后在客厅平面中添加各种家具图形；最后对所绘制的客厅平面图进行尺寸标注，如有必要，还要添加室内方向索引符号进行方向标识。下面按照这个思路绘制别墅客厅的平面图，如图 9-1 所示。

9.1.1　设置绘图环境

利用前面所绘制的别墅首层平面图，绘制客厅平面图。

1．创建图形文件

打开随书光盘"源文件\别墅首层平面图.dwg"文件，选择菜单栏中的"文件"→"另存为"命令，打开"图形另存为"对话框。在"文件名"下拉列表框中输入新的图形文件名称为"客厅平面图"，如图 9-2 所示。单击"保存"按钮，建立图形文件。

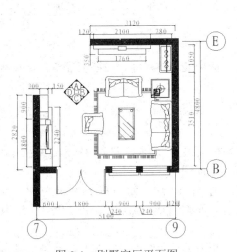

图 9-1　别墅客厅平面图

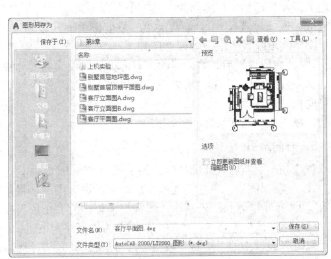

图 9-2　"图形另存为"对话框

2．清理图形元素

（1）单击"默认"选项卡"修改"面板中的"删除"按钮 ✍，删除平面图中多余的图形元素，仅保留客厅四周的墙线及门窗。

（2）单击"默认"选项卡"绘图"面板中的"图案填充"按钮 ▨，打开"图案填充创建"选项卡，选择填充图案为 SOLID，填充客厅墙体，填充结果如图 9-3 所示。

9.1.2　绘制家具

客厅是别墅主人会客和休闲娱乐的场所。在客厅中，应设置的家具有沙发、茶几、电视柜等。除此之外，还可以设计和摆放一些可以体现主人个人品位和兴趣爱好的室内装饰物品，利用"插入块"命令，将上述家具插入到

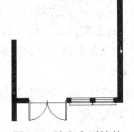

图 9-3　填充客厅墙体

客厅，结果如图9-4所示。

9.1.3 室内平面标注

室内平面标注包括轴号的标注、尺寸的标注和方向索引符号的绘制。

1. 轴线标识

单击"默认"选项卡"图层"面板中的"图层特性"按钮，打开"图层特性管理器"选项板，选择"轴线"和"轴线编号"图层，并将其打开，除保留客厅相关轴线与轴号外，删除所有多余的轴线和轴号图形。

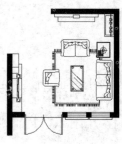

图9-4 绘制客厅家具

2. 尺寸标注

（1）在"图层"下拉列表框中选择"标注"图层，将其设置为当前图层。

（2）单击"默认"选项卡"注释"面板中的"标注样式"按钮，打开"标注样式管理器"对话框，创建新的标注样式，并将其命名为"室内标注"。

（3）单击"继续"按钮，打开"新建标注样式:室内标注"对话框，进行以下设置：选择"符号和箭头"选项卡，在"箭头"选项组的"第一个"和"第二个"下拉列表框中均选择"建筑标记"，在"引线"下拉列表框中选择"点"，在"箭头大小"数值框中输入"50"；选择"文字"选项卡，在"文字外观"选项组的"文字高度"数值框中输入"150"。

（4）完成设置后，将新建的"室内标注"设为当前标注样式。

（5）在"标注"下拉菜单中选择"线性标注"命令，对客厅平面中的墙体尺寸、门窗位置和主要家具的平面尺寸进行标注。

标注结果如图9-5所示。

3. 方向索引

在绘制一组室内设计图样时，为了统一室内方向标识，通常要在平面图中添加方向索引符号。

（1）在"图层"下拉列表框中选择"标注"图层，将其设置为当前图层。

（2）单击"默认"选项卡"绘图"面板中的"矩形"按钮，绘制一个边长为300mm的正方形；接着，单击"默认"选项卡"绘图"面板中的"直线"按钮，绘制正方形对角线；然后，单击"默认"选项卡"修改"面板中的"旋转"按钮，将所绘制的正方形旋转45°。

（3）单击"默认"选项卡"绘图"面板中的"圆"按钮，以正方形对角线交点为圆心，绘制半径为150mm的圆，该圆与正方形内切。

（4）单击"默认"选项卡"修改"面板中的"分解"按钮，将正方形进行分解，并删除正方形下半部的两条边和垂直方向的对角线，剩余图形为等腰直角三角形与圆；然后利用"修剪"命令，结合已知圆，修剪正方形水平对角线。

（5）单击"默认"选项卡"绘图"面板中的"图案填充"按钮，打开"图案填充创建"选项卡，选择填充图案为SOLID，对等腰三角形中未与圆重叠的部分进行填充，得到如图9-6所示的索引符号。

（6）单击"默认"选项卡"块"面板中的"创建"按钮，将所绘索引符号定义为图块，命名为"室内索引符号"。

（7）单击"默认"选项卡"块"面板中的"插入"按钮，在平面图中插入索引符号，并根据需要调整符号角度。

（8）单击"默认"选项卡"注释"面板中的"多行文字"按钮，在索引符号圆内添加字母或数字进行标识。

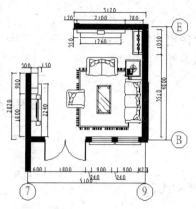

图 9-5　添加轴线标识和尺寸标注　　图 9-6　绘制方向索引符号

9.2　客厅立面图 A 的绘制

　　室内立面图主要反映室内墙面装修与装饰的情况。从本节开始，本书拟用两节的篇幅介绍室内立面图的绘制过程，选取的实例分别为别墅客厅中 A 和 B 两个方向的立面。

　　在别墅客厅中，A 立面装饰元素主要包括文化墙、装饰柜以及柜子上方的装饰画和射灯。

　　客厅立面图的主要绘制思路为：首先利用已绘制的客厅平面图生成墙体和楼板剖立面，然后利用图库中的图形模块绘制各种家具立面；最后对所绘制的客厅平面图进行尺寸标注和文字说明。下面按照这个思路绘制别墅客厅的立面图 A，如图 9-7 所示。

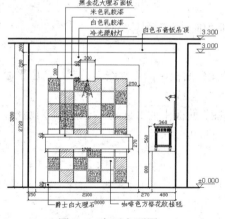

图 9-7　客厅立面图 A

9.2.1　设置绘图环境

1. 创建图形文件

　　打开已绘制的"客厅平面图.dwg"文件，单击快速访问工具栏中的"保存"按钮，打开"图形另存为"对话框。在"文件名"下拉列表框中输入新的图形文件名称"客厅立面图 A.dwg"。单击"保存"按钮，建立图形文件。

2．清理图形元素

（1）单击"默认"选项卡"图层"面板中的"图层特性"按钮，打开"图层特性管理器"选项板，关闭与绘制对象关联不大的图层，如"轴线""轴线编号"图层等。

（2）单击"默认"选项卡"修改"面板中的"修剪"按钮，清理平面图中多余的家具和墙体线条。

（3）清理后，所得平面图形如图 9-8 所示。

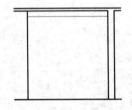

图 9-8　清理后的平面图形

9.2.2　绘制地面、楼板与墙体

在室内立面图中，被剖切的墙线和楼板线都用粗实线表示。

1．绘制室内地坪

（1）单击"默认"选项卡"图层"面板中的"图层特性"按钮，打开"图层特性管理器"选项板，创建新图层，将新图层命名为"粗实线"，设置该图层线宽为 0.30mm，并将其设置为当前图层。

（2）单击"默认"选项卡"绘图"面板中的"直线"按钮，在平面图上方绘制长度为 4000mm 的室内地坪线，其标高为±0.000。

2．绘制楼板线和梁线

（1）单击"默认"选项卡"修改"面板中的"偏移"按钮，将室内地坪线连续向上偏移两次，偏移量依次为 3200mm 和 100mm，得到楼板定位线。

（2）单击"默认"选项卡"图层"面板中的"图层特性"按钮，打开"图层特性管理器"选项板，创建新图层，将新图层命名为"细实线"，并将其设置为当前图层。

（3）单击"默认"选项卡"修改"面板中的"偏移"按钮，将室内地坪线向上偏移 3000mm，得到梁底面位置。

（4）将所绘梁底定位线转移到"细实线"图层。

3．绘制墙体

（1）单击"默认"选项卡"绘图"面板中的"直线"按钮，由平面图中的墙体位置生成立面图中的墙体定位线。

（2）单击"默认"选项卡"绘图"面板中的"直线"按钮，对墙线、楼板线以及梁底定位线进行修剪，如图 9-9 所示。

图 9-9　绘制地面、楼板与墙体

9.2.3　绘制文化墙

1．绘制墙体

（1）单击"默认"选项卡"图层"面板中的"图层特性"按钮，打开"图层特性管理器"选项板，创建新图层，将新图层命名为"文化墙"，并将其设置为当前图层。

（2）单击"默认"选项卡"修改"面板中的"偏移"按钮，将左侧墙线向右偏移，偏移量为 150mm，得到文化墙左侧定位线。

（3）单击"默认"选项卡"绘图"面板中的"矩形"按钮，以定位线与室内地坪线交点为左下角点绘制"矩形 1"，尺寸为 2100mm×2720mm；然后利用"删除"命令删除定位线。

（4）单击"默认"选项卡"绘图"面板中的"矩形"按钮，依次绘制"矩形 2""矩形 3""矩形 4""矩形 5""矩形 6"，各矩形尺寸依次为 1600mm×2420mm、1700mm×100mm、300mm×420mm、1760mm×

222

60mm 和 1700mm×270mm，使得各矩形底边中点均与"矩形 1"底边中点重合。

（5）单击"默认"选项卡"修改"面板中的"移动"按钮✛，依次向上移动"矩形 4""矩形 5""矩形 6"，移动距离分别为 2360mm、1120mm 和 850mm。

（6）单击"默认"选项卡"修改"面板中的"修剪"按钮✄，修剪多余线条，如图 9-10 所示。

2．绘制装饰挂毯

（1）单击快速访问工具栏中的"打开"按钮📂，在打开的"选择文件"对话框中选择"光盘\图库"路径，找到"CAD 图库.dwg"文件并将其打开。

（2）在名称为"装饰"一栏中，选择"挂毯"图形模块进行复制，如图 9-11 所示。返回"客厅立面图"的绘图界面，将复制的图形模块粘贴到立面图右侧空白区域。

（3）由于"挂毯"模块尺寸为 1140mm×840mm，小于铺放挂毯的矩形区域（1600mm×2320mm），因此有必要对挂毯模块进行重新编辑。

① 单击"默认"选项卡"修改"面板中的"修剪"按钮✄，将"挂毯"图形模块进行分解。

② 利用"复制"命令，以挂毯中的方格图形为单元，复制并拼贴成新的挂毯图形。

③ 将编辑后的挂毯图形填充到文化墙中央矩形区域，绘制结果如图 9-12 所示。

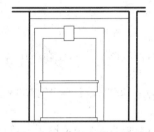 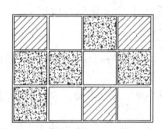 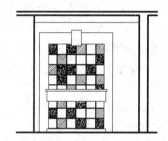

图 9-10　绘制文化墙墙体　　　　图 9-11　挂毯模块　　　　图 9-12　绘制装饰挂毯

3．绘制筒灯

（1）单击快速访问工具栏中的"打开"按钮📂，在打开的"选择文件"对话框中选择"光盘\图库"路径，找到"CAD 图库.dwg"文件并将其打开。

（2）在名称为"灯具和电器"一栏中，选择"筒灯立面"，如图 9-13 所示，选中该图形后右击，在打开的快捷菜单中选择"带基点复制"命令，点取筒灯图形上端顶点作为基点。

（3）返回"客厅立面图"的绘图界面，将复制的"筒灯立面"模块粘贴到文化墙中"矩形 4"的下方，如图 9-14 所示。

 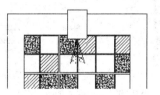

图 9-13　筒灯立面　　　　图 9-14　绘制筒灯

9.2.4　绘制家具

1．绘制柜子底座

（1）在"图层"下拉列表框中选择"家具"图层，将其设置为当前图层。

（2）单击"默认"选项卡"绘图"面板中的"矩形"按钮▢，以右侧墙体的底部端点为矩形右下角点，绘制尺寸为 480mm×800mm 的矩形。

2．绘制装饰柜

（1）单击快速访问工具栏中的"打开"按钮▣，在打开的"选择文件"对话框中选择"光盘\图库"路径，找到"CAD 图库.dwg"文件并将其打开。

（2）在名称为"柜子"一栏中，选择"柜子—01CL"，如图 9-15 所示。选中该图形，将其复制。

（3）返回"客厅立面图 A"的绘图界面，将复制的图形粘贴到已绘制的柜子底座上方。

3．绘制射灯组

（1）单击"默认"选项卡"修改"面板中的"偏移"按钮⊜，将室内地坪线向上偏移，偏移量为 2000mm，得到射灯组定位线。

（2）单击快速访问工具栏中的"打开"按钮▣，在打开的"选择文件"对话框中选择"光盘\图库"路径，找到"CAD 图库.dwg"文件并将其打开。

（3）在名称为"灯具"一栏中，选择"射灯组 CL"，如图 9-16 所示；选中该图形后右击，在打开的快捷菜单中选择"复制"命令。

（4）返回"客厅立面图 A"的绘图界面，将复制的"射灯组 CL"模块粘贴到已绘制的定位线处。

（5）单击"默认"选项卡"修改"面板中的"删除"按钮✐，删除定位线。

4．绘制装饰画

在装饰柜与射灯组之间的墙面上，挂有裱框装饰画一幅。从本图中只看到画框侧面，其立面可用相应大小的矩形表示。

（1）单击"默认"选项卡"修改"面板中的"偏移"按钮⊜，将室内地坪线向上偏移，偏移量为 1500mm，得到画框底边定位线。

（2）单击"默认"选项卡"绘图"面板中的"矩形"按钮▢，以定位线与墙线交点作为矩形右下角点，绘制尺寸为 30mm×420mm 的画框侧面。

（3）单击"默认"选项卡"修改"面板中的"删除"按钮✐，删除定位线。

如图 9-17 所示为以装饰柜为中心的家具组合立面。

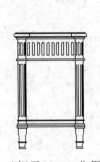 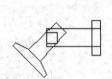 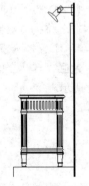

图 9-15　"柜子—01CL"图形模块　　图 9-16　"射灯组 CL"图形模块　　图 9-17　以装饰柜为中心的家具组合

9.2.5　室内立面标注

1．室内立面标高

（1）在"图层"下拉列表框中选择"标注"图层，将其设置为当前图层。

（2）单击"默认"选项卡"块"面板中的"插入"按钮，在立面图中地坪、楼板和梁的位置插入标高符号。

（3）单击"默认"选项卡"注释"面板中的"多行文字"按钮A，在标高符号的长直线上方添加标高数值。

2．尺寸标注

在室内立面图中，对家具的尺寸和空间位置关系都要使用"线性标注"命令进行标注。

（1）在"图层"下拉列表框中选择"标注"图层，将其设置为当前图层。

（2）单击"默认"选项卡"注释"面板中的"标注样式"按钮，打开"标注样式管理器"对话框，选择"室内标注"作为当前标注样式。

（3）单击"默认"选项卡"注释"面板中的"线性"按钮，对家具的尺寸和空间位置关系进行标注。

3．文字说明

在室内立面图中通常用文字说明来表达各部位表面的装饰材料和装修做法。

（1）在"图层"下拉列表框中选择"文字"图层，将其设置为当前图层。

（2）在命令行中输入"QLEADER"命令，绘制标注引线。

（3）单击"默认"选项卡"注释"面板中的"多行文字"按钮A，设置字体为"仿宋 GB2312"，"文字高度"为100，在引线一端添加文字说明。

（4）标注的结果如图9-18所示。

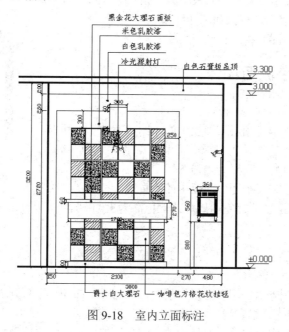

图 9-18 室内立面标注

9.3 客厅立面图 B 的绘制

本节介绍的仍然是别墅室内立面图的绘制方法，本节选用实例为别墅客厅 B 立面图。在客厅立面图 B 中，室内设计上以沙发、茶几和墙面装饰为主；在绘制方法上，如何利用已有图库插入家具模块仍然是绘制的重点。

客厅立面图 B 的主要绘制思路为：首先利用已绘制的客厅平面图生成墙体和楼板，然后利用图库中的图形模块绘制各种家具和墙面装饰；最后对所绘制的客厅平面图进行尺寸标注和文字说明。下面按照这个思路绘制别墅客厅的立面图 B，如图 9-19 所示。

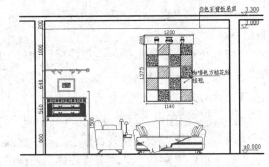

图 9-19　客厅立面图 B

9.3.1　设置绘图环境

1．创建图形文件

打开"客厅平面图.dwg"文件，单击快速访问工具栏中的"保存"按钮🖫，打开"图形另存为"对话框。在"文件名"下拉列表框中输入新的图形文件名称为"客厅立面图 B.dwg"。单击"保存"按钮，建立图形文件。

2．清理图形元素

（1）单击"默认"选项卡"图层"面板中的"图层特性"按钮🖫，打开"图层特性管理器"选项板，关闭与绘制对象关联不大的图层，如"轴线""轴线编号"图层等。

（2）单击"默认"选项卡"修改"面板中的"旋转"按钮〇，将平面图进行旋转，旋转角度为 90°。

（3）单击"默认"选项卡"修改"面板中的"删除"按钮✐和"修剪"按钮✁，清理平面图中多余的家具和墙体线条。

（4）清理后，所得平面图形如图 9-20 所示。

9.3.2　绘制地坪、楼板与墙体

1．绘制室内地坪

（1）单击"默认"选项卡"图层"面板中的"图层特性"按钮🖫，打开"图层特性管理器"选项板，创建新图层，图层名称为"粗实线"，设置图层线宽为 0.30mm，并将其设置为当前图层。

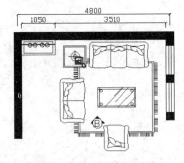

图 9-20　清理后的平面图形

（2）单击"默认"选项卡"绘图"面板中的"直线"按钮✐，在平面图上方绘制长度为 6000mm 的客厅室内地坪线，标高为±0.000。

2．绘制楼板

（1）单击"默认"选项卡"修改"面板中的"偏移"按钮🖴，将室内地坪线连续向上偏移两次，偏移量依次为 3200mm 和 100mm，得到楼板位置。

（2）单击"默认"选项卡"图层"面板中的"图层特性"按钮🖫，打开"图层特性管理器"选项板，创建新图层，将新图层命名为"细实线"，并将其设置为当前图层。

（3）单击"默认"选项卡"修改"面板中的"偏移"按钮🖴，将室内地坪线向上偏移 3000mm，得到梁底位置。

（4）将偏移得到的梁底定位线转移到"细实线"图层。

3．绘制墙体

（1）单击"默认"选项卡"绘图"面板中的"直线"按钮✐，由平面图中的墙体位置生成立面墙体定位线。

（2）单击"默认"选项卡"修改"面板中的"修剪"按钮，对墙线和楼板线进行修剪，得到墙体、楼板和梁的轮廓线，如图 9-21 所示。

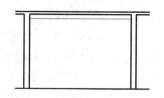

图 9-21　绘制地坪、楼板与墙体轮廓

9.3.3　绘制家具

在立面图 B 中，需要着重绘制的是两个家具装饰组合。第一个是以沙发为中心的家具组合，包括三人沙发、双人沙发、长茶几和位于沙发侧面用来摆放电话和台灯的小茶几。另外一个是位于左侧的以装饰柜为中心的家具组合，包括装饰柜及其底座、裱框装饰画和射灯组。

下面分别介绍这些家具及组合的绘制方法。

1．绘制沙发与茶几

（1）在"图层"下拉列表框中选择"家具"图层，将其设置为当前图层。

（2）单击快速访问工具栏中的"打开"按钮，在打开的"选择文件"对话框中选择"光盘\图库"路径，找到"CAD 图库.dwg"文件并将其打开。

（3）在名称为"沙发和茶几"一栏中，选择"沙发—002B""沙发—002C""茶几—03L""小茶几与台灯"4 个图形模块，分别对其进行复制。

（4）返回"客厅立面图 B"的绘制界面，按照平面图中提供的各家具之间的位置关系，将复制的家具模块依次粘贴到立面图中相应的位置，如图 9-22 所示。

（5）由于各图形模块在此方向上的立面投影有交叉重合现象，因此有必要对这些家具进行重新组合。具体方法如下。

① 将图中的沙发和茶几图形模块分别进行分解。

② 根据平面图中反映的各家具间的位置关系，删除家具模块中被遮挡的线条，仅保留立面投影中可见的部分。

③ 将编辑后的图形组合定义为块。

（6）如图 9-23 所示为绘制完成的以沙发为中心的家具组合。

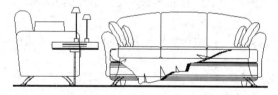

图 9-22　粘贴沙发和茶几图形模块

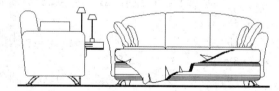

图 9-23　重新组合家具图形模块

注意　在图库中，很多家具图形模块都是以个体为单元进行绘制的，因此，当多个家具模块被选取并插入到同一室内立面图中时，由于投影位置的重叠，不同家具模块间难免会出现互相重叠和相交的情况，线条变得繁多且杂乱。对于这种情况，可以采用重新编辑模块的方法进行绘制，具体步骤如下：

（1）利用"分解"命令将相交或重叠的家具模块分别进行分解。

（2）利用"修剪"和"删除"命令，根据家具立面图投影的前后次序清除图形中被遮挡的线条，仅保留家具立面投影的可见部分。

（3）将编辑后得到的图形定义为块，避免因分解后的线条过于繁杂而影响图形的绘制。

2. 绘制装饰柜

（1）单击"默认"选项卡"绘图"面板中的"矩形"按钮□，以左侧墙体的底部端点为矩形左下角点，绘制尺寸为 1050mm×800mm 的矩形底座。

（2）单击快速访问工具栏中的"打开"按钮，在打开的"选择文件"对话框中选择"光盘\图库"路径，找到"CAD 图库.dwg"文件并将其打开。

（3）在名称为"装饰"一栏中，选择"柜子—01ZL"，如图 9-24 所示；选中该图形模块进行复制。

（4）返回"客厅立面图 B"的绘图界面，将复制的图形模块粘贴到已绘制的柜子底座上方。

3. 绘制射灯组与装饰画

（1）单击"默认"选项卡"修改"面板中的"偏移"按钮，将室内地坪线向上偏移，偏移量为 2000mm，得到射灯组定位线。

（2）单击快速访问工具栏中的"打开"按钮，在打开的"选择文件"对话框中选择"光盘\图库"路径，找到"CAD 图库.dwg"文件并将其打开。

（3）在名称为"灯具和电器"一栏中，选择"射灯组 ZL"，如图 9-25 所示；选中该图形模块进行复制。

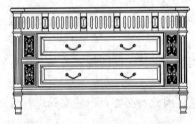

图 9-24　装饰柜正立面

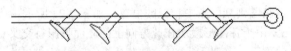

图 9-25　射灯组正立面

（4）返回"客厅立面图 B"的绘图界面，将复制的模块粘贴到已绘制的定位线处。

（5）单击"默认"选项卡"修改"面板中的"删除"按钮，删除定位线。

（6）打开图库文件，在名称为"装饰"一栏中选择"装饰画 01"，如图 9-26 所示；对该模块进行"带基点复制"，复制基点为画框底边中点。

（7）返回"客厅立面图 B"的绘图界面，以装饰柜底座的底边中点为插入点，将复制的模块粘贴到立面图中。

（8）单击"默认"选项卡"修改"面板中的"移动"按钮，将装饰画模块垂直向上移动，移动距离为 1500mm。

（9）如图 9-27 所示为绘制完成的以装饰柜为中心的家具组合。

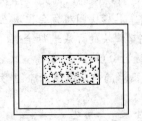

图 9-26　装饰画正立面

图 9-27　以装饰柜为中心的家具组合

9.3.4　绘制墙面装饰

1．绘制条形壁龛

（1）单击"默认"选项卡"图层"面板中的"图层特性"按钮，打开"图层特性管理器"选项板，创建新图层，将新图层命名为"墙面装饰"，并将其设置为当前图层。

（2）单击"默认"选项卡"修改"面板中的"偏移"按钮，将梁底面投影线向下偏移 180mm，得到"辅助线 1"；再次利用"偏移"命令，将右侧墙线向左偏移 900mm，得到"辅助线 2"。

（3）单击"默认"选项卡"绘图"面板中的"矩形"按钮，以"辅助线 1"与"辅助线 2"的交点为矩形右上角点，绘制尺寸为 1200mm×200mm 的矩形壁龛。

（4）单击"默认"选项卡"修改"面板中的"删除"按钮，删除两条辅助线。

2．绘制挂毯

在壁龛下方，垂挂一条咖啡色挂毯作为墙面装饰。此处挂毯与立面图 A 中文化墙内的挂毯均为同一花纹样式，不同的是此处挂毯面积较小。因此，可以继续利用前面章节中介绍过的挂毯图形模块进行绘制。

（1）重新编辑挂毯模块：将挂毯模块进行分解，然后以挂毯表面花纹方格为单元，重新编辑模块，得到规格为 4×5 的方格花纹挂毯模块（4、5 分别指方格的列数与行数），如图 9-28 所示。

（2）绘制挂毯垂挂效果：挂毯的垂挂方式是将挂毯上端伸入壁龛，用壁龛内侧的细木条将挂毯上端压实固定，并使其下端垂挂在壁龛下方墙面上。

① 单击"默认"选项卡"修改"面板中的"移动"按钮，将绘制好的新挂毯模块移动到条形壁龛下方，使其上侧边线中点与壁龛下侧边线中点重合。

② 单击"默认"选项卡"修改"面板中的"移动"按钮，将挂毯模块垂直向上移动 40mm。

③ 单击"默认"选项卡"修改"面板中的"偏移"按钮，将壁龛下侧边线向上偏移，偏移量为 10mm。

④ 单击"默认"选项卡"修改"面板中的"分解"按钮，将新挂毯模块进行分解，并利用"修剪"和"删除"命令，以偏移线为边界，修剪并删除挂毯上端多余部分。

（3）绘制结果如图 9-29 所示。

3．绘制瓷器

（1）在"图层"下拉列表框中选择"墙面装饰"图层，将其设置为当前图层。

（2）单击快速访问工具栏中的"打开"按钮，在打开的"选择文件"对话框中选择"光盘\图库"路径，找到"CAD 图库.dwg"文件并将其打开。

（3）在名称为"装饰"一栏中，选择"陈列品 6"、"陈列品 7"和"陈列品 8"模块，对选中的图形模块进行复制，并将其粘贴到立面图 B 中。

（4）根据壁龛的高度，分别对每个图形模块的尺寸比例进行适当调整，然后将其依次插入壁龛中，如图 9-30 所示。

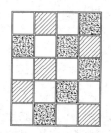
图 9-28　重新编辑挂毯模块

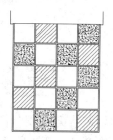
图 9-29　垂挂的挂毯

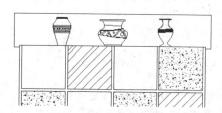
图 9-30　绘制壁龛中的瓷器

9.3.5 立面标注

1. 室内立面标高

（1）在"图层"下拉列表框中选择"标注"图层，将其设置为当前图层。

（2）单击"默认"选项卡"块"面板中的"插入"按钮，在立面图中地坪、楼板和梁的位置插入标高符号。

（3）单击"默认"选项卡"注释"面板中的"多行文字"按钮 A，在标高符号的长直线上方添加标高数值。

2．尺寸标注

在室内立面图中，对家具的尺寸和空间位置关系都要使用"线性标注"命令进行标注。

（1）在"图层"下拉列表框中选择"标注"图层，将其设置为当前图层。

（2）单击"默认"选项卡"注释"面板中的"标注样式"按钮，打开"标注样式管理器"对话框，选择"室内标注"作为当前标注样式。

（3）单击"默认"选项卡"注释"面板中的"线性"按钮，对家具的尺寸和空间位置关系进行标注。

3．文字说明

在室内立面图中，通常用文字说明来表达各部位表面的装饰材料和装修做法。

（1）在"图层"下拉列表框中选择"文字"图层，将其设置为当前图层。

（2）在命令行中输入"QLEADER"命令，绘制标注引线。

（3）单击"默认"选项卡"注释"面板中的"多行文字"按钮 A，设置字体为"仿宋 GB2312"，"文字高度"为 100，在引线一端添加文字说明。

标注结果如图 9-19 所示。

如图 9-31 和图 9-32 所示为别墅客厅立面图 C、D。读者可参考前面介绍的室内立面图画法绘制这两个方向的室内立面图。

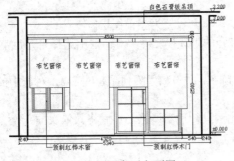 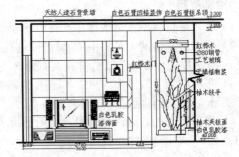

图 9-31　别墅客厅立面图 C　　　　图 9-32　别墅客厅立面图 D

9.4　别墅首层地坪图的绘制

室内地坪图是表达建筑物内部各房间地面材料铺装情况的图样。由于各房间地面用材因房间功能的差异而有所不同，因此在图样中通常选用不同的填充图案结合文字来表达。如何用图案填充绘制地坪材料以及如何绘制引线、添加文字标注是本节学习的重点。

　　别墅首层地坪图的绘制思路为：首先，由已知的首层平面图生成平面墙体轮廓；接着，在各门窗洞口位置绘制投影线；然后，根据各房间地面材料类型，选取适当的填充图案对各房间地面进行填充；最后，添加尺寸和文字标注。下面就按照这个思路绘制别墅的首层地坪图，如图 9-33 所示。

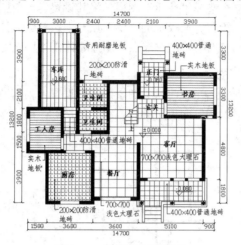

图 9-33　别墅首层地坪图

9.4.1　设置绘图环境

1．创建图形文件

　　打开已绘制的"别墅首层平面图.dwg"文件，选择"文件"→"另存为"命令，打开"图形另存为"对话框。在"文件名"下拉列表框中输入新的图形名称为"别墅首层地坪图.dwg"。单击"保存"按钮，建立图形文件。

2．清理图形元素

　　（1）单击"默认"选项卡"图层"面板中的"图层特性"按钮，打开"图层特性管理器"选项板，关闭"轴线""轴线编号""标注"图层。

　　（2）单击"默认"选项卡"修改"面板中的"删除"按钮，删除首层平面图中所有的家具和门窗图形。

　　（3）选择菜单栏中的"文件"→"绘图实用程序"→"清理"命令，清理无用的图形元素。清理后，所得平面图形如图 9-34 所示。

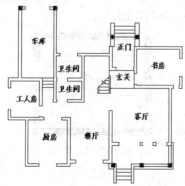

图 9-34　清理后的平面图

9.4.2 补充平面元素

1．填充平面墙体

（1）在"图层"下拉列表框中选择"墙体"图层，将其设置为当前图层。

（2）单击"默认"选项卡"绘图"面板中的"图案填充"按钮 ，打开"图案填充创建"选项卡，选择 SOLID 填充图案，在绘图区域中拾取墙体内部点，选择墙体作为填充对象进行填充。

2．绘制门窗投影线

（1）在"图层"下拉列表框中选择"门窗"图层，将其设置为当前图层。

（2）单击"默认"选项卡"绘图"面板中的"直线"按钮 ，在门窗洞口处绘制洞口平面投影线，如图 9-35 所示。

图 9-35　补充平面元素

9.4.3 绘制地板

1．绘制木地板

在首层平面中，铺装木地板的房间包括工人房和书房。

（1）单击"默认"选项卡"图层"面板中的"图层特性"按钮 ，打开"图层特性管理器"选项板，创建新图层，将新图层命名为"地坪"，并将其设置为当前图层。

（2）单击"默认"选项卡"绘图"面板中的"图案填充"按钮 ，打开"图案填充创建"选项卡，选择 LINE 填充图案并设置图案填充比例为 60；在绘图区域中依次选择工人房和书房平面作为填充对象，进行地板图案填充。如图 9-36 所示为书房地板绘制效果。

图 9-36　绘制书房木地板

2．绘制地砖

在本实例中使用的地砖种类主要有两种，即卫生间、厨房使用的防滑地砖和入口、阳台等处地面使用的普通地砖。

（1）绘制防滑地砖。在卫生间和厨房里，地面的铺装材料为 200×200 防滑地砖。

① 单击"默认"选项卡"绘图"面板中的"图案填充"按钮，打开"图案填充创建"选项卡，选择填充图案为 ANGEL，并设置图案填充比例为 30。

② 在绘图区域中依次选择卫生间和厨房平面作为填充对象，进行防滑地砖图案的填充。如图 9-37 所示为卫生间地板绘制效果。

（2）绘制普通地砖。在别墅的入口和外廊处，地面铺装材料为 400×400 的普通地砖。

利用"图案填充"命令，选择填充图案为 NET，并设置图案填充比例为 120；在绘图区域中依次选择入口和外廊平面作为填充对象，进行普通地砖图案的填充。如图 9-38 所示为主入口处地板绘制效果。

3．绘制大理石地面

通常客厅和餐厅的地面材料可以有很多种选择，如普通地砖、耐磨木地板等。在本实例中，设计者选择在客厅、餐厅和走廊地面铺装浅色大理石材料，光亮、易清洁而且耐磨损。

（1）单击"默认"选项卡"绘图"面板中的"图案填充"按钮，打开"图案填充创建"选项卡，选择填充图案为 NET，并设置图案填充比例为 210。

（2）在绘图区域中依次选择客厅、餐厅和走廊平面作为填充对象，进行大理石地面图案的填充。如图 9-39 所示为客厅地板绘制效果。

4．绘制车库地板

本实例中车库地板材料采用的是车库专用耐磨地板。

（1）单击"默认"选项卡"绘图"面板中的"图案填充"按钮，打开"图案填充创建"选项卡，选择填充图案为 GRATE，并设置图案填充角度为 90°，比例为 400。

（2）在绘图区域中选择车库平面作为填充对象，进行车库地面图案的填充，如图 9-40 所示。

 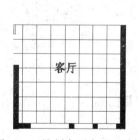 

图 9-37　绘制卫生间防滑地砖　　图 9-38　绘制入口地砖　　图 9-39　绘制客厅大理石地板　　图 9-40　绘制车库地板

9.4.4　尺寸标注与文字说明

1．尺寸标注与标高

在本实例中，尺寸标注和平面标高的内容及要求与平面图基本相同。由于本图是基于已有首层平面图基础上绘制生成的，因此，本实例中的尺寸标注可以直接沿用首层平面图的标注结果。

2．文字说明

（1）在"图层"下拉列表框中选择"文字"图层，将其设置为当前图层。

（2）在命令行中输入"QLEADER"命令，并设置引线的箭头形式为"点"，"箭头大小"为 60。

（3）单击"默认"选项卡"注释"面板中的"多行文字"按钮，设置字体为"仿宋_GB2312"，"文字高度"为300，在引线一端添加文字说明，标明该房间地面的铺装材料和做法。

9.5　别墅首层顶棚平面图的绘制

建筑室内顶棚图主要表达的是建筑室内各房间顶棚的材料和装修做法以及灯具的布置情况。由于各房间的使用功能不同，其顶棚的材料和做法均有各自不同的特点，常需要使用图形填充结合适当文字加以说明。因此，如何使用引线和多行文字命令添加文字标注仍是绘制过程中的重点。

别墅首层顶棚图的主要绘制思路为：首先，清理首层平面图，留下墙体轮廓，并在各门窗洞口位置绘制投影线；然后绘制吊顶并根据各房间选用的照明方式绘制灯具；最后进行文字说明和尺寸标注。下面按照这个思路绘制别墅首层顶棚平面图，如图9-41所示。

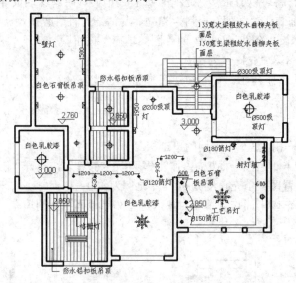

图 9-41　别墅首层顶棚平面图

9.5.1　设置绘图环境

1．创建图形文件

打开已绘制的"别墅首层平面图.dwg"文件，选择"文件"→"另存为"命令，打开"图形另存为"对话框。在"文件名"下拉列表框中输入新的图形文件名称为"别墅首层顶棚平面图.dwg"。单击"保存"按钮，建立图形文件。

2．清理图形元素

（1）单击"默认"选项卡"图层"面板中的"图层特性"按钮💷，打开"图层特性管理器"选项板，关闭"轴线""轴线编号""标注"图层。

（2）单击"默认"选项卡"修改"面板中的"删除"按钮 ✍，删除首层平面图中的家具、门窗图形以及所有文字。

（3）选择菜单栏中的"文件"→"绘图实用程序"→"清理"命令，清理无用的图层和其他图形元素。清理后，所得平面图形如图9-42所示。

9.5.2　补绘平面轮廓

1. 绘制门窗投影线

（1）在"图层"下拉列表框中选择"门窗"图层，将其设置为当前图层。

（2）单击"默认"选项卡"绘图"面板中的"直线"按钮／，在门窗洞口处绘制洞口投影线。

2. 绘制入口雨篷轮廓

（1）单击"默认"选项卡"图层"面板中的"图层特性"按钮，打开"图层特性管理器"对话框，创建新图层，将新图层命名为"雨篷"，并将其设置为当前图层。

（2）单击"默认"选项卡"绘图"面板中的"直线"按钮／，以正门外侧投影线中点为起点向上绘制长度为 2700mm 的雨篷中心线；然后以中心线的上侧端点为中点，绘制长度为 3660mm 的水平边线。

（3）单击"默认"选项卡"修改"面板中的"偏移"按钮，将屋顶中心线分别向两侧偏移，偏移量均为 1830mm，得到屋顶两侧边线。

（4）重复"偏移"命令，将所有边线均向内偏移 240mm，得到入口雨篷轮廓线，如图 9-43 所示。

经过补绘后的平面图如图 9-44 所示。

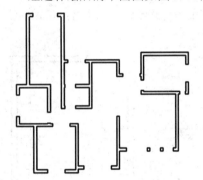

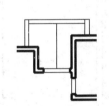

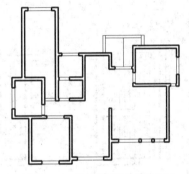

图 9-42　清理后的平面图　　　　图 9-43　绘制入口雨篷投影轮廓　　　　图 9-44　补绘顶棚平面轮廓

9.5.3　绘制吊顶

在别墅首层平面中，有 3 处做吊顶设计，即卫生间、厨房和客厅。其中，卫生间和厨房是出于防水或防油烟的需要，安装铝扣板吊顶；在客厅上方局部设计石膏板吊顶，既美观大方，又为各种装饰性灯具的设置和安装提供了方便。下面分别介绍这 3 处吊顶的绘制方法。

1. 绘制卫生间吊顶

基于卫生间使用过程中的防水要求，在卫生间顶部安装铝扣板吊顶。

（1）单击"默认"选项卡"图层"面板中的"图层特性"按钮，打开"图层特性管理器"选项板，创建新图层，将新图层命名为"吊顶"，并将其设置为当前图层。

（2）单击"默认"选项卡"绘图"面板中的"图案填充"按钮，打开"图案填充创建"选项卡，选择填充图案为 LINE，并设置图案填充角度为 90°，比例为 60。

（3）在绘图区域中选择卫生间顶棚平面作为填充对象，进行图案填充，如图 9-45 所示。

2. 绘制厨房吊顶

基于厨房使用过程中的防水和防油的要求，在厨房顶部安装铝扣板吊顶。

（1）在"图层"下拉列表框中选择"吊顶"图层，将其设置为当前图层。

（2）单击"默认"选项卡"绘图"面板中的"图案填充"按钮，打开"图案填充创建"选项卡，选择填充图案为LINE，并设置图案填充角度为90°，比例为60。

（3）在绘图区域中选择厨房顶棚平面作为填充对象，进行图案填充，如图9-46所示。

3．绘制客厅吊顶

客厅吊顶的方式为周边式，不同于前面介绍的卫生间和厨房所采用的完全式吊顶。客厅吊顶的重点部位在西面电视墙的上方。

（1）单击"默认"选项卡"修改"面板中的"偏移"按钮，将客厅顶棚东、南两个方向轮廓线向内偏移，偏移量分别为600mm和150mm，得到"轮廓线1"和"轮廓线2"。

（2）单击"默认"选项卡"绘图"面板中的"样条曲线拟合"按钮，以客厅西侧墙线为基准线绘制样条曲线，如图9-47所示。

（3）单击"默认"选项卡"修改"面板中的"移动"按钮，将样条曲线水平向右移动，移动距离为600mm。

（4）单击"默认"选项卡"绘图"面板中的"直线"按钮，连接样条曲线与墙线的端点。

（5）单击"默认"选项卡"修改"面板中的"修剪"按钮，修剪吊顶轮廓线条，完成客厅吊顶的绘制，如图9-48所示。

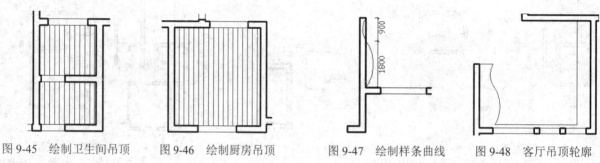

图9-45　绘制卫生间吊顶　　图9-46　绘制厨房吊顶　　图9-47　绘制样条曲线　　图9-48　客厅吊顶轮廓

9.5.4　绘制入口雨篷顶棚

别墅正门入口雨篷的顶棚由一条水平的主梁和两侧数条对称布置的次梁组成。

（1）单击"默认"选项卡"图层"面板中的"图层特性"按钮，打开"图层特性管理器"选项板，创建新图层，将新图层命名为"顶棚"，并将其设置为当前图层。

（2）绘制主梁。单击"默认"选项卡"修改"面板中的"偏移"按钮，将雨篷中心线依次向左右两侧进行偏移，偏移量均为75mm；然后，单击"修改"工具栏中的"删除"按钮，将原有中心线删除。

（3）绘制次梁。单击"默认"选项卡"绘图"面板中的"图案填充"按钮，打开"图案填充创建"选项卡，选择填充图案为STEEL，并设置图案填充角度为135°，比例为135。

（4）在绘图区域中选择中心线两侧矩形区域作为填充对象，进行图案填充，如图9-49所示。

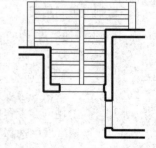

图9-49　绘制入口雨篷的顶棚

9.5.5　绘制灯具

不同种类的灯具由于材料和形状的差异，其平面图形也大有不同。在本实例中，灯具种类主要包括工艺吊灯、吸顶灯、筒灯、射灯和壁灯等。在 AutoCAD 图样中，并不需要详细描绘出各种灯具的具体式样，一般情况下，每种灯具都是用灯具图例来表示的。下面分别介绍几种灯具图例的绘制方法。

1．绘制工艺吊灯

工艺吊灯仅在客厅和餐厅使用，与其他灯具相比，形状比较复杂。

（1）单击"默认"选项卡"图层"面板中的"图层特性"按钮🗐，打开"图层特性管理器"选项板，创建新图层，将新图层命名为"灯具"，并将其设置为当前图层。

（2）单击"默认"选项卡"绘图"面板中的"圆"按钮⊘，绘制两个同心圆，其半径分别为 150mm 和 200mm。

（3）单击"默认"选项卡"绘图"面板中的"直线"按钮╱，以圆心为端点，向右绘制一条长度为 400mm 的水平线段。

（4）单击"默认"选项卡"绘图"面板中的"圆"按钮⊙，以线段右端点为圆心，绘制一个较小的圆，其半径为 50mm。

（5）单击"默认"选项卡"修改"面板中的"移动"按钮✥，水平向左移动小圆，移动距离为 100mm，如图 9-50 所示。

（6）单击"默认"选项卡"修改"面板中的"环形阵列"按钮❖，输入项目总数为 8、填充角度为 360；选择同心圆圆心为阵列中心点；选择图 9-50 中的水平线段和右侧小圆为阵列对象，生成工艺吊灯图例，如图 9-51 所示。

2．绘制吸顶灯

在别墅首层平面中，使用最广泛的灯具当属吸顶灯。别墅入口、卫生间和卧室的房间都使用吸顶灯来进行照明。常用的吸顶灯图例有圆形和矩形两种。此处主要介绍圆形吸顶灯图例。

（1）单击"默认"选项卡"绘图"面板中的"圆"按钮⊘，绘制两个同心圆，其半径分别为 90mm 和 120mm。

（2）单击"默认"选项卡"绘图"面板中的"直线"按钮╱，绘制两条互相垂直的直径；激活已绘制直径的两端点，将直径向两侧分别拉伸，每个端点处拉伸量均为 40mm，得到一个正交十字。

（3）单击"默认"选项卡"绘图"面板中的"图案填充"按钮▨，打开"图案填充创建"选项卡，选择填充图案为 SOLID，对同心圆中的圆环部分进行填充。

如图 9-52 所示为绘制完成的吸顶灯图例。

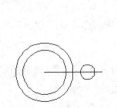

图 9-50　绘制第一个吊灯单元

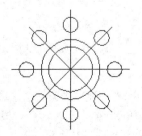

图 9-51　工艺吊灯图例

图 9-52　吸顶灯图例

3．绘制格栅灯

在别墅中，格栅灯是专用于厨房的照明灯具。

（1）单击"默认"选项卡"绘图"面板中的"矩形"按钮□，绘制尺寸为 1200mm×300mm 的矩形格栅灯轮廓。

（2）单击"默认"选项卡"修改"面板中的"分解"按钮，将矩形分解；然后单击"默认"选项卡"修改"面板中的"偏移"按钮，将矩形两条短边分别向内偏移，偏移量均为 80mm。

（3）单击"默认"选项卡"绘图"面板中的"矩形"按钮□，绘制两个尺寸为 1040mm×45mm 的矩形灯管，两个灯管平行间距为 70mm。

（4）单击"默认"选项卡"绘图"面板中的"图案填充"按钮，打开"图案填充创建"选项卡，选择填充图案为 ANSI32，并设置填充比例为 10，对两矩形灯管区域进行填充。

如图 9-53 所示为绘制完成的格栅灯图例。

4．绘制筒灯

筒灯体积较小，主要应用于室内装饰照明和走廊照明。常见筒灯图例由两个同心圆和一个十字组成。

（1）单击"默认"选项卡"绘图"面板中的"圆"按钮，绘制两个同心圆，其半径分别为 45mm 和 60mm。

（2）单击"默认"选项卡"绘图"面板中的"直线"按钮，绘制两条互相垂直的直径。

（3）激活已绘两条直径的所有端点，将两条直径分别向其两端方向拉伸，每个方向拉伸量均为 20mm，得到正交的十字。

如图 9-54 所示为绘制完成的筒灯图例。

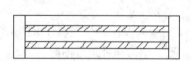

图 9-53　格栅灯图例　　　　　　　　　　　图 9-54　筒灯图例

5．绘制壁灯

在别墅中，车库和楼梯侧墙面都通过设置壁灯来辅助照明。本实例中使用的壁灯图例由矩形及其两条对角线组成。

（1）单击"默认"选项卡"绘图"面板中的"矩形"按钮□，绘制尺寸为 300mm×150mm 的矩形。

（2）单击"默认"选项卡"绘图"面板中的"直线"按钮，绘制矩形的两条对角线。

如图 9-55 所示为绘制完成的壁灯图例。

6．绘制射灯组

射灯组的平面图例在绘制客厅平面图时已有介绍，具体绘制方法可参看前面章节内容。

7．在顶棚图中插入灯具图例

（1）单击"默认"选项卡"块"面板中的"创建"按钮，将所绘制的各种灯具图例分别定义为图块。

（2）单击"默认"选项卡"块"面板中的"插入"按钮，根据各房间或空间的功能，选择适合的灯具图例并根据需要设置图块比例，然后将其插入顶棚中相应位置。

如图 9-56 所示为客厅顶棚灯具布置效果。

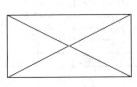

图 9-55 壁灯图例

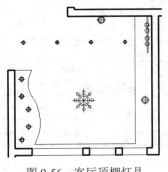

图 9-56 客厅顶棚灯具

9.5.6 尺寸标注与文字说明

1. 尺寸标注

在顶棚图中,尺寸标注的内容主要包括灯具和吊顶的尺寸以及其水平位置。这里的尺寸标注依然同前面一样,是通过"线性标注"命令来完成的。

(1) 在"图层"下拉列表框中选择"标注"图层,将其设置为当前图层。

(2) 单击"默认"选项卡"注释"面板中的"标注样式"按钮，将"室内标注"设置为当前标注样式。

(3) 单击"默认"选项卡"注释"面板中的"线性"按钮，对顶棚图进行尺寸标注。

2. 标高标注

在顶棚图中,各房间顶棚的高度需要通过标高来表示。

(1) 单击"默认"选项卡"块"面板中的"插入"按钮，将标高符号插入到各房间顶棚位置。

(2) 单击"默认"选项卡"注释"面板中的"多行文字"按钮，在标高符号的长直线上方添加相应的标高数值。

标注结果如图 9-57 所示。

3. 文字说明

在顶棚图中,各房间的顶棚材料做法和灯具的类型都要通过文字说明来表达。

(1) 在"图层"下拉列表框中选择"文字"图层,将其设置为当前图层。

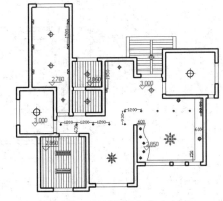

图 9-57 添加尺寸标注与标高

(2) 在命令行中输入"QLEADER"命令,并设置引线"箭头大小"为 60。

(3) 单击"默认"选项卡"注释"面板中的"多行文字"按钮，设置字体为"仿宋 GB2312","文字高度"为 300,在引线的一端添加文字说明。

9.6 上 机 实 验

【练习 1】绘制如图 9-58 所示的宾馆大堂室内立面图。

1. 目的要求

本实例主要要求读者通过练习进一步熟悉和掌握立面图的绘制方法。本实例可以帮助读者学会完成整个立面图绘制的全过程。

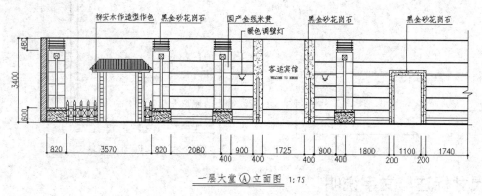

图 9-58 宾馆大堂室内立面图

2. 操作提示

（1）绘图前准备。

（2）初步绘制地面图案。

（3）形成地面材料平面图。

（4）在室内平面图中完善地面材料图案。

【练习2】绘制如图 9-59 所示的宾馆客房室内立面图。

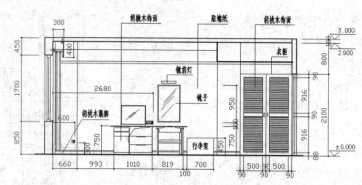

图 9-59 宾馆客房室内立面图

1. 目的要求

本实例主要要求读者通过练习进一步熟悉和掌握立面图的绘制方法。本实例可以帮助读者学会完成整个立面图绘制的全过程。

2. 操作提示

（1）绘图前准备。

（2）初步绘制地面图案。

（3）形成地面材料平面图。

（4）在室内平面图中完善地面材料图案。

第 3 篇

接待室室内设计综合实例篇

　　本篇主要结合一个典型的办公空间实例——接待室室内设计实例讲解利用 AutoCAD 2017 进行各种室内设计的操作步骤、方法技巧等，包括某剧院接待室室内平面及顶棚图和某剧院接待室室内立面及详图的绘制等知识。

　　本篇内容通过实例加深读者对 AutoCAD 功能的理解和掌握，熟悉办公空间的设计方法。

▶▶ **建筑平面图**

▶▶ **平面布置图**

▶▶ **顶棚布置图**

▶▶ **绘制接待室 A 立面图**

▶▶ **绘制接待室装饰屏风详图**

某剧院接待室室内平面及顶棚图设计

　　接待室（会客室）是企业对外交流的窗口，设置的数量、规格要根据企业（或单位）公共关系活动的实际情况而定。

　　接待室设计主要包括接待用房的规划、装修、室内色彩及灯光音响的设计、接待用品及装饰品的配备和摆设等内容。

　　本章将以一个剧院接待室室内设计过程为例讲述会议室这类建筑的室内设计思路和方法。

【预习重点】

☑　建筑平面图的绘制。

☑　平面布置图的绘制。

☑　顶棚布置图的绘制。

10.1　办公空间室内设计概述

办公空间是展示一个企业或单位部门形象的最主要的窗口。好的办公空间室内设计不仅能够为员工提供一个舒适的办公场所，大大提高工作效率，也能在外来访客面前大大提升公司的形象，提高合作成功的几率。随着经济的发展，城市公务交流活动加强，所以办公空间室内设计是任何企业和单位所不能忽视的。

办公室设计是指对布局、格局、空间的物理和心理分割。办公空间设计需要考虑多方面的问题，涉及科学、技术、人文、艺术等诸多因素。办公空间室内设计的最大目标就是要为工作人员创造一个舒适、方便、卫生、安全、高效的工作环境，以便更大限度地提高员工的工作效率。这一目标在当前商业竞争日益激烈的情况下显得更加重要，是办公空间设计的基础，也是办公空间设计的首要目标。

办公空间应根据使用性质、建筑规模和标准的不同来合理设计各类空间。办公空间一般由办公用房、公共用房、服务用房和其他附属设施用房等组成。完善的办公空间应体现管理上的秩序性及空间系统的协调性。设计时应先分析各个空间的动静关系与主次关系，还要考虑采用隔声、吸声等措施来满足管理人员和会议室等重要空间的需求。在办公空间的装饰和陈设设计上，特别要把空间界面的装饰和陈设与整个办公空间的办公风格、色调统一协调处理。如图 10-1 所示为某办公室室内设计效果图。

图 10-1　办公室室内设计效果图

10.1.1　办公空间的设计目标

办公空间设计有 3 个层次的目标。

1. 经济实用

一方面要满足实用要求，给办公人员的工作带来方便，另一方面要尽量低费用、追求最佳的功能费用比。

2. 美观大方

能够充分满足人的生理和心理需要，创造出一个赏心悦目的良好工作环境。

3．独具品位

办公室是企业文化的物质载体，要努力体现企业物质文化和精神文化，反映企业的特色和形象，对置身其中的工作人员产生积极的、和谐的影响。

这 3 个层次的目标虽然由低到高、由易到难，但它们不是孤立的，而是有着紧密的内在联系，出色的办公室设计应该努力同时实现这 3 个目标。

根据目标组合，无论是哪类办公室，在办公室设计上都应符合下述基本要求。

（1）符合企业实际。有些企业不顾自身的生产经营和人财物力状况，一味追求办公室的高档豪华气派，这种做法是存在一定问题的。

（2）符合行业特点。例如，五星级酒店和校办科技企业由于分属不同的行业，因而办公室在装修、家具、用品、装饰品、声光效果等方面都应有显著的不同，如果校办企业的办公室布置得和酒店的一样，无疑是有些滑稽的。

（3）符合使用要求。例如，总经理（厂长）办公室在楼层安排、使用面积、室内装修、配套设备等方面都与一般职员的办公室不同，并非因为总经理、厂长与一般职员身份不同，而是取决于他们的办公室具有不同的使用要求。

（4）符合工作性质。例如，技术部门的办公室需要配备计算机、绘图仪器、书架（柜）等技术工作必需的设备，而公共关系部门则显然更需要电话、传真机、沙发、茶几等与对外联系和接待工作相应的设备和家具。

10.1.2　办公空间的布置格局

在任何企业中，办公室布置都因其使用人员的岗位职责、工作性质、使用要求等不同而有所区别。

处于企业决策层的董事长、执行董事或正副厂长（总经理）、党委书记等主要领导，由于他们的工作对企业的生存发展有着重大作用，能否有一个良好的日常办公环境，对决策效果、管理水平都有很大影响；此外，他们的办公室环境在保守企业机密、传播企业形象等方面也有一些特殊的需要。因此，这类人员的办公室布置有如下特点。

1．相对封闭

一般是一人一间单独的办公室，有不少企业都将高层领导的办公室安排在办公大楼的最高层或平面结构最深处，目的就是创造一个安静、安全、少受打扰的环境。

2．相对宽敞

除了考虑使用面积略大之外，一般采用较矮的办公家具设计，目的是为了扩大视觉空间，因为过于拥挤的环境容易束缚人的思维，带来心理上的焦虑。

3．方便工作

一般要把接待室、会议室、秘书办公室等安排在靠近决策层人员办公室的位置，有不少企业的厂长（经理）办公室都建成套间，外间就安排接待室或秘书办公室。

4．特色鲜明

企业领导的办公室要反映企业形象，具有企业特色，例如，墙面色彩采用企业标准色，办公桌上摆放国旗和企业旗帜以及企业标志，墙角放置企业吉祥物等。另外，办公室设计布置要追求高雅而非豪华，切勿给人留下俗气的印象。如图 10-2 所示为某董事长办公室室内设计效果图。

对于一般管理人员和行政人员，许多现代化的企业常用大办公室、集中办公的方式。进行办公室设计的目的是增加沟通、节省空间、便于监督、提高效率。这种大办公室的缺点是相互干扰较大，为此，一般采取以下方法进行设计。

图 10-2　董事长办公室室内设计效果图

（1）按部门或小部门分区，同一部门的人员一般集中在一个区域。

（2）采用低隔断，高度在 1.2～1.5m 的范围内，以便给每一名员工创造相对封闭和独立的工作空间，减少相互间的干扰。

（3）有专门的接待区和休息区，不致因为一位客户的来访而打扰其他员工工作。

这种大办公室在三资企业和一些高科技企业采用得比较多，对于创造性劳动为主的技术人员和社交工作较多的公共关系人员，他们的办公室则不宜用这一布置方式。如图 10-3 所示为某企业中层管理人员办公室室内设计效果图。

图 10-3　企业中层管理人员办公室室内设计效果图

10.1.3　配套用房的布置和办公室设计的关系

配套用房主要指会议室、接待室（会客室）和资料室等。

会议室是企业必不可少的办公配套用房，一般分为大中小的不同类型，有的企业中小会议室有多间。大的会议室常采用教室或报告厅式布局，座位分主席台和听众席；中小会议室常采用圆桌或长条桌式布局，与会人员围坐，利于展开讨论。

会议室布置应简单朴素，光线充足，空气流通。可以采用企业标准色装修墙面，或在里面悬挂企业旗帜，或在讲台、会议桌上摆放企业标志（物），以突出本企业特点。中国企业会议多、效率低，为解决这一问题，除企业领导和会议召集人注意以外，可以在办公室布置上采取一些措施：一是不设沙发（软椅）等供长时间坐着的家具，甚至不设椅子和凳子，提倡站着开会；二是在会议室显著位置摆放或悬挂时钟，以提示会议进行时间；三是减少会议室数量，既提高会议效率，又提高了会议室的利用率。

接待室（会客室）设计是企业对外交往的窗口，设置的数量、规格要根据企业公共关系活动的实际情况而定。接待室要提倡公用，以提高利用率。接待室的布置要干净美观大方，可摆放一些企业标志物、绿色植物及鲜花，以体现企业形象和烘托室内气氛。如图 10-4 所示为某公司接待室室内设计效果图。

图 10-4　公司接待室室内设计效果图

10.1.4　设计思路

接待室在办公建筑中的利用频率很高，有时甚至是主人向来访者宣传自己企业的窗口，明亮的灯光、精美的饰物、宽敞的空间都是其他场所难以替代的，特别是入口的门如果能够设计得够高够大，可起到画龙点睛的作用。

设计原则：在实际的设计中应当尊重原始建筑设计，并充分运用光、色、质的构成规律营造一个现代、简约、大方的办公空间。

空间布局：为了创造出好的艺术特色、文化氛围，考虑不同空间中人的行为因素，要创造出舒适安静的接待空间。

色彩与材质的协调：室内空间用不同的暖色系搭配，使整体空间即统一又和谐。既体现了"以人为本"的设计思想，又降低了今后的运营维护成本。

光的利用：利用装饰物和光影效果，在墙面造型及天花板上采用不同的装饰品和灯光，来分隔、丰富空间层次，创造一个别具一格的接待场所。

接待室作为室内外空间的交汇面，在设计手法上应当是整体建筑设计风格的延续和升华，使得室内外空间形成有机协调的整体。因此在设计时，布局开阔、造型简洁；充分利用了建筑空间留给装饰设计的有利条件，把接待室的恢弘气势表现的淋漓尽致。在灯光的选用上以直接照明为主以满足大空间对照度的要求，同时辅助以局部的间接光源丰富层次，自然光的充分进入不仅突出了节能的主题，更让大堂通透、自然。还要以兼具舒适实用为基础，将朴素、简明以及绿色环保，并有着经典的中式风格的设计元素融入其中，精心打造科技与艺术完美结合、时代与传统文化相协调的空间。

本实例具体设计的是接待等候剧目演出或中间休息的普通客人的接待室，所以室内装修规格不一定要很高，本着简单实用、舒适大方同时又能凸显剧院文化气息的原则展开设计。由于剧院客人较多也较杂，所以接待室内零碎的设计应尽量避免，因为这样容易导致损坏。客人休息的空间尽量大，保证客人有足够的座椅，从而保证大量的客人能得到基本的舒适接待。

10.2　建筑平面图

接待室的布置要干净美观大方，可摆放一些企业标志物和绿色植物及鲜花，以体现企业形象和烘托室内气氛。房间内辅助设施应尽量少，甚至不设置，因为这里的服务都是由专人在房间外准备的。如果有附属的卫生间，千万不要设置多人共同使用的器具，这个场所的来宾大都是单独使用卫生间的。

　　如图 10-5 所示为某剧院接待室建筑平面图，由于剧院客人众多，所以接待室要求空间尽量大，基本结构尽量简洁。同时也必须配备厕所和洗手台等卫生设施。

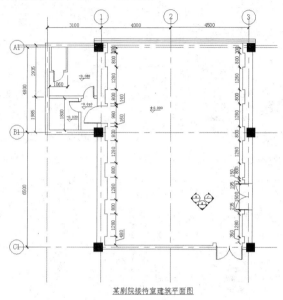

图 10-5　某剧院接待室建筑平面图

10.2.1　图层设置

　　利用"图层特性管理器"选项板设置图层。

　　（1）单击"默认"选项卡"图层"面板中的"图层特性"按钮，打开"图层特性管理器"选项板，如图 10-6 所示。单击"新建图层"按钮，将新建图层名修改为"轴线"。

　　（2）单击"轴线"图层的图层颜色，打开"选择颜色"对话框，如图 10-7 所示，选择红色为"轴线"图层颜色，单击"确定"按钮。

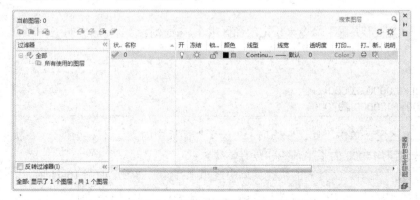

图 10-6　"图层特性管理器"选项板

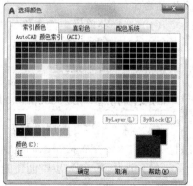

图 10-7　"选择颜色"对话框

　　（3）单击"轴线"图层的图层线型，打开"选择线型"对话框，如图 10-8 所示；单击"加载"按钮，打开"加载或重载线型"对话框，如图 10-9 所示。选择 CENTER 线型，单击"确定"按钮。返回到"选择线型"对话框，选择 CENTER 线型，单击"确定"按钮，完成线型的设置。

图 10-8 "选择线型"对话框   图 10-9 "加载或重载线型"对话框

（4）同理创建其他图层，如图 10-10 所示。

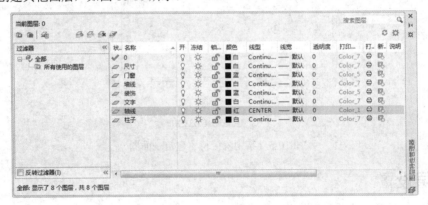

图 10-10 创建其他图层

10.2.2 绘制轴线

首先绘制建筑轴线，轴线是布置墙体和门窗的依据，利用"直线"和"偏移"命令来绘制，然后绘制轴号，轴号一般标注在图形的下方和左侧，某些图形上方和右侧也进行了标注，利用了"插入"和"块定义"命令来绘制。

（1）选择菜单栏中的"格式"→"图形界限"命令来设定绘图区大小。命令行提示与操作如下：

命令: LIMITS✓
重新设置模型空间界限:
指定左下角点或 [开(ON)/关(OFF)] <0.0000,0.0000>:✓
指定右上角点 <420.0000,297.0000>: 420000,297000✓

（2）将"轴线"图层设置为当前图层。单击"默认"选项卡"绘图"面板中的"直线"按钮，在状态栏中单击"正交"按钮，绘制长度为 15000 的水平轴线和竖直轴线。

（3）选中第（2）步中创建的直线，右击，在打开的快捷菜单中选择"特性"命令，如图 10-11 所示。在打开的"特性"选项板中修改"线型比例"为 50，如图 10-12 所示，结果如图 10-13 所示。

（4）单击"默认"选项卡"修改"面板中的"偏移"按钮，将竖直轴线向左偏移 4500。命令行提示与操作如下：

命令: _offset

当前设置: 删除源=否　图层=源　OFFSETGAPTYPE=0

指定偏移距离或 [通过(T)/删除(E)/图层(L)] <通过>:　4500✓

选择要偏移的对象, 或 [退出(E)/放弃(U)] <退出>:

指定要偏移的一侧的点, 或 [退出(E)/多个(M)/放弃(U)] <退出>:

选择要偏移的对象, 或 [退出(E)/放弃(U)] <退出>:✓

图 10-11　快捷菜单

图 10-12　"特性"选项板

图 10-13　轴线

重复"偏移"命令, 将竖直轴线向左偏移, 偏移距离依次为 4000 和 3100; 将水平轴线向上偏移, 偏移距离分别为 6500 和 4800, 然后再将偏移距离为 6500 的直线向上偏移, 偏移距离分别为 1985 和 2935, 结果如图 10-14 所示。

（5）标注轴号。

① 将"尺寸"图层设置为当前图层, 绘制一个半径为 300 的圆, 圆心在轴线的端点, 如图 10-15 所示。

② 选择菜单栏中的"绘图"→"块"→"定义属性"命令, 打开"属性定义"对话框, 如图 10-16 所示; 单击"确定"按钮, 在圆心位置写入一个块的属性值。设置完成后的效果如图 10-17 所示。

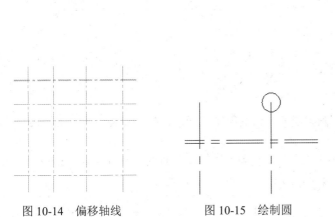

图 10-14　偏移轴线　　　　　图 10-15　绘制圆

图 10-16　块属性定义

③ 单击"默认"选项卡"块"面板中的"创建"按钮，打开"块定义"对话框, 如图 10-18 所示。在

"名称"文本框中写入"轴号",指定圆心为基点;选择整个圆和刚才的"轴号"标记为对象,单击"确定"按钮,打开如图 10-19 所示的"编辑属性"对话框;输入轴号为 1,单击"确定"按钮,轴号效果图如图 10-20 所示。

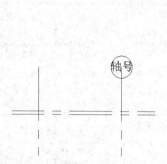

图 10-17　在圆心位置写入属性值

图 10-18　创建块

④ 单击"默认"选项卡"块"面板中的"插入"按钮，打开"插入"对话框,将轴号图块插入到轴线上,并修改图块属性,结果如图 10-21 所示。

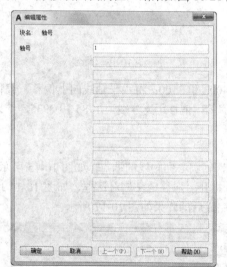

图 10-19　"编辑属性"对话框

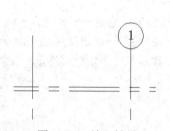

图 10-20　输入轴号

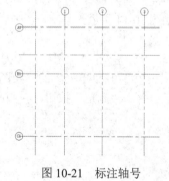

图 10-21　标注轴号

10.2.3　绘制柱子

绘制了定位轴线之后,利用"矩形"和"图案填充"命令绘制柱子,根据需要使用"复制"命令绘制出剩余的所有柱子。

（1）将"柱子"图层设置为当前图层,单击"默认"选项卡"绘图"面板中的"矩形"按钮，在空白处绘制 500×500 的矩形,命令行提示与操作如下:

命令: _rectang
指定第一个角点或 [倒角(C)/标高(E)/圆角(F)/厚度(T)/宽度(W)]:
指定另一个角点或 [面积(A)/尺寸(D)/旋转(R)]: @500,500↙

结果如图 10-22 所示。

（2）单击"默认"选项卡"绘图"面板中的"图案填充"按钮，打开"图案填充创建"选项卡，选择 SOLID 图例，如图 10-23 所示。单击"拾取点"按钮，拾取第（1）步中绘制的矩形，按 Enter 键完成柱子的填充，结果如图 10-24 所示。

图 10-22　绘制矩形　　　　　　　　图 10-23　"图案填充创建"选项卡

（3）单击"默认"选项卡"修改"面板中的"偏移"按钮，将轴线 1 和轴线 3 分别向外偏移，偏移距离为 145。

（4）单击"默认"选项卡"修改"面板中的"复制"按钮，将第（2）步中绘制的柱子复制到如图 10-25 所示的位置。命令行提示与操作如下：

```
命令: _copy
选择对象:（选择柱子）
当前设置: 复制模式 = 多个
指定基点或 [位移(D)/模式(O)] <位移>:（捕捉柱子上边线的中点）
指定第二个点或 [阵列(A)] <使用第一个点作为位移>:（捕捉第二根水平轴线和偏移后轴线的交点）
指定第二个点或 [阵列(A)/退出(E)/放弃(U)] <退出>:↙
```

（5）单击"默认"选项卡"修改"面板中的"删除"按钮，删除多余的轴线，如图 10-26 所示。

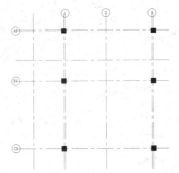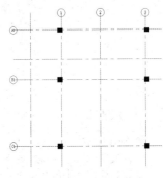

　　图 10-24　柱子　　　　　图 10-25　复制柱子　　　　图 10-26　删除多余线段

10.2.4　绘制墙体

墙体分为承重墙和非承重墙两种，一般利用定位轴线来定位绘制，在绘制的过程中利用了"多线"命令来绘制。

（1）将"墙线"图层设置为当前图层，选择菜单栏中的"格式"→"多线样式"命令，打开如图 10-27 所示的"多线样式"对话框。单击"新建"按钮，打开如图 10-28 所示的"创建新的多线样式"对话框。输入"新样式名"为 450，单击"继续"按钮，打开如图 10-29 所示的"新建多线样式:450"对话框。在"偏移"文本框中输入"225"和"–225"，单击"确定"按钮，返回"多线样式"对话框。

图 10-27 "多线样式"对话框   图 10-28 "创建新的多线样式"对话框

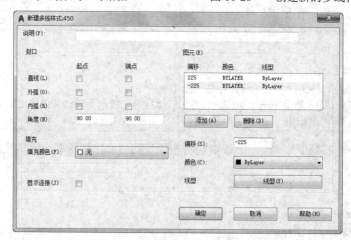

图 10-29 "新建多线样式:450"对话框

（2）选择菜单栏中的"绘图"→"多线"命令，绘制接待室大厅两侧墙体。命令行提示与操作如下：

```
命令: MLINE
当前设置: 对正 = 无，比例 =20.00，样式 = 450
指定起点或 [对正(J)/比例(S)/样式(ST)]: S↙
输入多线比例 <20.00>: 1↙
当前设置: 对正 = 上，比例 = 1.00，样式 = 450↙
指定起点或 [对正(J)/比例(S)/样式(ST)]: J↙
输入对正类型 [上(T)/无(Z)/下(B)] <无>: Z↙
当前设置: 对正 = 无，比例 = 1.00，样式 = 450
指定起点或 [对正(J)/比例(S)/样式(ST)]:
指定下一点:
指定下一点或 [放弃(U)]:
指定下一点或 [闭合(C)/放弃(U)]:
指定下一点或 [闭合(C)/放弃(U)]:
```

结果如图 10-30 所示。

（3）选择菜单栏中的"格式"→"多线样式"命令，新建样式名为 240，偏移量分别为 120 和−120，并将其设置为当前图层。

（4）选择菜单栏中的"绘图"→"多线"命令，绘制卫生间和大厅墙体，结果如图 10-31 所示。

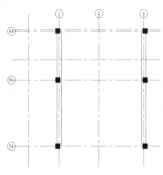

图 10-30　绘制大厅两侧墙体

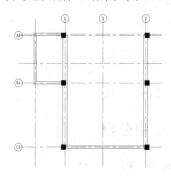

图 10-31　绘制卫生间和大厅墙体

10.2.5　绘制门洞

在平面图中，门窗和洞口是一并绘制的，绘制门洞和窗户时，应结合实际情况利用相关规范，绘制标准尺寸的门窗。

（1）将"门窗"图层设置为当前图层，单击"默认"选项卡"修改"面板中的"偏移"按钮，将轴线 3 向左偏移，偏移距离分别为 345、1500 和 180，将轴线 C1 向上偏移，偏移距离为 250，如图 10-32 所示。

（2）选中偏移后的直线，打开"特性"选项板，修改图层为"门窗"。绘制结果如图 10-33 所示。

> **注意**　先按门的大小绘制两条与墙体垂直的平行线确定门宽度。

（3）单击"默认"选项卡"修改"面板中的"分解"按钮，将墙线进行分解。

（4）单击"默认"选项卡"修改"面板中的"修剪"按钮，修剪多余线段，结果如图 10-34 所示。

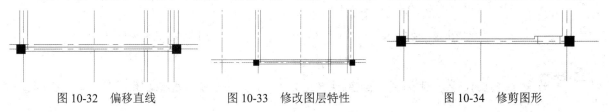

图 10-32　偏移直线　　　　图 10-33　修改图层特性　　　　图 10-34　修剪图形

（5）单击"默认"选项卡"修改"面板中的"偏移"按钮，将轴线 C1 向上依次偏移 2115 和 1500，并将其图层转换为"门窗"图层。

（6）单击"默认"选项卡"修改"面板中的"修剪"按钮，修剪多余线段，结果如图 10-35 所示。

（7）单击"默认"选项卡"修改"面板中的"偏移"按钮，将 B1 轴线向上偏移，偏移距离分别为 500 和 980，并将其图层转换为"门窗"图层。

（8）单击"默认"选项卡"修改"面板中的"修剪"按钮，修剪多余线段，结果如图 10-36 所示。

（9）利用"直线""偏移""修剪"命令，在卫生间内绘制宽度为 600 的门洞，如图 10-37 所示。

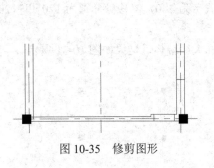

图 10-35　修剪图形

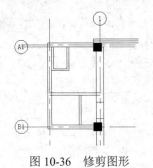

图 10-36　修剪图形

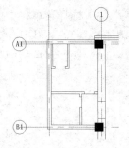

图 10-37　绘制卫生间门洞

10.2.6　绘制凹槽

利用"偏移"和"修剪"命令绘制凹槽。

（1）单击"默认"选项卡"修改"面板中的"偏移"按钮 ⬚，将轴线 1 和轴线 3 分别向内偏移，偏移距离为 355，并将其图层转换为"装饰"图层。

（2）单击"默认"选项卡"修改"面板中的"偏移"按钮 ⬚，将轴线 A1 向下偏移，偏移距离分别为 300、800、1280、800、1280、800、1280、800、1280、800 和 1280，并将其图层转换为"装饰"图层，绘制结果如图 10-38 所示。

（3）单击"默认"选项卡"修改"面板中的"修剪"按钮 ⬚，修剪多余的线段，结果如图 10-39 所示。

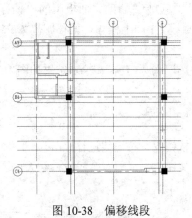

图 10-38　偏移线段

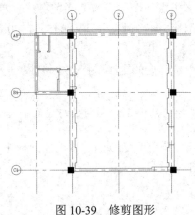

图 10-39　修剪图形

注意 确定洞口的画法多种多样，上述画法只是其中一种，读者可以灵活处理。

10.2.7　绘制门

门的种类有很多种，门的常见形式有平开门、弹簧门、推拉门、旋转门等，本例主要绘制了单开门和双开门，门的尺寸要符合相关规范以及具体实际需求。

1. 绘制单开门 1

（1）单击"默认"选项卡"绘图"面板中的"矩形"按钮 ⬚，在卫生间的门洞左边中点处绘制 40×600 的矩形，如图 10-40 所示。

（2）单击"默认"选项卡"绘图"面板中的"圆弧"按钮 ⬚，绘制一个角度为 90° 的弧线。命令行提示与操作如下：

> 命令: _arc
> 指定圆弧的起点或 [圆心(C)]:（捕捉第（1）步中绘制的矩形端点）
> 指定圆弧的第二个点或 [圆心(C)/端点(E)]: E↙
> 指定圆弧的端点:（捕捉门洞右边线中点）
> 指定圆弧的中心点(按住 Ctrl 键以切换方向)或 [角度(A)/方向(D)/半径(R)]: A ↙
> 指定夹角(按住 Ctrl 键以切换方向): 90↙

绘制结果如图 10-41 所示。

（3）单击"默认"选项卡"块"面板中的"创建"按钮，打开如图 10-42 所示的"块定义"对话框。拾取门上矩形端点为基点，选取门为对象，输入名称为"单开门 600"，单击"确定"按钮，完成"单开门 600"图块的创建。

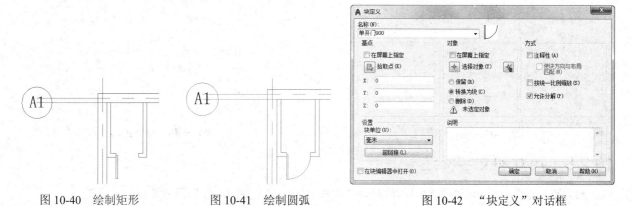

图 10-40　绘制矩形　　　　图 10-41　绘制圆弧　　　　图 10-42　"块定义"对话框

（4）单击"默认"选项卡"块"面板中的"插入"按钮，打开如图 10-43 所示的"插入"对话框，将第（3）步中创建的单开门图块插入到适当位置，结果如图 10-44 所示。

2．绘制单开门 2

单击"默认"选项卡"绘图"面板中的"矩形"按钮和"圆弧"按钮，绘制宽度为 980 的单开门，如图 10-45 所示。

图 10-43　"插入"对话框

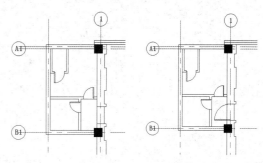

图 10-44　插入单开门　　　图 10-45　绘制单开门

3．绘制双开门

（1）单击"默认"选项卡"绘图"面板中的"矩形"按钮，在 C1 轴线的门洞两边中点处绘制 40×750 的矩形。

（2）单击"默认"选项卡"绘图"面板中的"直线"按钮 ，连接两端墙的中点作为辅助线。

（3）单击"默认"选项卡"绘图"面板中的"圆弧"按钮 ，绘制两条 90° 的弧线，结果如图 10-46 所示。

（4）单击"默认"选项卡"块"面板中的"创建"按钮 ，打开"创建块"对话框，拾取门上矩形端点为基点，选取门为对象，输入名称为"双开门"，单击"确定"按钮，完成"双开门"图块的创建。

（5）单击"默认"选项卡"块"面板中的"插入"按钮 ，打开"插入块"对话框，将第（4）步中创建的"双开门"图块插入到适当位置，结果如图 10-47 所示。

（6）单击"默认"选项卡"修改"面板中的"修剪"按钮 ，修剪多余的线段，结果如图 10-48 所示。

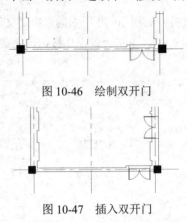

图 10-46　绘制双开门

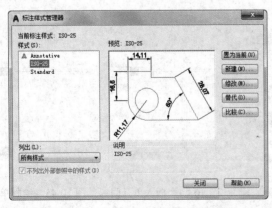

图 10-47　插入双开门

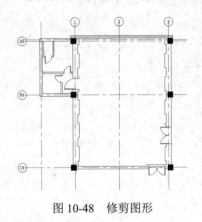

图 10-48　修剪图形

10.2.8　尺寸和文字标注

图形绘制完毕之后，还要设置具体的标注样式和文字样式，为图形添加尺寸标注和文字说明。

1．设置标注样式

（1）单击"默认"选项卡"注释"面板中的"标注样式"按钮 ，打开"标注样式管理器"对话框，如图 10-49 所示。

（2）单击"新建"按钮，打开"创建新标注样式"对话框，输入"新样式名"为"建筑"，如图 10-50 所示。

图 10-49　"标注样式管理器"对话框　　　　　图 10-50　"创建新标注样式"对话框

（3）单击"继续"按钮，打开"新建标注样式:建筑"对话框，各个选项卡中的参数设置如图 10-51 所示。设置完参数后，单击"确定"按钮，返回"标注样式管理器"对话框，将"建筑"样式置为当前图层。

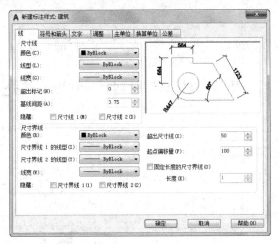

（a）"线"选项卡

（c）"文字"选项卡

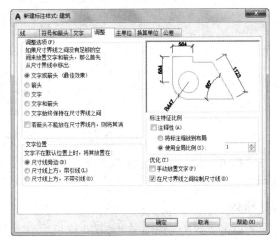

（b）"符号和箭头"选项卡

（d）"调整"选项卡

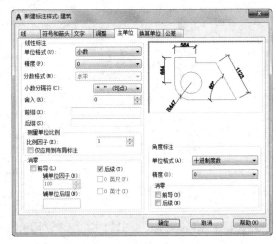

（e）"主单位"选项卡

图 10-51　"新建标注样式:建筑"对话框

2．标注尺寸

（1）单击"默认"选项卡"注释"面板中的"线性"按钮⊢和"连续"按钮⊞，标注细节尺寸，如图 10-52 所示。

（2）单击"默认"选项卡"注释"面板中的"线性"按钮⊢，标注卫生间尺寸，如图 10-53 所示。

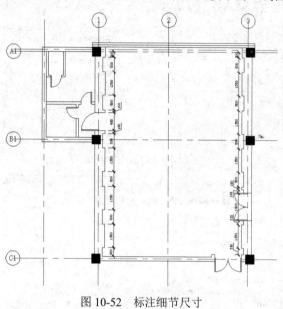

图 10-52　标注细节尺寸

图 10-53　标注卫生间尺寸

（3）单击"默认"选项卡"注释"面板中的"线性"按钮⊢和"连续"按钮⊞，标注轴线尺寸，如图 10-54 所示。

3．标高

（1）单击"默认"选项卡"绘图"面板中的"直线"按钮╱，绘制标高符号，如图 10-55 所示。

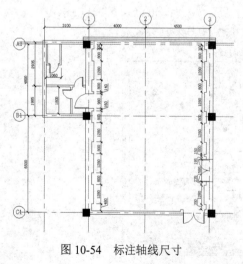

图 10-54　标注轴线尺寸

图 10-55　绘制标高符号

（2）选择菜单栏中的"绘图"→"块"→"定义属性"命令，打开"属性定义"对话框，如图 10-56 所示，单击"确定"按钮，在圆心位置写入一个块的属性值。设置完成后的效果如图 10-57 所示。

图 10-56　块属性定义

图 10-57　在圆心位置写入属性值

（3）单击"默认"选项卡"块"面板中的"创建"按钮 ，打开"块定义"对话框，如图 10-58 所示。在"名称"下拉列表框中输入"标高"，指定圆心为基点；选择整个标高符号为对象，单击"确定"按钮。

（4）单击"默认"选项卡"块"面板中的"插入"按钮 ，在适当位置插入标高符号，并输入标高值，结果如图 10-59 所示。

图 10-58　创建块

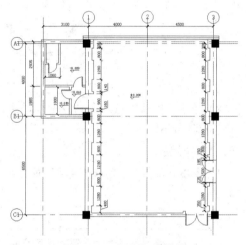

图 10-59　标注标高符号

4．绘制方向符号

（1）单击"默认"选项卡"绘图"面板中的"多边形"按钮 ，在图中适当位置绘制正方形，结果如图 10-60 所示。

（2）单击"默认"选项卡"绘图"面板中的"直线"按钮 ，连接正方形的角点，结果如图 10-61 所示。

（3）单击"默认"选项卡"绘图"面板中的"圆"按钮 ，以第（2）步中绘制的直线交点为圆心，绘制圆，结果如图 10-62 所示。

图 10-60　绘制正方形

图 10-61　绘制对角线

图 10-62　绘制圆

（4）单击"默认"选项卡"修改"面板中的"修剪"按钮，修剪多余的线段，结果如图 10-63 所示。

（5）单击"默认"选项卡"绘图"面板中的"图案填充"按钮，打开"图案填充创建"选项卡，单击"选项"面板中的"图案填充设置"按钮，打开"图案填充和渐变色"对话框，选择 SOLID 图案，对图形进行填充，结果如图 10-64 所示。

（6）单击"默认"选项卡"注释"面板中的"多行文字"按钮，标注文字，结果如图 10-65 所示。

（7）单击"默认"选项卡"修改"面板中的"旋转"按钮，将第（6）步中绘制的方向符号进行旋转复制，命令行提示与操作如下：

```
命令: _rotate
UCS 当前的正角方向: ANGDIR=逆时针    ANGBASE=0
选择对象:（选择方向符号）
指定基点:
指定旋转角度，或 [复制(C)/参照(R)] <0>: C↙
旋转一组选定对象
指定旋转角度，或 [复制(C)/参照(R)] <0>: 90↙
```

重复"旋转"命令并修改文字，结果如图 10-66 所示。

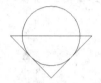
图 10-63　修剪图形

图 10-64　填充图案

图 10-65　标注文字

图 10-66　旋转复制图形

（8）单击"默认"选项卡"修改"面板中的"移动"按钮，将方向符号移动到平面图适当位置，结果如图 10-67 所示。

5. 文字标注

（1）单击"默认"选项卡"注释"面板中的"文字样式"按钮，打开"文字样式"对话框，如图 10-68 所示。

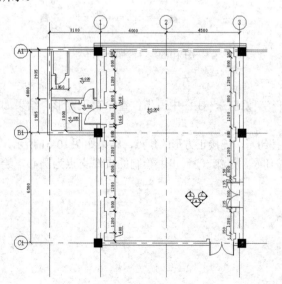
图 10-67　标注方向符号

图 10-68　"文字样式"对话框

（2）单击"新建"按钮，打开"新建文字样式"对话框。将文字样式命名为"标题"，如图 10-69 所示。

（3）单击"确定"按钮，返回到"文字样式"对话框，在字体中选择"仿宋"，"高度"设置为 300，如图 10-70 所示，单击"应用"按钮。

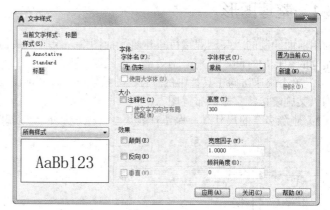

图 10-69　"新建文字样式"对话框　　　　　　　　　图 10-70　设置文字样式

（4）单击"默认"选项卡"注释"面板中的"多行文字"按钮 **A**，在平面图的下方指定两角点，打开"文字编辑器"选项卡和多行文字编辑器，输入文字，如图 10-71 所示。单击"确定"按钮，完成建筑平面图的绘制。

图 10-71　"文字编辑器"选项卡和多行文字编辑器

注意 若在"字体"下拉列表框中找不到某种特殊行业字体，此类字体往往含有特殊的行业符号，大大方便了行业的 CAD 制图，则必须安装该种字体文件，可直接复制某字体文件至 AutoCAD 安装目录下，然后重新启动 AutoCAD 则可顺利找到该字体，一般网络上有多种字体可供下载安装，读者可以试着自行下载安装。

10.3　平面布置图

接待室是接待贵宾的场所，如何将剧院自身的文化、艺术气质在室内设计中展现出来，是设计的根本所在。整个接待室分为两组接待区，整个室内设计中没有花哨的设计元素，地面延续建筑的石板，洋溢着清新、舒畅之感。同色材质的家具配上白色的沙发，装饰台里嵌入一些经典剧目的剧景图片和剧情介绍，凸显剧院的文化主题，朴素而尽显高贵。卫生间采用大理石台面，陶瓷水盆。整个空间风格传统浓重而又简洁，设备、材质、工艺高度现代化，室内空间处理及装饰细部处处引人入胜。其平面布置图如图 10-72 所示。

10.3.1 整理图形

利用前面绘制的"某剧院接待室建筑平面图"，绘制"某剧院接待室平面布置图"，这样可以节约大量绘制相同的图形的时间，提高绘制效率，节约绘制时间。

（1）单击快速访问工具栏中的"打开"按钮，打开前面绘制的"某剧院接待室建筑平面图"，并将其另存为"某剧院接待室平面布置图"。

（2）删除多余的尺寸线，保留轴线尺寸，整理后的图形如图 10-73 所示。

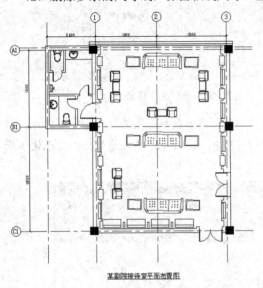

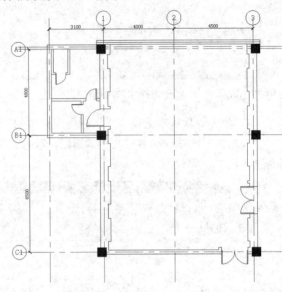

图 10-72　平面布置图　　　　　　　　　　　图 10-73　整理后的图形

注意　读者应练习使用图层过滤器。图层过滤器可限制图层特性管理器和"图层"工具栏上的"图层"控件中显示的图层名。在大型图形中，利用图层过滤器可以仅显示要处理的图层。

有如下两种图层过滤器。

☑　图层特性过滤器：包括名称或其他特性相同的图层。例如，可以定义一个过滤器，其中包括图层颜色为红色并且名称包括字符 mech 的所有图层。

☑　图层组过滤器：包括在定义时放入过滤器的图层，而不考虑其名称或特性。

10.3.2 绘制装饰台和屏风

利用前面所学过的知识绘制装饰台和屏风。

1. 绘制装饰台

（1）关闭"尺寸"和"文字"图层，将"装饰"图层设置为当前图层。

（2）单击"默认"选项卡"绘图"面板中的"矩形"按钮，在空白位置绘制 310×600 的矩形作为装饰台，如图 10-74 所示。

（3）单击"默认"选项卡"修改"面板中的"复制"按钮，以矩形的右上端点为基点，将其复制到凹槽顶点处。

（4）单击"默认"选项卡"修改"面板中的"移动"按钮，以复制的装饰台某一点为基点，将其移动到点（@100,-100），结果如图 10-75 所示。

（5）单击"默认"选项卡"修改"面板中的"矩形阵列"按钮，输入行数为 5，列数为 2，行间距为 -2080，列间距为 -7940，选择第（4）步中移动后的装饰台为阵列对象阵列图形，阵列结果如图 10-76 所示。

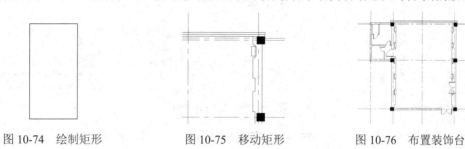

图 10-74　绘制矩形　　　　图 10-75　移动矩形　　　　图 10-76　布置装饰台

2．绘制装饰屏风

（1）单击"默认"选项卡"绘图"面板中的"矩形"按钮，在空白位置绘制 230×980 的矩形，再在距离矩形右下角点（0,10）处绘制 80×960 的矩形，如图 10-77 所示。

（2）单击"默认"选项卡"修改"面板中的"复制"按钮，以矩形的右上端点为基点，将其复制到如图 10-78 所示处。

（3）单击"默认"选项卡"修改"面板中的"移动"按钮，以复制的屏风某一点为基点，将其移动到点（@0,-150）。

（4）单击"默认"选项卡"修改"面板中的"矩形阵列"按钮，输入行数为 5，列数为 1，行间距为 -2080，列间距为 0，选择第（3）步中移动后的装饰屏风为阵列对象阵列图形，阵列结果如图 10-79 所示。

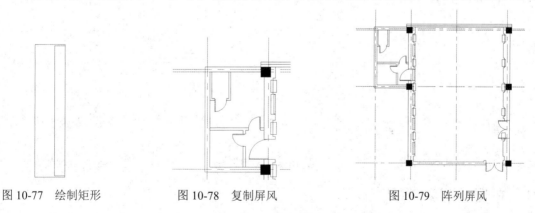

图 10-77　绘制矩形　　　　图 10-78　复制屏风　　　　图 10-79　阵列屏风

（5）单击"默认"选项卡"修改"面板中的"镜像"按钮，将第（4）步中阵列后的装饰屏风以 C1 轴线上的上下墙体两中点为镜像点进行镜像，结果如图 10-80 所示。

（6）单击"默认"选项卡"修改"面板中的"删除"按钮，删除多余的装饰台和屏风。

（7）单击"默认"选项卡"修改"面板中的"修剪"按钮，修剪多余的线段，结果如图 10-81 所示。

3．绘制装饰屏风台

（1）单击"默认"选项卡"绘图"面板中的"矩形"按钮，在空白位置绘制 1150×490 的矩形。

（2）单击"默认"选项卡"绘图"面板中的"直线"按钮✏️，在矩形中绘制一条水平直线，结果如图 10-82 所示。

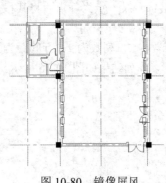

图 10-80　镜像屏风

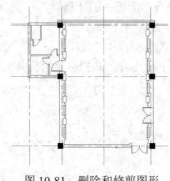

图 10-81　删除和修剪图形

图 10-82　绘制矩形和直线

（3）单击"默认"选项卡"修改"面板中的"复制"按钮❞，以矩形的左下端点为基点，将其复制到大厅左下端点。

（4）单击"默认"选项卡"修改"面板中的"移动"按钮✛，以复制的装饰屏风台某一点为基点，将其移动到点（@200,100）处，结果如图 10-83 所示。

（5）单击"默认"选项卡"绘图"面板中的"矩形"按钮▭，在距离大厅左下端点 1500 处绘制 120×400 的矩形，如图 10-84 所示。

（6）单击"默认"选项卡"修改"面板中的"矩形阵列"按钮▦，输入行数为 1，列数为 4，行间距为 0，列间距为 1570，选择前面移动后的装饰屏风台为阵列对象阵列图形，删除多余的隔断，结果如图 10-85 所示。

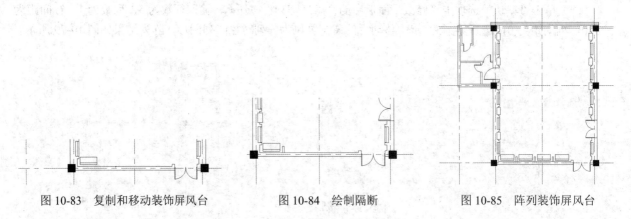

图 10-83　复制和移动装饰屏风台　　　　　图 10-84　绘制隔断　　　　　图 10-85　阵列装饰屏风台

10.3.3　布置沙发和茶几

利用"插入"命令，绘制室内的家具，插入了沙发和茶几图块，也可以利用"直线""偏移""复制"等命令，一一绘制所需的图例，熟练掌握已经学会的知识，只是这样会浪费大量的时间在反复烦琐的工作上。

（1）单击"默认"选项卡"块"面板中的"插入"按钮❞，打开"插入"对话框，选择"随书光盘\源文件\图库"中的"沙发 1"图块，将其插入到大厅适当位置，如图 10-86 所示。

（2）单击"默认"选项卡"块"面板中的"插入"按钮❞，插入"沙发 2"，大厅布置如图 10-87 所示。

图 10-86　插入沙发 1

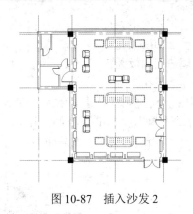

图 10-87　插入沙发 2

10.3.4　卫生间布置

卫生间内布置了"洗脸盆"、"坐便器"和"小便器"。

（1）单击"默认"选项卡"绘图"面板中的"直线"按钮，在卫生间绘制洗手台，洗手台的宽度为 600。

（2）单击"默认"选项卡"块"面板中的"插入"按钮，打开"插入"对话框，在洗手台插入"洗脸盆"图块，如图 10-88 所示。

（3）单击"默认"选项卡"块"面板中的"插入"按钮，在卫生间内插入"坐便器"和"小便器"图块，结果如图 10-89 所示。

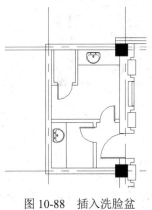

图 10-88　插入洗脸盆

图 10-89　插入坐便器和小便器

（4）打开"尺寸"和"文字"图层，并将"某剧院接待室建筑平面图"修改为"某剧院接待室平面布置图"，结果如图 10-72 所示。

10.4　顶棚布置图

办公建筑顶棚常用材料有如下几种：

（1）石膏板天花和矿棉板天花。

（2）平面石膏板天花。

（3）铝（钢）网格天花。

（4）木质装饰板天花。

（5）火焗漆铝扣板天花。

（6）暴露式天花。

本实例中的接待室顶棚设计，会客室部分采用平面石膏板天花，卫生间则采用 400×400 金属穿孔板网格天花。在灯光布置上要尽量显得明亮柔和，所以灯的数量可以布置得多并且均匀。吸顶灯与工艺吊灯结合，既显得方便实用，也突出了剧院的高雅文化气息，如图 10-90 所示。

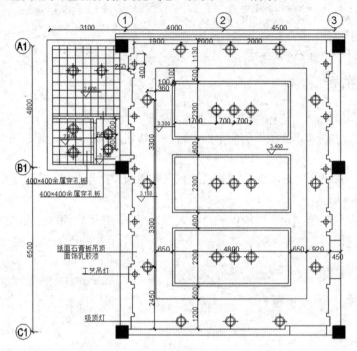

某剧院接待室顶棚布置图

图 10-90 顶棚布置图

10.4.1 整理图形

利用前面绘制的"某剧院接待室建筑平面图"，绘制"某剧院接待室顶棚布置图"，这样可以节约大量的绘制相同的图形的时间，提高绘制效率，节约绘制时间。

（1）单击快速访问工具栏中的"打开"按钮 📂，打开前面绘制的"某剧院接待室平面布置图"，并将其另存为"某剧院接待室顶棚布置图"。

（2）关闭"家具""轴线""门窗""尺寸"图层，删除卫生间隔断和洗手台。

（3）单击"默认"选项卡"绘图"面板中的"直线"按钮 ╱，关闭装饰层，整理图形，结果如图 10-91 所示。

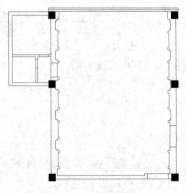

图 10-91 整理图形

10.4.2　绘制吊顶

大厅吊顶的绘制利用了"矩形""偏移""矩形阵列"命令，绘制轮廓，最后利用"图案填充"命令来填充图形。

（1）单击"默认"选项卡"绘图"面板中的"矩形"按钮□，在大厅绘制 6100×9100 的矩形。重复"矩形"命令，在距离大矩形边 650、500 处绘制 4800×2300 的矩形。

（2）单击"默认"选项卡"修改"面板中的"偏移"按钮，将第（1）步中绘制的小矩形向外偏移，偏移距离为 100，结果如图 10-92 所示。

（3）单击"默认"选项卡"修改"面板中的"矩形阵列"按钮，输入行数为 3，列数为 1，行间距为 2900，选取小矩形和偏移后的矩形为阵列对象，完成大厅吊顶的绘制，结果如图 10-93 所示。

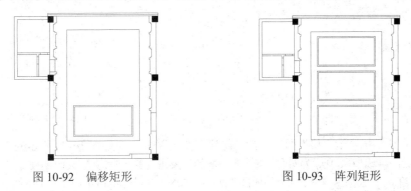

图 10-92　偏移矩形　　　　　　　　　　图 10-93　阵列矩形

（4）单击"默认"选项卡"绘图"面板中的"图案填充"按钮，打开"图案填充创建"选项卡，如图 10-94 所示，选择 NET 填充图案，输入"比例"为 100，在卫生间顶棚布置金属穿孔板，结果如图 10-95 所示。

图 10-94　"图案填充创建"选项卡

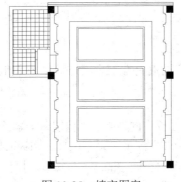

图 10-95　填充图案

10.4.3 绘制灯具

绘制的灯具包括了吸顶灯和工艺吊灯。

1. 绘制吸顶灯

（1）单击"默认"选项卡"绘图"面板中的"圆"按钮⊙，在图纸中空白位置绘制一个半径为 150 的圆，如图 10-96 所示。

（2）单击"默认"选项卡"修改"面板中的"偏移"按钮⊕，将第（1）步中绘制的圆向内偏移，偏移距离为 50，如图 10-97 所示。

（3）单击"默认"选项卡"绘图"面板中的"直线"按钮／，在圆心处绘制长度为 500 的十字交叉线，结果如图 10-98 所示。

图 10-96 绘制圆   图 10-97 偏移圆   图 10-98 绘制直线

（4）单击"默认"选项卡"块"面板中的"创建"按钮➡，打开如图 10-99 所示的"块定义"对话框，选取圆心为插入点，再选取吸顶灯为对象，单击"确定"按钮，完成吸顶灯块的创建。

（5）单击"默认"选项卡"块"面板中的"插入"按钮➡，打开如图 10-100 所示的"插入"对话框，将第（4）步中创建的"吸顶灯"图块插入到图纸适当位置，如图 10-101 所示。

图 10-99 "块定义"对话框   图 10-100 "插入"对话框

2. 绘制工艺吊灯

（1）单击"默认"选项卡"绘图"面板中的"圆"按钮⊙，在图纸中空白位置绘制一个半径为 100 的圆。

（2）单击"默认"选项卡"绘图"面板中的"直线"按钮／，在圆心处绘制长度为 400 的十字交叉线，结果如图 10-102 所示。

（3）单击"默认"选项卡"块"面板中的"创建"按钮➡，打开"块定义"对话框，选取圆心为插入点，工艺吊灯为对象，单击"确定"按钮，完成"工艺吊灯"图块的创建。

（4）单击"默认"选项卡"块"面板中的"插入"按钮➡，打开"插入"对话框，将第（3）步中创建的"工艺吊灯"图块插入到图纸适当位置，如图 10-103 所示。

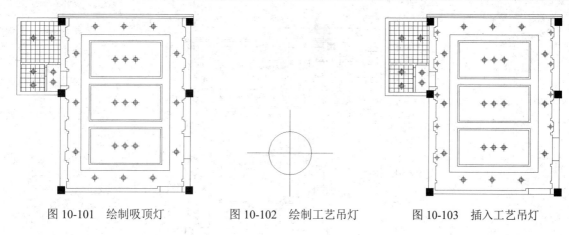

图 10-101　绘制吸顶灯　　　　图 10-102　绘制工艺吊灯　　　　图 10-103　插入工艺吊灯

10.4.4　尺寸和文字标注

图形绘制完成之后的最后一步是进行尺寸标注和文字说明。

1．尺寸标注

（1）单击"默认"选项卡"注释"面板中的"线性"按钮╟和"连续"按钮┼┼，标注吊顶位置尺寸，如图 10-104 所示。

（2）单击"默认"选项卡"注释"面板中的"线性"按钮╟和"连续"按钮┼┼，标注灯具位置尺寸，如图 10-105 所示。

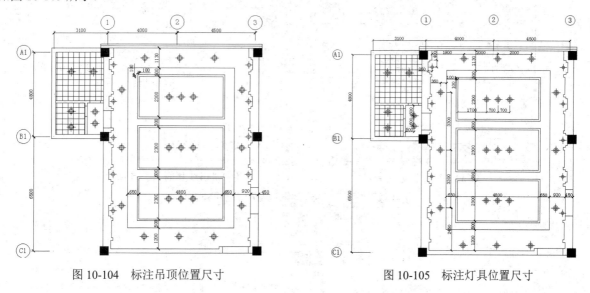

图 10-104　标注吊顶位置尺寸　　　　　　　　图 10-105　标注灯具位置尺寸

（3）单击"默认"选项卡"块"面板中的"插入"按钮，打开"插入块"对话框，插入标高符号，并输入标高值，如图 10-106 所示。

2．标注文字

（1）单击"默认"选项卡"注释"面板中的"文字样式"按钮，打开"文字样式"对话框，新建"说明"样式，设置"文字高度"为 200，并将其设置为当前图层。

269

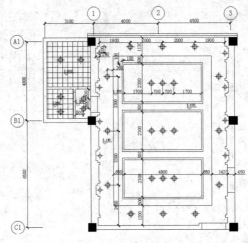

图 10-106　标注标高

（2）在命令行中输入"QLEADER"命令，标注文字说明。命令行提示与操作如下：

命令: QLEADER
指定第一个引线点或 [设置(S)] <设置>:（按 Enter 键，打开"引线设置"对话框，具体设置如图 10-107 所示）
指定第一个引线点或 [设置(S)] <设置>:
指定下一点:
输入注释文字的第一行 <多行文字(M)>:（输入文字）

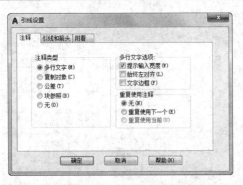

（a）"注释"选项卡

（b）"引线和箭头"选项卡

（c）"附着"选项卡

图 10-107　"引线设置"对话框

标注文字说明如图 10-108 所示。

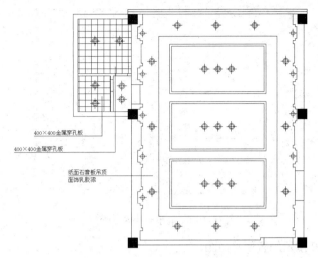

400×400金属穿孔板
400×400金属穿孔板

纸面石膏板吊顶
面饰乳胶漆

图 10-108　文字说明

重复 QLEADER 命令，标注文字说明。引线设置如图 10-107 所示。

（3）将"某剧院接待室平面布置图"修改为"某剧院接待室顶棚布置图"，最终结果如图 10-90 所示。

注意　（1）如果改变现有文字样式的方向或字体文件，当图形重生成时所有具有该样式的文字对象都将使用新值。

（2）在 AutoCAD 提供的 TrueType 字体中，大写字母可能不能正确反映指定的文字高度。只有在"字体名"中指定 SHX 文件，才能使用"大字体"。只有 SHX 文件可以创建"大字体"。

（3）读者应学习掌握字体文件的加载方法以及对乱码现象的解决方法。

10.5　上机实验

【练习1】绘制如图 10-109 所示的董事长室平面图。

1．目的要求

本实例主要要求读者通过练习进一步熟悉和掌握董事长室平面图的绘制方法。本实例可以帮助读者掌握整个平面图绘制的全过程。

2．操作提示

（1）绘制轴线。

（2）绘制外部墙线。

（3）绘制柱子。

（4）绘制内部墙线。

（5）绘制门窗和楼梯。

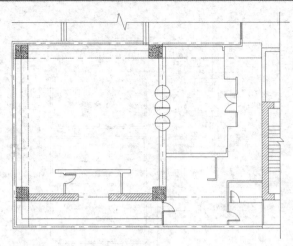

图 10-109　董事长室平面图

【练习2】绘制如图 10-110 所示的餐厅平面图。

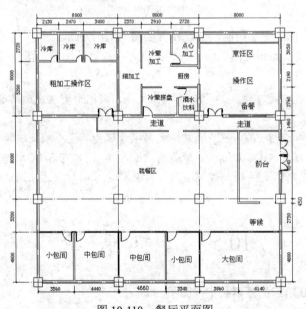

图 10-110　餐厅平面图

1．目的要求

本实例主要要求读者通过练习进一步熟悉和掌握餐厅平面图的绘制方法。本实例可以帮助读者掌握整个平面图绘制的全过程。

2．操作提示

（1）绘制轴线。

（2）绘制墙体和柱子。

（3）绘制门窗。

（4）标注尺寸和文字。

某剧院接待室室内立面及详图绘制

建筑详图设计是建筑施工图绘制过程中的一项重要内容，与建筑构造设计息息相关。

本章首先简要介绍建筑详图的基本知识，然后结合实例讲解在 AutoCAD 中绘制详图的方法和技巧。

【预习重点】

☑ A 立面图的绘制。

☑ 装饰屏风详图的绘制。

11.1 绘制 A 立面图

为了符合接待室的特点，本实例室内立面着重表现庄重典雅、具有文化气息的设计风格，并考虑与室内地面的协调。装饰的重点在于墙面、柱面、屏风造型及其交接部位，采用的材料主要为天然石材、木材、不锈钢、局部软包等，如图 11-1 所示。

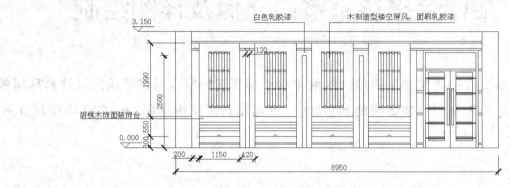

图 11-1   A 立面图

11.1.1 绘制装饰台

绘制接待室的大体轮廓，利用"矩形""偏移""修剪"命令进行绘制。

（1）单击"默认"选项卡"绘图"面板中的"矩形"按钮□，绘制 8950×3150 的矩形，并将其进行分解，结果如图 11-2 所示。

（2）单击"默认"选项卡"修改"面板中的"偏移"按钮▣，将左端竖直线向右偏移，偏移距离依次为 450、200、1150、420、1150、420、1150、420、1150、190、180、750、750 和 120，结果如图 11-3 所示。

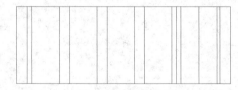

图 11-2   绘制矩形   图 11-3   偏移竖直线

（3）单击"默认"选项卡"修改"面板中的"偏移"按钮▣，将最下端水平线向上偏移，偏移距离依次为 100、40、160、155、80、80、80、155、1990 和 50，结果如图 11-4 所示。

（4）单击"默认"选项卡"修改"面板中的"修剪"按钮✄，修剪多余的线段，结果如图 11-5 所示。

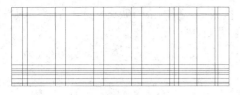

图 11-4　偏移水平直线

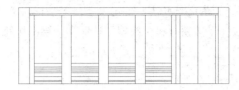

图 11-5　修剪图形

11.1.2　绘制镂空屏风

绘制了接待室的大体轮廓后，绘制镂空屏风。

（1）单击"默认"选项卡"绘图"面板中的"矩形"按钮 ▢，绘制 600×1500 的矩形，并将其分解，结果如图 11-6 所示。

（2）单击"默认"选项卡"修改"面板中的"偏移"按钮 ⊜，将左端竖直线向右偏移 7 次，偏移距离为 75，结果如图 11-7 所示。

（3）单击"默认"选项卡"修改"面板中的"偏移"按钮 ⊜，将水平直线向上偏移到适当位置，结果如图 11-8 所示。

（4）单击"默认"选项卡"修改"面板中的"修剪"按钮 ⊬，修剪多余的线段，结果如图 11-9 所示。

图 11-6　绘制矩形　　　　图 11-7　偏移竖直线　　　　图 11-8　偏移水平直线　　　　图 11-9　修剪图形

（5）单击"默认"选项卡"修改"面板中的"复制"按钮 ❀，将绘制的镂空屏风复制到适当位置，结果如图 11-10 所示。

（6）单击"默认"选项卡"绘图"面板中的"圆"按钮 ⊙，在装饰屏风台上绘制半径为 50 的圆。

（7）单击"默认"选项卡"修改"面板中的"修剪"按钮 ⊬，修剪多余的线段得到暗藏灯，结果如图 11-11 所示。

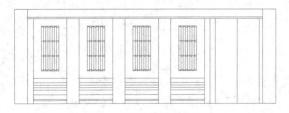

图 11-10　复制镂空屏风

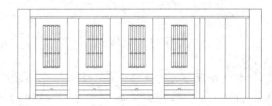

图 11-11　绘制暗藏灯

11.1.3　绘制门和装饰条

绘制接待室右侧的门图形，以及所有的隔断图形。

（1）单击"默认"选项卡"绘图"面板中的"矩形"按钮 ▢，绘制门，结果如图 11-12 所示。

（2）单击"默认"选项卡"绘图"面板中的"直线"按钮✏，再单击"默认"选项卡"修改"面板中的"偏移"按钮⬤和"修剪"按钮┼，绘制装饰条，结果如图 11-13 所示。

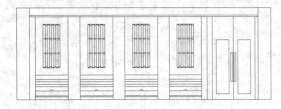

图 11-12　绘制门

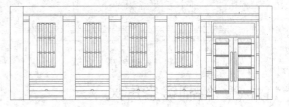

图 11-13　绘制装饰条

（3）单击"默认"选项卡"绘图"面板中的"矩形"按钮▢，绘制 120×2500 的隔断，结果如图 11-14 所示。

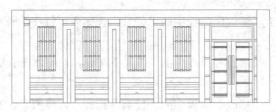

图 11-14　绘制隔断

11.1.4　尺寸和文字标注

最后在接待室图形上进行尺寸的标注和文字说明的绘制。

1. 标注尺寸

（1）单击"默认"选项卡"注释"面板中的"线性"按钮┠和"连续"按钮⊞，标注尺寸，结果如图 11-15 所示。

（2）单击"默认"选项卡"块"面板中的"插入"按钮⬛，打开"插入"对话框，插入标高符号，结果如图 11-16 所示。

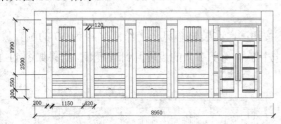

图 11-15　标注尺寸

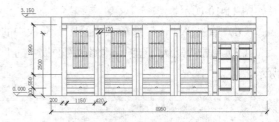

图 11-16　标注标高符号

注意 处理字样重叠的问题，亦可以在标注样式中进行相关设置，这样计算机会自动处理，但处理效果有时不太理想，也可以单击"标注"工具栏中的"编辑标注文字"按钮⬛来调整文字位置，读者可以试一试。

2. 文字说明

（1）单击"默认"选项卡"注释"面板中的"文字样式"按钮⬛，打开"文字样式"对话框，新建"说明"文字样式，设置"高度"为 150，并将其设置为当前图层。

（2）在命令行中输入"QLEADER"命令，标注文字说明，结果如图 11-17 所示。

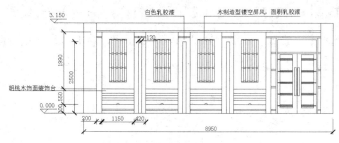

图 11-17　标注文字说明

（3）单击"默认"选项卡"注释"面板中的"文字样式"按钮，打开"文字样式"对话框，新建"标题"文字样式，设置"高度"为 300，并将其设置为当前图层。

（4）单击"默认"选项卡"注释"面板中的"多行文字"按钮 A，标注标题文字，最终结果如图 11-1 所示。

> **注意**　在使用 AutoCAD 时，中、西文字高不等一直困扰着设计人员，并影响图面质量和美观，若分成几段文字编辑又比较麻烦。通过对 AutoCAD 字体文件的修改，可以使中、西文字体协调，扩展了字体功能，并提供了对于道路、桥梁、建筑等专业有用的特殊字符，提供了上下标文字及部分希腊字母的输入。此问题可通过选用大字体，调整字体组合解决，如 gbenor.shx 与 gbcbig.shx 组合，即可得到中、英文字一样高的文本，至于其他组合，用户可根据各专业需要自行调整。

11.2　绘制装饰屏风详图

构造详图也称为构造大样图，是用于表达室内装修做法中材料的规格及各材料之间搭接组合关系的详细图案，也是施工图中不可缺少的部分。构造详图的难度不在于如何绘图，而在于如何设计构造做法，需要设计者深入了解材料特性、制作工艺、装修施工。构造详图的设计是与实际操作结合得非常紧密的环节。

装饰屏风是本实例中体现剧院文化气质的一个关键装饰单元，如图 11-18 所示为装饰屏风的构造详图。下面对其设计方法进行简要讲解。

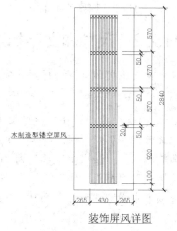

装饰屏风详图

图 11-18　装饰屏风详图

11.2.1　绘制装饰屏风

绘制装饰屏风的细部构造，操作步骤如下。

（1）单击"默认"选项卡"绘图"面板中的"矩形"按钮，绘制 960×2840 的矩形，并将其分解，结果如图 11-19 所示。

（2）单击"默认"选项卡"修改"面板中的"偏移"按钮，将左端竖直线向右偏移，偏移距离分别为 265、430；重复"偏移"命令，将水平直线向上偏移，偏移距离分别为 100、920、570、570、570，结果如图 11-20 所示。

注意 绘制详图时可以在前面的图形空间内进行，也可以单独新建一个详图文件。这里单独绘制。

（3）单击"默认"选项卡"修改"面板中的"修剪"按钮 ✂，修剪多余的线段，结果如图 11-21 所示。

  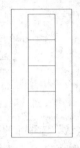

图 11-19　绘制矩形　　　　　图 11-20　偏移直线　　　　　图 11-21　修剪图形

（4）单击"默认"选项卡"修改"面板中的"偏移"按钮 ▱，将图中左端第二条竖直线向右偏移，偏移距离分别为 30、20，重复偏移 8 次，结果如图 11-22 所示。

（5）单击"默认"选项卡"修改"面板中的"偏移"按钮 ▱，将上端第二条直线依次向下偏移 15、5、25、5，再分别将中间的 3 条水平短线依次向下均偏移为 5、15、5、20、5，结果如图 11-23 所示。

（6）单击"默认"选项卡"修改"面板中的"修剪"按钮 ✂，修剪多余的线段，结果如图 11-24 所示。

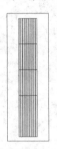 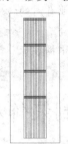 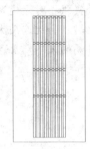

图 11-22　偏移竖直直线　　　　图 11-23　偏移直线　　　　图 11-24　修剪图形

11.2.2　尺寸和文字标注

将装饰屏风详图进行尺寸标注和文字说明。

1. 尺寸标注

（1）单击"默认"选项卡"注释"面板中的"标注样式"按钮 ◪，打开"标注样式管理器"对话框，新建"详图"标注样式。在"线"选项卡中设置"超出尺寸线"数值为 50，"起点偏移量"为 100；在"符号和箭头"选项卡中设置箭头符号为"建筑标记"，"箭头大小"为 50；在"文字"选项卡中设置文字大小为 80；在"主单位"选项卡中设置"精度"为 0，小数分隔符为"句点"。

（2）单击"默认"选项卡"注释"面板中的"线性"按钮 ⊢ 和"连续"按钮 ⊞，标注尺寸，如图 11-25 所示。

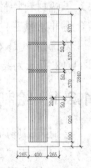

图 11-25　标注尺寸

2. 标注文字

（1）单击"默认"选项卡"注释"面板中的"文字样式"按钮 ◭，打开"文字样式"对话框，新建"说明"文字样式，设置"高度"为 80，并将其设置为当前图层。

（2）在命令行中输入"QLEADER"命令，并通过"引线设置"对话框设置参数，如图 11-26 所示。标注说明文字，结果如图 11-27 所示。

（a）"注释"选项卡

（b）"引线和箭头"选项卡

（c）"附着"选项卡

图 11-26　"引线设置"对话框

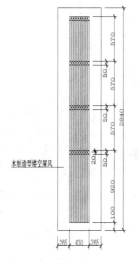

图 11-27　标注文字说明

（3）单击"默认"选项卡"注释"面板中的"文字样式"按钮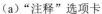，打开"文字样式"对话框，新建"标

题"文字样式,设置"高度"为120,并将其设置为当前图层。

(4)单击"默认"选项卡"注释"面板中的"多行文字"按钮 **A**,标注标题文字,最终结果如图 11-18 所示。

11.3　上　机　实　验

【练习1】绘制如图 11-28 所示的二楼中餐厅 A 立面图。

1.目的要求

本实例主要要求读者通过练习进一步熟悉和掌握立面图的绘制方法。本实例可以帮助读者学会完成整个立面图的绘制。

2.操作提示

(1)绘图前准备。

(2)绘制餐厅立面图。

(3)进行图案填充。

(4)添加尺寸标注和文字说明。

【练习2】绘制如图 11-29 所示的踏步详图。

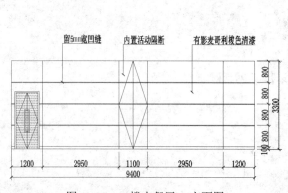

图 11-28　二楼中餐厅 A 立面图

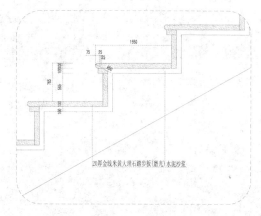

图 11-29　踏步详图

1.目的要求

本实例除用到"直线""图案填充"等基本绘图命令外,还要用到"线性标注"和"连续标注"等编辑命令,图形简单,主要用来练习剖面图的基本绘制方法。

2.操作提示

(1)绘制轮廓线。

(2)填充图形。

(3)标注详图。

第 4 篇

洗浴中心室内设计综合实例篇

本篇主要结合一个典型的公用娱乐空间实例——洗浴中心室内设计实例讲解利用 AutoCAD 2017 进行各种室内设计的操作步骤、方法技巧等，包括洗浴中心平面图的绘制、洗浴中心平面布置图的绘制、洗浴中心顶棚与地坪图的绘制、洗浴中心立面图的绘制和洗浴中心剖面图的绘制等知识。

本篇内容通过实例加深读者对 AutoCAD 功能的理解和掌握，熟悉公共娱乐空间的设计方法。

▶▶ **洗浴中心平面图的绘制**

▶▶ **洗浴中心平面布置图的绘制**

▶▶ **洗浴中心顶棚与地坪图的绘制**

▶▶ **洗浴中心立面图的绘制**

▶▶ **洗浴中心剖面图和详图的绘制**

第 12 章

洗浴中心平面图的绘制

本章将以某洗浴中心室内设计平面图的绘制为例，详细讲述平面图的绘制过程。在讲述过程中，将逐步带领读者完成平面图的绘制，并讲述关于室内设计平面图绘制的相关理论知识和技巧。本章包括平面图绘制的知识要点、平面图的绘制步骤、装饰图块的绘制及尺寸文字标注等内容。

【预习重点】

☑ 洗浴中心设计要点及实例简介。

☑ 绘制一层平面图。

☑ 绘制二层总平面图。

☑ 绘制道具单元平面图。

12.1 休闲娱乐空间室内设计概述

休闲娱乐空间设计比较复杂，涉及诸多综合技术和具体物件。设计师必须灵活运用各种知识，对室内进行多层次的空间设计，使大空间饰面丰富，小空间布局精巧，合理划分功能区域，巧妙组织人流线。休闲娱乐空间是集体娱乐的场所，没有一个科学、合理的交通流线设计，休闲娱乐空间就会拥挤不堪，从而造成混乱。休闲娱乐空间设计还要符合国家防火规范的有关规定，严格控制好平面与垂直交通、防火疏散相互关系，根据使用功能不同组织好内外交通路线。另外，休闲娱乐空间虽然应装饰得华丽美观，但不能变成满眼奢华的材料堆砌。设计师应该充分应用新材料和新技术，从实用功能需要出发，推陈出新，创造出新颖巧妙、风格独特、功能齐全的休闲娱乐环境。

12.1.1 休闲娱乐空间顶部构造设计

不同的休闲娱乐场所装饰设计的要求各有差异，但人们总是比较喜欢相对封闭、独立的小空间。休闲娱乐场所顶棚设计不仅要考虑室内装饰效果和艺术风格的要求，设计师还要协调好空间的具体尺寸，把握好顶棚内部空间尺寸，考虑好顶棚内部风、水、电等设备安装的空间距离，同时又要保证顶棚到地面比较适宜的空间尺度。

1．顶棚装饰的特点分析

休闲娱乐场所顶棚的造型、结构、材料设计都比较复杂，吊顶的层次变化比较丰富。因此设计师在休闲娱乐场所吊顶造型、基本构造、固定方法等方面的设计必须从整体考虑，其设计必须符合相关国家标准。

2．顶棚构造设计

顶棚装饰效果会直接影响人们对该休闲娱乐场所的空间感受。酒吧、咖啡厅的空间尺度较小，而且比较紧凑。休闲娱乐场所顶棚设计常会选用构造相对简单，层次变化较小的结构形式来表现，顶棚装饰面多选用高雅、华丽的装饰材料，结合变化丰富但照度偏低的灯光效果，如 LED 灯等，这样不仅可以充分合理地利用有限的空间，同时又能营造出丰富的感官效果。

休闲娱乐场所的顶棚表现形式有丝质帐幔顶棚、金银箔饰面顶棚、玻璃镜面装饰顶棚、金属构造装饰顶棚、发光材料装饰顶棚等。

12.1.2 休闲娱乐空间墙面装饰设计

设计师在设计休闲娱乐场所墙体时，必须提供详细的构造图纸，以保证墙体的稳定、防火、防水、隔声等方面符合国家的相关规范要求。

以块材为饰面的基底，必须分清粘贴、干挂等不同的构造关系，合理地选择基层材料和配件，同时要做好基层材料的防火、防潮处理。设计装饰面层材料的品种、形状、尺寸前，要充分了解材料的性能、特点，巧妙地利用材料的不同性能来营造环境装饰效果。

1. 休闲娱乐场所墙面装饰特点分析

休闲娱乐场所的墙面装饰变化丰富，且私密性的空间较多，因此在墙面设计时既要以其使用功能为前提，做好墙面的隔声、防火设计，同时又要超越物质空间的层面来关注消费者的精神空间，让休闲娱乐场所真正成为人们缓解压力的理想世界。

2. 休闲娱乐场所墙面装饰设计

设计师要把无形的音乐元素，如韵律、节拍和音调等都转化为有形的空间元素，通过塑造墙面鲜明而独特的形象，营造出幽暗的氛围，为喜爱夜生活的人们制造入夜的情调。

在每一个空间的墙面上，设计师怎样运用刚硬质感的材料相互搭配，让刚硬与柔软融合，激发出新颖的火花。设计师应该通过选用不同的材料与构造，为每一个空间营造出迥异的风格和独特的氛围。如墙面采用透光石、镜面与皮革等材料略做装饰，在朦胧的灯光下会映照得格外诱人。

色彩能唤起人们的情绪，休闲娱乐场所墙面的颜色至关重要，因为它能诱发人们不同的情感。设计师要把握好材料之间的色彩关系，并巧妙地利用灯光来营造不同的情感氛围。

12.1.3 休闲娱乐空间地面装饰设计

休闲娱乐场所的地面装饰因功能不同有很大差异，如休闲会所的地面需要带给人一种松弛、平和的心境，地面多以亮丽的石材、地砖或地毯来表现。而酒吧、咖啡馆的地面则多用灰暗的色调来烘托其灯红酒绿的神秘，在这里，深色粗放的材料成为设计师的宠儿。

在结构构造上，休闲娱乐场所的地面常以架空的结构形式来追寻空间效果与变化，通过透光材料和内藏灯管营造令人惊叹的视觉效果。值得注意的是，透光材料的厚度、强度及收边、收口设计都是设计师要引起重视的问题。

休闲娱乐场所的地面装饰材料种类很多，如玻璃砖、透光石、地砖、地毯、金属、木材和混凝土等。

12.1.4 洗浴中心设计要点

洗浴中心是随着现代都市发展而兴起的一种娱乐休闲公共建筑设施，如图 12-1 所示。洗浴中心由最初的公共澡堂发展而来，其最初的基本用途是供那些家里没有洗浴设施或在家里洗澡不方便的人洗浴，其本质是为了满足人们舒适要求的服务场所。随着人们对生活品质要求的提高，现代洗浴中心除了最基本的洗浴功能外，逐步增加了其他休闲功能，例如按摩（由最初的搓澡发展而来）、理发、唱歌、喝茶、健身、台球、乒乓球、棋牌、就餐、住宿等，服务项目越来越多，涵盖范围越来越大，已经变成了一种综合休闲娱乐中心。

各种洗浴中心可以根据自己的建筑规模、消费人群提供相应的服务种类，进行相应的装潢设计。消费者在洗浴中心休闲之际，不仅对于洗浴实质上的吸引力有所反应，甚至对于整个环境，诸如服务、广告、印象、包装、乐趣及其他各种附带因素等也会有所反应。而其中最重要的因素之一就是休闲环境。因此巧妙地运用空间美学，设计出理想的休闲环境，对洗浴中心气氛的塑造有重要意义。

顾客往往会选择充满适合自己所喜爱氛围的洗浴中心，因此在从事洗浴中心室内设计时，必须考虑下列几点。

（1）应先确定顾客目标。

（2）分析顾客对洗浴中心的气氛有何期望。

（3）了解哪些气氛能提高顾客对洗浴中心的信赖度并引起情绪上的反应。

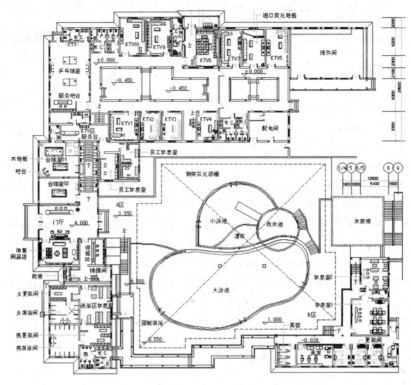

图 12-1　洗浴中心一层装饰平面图

（4）对于所构想的气氛，应与竞争店的气氛作比较，分析彼此的优劣点。

商业建筑的室内设计装潢有不同的风格，大商场、大酒店有豪华的外观装饰，具有现代感；洗浴中心也应有自己的风格和特点。在具体装潢上，可从以下两方面去设计。

（1）装潢要具有广告效应。即要给消费者以强烈的视觉刺激。可以把洗浴中心门面装饰成独特或怪异的形状，争取在外观上别出心裁，以吸引消费者。

（2）装潢要结合洗浴中心特点加以联想，新颖独特的装潢不仅是对消费者视觉上的刺激，更重要的是使消费者没进店门就知道里面可能有什么东西。

对于洗浴中心内的装饰和设计，主要应注意以下几个问题。

（1）防止人流进入洗浴中心后拥挤。

（2）吧台应设置在显眼处，以便顾客咨询。

（3）洗浴中心内的布置要体现一种独特的与洗浴休闲适应的气氛。

（4）洗浴中心中应尽量多设置一些休息处，备好座椅、躺椅。

（5）充分利用各种色彩。墙壁、天花板、灯、浴池、娱乐包间和休息大厅组成了洗浴中心的内部环境。不同的色彩对人的心理刺激不一样。以紫色为基调，布置显得华丽、高贵；以黄色为基调，布置显得柔和；以蓝色为基调，布置显得不可捉摸；以深色为基调，布置显得大方、整洁；以红色为基调，布置显得热烈。色彩运用不是单一的，而是综合的。不同时期、不同季节、节假日，色彩运用不一样；冬天与夏天也不一样。不同的人，对色彩的反应也不一样。儿童对红、橘黄、蓝、绿反应强烈；年轻女性对流行色的反应敏锐。这方面灯光的运用尤其重要。

（6）洗浴中心内最好在光线较暗或微弱处设置一面镜子。这样做的好处在于镜子可以反射灯光，使洗浴中心更显明亮、更醒目。有的洗浴中心用整面墙作镜子，除了上述优点外，还使空间看上去更宽敞。

（7）收银台设置在吧台两侧且应高于吧台。

（8）消防设施应重点考虑。因为洗浴中心人员众多，相对密度大，各种设施用水用电量很大。

12.1.5　设计思路

本实例讲解的是一个大型豪华洗浴中心室内装饰设计的完整过程。本洗浴中心所在建筑为一个大体量二层建筑结构。一层体量很大，包含洗浴中心经营的大部分内容，二层由于要给一层泳池区域留出足够采光空间，体量相对较小。按功能分类，包括 4 大区域。

（1）泳池区域。本区域是洗浴中心的核心区域，占用面积约为一层空间的 1/2，包括大小游泳池、戏水池、人工瀑布、休息室、美容美发室、更衣间、服务台等。由于采光需要，这一区域的上面不再有建筑层，而是设计高大采光塑钢顶棚，使整个泳池区域显得宽敞明亮，有一种亲近大自然的感觉。

（2）淋浴区域。本区域是为进入泳池前或从泳池出来进行冲洗的区域，包括淋浴间、更衣间、鞋房、厕所等，本区域属于顾客悠闲的过渡区域，所以面积不大，装潢也不会太考究。

（3）休闲娱乐区域。本区域包括门厅、收银台、台球室、乒乓球室、KTV 包房、健身室、体育用品店和厕所。由于一层的空间不够，所以有些 KTV 包房和健身室设置在二层。这个区域是体现洗浴中心整体装潢风格和吸引顾客的关键所在，所以室内设计务必力求精美。

（4）后勤保障区域。本区域包括员工休息室、水泵房和操作间，这部分区域相对次要，设计时可较其他区域简单。

下面讲述本洗浴中心室内设计的完整过程。

12.2　一层平面图

洗浴中心室内设计一层平面图如图 12-2 所示，由大泳池、休息室、小泳池、更衣间、卫生间、门厅构成，本节主要讲述一层平面图的绘制方法。

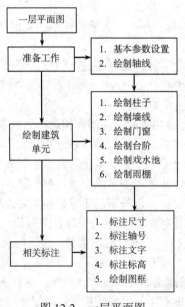

图 12-2　一层平面图

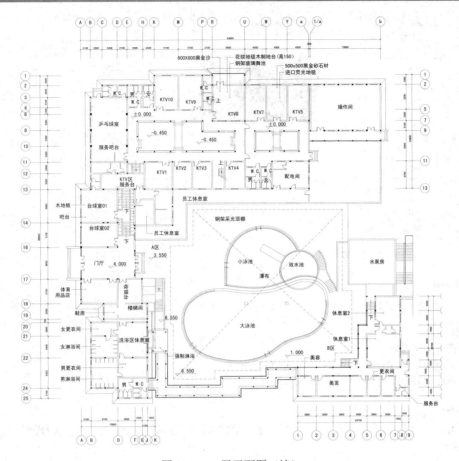

图 12-2　一层平面图（续）

12.2.1　基本参数设置

1. 新建样板文件

打开 AutoCAD 2017 应用程序，单击快速访问工具栏中的"新建"按钮，打开"选择样板"对话框，如图 12-3 所示。以 acadiso.dwt 为样板文件，建立新文件。

提示

（1）样板图形存储图形的所有设置，还可能包含预定义的图层、标注样式和视图。样板图形通过文件扩展名.dwt 区别于其他图形文件，通常保存在 Template 目录中。

（2）如果根据现有的样板文件创建新图形，则新图形中的修改不会影响样板文件。可以使用随程序提供的一个样板文件，也可以创建自定义样板文件。

2. 设置单位

选择菜单栏中的"格式"→"单位"命令，系统打开"图形单位"对话框，如图 12-4 所示。设置长度"类型"为"小数"，"精度"为 0；设置角度"类型"为"十进制度数"，"精度"为 0；系统默认方向为顺时针，"用于缩放插入内容的单位"设置为"毫米"。

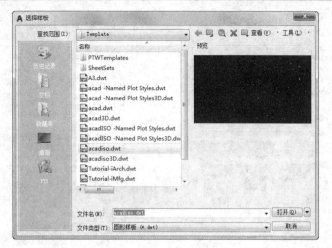

图 12-3　新建样板文件　　　　　　　　　　图 12-4　"图形单位"对话框

3. 设置图幅

在命令行中输入"LIMITS"命令，设置图幅为 420000×297000。命令行提示与操作如下：

```
命令: LIMITS↙
重新设置模型空间界限:
指定左下角点或 [开(ON)/关(OFF)]<0.0000,0.0000>:↙
指定右上角点 <12.0000,9.0000>:420000,297000↙
```

4. 新建图层

（1）单击"默认"选项卡"图层"面板中的"图层特性"按钮，打开"图层特性管理器"选项板，如图 12-5 所示。

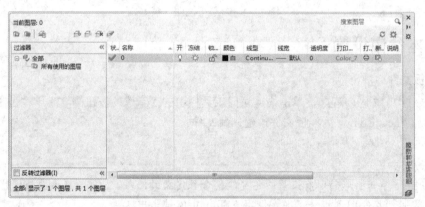

图 12-5　"图层特性管理器"选项板

 注意 在绘图过程中，往往有不同的绘图内容，如轴线、墙线、装饰布置图块、地板、标注、文字等，如果将这些内容均放置在一起，绘图之后若要删除或编辑某一类型的图形，将带来选取的困难。AutoCAD 提供了图层功能，为编辑带来了极大的方便。

在绘图初期可以建立不同的图层，将不同类型的图形绘制在不同的图层当中，在编辑时可以利用图层的显示和隐藏功能、锁定功能来操作图层中的图形，十分利于编辑运用。

（2）单击"图层特性管理器"选项板中的"新建图层"按钮，新建一个图层，如图 12-6 所示。

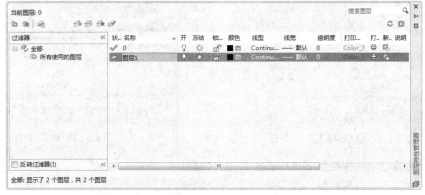

图 12-6 新建图层

（3）新建图层的图层名称默认为"图层 1"，将其修改为"轴线"。图层名称后面的选项由左至右依次为"开/关图层"、"冻结/解冻图层"、"锁定/解锁图层"、"颜色"、"线型"、"线宽"和"打印样式"等。其中，编辑图形时最常用的是图层的开/关、锁定以及图层颜色、线型的设置等。

（4）单击新建的"轴线"图层"颜色"栏中的色块，打开"选择颜色"对话框，如图 12-7 所示，选择红色为"轴线"图层的默认颜色。单击"确定"按钮，返回"图层特性管理器"选项板。

（5）单击"线型"栏中的选项，打开"选择线型"对话框，如图 12-8 所示。轴线一般在绘图中应用点画线进行绘制，因此应将"轴线"图层的默认线型设为中心线。单击"加载"按钮，打开"加载或重载线型"对话框，如图 12-9 所示。

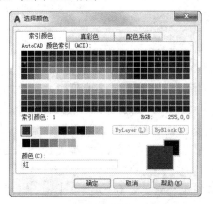

图 12-7 "选择颜色"对话框

图 12-8 "选择线型"对话框

（6）在"可用线型"列表框中选择 CENTER 线型，单击"确定"按钮，返回"选择线型"对话框。选择刚刚加载的线型，如图 12-10 所示，单击"确定"按钮，"轴线"图层设置完毕。

注意 修改系统变量 DRAGMODE，推荐修改为 AUTO。系统变量为 ON 时，在选定要拖动的对象后，仅当在命令行中输入"DRAG"后才在拖动时显示对象的轮廓；系统变量为 OFF 时，在拖动时不显示对象的轮廓；系统变量为 AUTO 时，在拖动时总是显示对象的轮廓。

图 12-9 "加载或重载线型"对话框

图 12-10 加载线型

（7）采用相同的方法，按照以下说明新建其他几个图层。

① "墙体"图层：颜色为白色，线型为实线，线宽为默认。

② "门窗"图层：颜色为蓝色，线型为实线，线宽为默认。

③ "轴线"图层：颜色为红色，线型为 CENTER，线宽为默认。

④ "文字"图层：颜色为白色，线型为实线，线宽为默认。

⑤ "尺寸"图层：颜色为 94，线型为实线，线宽为默认。

⑥ "柱子"图层：颜色为白色，线型为实线，线宽为默认。

⑦ "台阶"图层：颜色为白色，线型为实线，线宽为默认。

⑧ "泳池"图层：颜色为白色，线型为实线，线宽为默认。

⑨ "楼梯"图层：颜色为白色，线型为实线，线宽为默认。

⑩ "雨篷"图层：颜色为白色，线型为实线，线宽为默认。

☆ 贴心小帮手

如何删除无用图层？

方法 1：将无用的图层关闭，全选，复制粘贴至一新文件中，无用的图层就不会粘贴过来。如果曾经在要删除的图层中定义过块，又在另一图层中插入了这个块，那么这个图层是不能用这种方法删除的。

方法 2：选择需要留下的图层，然后选择菜单栏中的"文件"→"输出"→"块文件"命令，这样的块文件就是选中部分的图形了，如果这些图形中没有指定的层，这些层也不会被保存在新的图块图形中。

方法 3：打开一个 AutoCAD 文件，把要删除的图层先关闭，在图面上只留下需要的可见图形，选择"文件"→"另存为"命令，确定文件名，在"文件类型"下拉列表框中选择"*.dxf"格式，在打开的对话框中选择"工具"→"选项"→"DXF 选项"命令，再选中对象，单击"确定"按钮，接着单击"保存"按钮，即可选择保存对象，将可见或要用的图形选中即可确定保存，完成后退出这个刚保存的文件，再打开来看看，会发现不想要的图层不见了。

方法 4：用命令 LAYTRANS 将需删除的图层映射为 0 图层即可，这个方法可以删除具有实体对象或被其他块嵌套定义的图层。

在绘制的平面图中，包括轴线、门窗、装饰、文字和尺寸标注几项内容，分别按照上面所介绍的方式设置图层。其中的颜色可以依照读者的绘图习惯自行设置，并没有具体的要求。设置完成后的"图层特性管理器"选项板如图 12-11 所示。

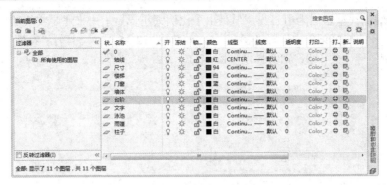

图 12-11　设置图层

12.2.2　绘制轴线

设置"轴线"图层，并在"轴线"图层上绘制定位轴线，建筑轴线作为布置墙体和门窗的依据，也是建筑施工定位的重要依据。

（1）在"图层"工具栏的下拉列表框中，选择"轴线"图层为当前图层，如图 12-12 所示。

图 12-12　设置当前图层

（2）单击"默认"选项卡"绘图"面板中的"直线"按钮✐，在图中空白区域任选一点为直线起点，绘制一条长度为 82412 的竖直轴线。命令行提示与操作如下：

命令: LINE
指定第一个点:（任选起点）
指定下一点或 [放弃(U)]: @0,82412↙

结果如图 12-13 所示。

（3）单击"默认"选项卡"绘图"面板中的"直线"按钮✐，在第（2）步中绘制的竖直直线左侧任选一点为直线起点，向右绘制一条长度为 75824 的水平轴线，如图 12-14 所示。

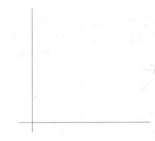

图 12-13　绘制竖直轴线　　　　　　图 12-14　绘制水平轴线

🎓 高手支招

> 使用"直线"命令时，若为正交轴网，可单击"正交"按钮，使其处于按下状态，根据正交方向提示，直接输入下一点的距离即可，而不需要输入"@"符号，若为斜线，则可单击"极轴"按钮，使其处于按下状态，设置斜线角度，此时，图形即进入了自动捕捉所需角度的状态，使用此方法可大大提高制图时输入距离的速度。注意，两者不能同时使用。

（4）此时，轴线的线型虽然为中心线，但是由于比例太小，显示出来还是实线的形式。选择刚刚绘制的轴线并右击，在打开的快捷菜单中选择"特性"命令，如图 12-15 所示，打开"特性"选项板，如图 12-16 所示。将"线型比例"修改为 100，轴线显示如图 12-17 所示。

图 12-15　快捷菜单

图 12-16　"特性"选项板

图 12-17　修改轴线比例

高手支招

通过全局修改或单个修改每个对象的线型比例因子，可以以不同的比例使用同一个线型。默认情况下，全局线型和单个线型比例均设置为 13.0。比例越小，每个绘图单位中生成的重复图案就越多。例如，设置为 0.5 时，每一个图形单位在线型定义中显示重复两次的同一图案。不能显示完整线型图案的短线段显示为连续线。对于太短，甚至不能显示一个虚线小段的线段，可以使用更小的线型比例。

（5）单击"默认"选项卡"修改"面板中的"偏移"按钮，设置"偏移距离"为4000，按 Enter 键确认后选择竖直直线为偏移对象，在直线右侧单击，将竖直轴线向右偏移4000的距离，命令行提示与操作如下：

```
命令：_offset
当前设置：删除源=否　图层=源　OFFSETGAPTYPE=0
指定偏移距离或 [通过(T)/删除(E)/图层(L)]<通过>：4000↙
选择要偏移的对象或 [退出(E)/放弃(U)]<退出>：（选择竖直直线）
指定要偏移的那一侧上的点或 [退出(E)/多个(M)/放弃(U)]<退出>（在竖直直线右侧单击）：
选择要偏移的对象或 [退出(E)/放弃(U)]<退出>：
```

结果如图 12-18 所示。

（6）单击"默认"选项卡"修改"面板中的"偏移"按钮，选择第（5）步中偏移后的轴线为起始轴线，连续向右偏移，偏移距离分别为2100、2500、3200、2100、1500、1500、300、800、1600、5100、5100、2100、6900、4500、4500、2075、2425、300、1175、3600、3600、1800、1800、1800、1225、4175和1800，结果如图 12-19 所示。

（7）单击"默认"选项卡"修改"面板中的"偏移"按钮，设置偏移距离为223，按 Enter 键确认后选择水平直线为偏移对象，在直线上侧单击，将直线向上偏移223，结果如图 12-20 所示。

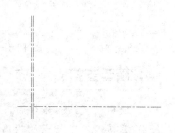

图 12-18　偏移竖直直线

（8）单击"默认"选项卡"修改"面板中的"偏移"按钮，继续向上偏移，偏移距离分别为 1877、2322、1800、1500、678、1722、2778、222、1790、788、700、1517、1683、1322、3778、6600、5100、6900、3300、2400、3300、3000、300、1800、1500、800、600、2100、2500 和 2000，结果如图 12-21 所示。

图 12-19　再次偏移竖直直线

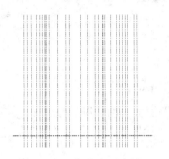

图 12-20　偏移水平直线

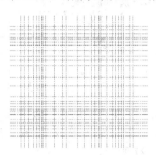

图 12-21　偏移水平直线

☆ 贴心小帮手

选择"工具"→"选项"→"配置"→"重置"命令；或执行 MENULOAD 命令，然后单击"浏览"按钮，在打开的对话框中选择 ACAD.MNC 加载即可。

12.2.3　绘制及布置墙体柱子

利用"矩形"和"圆"命令绘制柱子，然后使用"图案填充"命令填充图形，绘制不同尺寸的柱子。

1. 设置当前图层

在"图层"工具栏的下拉列表框中，选择"柱子"图层为当前图层，如图 12-22 所示。

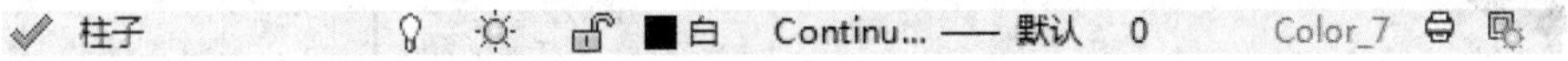

✔ 柱子　　　　　♀　☼　🔓　■白　Continu...　——默认　0　　Color_7　🖨　🖺

图 12-22　设置当前图层

2. 绘制矩形

单击"默认"选项卡"绘图"面板中的"矩形"按钮，在图形空白区域任选一点为矩形起点，绘制一个 240×240 的矩形，命令行提示与操作如下：

```
命令: RECTANG
指定第一个角点或 [倒角(C)/标高(E)/圆角(F)/厚度(T)/宽度(W)]:
指定另一个角点或 [面积(A)/尺寸(D)/旋转(R)]: @240,240✓
```

结果如图 12-23 所示。

3. 填充图案

单击"默认"选项卡"绘图"面板中的"图案填充"按钮，打开"图案填充创建"选项卡，选择 SOLID 图案，如图 12-24 所示，完成柱子的图案填充，效果如图 12-25 所示。

图 12-23　绘制矩形

4. 绘制剩余柱子

（1）利用上述绘制柱子的方法绘制图形中剩余的柱子图形。其中，各矩形的尺寸类型分别为 300×240、

300×300、400×400、240×248、240×280、360×360、240×75、240×300、240×338 和 400×240。

图 12-24　"图案填充创建"选项卡　　　　　　　　　图 12-25　填充图形

（2）单击"默认"选项卡"绘图"面板中的"圆"按钮⊙，在图形空白区域绘制一个半径为 63 的圆，如图 12-26 所示。单击"默认"选项卡"绘图"面板中的"图案填充"按钮🔲，完成圆的图案填充，效果如图 12-27 所示。

5．布置柱子

（1）单击"默认"选项卡"修改"面板中的"移动"按钮✛，选择前面绘制的半径为 63 的圆形柱子图形为移动对象，将其移动并放置到如图 12-28 所示的轴线位置。

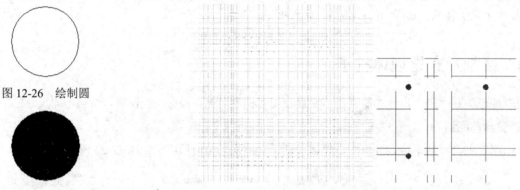

图 12-26　绘制圆

图 12-27　填充圆　　　　　　　　　图 12-28　布置圆形柱子

（2）单击"默认"选项卡"修改"面板中的"移动"按钮✛，选择绘制完成的 240×240 的矩形柱子图形为移动对象，将其放置到如图 12-29 所示的轴线位置。

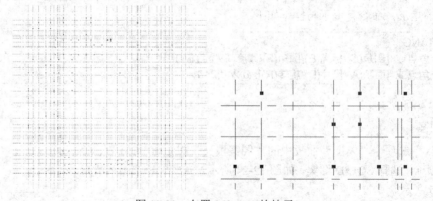

图 12-29　布置 240×240 的柱子

（3）单击"默认"选项卡"修改"面板中的"移动"按钮✛，选择前面绘制的 400×400 的矩形柱子图形为移动对象,将其放置到如图 12-30 所示的轴线位置。

(4)单击"默认"选项卡"修改"面板中的"移动"按钮✥,选择前面绘制的 300×300 的矩形柱子图形为移动对象,将其放置到如图 12-31 所示的轴线位置。

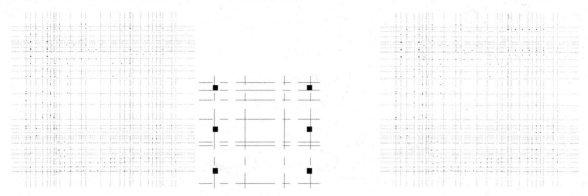

图 12-30　布置 400×400 的柱子　　　　　　　　图 12-31　布置 300×300 的柱子

(5)单击"默认"选项卡"修改"面板中的"移动"按钮✥,选择前面绘制的 400×240 的矩形柱子图形为移动对象,将其放置到如图 12-32 所示的轴线位置。

(6)利用上述方法完成图形中剩余柱子的布置,如图 12-33 所示。

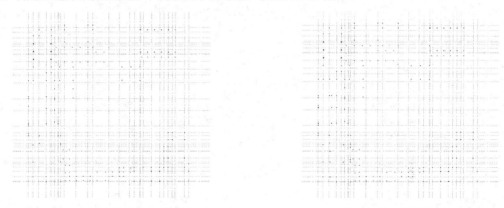

图 12-32　布置 400×240 的柱子　　　　　　　　图 12-33　布置剩余柱子

12.2.4　绘制墙线

一般的建筑结构的墙线均可通过 AutoCAD 中的"多线"命令来绘制。本实例将利用"多线""修剪""偏移"命令完成绘制。

1. 设置当前图层

在"图层"工具栏的下拉列表框中,选择"墙体"图层为当前图层,如图 12-34 所示。

✓　墙体　　　　　　♀　☼　🔓　■白　Continu...　── 默认　0　　Color_7　🖶　🖳

图 12-34　设置当前图层

2. 设置多线样式

(1)选择菜单栏中的"格式"→"多线样式"命令,打开"多线样式"对话框,如图 12-35 所示。

（2）在"多线样式"对话框中，"样式"栏中只有系统自带的 STANDARD 样式，单击右侧的"新建"按钮，打开"创建新的多线样式"对话框，如图 12-36 所示。在"新样式名"文本框中输入"240"作为多线的名称。单击"继续"按钮，打开"新建多线样式:240"对话框，如图 12-37 所示。

图 12-35　"多线样式"对话框

图 12-36　新建多线样式

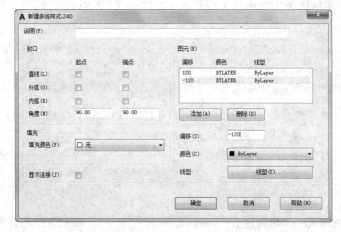

图 12-37　编辑新建多线样式

（3）外墙的宽度为 240，将偏移分别修改为 120 和-120，单击"确定"按钮回到"多线样式"对话框，单击"置为当前"按钮，将创建的多线样式设为当前多线样式，单击"确定"按钮，回到绘图状态。

3. 绘制墙线

（1）选择菜单栏中的"绘图"→"多线"命令，绘制洗浴中心平面图中 240 厚的墙体。命令行提示与操作如下：

```
命令: MLINE
当前设置: 对正=上，比例=20.00，样式=STANDARD
指定起点或 [对正(J)/比例(S)/样式(ST)]: ST↙（设置多线样式）
输入多线样式名或[?]: 240↙（多线样式为墙 1）
当前设置: 对正=上，比例=20.00，样式=240
指定起点或 [对正(J)/比例(S)/样式(ST)]: J↙
```

输入对正类型 [上(T)/无(Z)/下(B)]<上>: Z↙（设置对正模式为无）
当前设置: 对正=无，比例=20.00，样式=墙
指定起点或 [对正(J)/比例(S)/样式(ST)]: S↙
输入多线比例<20.00>: 1↙（设置线型比例为1）
当前设置: 对正=无，比例=13.00，样式=墙
指定起点或 [对正(J)/比例(S)/样式(ST)]:（选择左侧竖直直线下端点）
指定下一点: 指定下一点或 [放弃(U)]:

结果如图 12-38 所示。

（2）利用上述方法完成平面图中剩余 240 厚墙体的绘制，如图 12-39 所示。

图 12-38　绘制 240 厚墙体

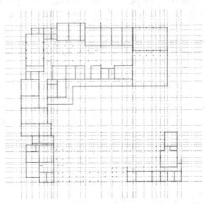

图 12-39　绘制剩余 240 厚墙体

4．重新设置多线样式

在建筑结构中，包括承载受力的承重结构和用来分割空间、美化环境的非承重墙。

（1）设置距离为 120 的新的多线样式。

（2）选择菜单栏中的"绘图"→"多线"命令，完成图形中 120 厚墙体的绘制，如图 12-40 所示。

（3）设置距离为 40 的新的多线样式，绘制平面图中卫生间 40 厚隔墙，如图 12-41 所示。

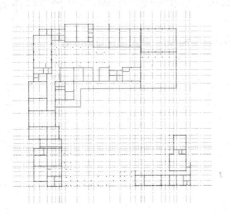

图 12-40　绘制 120 厚墙体

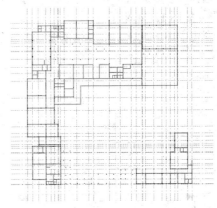

图 12-41　绘制 40 厚墙体

（4）利用上述方法完成图形中 30 厚隔板墙的绘制，如图 12-42 所示。

注意 读者绘制墙体时需要注意墙体厚度不同，要对多线样式进行修改。

高手支招

目前,国内对建筑 CAD 制图开发了多套适合我国规范的专业软件,如天正、广厦等。这些以 AutoCAD 为平台开发的制图软件,通常根据建筑制图的特点,对许多图形进行模块化、参数化,故在使用这些专业软件时,大大提高了 CAD 制图的速度,而且 CAD 制图格式规范统一,大大降低了一些单靠 CAD 制图易出现的小错误的产生机率,给制图人员带来了极大的方便,节约了大量的制图时间,感兴趣的读者也可试一试相关软件。

(5)选择"图层"下拉列表框,单击"轴线"图层前的"开/关"图层按钮,关闭"轴线"图层。

(6)选择菜单栏中的"修改"→"对象"→"多线"命令,打开"多线编辑工具"对话框,如图 12-43 所示。

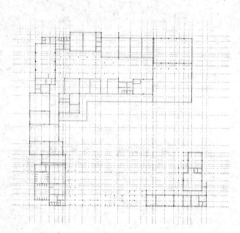

图 12-42　绘制 30 厚墙体

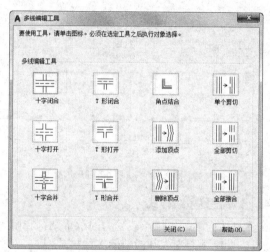

图 12-43　"多线编辑工具"对话框

(7)选择"多线编辑工具"对话框中的"十字打开"选项,选取多线进行操作,使两段墙体贯穿,完成多线编辑,如图 12-44 所示。

(8)利用上述方法,结合其他多线编辑命令完成图形墙线的编辑,如图 12-45 所示。

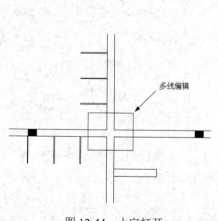

图 12-44　十字打开

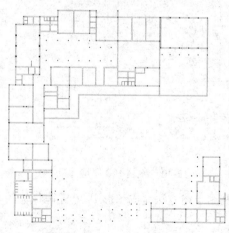

图 12-45　墙线编辑

注意 有一些多线并不适合利用“多线编辑”命令修改，可以先将多线分解，直接利用“修剪”命令进行修改。

12.2.5　绘制门窗

1. 修剪窗洞

（1）单击“默认”选项卡“绘图”面板中的“直线”按钮，在墙体适当位置绘制一条竖直直线，如图 12-46 所示。

（2）单击“默认”选项卡“修改”面板中的“偏移”按钮，选择第（1）步中绘制的竖直直线为偏移对象，将其向右进行偏移，完成窗洞线的创建，如图 12-47 所示。

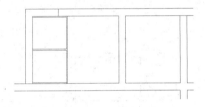

图 12-46　绘制竖直直线

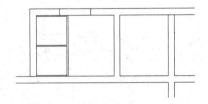

图 12-47　偏移竖直直线

（3）利用上述方法完成剩余窗洞线的绘制，如图 12-48 所示。

（4）单击“默认”选项卡“修改”面板中的“修剪”按钮，选择第（3）步中绘制的竖直直线间多余墙体为修剪对象，对其进行修剪处理，如图 12-49 所示。

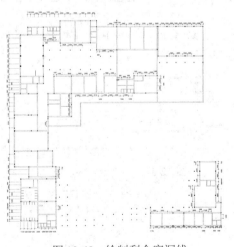

图 12-48　绘制剩余窗洞线

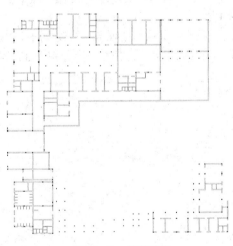

图 12-49　修剪线段

2. 设置当前图层

在“图层”工具栏的下拉列表框中，设置“门窗”图层为当前图层，如图 12-50 所示。

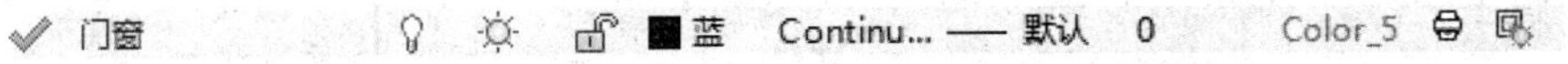

✓　门窗　　　　🔆　☀　🔓　■蓝　Continu... ── 默认　0　　　Color_5　🖨　🔳

图 12-50　设置当前图层

3. 设置多线样式

（1）选择菜单栏中的"格式"→"多线样式"命令，新建"窗"多线样式，如图 12-51 所示。窗户所在墙体宽度为 240，将偏移分别修改为 120 和-120，40 和-40，单击"确定"按钮，回到"多线样式"对话框中，单击"置为当前"按钮，将创建的多线样式设为当前多线样式，单击"确定"按钮，回到绘图状态。

（2）选择菜单栏中的"绘图"→"多线"命令，选择窗洞左侧竖直窗洞线中点为多线起点，右侧竖直窗洞线中点为多线终点，完成窗线的绘制，如图 12-52 所示。

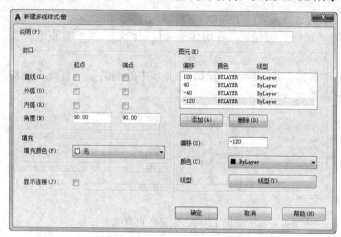

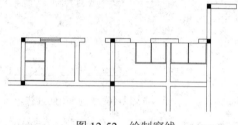

图 12-51 编辑新建多线样式

图 12-52 绘制窗线

（3）利用上述方法完成图形中剩余窗线的绘制，如图 12-53 所示。

（4）单击"默认"选项卡"绘图"面板中的"多段线"按钮，在图形适当位置绘制连续多段线，如图 12-54 所示。

（5）单击"默认"选项卡"修改"面板中的"偏移"按钮，选择第（4）步中绘制的连续多段线为偏移对象，将其向下偏移，偏移距离分别为 30、40 和 30，如图 12-55 所示。

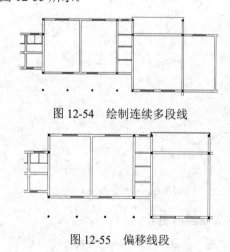

图 12-54 绘制连续多段线

图 12-53 绘制剩余窗线

图 12-55 偏移线段

4. 绘制门洞

（1）单击"默认"选项卡"绘图"面板中的"直线"按钮，在图中合适的位置处绘制一条竖直直线，如图 12-56 所示。

（2）单击"默认"选项卡"修改"面板中的"偏移"按钮 ⬕ ，选择第（1）步中绘制的竖直直线为偏移对象向右偏移，偏移距离为 900，如图 12-57 所示。

（3）利用上述方法完成图形中剩余门洞的绘制，如图 12-58 所示。

（4）单击"默认"选项卡"修改"面板中的"修剪"按钮 ⤢ ，选择第（3）步中绘制的门洞线间墙体为修剪对象对其进行修剪处理，如图 12-59 所示。

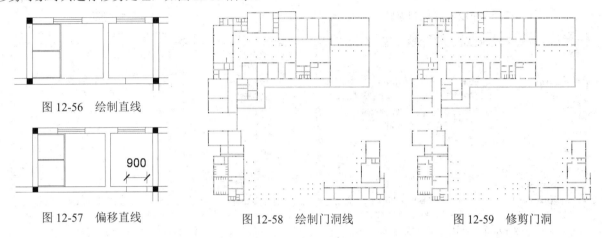

图 12-56　绘制直线

图 12-57　偏移直线

图 12-58　绘制门洞线

图 12-59　修剪门洞

5．绘制单扇门

（1）单击"默认"选项卡"绘图"面板中的"多段线"按钮 ⤵ ，在如图 12-60 所示的位置绘制连续多段线。

图 12-60　绘制连续多段线

（2）单击"默认"选项卡"修改"面板中的"镜像"按钮 ⚏ ，选择第（1）步中绘制的图形为镜像对象，对其进行竖直镜像，如图 12-61 所示。

图 12-61　镜像图形

（3）单击"默认"选项卡"绘图"面板中的"矩形"按钮 ▭ ，在第（2）步中镜像后的右侧图形上选择一点为矩形起点，绘制一个 23×859 的矩形，如图 12-62 所示。

（4）单击"默认"选项卡"绘图"面板中的"圆弧"按钮 ⌒ ，以"起点、端点、角度"方式绘制圆弧，以第（3）步中绘制的矩形左上角点为圆弧起点，端点落在前面绘制的多段线上，角度为 90°，如图 12-63 所示。

（5）单击"默认"选项卡"块"面板中的"创建"按钮 🗗 ，打开"块定义"对话框，如图 12-64 所示。选择第（4）步中绘制的单扇门图形为定义对象，选择任意点为基点，将其定义为块，块名为"单扇门"，如图 12-65 所示。

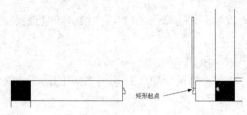

图 12-62 绘制矩形

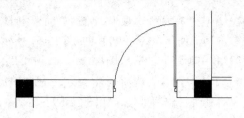

图 12-63 绘制圆弧

图 12-64 "块定义"对话框

图 12-65 定义单扇门

⚠注意 绘制圆弧时，注意指定合适的端点或圆心，指定端点的时针方向即为绘制圆弧的方向。例如要绘制图示的下半圆弧，则起始端点应在左侧，终止端点应在右侧，此时端点的时针方向为逆时针，即得到相应的逆时针圆弧。

6．绘制双扇门

（1）利用上述单扇门的绘制方法，首先绘制出一个不同尺寸的单扇门图形，如图 12-66 所示。

（2）单击"默认"选项卡"修改"面板中的"镜像"按钮 ⚒，选取第（1）步中绘制的单扇门图形为镜像对象，选择垂直上下两点为镜像点对图形进行镜像，完成双扇门的绘制，结果如图 12-67 所示。

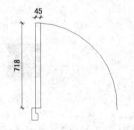

图 12-66 绘制单扇门

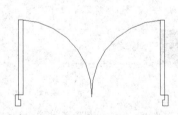

图 12-67 镜像成双扇门

（3）单击"默认"选项卡"块"面板中的"创建"按钮 🗗，定义双扇门图块。

（4）单击"默认"选项卡"块"面板中的"插入"按钮 🗗，打开"插入"对话框，如图 12-68 所示。单击"浏览"按钮，选择前面定义为块的单扇门图形为插入对象，将其插入到门洞处，如图 12-69 所示。

（5）利用上述方法完成图形中所有单扇门的插入，如门洞大小不同，可结合"默认"选项卡"修改"面板中的"缩放"按钮 🗗，通过比例调整门的大小，结果如图 12-70 所示。

图 12-68 "插入"对话框

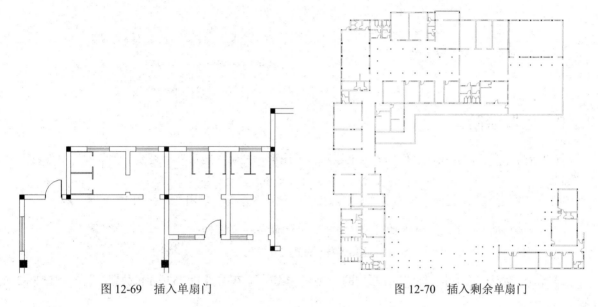

图 12-69 插入单扇门

图 12-70 插入剩余单扇门

（6）用同样方法插入双扇门图块到相应门洞处，如图 12-71 所示。

（7）结合上述门窗的绘制方法完成图形中门联窗的绘制，如图 12-72 所示。

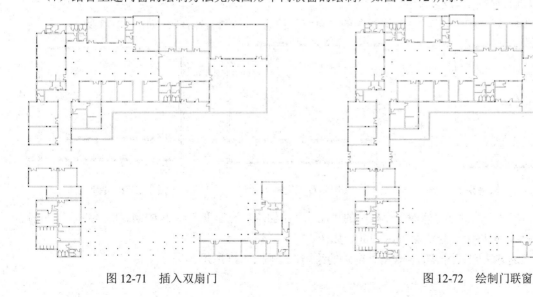

图 12-71 插入双扇门

图 12-72 绘制门联窗

7．玻璃幕墙的绘制

单击"默认"选项卡"绘图"面板中的"直线"按钮 ⁄ ，在如图 12-73 所示的位置绘制一条水平直线；单击"默认"选项卡"修改"面板中的"偏移"按钮 ，选择该水平直线为偏移对象向上进行偏移，偏移距离分别为 65、65 和 65，如图 12-74 所示。

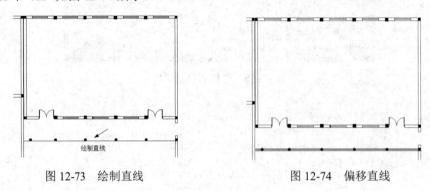

图 12-73　绘制直线　　　　　　　　　图 12-74　偏移直线

12.2.6　绘制台阶

设置"台阶"图层，并在"台阶"图层上绘制台阶图形，利用"矩形""直线""复制""偏移"命令来绘制。

（1）在"图层"工具栏的下拉列表框中，选择"台阶"图层为当前图层，如图 12-75 所示。

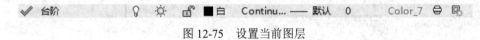

图 12-75　设置当前图层

（2）单击"默认"选项卡"绘图"面板中的"矩形"按钮 ，在如图 12-76 所示的位置绘制一个 1520×237 的矩形。

（3）单击"默认"选项卡"修改"面板中的"复制"按钮 ，选择第（2）步中绘制的矩形为复制对象，将其向下进行复制，如图 12-77 所示。

（4）单击"默认"选项卡"绘图"面板中的"直线"按钮 ⁄ ，绘制台阶线，如图 12-78 所示。

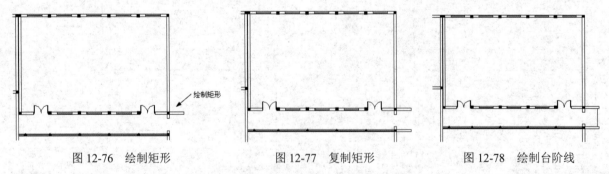

图 12-76　绘制矩形　　　　　　图 12-77　复制矩形　　　　　　图 12-78　绘制台阶线

（5）单击"默认"选项卡"修改"面板中的"偏移"按钮 ，选择第（4）步中绘制的竖直直线为偏移对象向左进行偏移，偏移距离分别为 300、300，如图 12-79 所示。

（6）利用上述方法完成图形中剩余室外台阶的绘制，如图 12-80 所示。

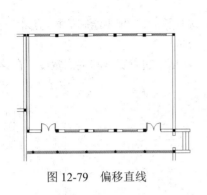

图 12-79 偏移直线   图 12-80 绘制剩余台阶

12.2.7 绘制楼梯

楼梯分为室内楼梯和室外楼梯两种形式，由楼梯段、休息平台和栏杆等组成。本例绘制的楼梯为室内楼梯，对于楼梯的绘制，首先绘制踏步线，然后再绘制出楼梯扶手，最后绘制带箭头的多段线，并标注文字，进而逐步完成对所需楼梯的绘制。

（1）在"图层"工具栏的下拉列表框中，设置"楼梯"图层为当前图层，如图 12-81 所示。

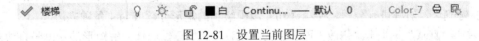

图 12-81 设置当前图层

（2）单击"默认"选项卡"绘图"面板中的"矩形"按钮▭，在如图 12-82 所示的位置绘制一个 60×1740 的矩形。

（3）单击"默认"选项卡"绘图"面板中的"直线"按钮✐，在第（2）步中绘制的矩形上选择一点为直线起点向右绘制一条水平直线，如图 12-83 所示。

（4）单击"默认"选项卡"修改"面板中的"偏移"按钮⊜，选择第（3）步中绘制的水平直线为偏移对象向下进行偏移，偏移距离分别为 280、280、280、280、280 和 280，如图 12-84 所示。

（5）单击"默认"选项卡"绘图"面板中的"直线"按钮✐，在第（4）步中绘制的楼梯梯段线上绘制一条斜向直线，如图 12-85 所示。

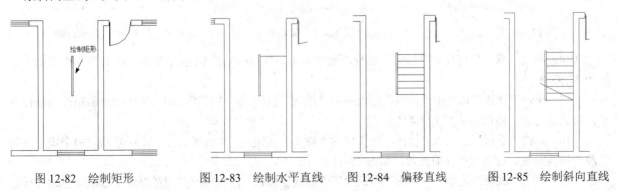

图 12-82 绘制矩形   图 12-83 绘制水平直线   图 12-84 偏移直线   图 12-85 绘制斜向直线

（6）单击"默认"选项卡"修改"面板中的"修剪"按钮 ，选择第（5）步中绘制的斜向直线外的梯段线为修剪对象对其进行修剪处理，如图 12-86 所示。

（7）单击"默认"选项卡"绘图"面板中的"直线"按钮 ，在绘制的斜向直线上绘制楼梯折弯线，如图 12-87 所示。

（8）单击"默认"选项卡"修改"面板中的"修剪"按钮 ，选择第（7）步中绘制的折弯线间的多余梯段线为修剪对象，对其进行修剪处理，如图 12-88 所示。

（9）单击"默认"选项卡"绘图"面板中的"多段线"按钮 ，指定起点宽度和端点宽度，在第（8）步中绘制的楼梯上绘制楼梯指引箭头，如图 12-89 所示。

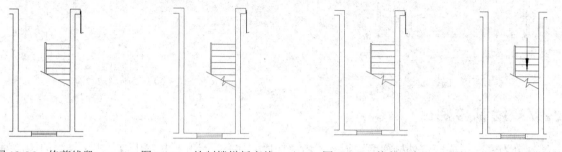

图 12-86　修剪线段　　　图 12-87　绘制楼梯折弯线　　　图 12-88　修剪对象　　　图 12-89　绘制指引箭头

（10）单击"默认"选项卡"绘图"面板中的"矩形"按钮 ，在如图 12-90 所示的位置绘制一个 4058×4500 的矩形。

（11）单击"默认"选项卡"修改"面板中的"分解"按钮 ，选择第（10）步中绘制的矩形为分解对象，按 Enter 键确认，对其进行分解，使第（10）步中绘制的矩形分解成为 4 条独立边。

（12）单击"默认"选项卡"修改"面板中的"偏移"按钮 ，选择分解矩形的左侧竖直边及上下水平边为偏移对象，分别向内进行偏移，偏移距离分别为 300 和 50，如图 12-91 所示。

（13）单击"默认"选项卡"修改"面板中的"修剪"按钮 ，选择第（12）步中偏移的线段为修剪对象，对其进行修剪处理，如图 12-92 所示。

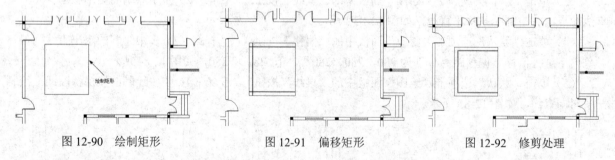

图 12-90　绘制矩形　　　　　图 12-91　偏移矩形　　　　　图 12-92　修剪处理

（14）单击"默认"选项卡"绘图"面板中的"矩形"按钮 ，在矩形内绘制一个 237×790 的矩形，如图 12-93 所示。

（15）单击"默认"选项卡"修改"面板中的"镜像"按钮 ，选择第（14）步中绘制的矩形为镜像对象，对其进行水平镜像，如图 12-94 所示。

（16）单击"默认"选项卡"修改"面板中的"修剪"按钮 ，选择第（15）步中绘制的两个矩形内的线段为修剪对象，对其进行修剪处理，如图 12-95 所示。

（17）单击"默认"选项卡"绘图"面板中的"直线"按钮 ，在矩形右侧竖直边上选取一点为直线起点向右绘制一条水平直线，如图 12-96 所示。

　　图 12-93　绘制矩形　　　　　　　图 12-94　镜像矩形　　　　　　　图 12-95　修剪矩形

　　（18）单击"默认"选项卡"修改"面板中的"偏移"按钮，选择第（17）步中绘制的水平直线为偏移对象向下进行偏移，偏移距离分别为 300 和 300，如图 12-97 所示。

　　（19）单击"默认"选项卡"修改"面板中的"镜像"按钮，选择第（18）步中偏移后的线段为镜像对象对其进行水平镜像，如图 12-98 所示。

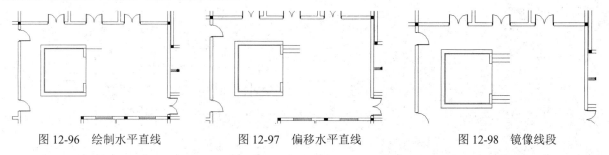

　　图 12-96　绘制水平直线　　　　　图 12-97　偏移水平直线　　　　　图 12-98　镜像线段

　　（20）单击"默认"选项卡"修改"面板中的"镜像"按钮，选择左侧修剪后的图形为镜像对象对其进行竖直镜像，如图 12-99 所示。

　　（21）单击"默认"选项卡"修改"面板中的"复制"按钮，选择图形中已有的半径为 63 的圆形柱子为复制对象对其进行连续复制，如图 12-100 所示。

　　（22）利用上述方法完成剩余相同图形的绘制，如图 12-101 所示。

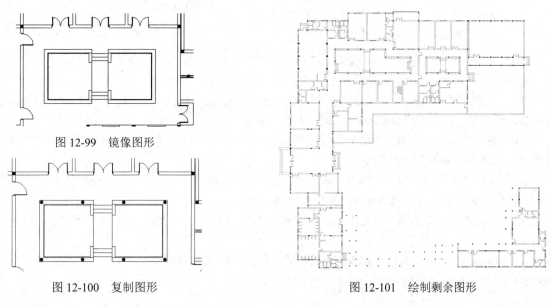

　　图 12-99　镜像图形

　　图 12-100　复制图形　　　　　　　　　图 12-101　绘制剩余图形

12.2.8　绘制戏水池

新建"泳池"图层，并在"泳池"图层上利用前面所学过的知识进行绘制，首先绘制泳池的大体轮廓，然后进行细化绘制，最后绘制楼梯等图形。

1. 绘制泳池轮廓

（1）在"图层"工具栏的下拉列表框中，选择"泳池"图层为当前图层，如图 12-102 所示。

图 12-102　设置当前图层

（2）单击"默认"选项卡"绘图"面板中的"直线"按钮 ∕，在第（1）步中所绘制图形的适当位置绘制连续直线，线型为 DASHED，如图 12-103 所示。

（3）单击"默认"选项卡"绘图"面板中的"直线"按钮 ∕，在第（2）步中绘制的线段内绘制对角线，如图 12-104 所示。

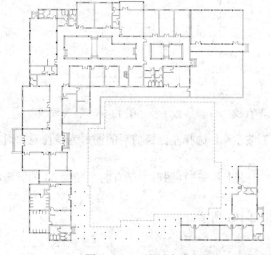

图 12-103　绘制连续直线

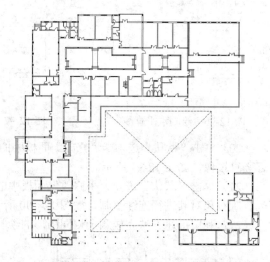

图 12-104　绘制对角线

（4）单击"默认"选项卡"绘图"面板中的"圆"按钮 ⊙，在如图 12-105 所示的位置绘制一个半径为3867 的圆。

（5）单击"默认"选项卡"修改"面板中的"偏移"按钮 ⊜，选择第（4）步中绘制的圆为偏移对象将其向外进行偏移，偏移距离分别为 60、200 和 60，如图 12-106 所示。

（6）单击"默认"选项卡"绘图"面板中的"圆弧"按钮 ⌒，在第（5）步中绘制的圆图形内绘制一段适当半径的圆弧，如图 12-107 所示。

（7）单击"默认"选项卡"修改"面板中的"修剪"按钮 ⊬，选择第（6）步中绘制的圆弧的下半部分线段为修剪对象，对其进行修剪处理，如图 12-108 所示。

（8）单击"默认"选项卡"绘图"面板中的"直线"按钮 ∕，在如图 12-109 所示的位置绘制两段斜向直线。

（9）单击"默认"选项卡"修改"面板中的"修剪"按钮 ⊬，选择第（8）步中绘制的直线外线段为修剪对象，对其进行修剪处理，如图 12-110 所示。

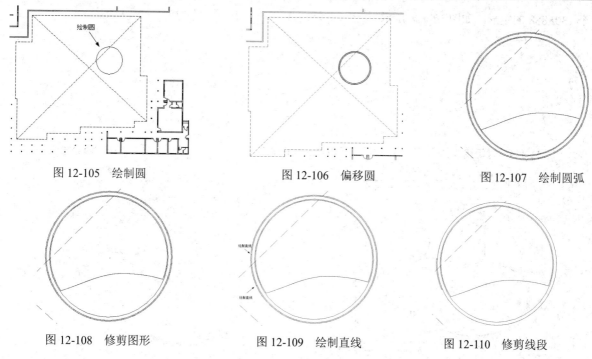

图 12-105　绘制圆　　　　图 12-106　偏移圆　　　　图 12-107　绘制圆弧

图 12-108　修剪图形　　　　图 12-109　绘制直线　　　　图 12-110　修剪线段

（10）单击"默认"选项卡"绘图"面板中的"直线"按钮╱和"圆弧"按钮◢，在第（9）步中图形的外侧绘制小泳池轮廓线，如图 12-111 所示。

（11）单击"默认"选项卡"修改"面板中的"偏移"按钮●，选择第（10）步中绘制的小泳池轮廓线为偏移对象将其向内进行偏移，偏移距离分别为 250、200 和 50，如图 12-112 所示。

（12）单击"默认"选项卡"修改"面板中的"修剪"按钮╱，选择第（11）步中偏移的线段为修剪线段，对其进行修剪处理，如图 12-113 所示。

图 12-111　绘制图形　　　　图 12-112　偏移线段　　　　图 12-113　修剪线段

（13）单击"默认"选项卡"绘图"面板中的"样条曲线拟合"按钮∿和"直线"按钮╱，封闭第（12）步中偏移的线段边线，如图 12-114 所示。

（14）单击"默认"选项卡"修改"面板中的"偏移"按钮●，选择第（13）步中绘制的线段为偏移对象向上进行偏移，偏移距离分别为 50 和 200，如图 12-115 所示。

（15）单击"默认"选项卡"修改"面板中的"修剪"按钮╱，选择第（14）步中绘制的偏移线段为修剪对象，对其进行修剪处理，如图 12-116 所示。

（16）利用上述方法完成泳池下半部分图形的绘制，如图 12-117 所示。

2．进行细化绘制

（1）单击"默认"选项卡"绘图"面板中的"矩形"按钮□，在第（16）步中图形的适当位置处绘制多个 130×888 的矩形，如图 12-118 所示。

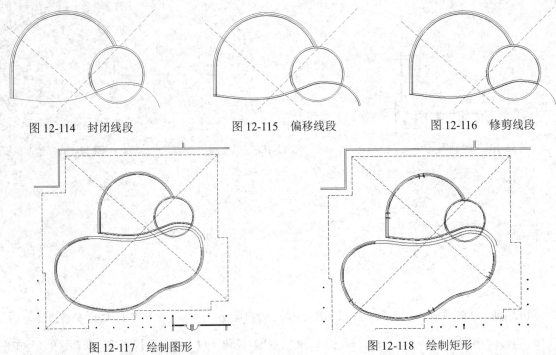

图 12-114　封闭线段　　　　　图 12-115　偏移线段　　　　　图 12-116　修剪线段

图 12-117　绘制图形　　　　　　　　　　　　图 12-118　绘制矩形

（2）单击"默认"选项卡"修改"面板中的"修剪"按钮，选择部分矩形内线段为修剪对象对其进行修剪处理，如图 12-119 所示。

（3）单击"默认"选项卡"绘图"面板中的"矩形"按钮□，在第（2）步中绘制的图形内适当位置绘制两个 600×600 的矩形，如图 12-120 所示。

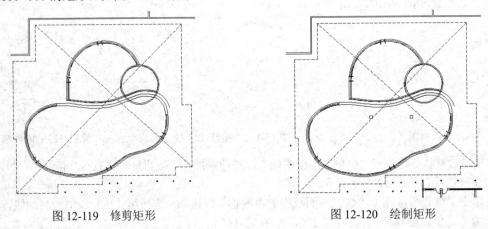

图 12-119　修剪矩形　　　　　　　　　　　　图 12-120　绘制矩形

（4）单击"默认"选项卡"绘图"面板中的"直线"按钮，在如图 12-121 所示的位置绘制连续直线。

3．绘制楼梯

（1）单击"默认"选项卡"绘图"面板中的"直线"按钮，在第（4）步中图形适当位置绘制多条斜向直线，如图 12-122 所示。

（2）单击"默认"选项卡"绘图"面板中的"直线"按钮，在第（1）步中图形外侧绘制连续直线，如图 12-123 所示。

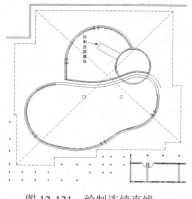

图 12-121　绘制连续直线

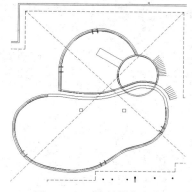

图 12-122　绘制斜向直线

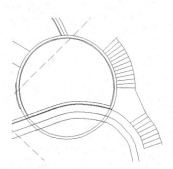

图 12-123　绘制连续直线

（3）单击"默认"选项卡"修改"面板中的"偏移"按钮 ，选择第（2）步中绘制的连续直线为偏移对象向外进行偏移，偏移距离为 150，如图 12-124 所示。

（4）单击"默认"选项卡"绘图"面板中的"直线"按钮 ，封闭第（3）步中偏移线段的端口，如图 12-125 所示。

（5）单击"默认"选项卡"绘图"面板中的"直线"按钮 ，在第（4）步中绘制的图形右侧绘制连续直线，如图 12-126 所示。

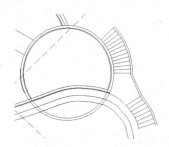

图 12-124　偏移线段

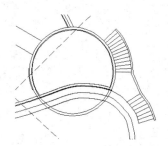

图 12-125　封闭端口

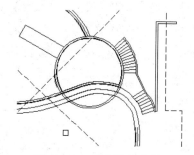

图 12-126　绘制连续直线

（6）结合"默认"选项卡"绘图"面板中的"矩形"按钮 、"直线"按钮 和"修改"面板中的"偏移"按钮 、"修剪"按钮 ，完成右侧剩余图形的绘制，如图 12-127 所示。

（7）单击"默认"选项卡"修改"面板中的"偏移"按钮 ，选择第（6）步中图形内的水平直线及竖直直线为偏移对象进行偏移，偏移距离分别为 33、33 和 33，如图 12-128 所示。

（8）单击"默认"选项卡"修改"面板中的"偏移"按钮 ，选择第（7）步中偏移后的部分线段为偏移对象向下进行偏移，偏移距离为 420，如图 12-129 所示。

（9）利用上述方法完成相同图形的绘制，如图 12-130 所示。

（10）单击"默认"选项卡"绘图"面板中的"直线"按钮 ，封闭偏移线段端口，如图 12-131 所示。

（11）单击"默认"选项卡"绘图"面板中的"直线"按钮 ，在如图 12-132 所示的位置绘制一条水平直线，如图 12-132 所示。

（12）单击"默认"选项卡"修改"面板中的"偏移"按钮 ，选择第（11）步中绘制的水平直线为偏移线段对其进行偏移，偏移距离分别为 300、300、300、300 和 300，如图 12-133 所示。

（13）单击"默认"选项卡"绘图"面板中的"多段线"按钮 ，在第（12）步中绘制的楼梯梯段线上绘制指引箭头，如图 12-134 所示。

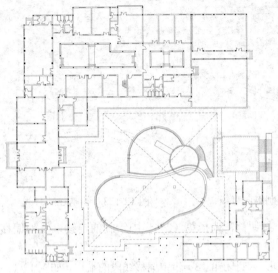

图 12-127　绘制剩余图形

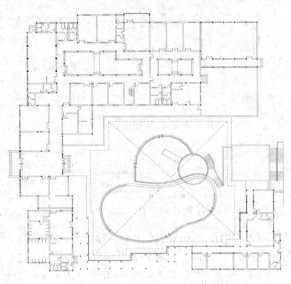

图 12-128　偏移水平和竖直线段

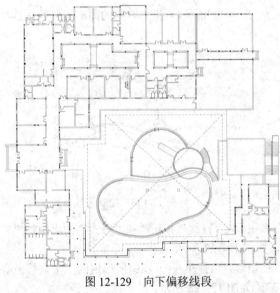

图 12-129　向下偏移线段

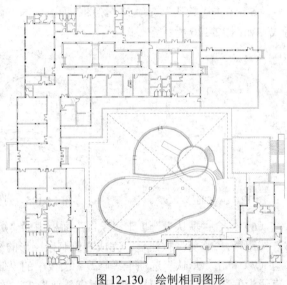

图 12-130　绘制相同图形

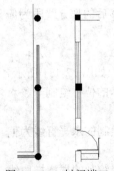

图 12-131　封闭端口

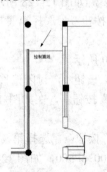

图 12-132　绘制直线

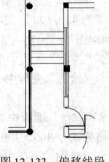

图 12-133　偏移线段

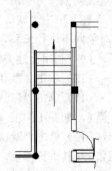

图 12-134　绘制指引箭头

（14）利用上述方法完成图形中相同图形的绘制，如图 12-135 所示。

（15）单击"默认"选项卡"绘图"面板中的"矩形"按钮□，在如图 12-136 所示的位置绘制一个 201×400 的矩形。

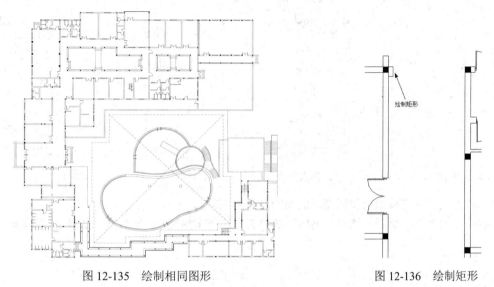

图 12-135　绘制相同图形　　　　　　　　　　　图 12-136　绘制矩形

（16）单击"默认"选项卡"修改"面板中的"复制"按钮❀，选择第（15）步中绘制的矩形为复制对象对其进行复制操作，如图 12-137 所示。

（17）单击"默认"选项卡"绘图"面板中的"多段线"按钮⟋，在如图 12-138 所示的位置绘制连续多段线。

（18）单击"默认"选项卡"修改"面板中的"偏移"按钮❀，选择第（17）步中绘制的多段线为偏移线段向内进行偏移，偏移距离为 200，如图 12-139 所示。

利用上述方法绘制剩余相同图形，如图 12-140 所示。

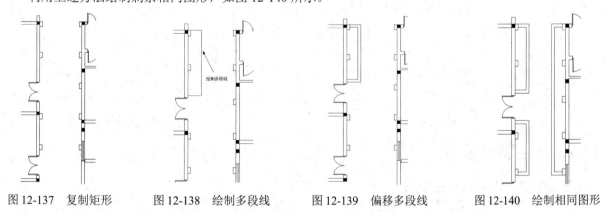

图 12-137　复制矩形　　　图 12-138　绘制多段线　　　图 12-139　偏移多段线　　　图 12-140　绘制相同图形

（19）单击"默认"选项卡"绘图"面板中的"直线"按钮⟋，在第（18）步中绘制的多段线间绘制两条水平直线，如图 12-141 所示。

（20）单击"默认"选项卡"修改"面板中的"偏移"按钮❀，选择第（19）步中绘制的两条水平直线为偏移对象分别向内进行偏移，偏移距离为 320，如图 12-142 所示。

（21）单击"默认"选项卡"绘图"面板中的"直线"按钮⟋，在第（20）步中偏移的线段上绘制两条竖直直线，如图 12-143 所示。

（22）单击"默认"选项卡"绘图"面板中的"直线"按钮 ，在第（21）步中绘制的图形内绘制多条水平直线，如图 12-144 所示。

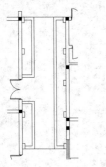 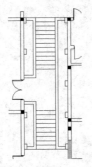 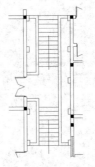 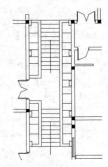

图 12-141　绘制水平直线　　图 12-142　偏移水平直线　　图 12-143　绘制直线　　图 12-144　绘制水平直线

（23）利用上述方法完成剩余相同图形的绘制，如图 12-145 所示。

（24）剩余其他图形的绘制方法与上述图形的绘制方法基本相同，这里不再详细阐述，结果如图 12-146 所示。

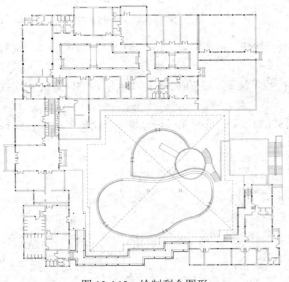 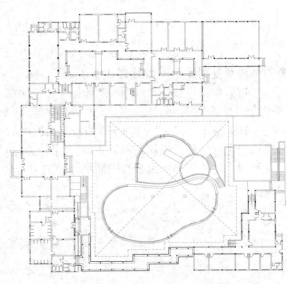

图 12-145　绘制剩余图形　　　　　　　　　　　图 12-146　绘制剩余图形

12.2.9　绘制雨篷

在"雨篷"图层绘制雨篷图形。

（1）在"图层"工具栏的下拉列表框中，选择"雨篷"图层为当前图层，如图 12-147 所示。

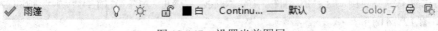

图 12-147　设置当前图层

（2）单击"默认"选项卡"修改"面板中的"偏移"按钮 ，选择图形外部墙线为偏移对象分别向外进行偏移，偏移距离为 1000，如图 12-148 所示。

（3）单击"默认"选项卡"绘图"面板中的"直线"按钮✐，在第（2）步中绘制的图形内绘制偏移线段的对角线，如图 12-149 所示。

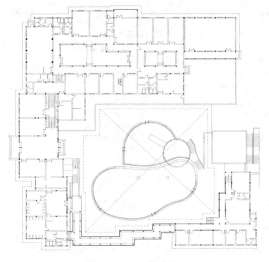

图 12-148 偏移线段

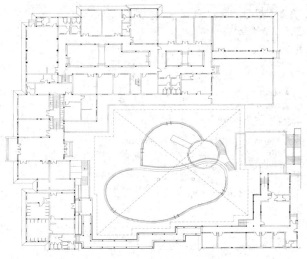

图 12-149 绘制连接对角线

注意 如果不事先设置线型，除了基本的 Continuous 线型外，其他线型不会显示在"线型"选项后面的下拉列表框中。

12.2.10 尺寸标注

在"尺寸"图层标注图形的尺寸，利用"线性"和"连续"命令等进行绘制。

（1）在"图层"工具栏的下拉列表框中，设置"尺寸"图层为当前图层，如图 12-150 所示。

图 12-150 设置当前图层

（2）设置标注样式。单击"默认"选项卡"注释"面板中的"标注样式"按钮✐，打开"标注样式管理器"对话框，如图 12-151 所示。单击"修改"按钮，打开"修改标注样式"对话框。选择"线"选项卡，参数设置如图 12-152 所示。

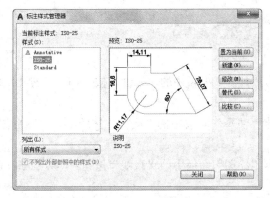

图 12-151 "标注样式管理器"对话框

选择"符号和箭头"选项卡，按照如图 12-153 所示的设置进行修改，箭头样式选择为"建筑标记"，"箭头大小"修改为 300，其他设置保持默认。

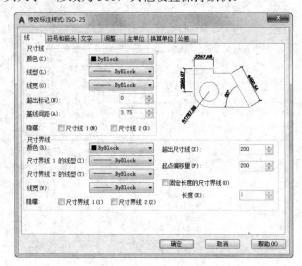

图 12-152　"线"选项卡

图 12-153　"符号和箭头"选项卡

在"文字"选项卡中设置"文字高度"为 400，其他设置保持默认，如图 12-154 所示。

在"主单位"选项卡中设置"精度"为 0，如图 12-155 所示。

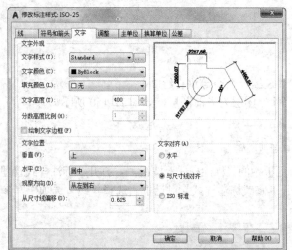

图 12-154　"文字"选项卡

图 12-155　"主单位"选项卡

（3）单击"默认"选项卡"注释"面板中的"线性"按钮┝┥和"连续"按钮┼┼┼，为图形添加第一道尺寸标注，如图 12-156 所示。

（4）单击"默认"选项卡"注释"面板中的"线性"按钮┝┥，为图形添加总尺寸标注，如图 12-157 所示。

（5）单击"默认"选项卡"绘图"面板中的"直线"按钮╱，分别在标注的尺寸线上方绘制直线，如图 12-158 所示。

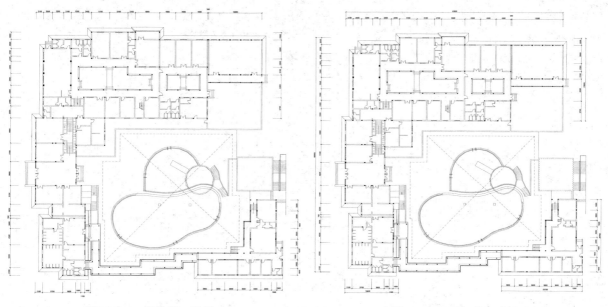

图 12-156　标注第一道尺寸　　　　　　　　图 12-157　添加总尺寸标注

（6）单击"默认"选项卡"修改"面板中的"分解"按钮，选择图形中所有尺寸标注为分解对象，按 Enter 键确认，将其进行分解。

（7）单击"默认"选项卡"修改"面板中的"延伸"按钮，选取分解后的竖直尺寸标注线为延伸对象，向上延伸至绘制的直线处，如图 12-159 所示。

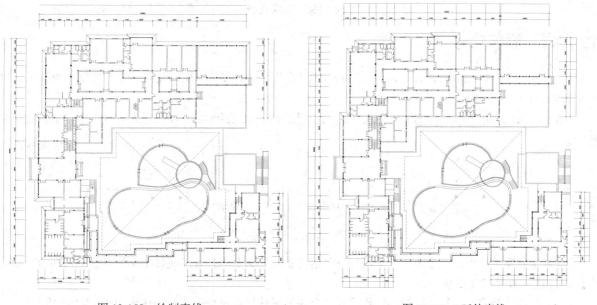

图 12-158　绘制直线　　　　　　　　　　图 12-159　延伸直线

（8）单击"默认"选项卡"修改"面板中的"删除"按钮，选择尺寸线上方绘制的直线为删除对象，将其删除，如图 12-160 所示。

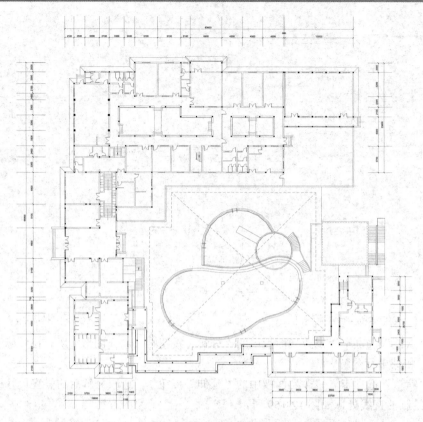

图 12-160　删除直线

12.2.11　添加轴号

为所绘制的图形添加所有的轴号，水平方向的轴号以阿拉伯数字标注，竖向方向上的轴号以大写的字母来表示。

（1）单击"默认"选项卡"绘图"面板中的"圆"按钮⊙，在图中绘制一个半径为 1000 的圆，如图 12-161 所示。

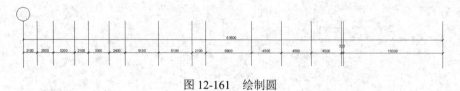

图 12-161　绘制圆

（2）选择菜单栏中的"绘图"→"块"→"定义属性"命令，打开"属性定义"对话框，在该对话框中进行设置，如图 12-162 所示。

（3）单击"确定"按钮，在圆心位置输入一个块的属性值。设置完成后的结果如图 12-163 所示。

（4）单击"默认"选项卡"块"面板中的"创建"按钮⊂，打开"块定义"对话框，如图 12-164 所示。在"名称"文本框中输入"轴号"，指定绘制圆的圆心为定义基点；选择圆和输入的"轴号"标记为定义对象，单击"确定"按钮，打开如图 12-165 所示的"编辑属性"对话框，在"轴号"文本框中输入"A"，单击"确定"按钮，轴号效果图如图 12-166 所示。

图 12-162　"属性定义"对话框

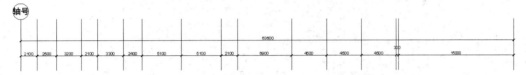

图 12-163　块属性定义

图 12-164　"块定义"对话框

图 12-165　"编辑属性"对话框

图 12-166　输入轴号

（5）单击"默认"选项卡"块"面板中的"插入"按钮 ，打开"插入"对话框，将轴号图块插入到轴线上，依次插入并修改插入的轴号图块属性，最终完成图形中所有轴号的插入，结果如图 12-167 所示。

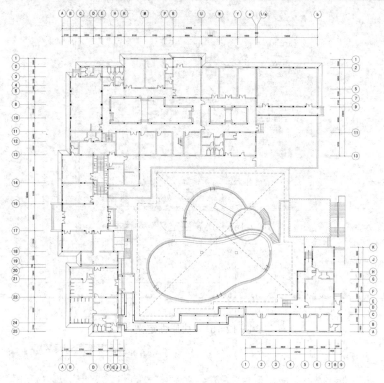

图 12-167　标注轴号

12.2.12　文字标注

在平面图中，各房间的功能用途可以用文字进行标识。

（1）在"图层"工具栏的下拉列表框中，设置"文字"图层为当前图层，关闭"轴线"图层，如图 12-168 所示。

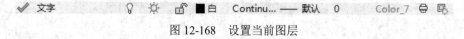

图 12-168　设置当前图层

（2）单击"默认"选项卡"注释"面板中的"文字样式"按钮，打开"文字样式"对话框，如图 12-169 所示。

（3）单击"新建"按钮，打开"新建文字样式"对话框，将文字样式命名为"说明"，如图 12-170 所示。

图 12-169　"文字样式"对话框

图 12-170　"新建文字样式"对话框

（4）单击"确定"按钮，在"文字样式"对话框中取消选中"使用大字体"复选框，然后在"字体名"下拉列表框中选择"黑体"，"高度"设置为750，如图12-171所示。

图 12-171　"文字样式"对话框

注意 在 AutoCAD 中输入汉字时，可以选择不同的字体，在"字体名"下拉列表框中，有些字体前面有"@"标记，如"@仿宋_GB2312"，这说明该字体是作为横向输入汉字使用的，即输入的汉字逆时针旋转90°，如果要输入正向的汉字，不能选择前面带"@"标记的字体。

（5）单击"默认"选项卡"注释"面板中的"多行文字"按钮 A，为图形添加文字说明，最终完成图形中文字的标注，如图12-172所示。

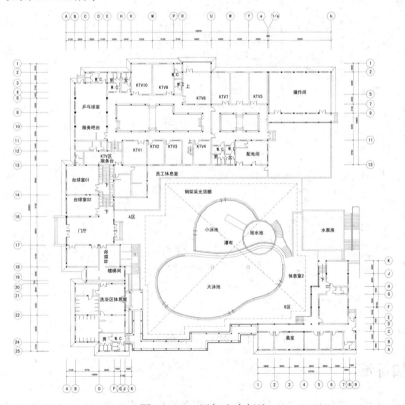

图 12-172　添加文字标注

🎓 **高手支招**

在 AutoCAD 中绘图时也可以标注特殊符号，打开多行文字编辑器，在输入文字的矩形框中右击，选择符号，再选择"其他"选项，打开字符映射表，再选择符号即可。注意字符映射表的内容取决于用户在"字体"下拉列表框中选择的字体。

（6）在命令行中输入"QLEADER"命令，为图形添加文字说明，如图 12-173 所示。

图 12-173　添加文字说明

（7）利用上述方法完成图形中剩余文字说明的添加，如图 12-174 所示。

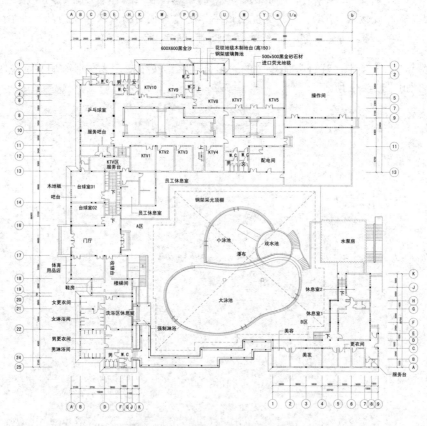

图 12-174　添加剩余图形文字标注

12.2.13　添加标高

建筑中的标高是以某一部分高度与所确定的标准基点的高度差来确定的，标高由两部分组成，包括标高的数值以及标高符号，所绘制的标高符号是以等腰直角三角形来表示的，绘制时要符合相关的规范。

（1）单击"默认"选项卡"绘图"面板中的"直线"按钮╱，在图形适当位置任选一点为起点水平向右绘制一条直线，如图 12-175 所示。

（2）单击"默认"选项卡"绘图"面板中的"直线"按钮╱，在第（1）步中绘制的水平直线下方绘制一段斜向角度为 45°的斜向直线。

（3）单击"默认"选项卡"修改"面板中的"镜像"按钮⚐，选择左侧绘制的斜向直线为镜像对象对其进行竖直镜像，如图 12-176 所示。

（4）单击"默认"选项卡"注释"面板中的"多行文字"按钮 A，在第（3）步中绘制的图形上方添加文字，完成标高的绘制，如图 12-177 所示。

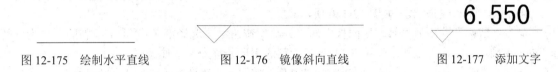

图 12-175　绘制水平直线　　　　图 12-176　镜像斜向直线　　　　图 12-177　添加文字

（5）单击"默认"选项卡"修改"面板中的"复制"按钮❀，选择第（4）步中绘制的标高图形为复制对象并复制到图形中相应位置，修改标高上的文字，如图 12-178 所示。

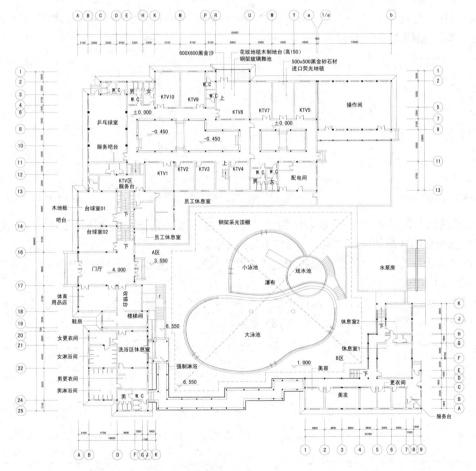

图 12-178　添加标高

12.2.14 绘制图框

在"图框"图层绘制图框，并将所绘制的图层保存为图块，方便下次使用。

（1）单击"默认"选项卡"图层"面板中的"图层特性"按钮，弹出"图层特性管理器"选项板，新建"图框"图层，并将其设置为当前图层，如图 12-179 所示。

图 12-179　设置当前图层

（2）单击"默认"选项卡"绘图"面板中的"矩形"按钮，在图形空白位置任选一点为矩形起点，绘制一个 148500×105000 的矩形，如图 12-180 所示。

（3）单击"默认"选项卡"修改"面板中的"分解"按钮，选择第（2）步中绘制的矩形为分解对象，按 Enter 键确认对其进行分解，使第（2）步中绘制的矩形分解为 4 条独立边。

（4）单击"默认"选项卡"修改"面板中的"偏移"按钮，选择第（3）步中分解后的 4 条矩形边为偏移对象向内进行偏移，左侧竖直边向内偏移，偏移距离为 5713，剩余 3 条边分别向内进行偏移，偏移距离为 2435，如图 12-181 所示。

（5）单击"默认"选项卡"修改"面板中的"修剪"按钮，选择第（4）步中的偏移线段为修剪对象对其进行修剪处理，如图 12-182 所示。

图 12-180　绘制矩形　　　　图 12-181　偏移线段　　　　图 12-182　修剪线段

（6）单击"默认"选项卡"绘图"面板中的"多段线"按钮，指定起点宽度为 250，端点宽度为 250，沿第（5）步中修剪后的 4 条边进行描绘，如图 12-183 所示。

（7）单击"默认"选项卡"绘图"面板中的"直线"按钮，在第（6）步中图形的适当位置处绘制一条竖直直线，如图 12-184 所示。

（8）单击"默认"选项卡"修改"面板中的"偏移"按钮，选择第（7）步中绘制的竖直直线为偏移对象向右进行偏移，偏移距离为 112，如图 12-185 所示。

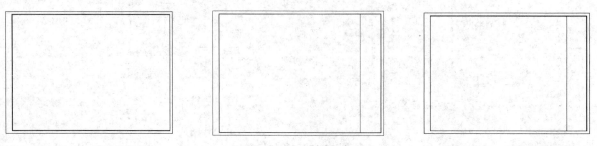

图 12-183　绘制多段线　　　　图 12-184　绘制竖直直线　　　　图 12-185　偏移竖直直线

（9）单击"默认"选项卡"绘图"面板中的"直线"按钮✏，在第（8）步中图形的适当位置处绘制一条水平直线，如图 12-186 所示。

（10）单击"默认"选项卡"修改"面板中的"偏移"按钮，选择第（9）步中绘制的水平直线为偏移对象向下进行偏移，偏移距离分别为 12189、11367、3525、3597、3561、3561、3561、3561、3561、3561、3561 和 3561，如图 12-187 所示。

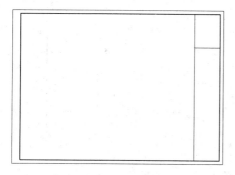

图 12-186　绘制水平直线

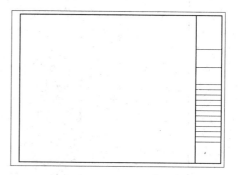

图 12-187　偏移水平直线

（11）单击"默认"选项卡"注释"面板中的"多行文字"按钮 A，在第（10）步中偏移线段内添加文字，完成图框的绘制，如图 12-188 所示。

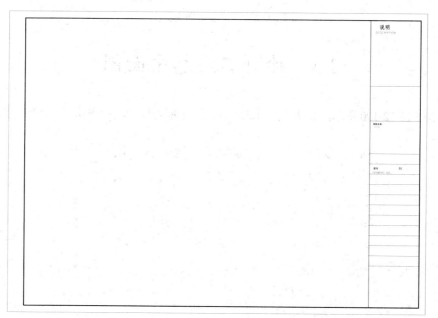

图 12-188　添加文字

（12）单击"默认"选项卡"块"面板中的"创建"按钮，将第（11）步中绘制的图形定义为图框图块。

（13）单击"默认"选项卡"块"面板中的"插入"按钮，打开"插入"对话框，选择定义的图框为插入对象，将其放置到绘制的图形外侧，在图框内添加文字，最终完成一层总平面图的绘制，如图 12-189 所示。

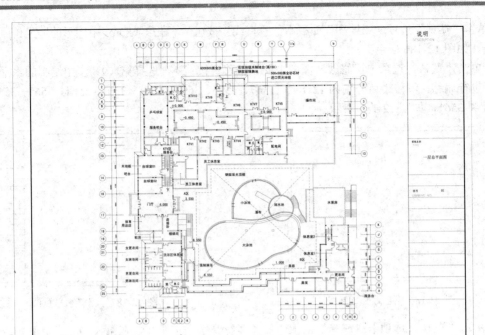

图 12-189　一层总平面布置图

12.3　绘制二层总平面图

二层总平面图如图 12-190 所示，由健身房、KTV 包房、厕所构成，本节主要讲述二层平面图的绘制方法。

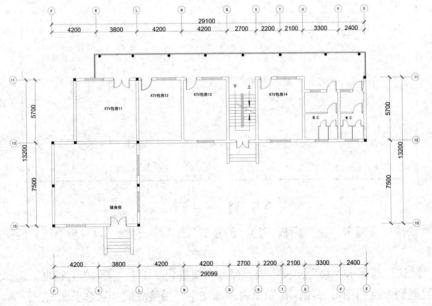

图 12-190　二层总平面图

12.3.1　绘制轴线

设置"轴线"图层，并在"轴线"图层上绘制定位轴线，建筑轴线作为布置墙体和门窗的依据，也是建筑施工定位的重要依据。

（1）新建"轴线"图层并设置为当前图层，如图 12-191 所示。

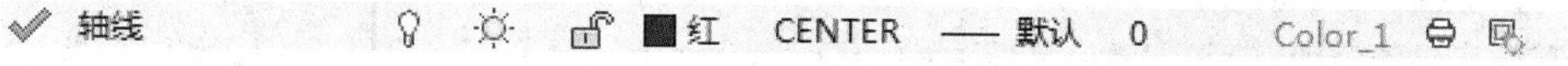

✓　轴线　　　　　💡　☀　🔓　■红　CENTER　——　默认　0　Color_1　🖨　🖺

图 12-191　设置当前图层

（2）单击"默认"选项卡"绘图"面板中的"直线"按钮 ⁄，在图中空白区域任选一点为直线起点，绘制一条长度为 29100 的竖直轴线。命令行提示与操作如下：

命令: LINE
指定第一个点:（任选起点）
指定下一点或 [放弃(U)]: @0,29100↙

结果如图 12-192 所示。

（3）单击"默认"选项卡"绘图"面板中的"直线"按钮 ⁄，在第（2）步中绘制的竖直直线左侧任选一点为直线起点，向右绘制一条长度为 38400 的水平轴线，如图 12-193 所示。

（4）此时，轴线的线型虽然为中心线，但是由于比例太小，显示出来的还是实线形式。选择刚刚绘制的轴线并右击，在打开的快捷菜单中选择"特性"命令，如图 12-194 所示。打开"特性"选项板，如图 12-195 所示。将"线型比例"设置为 30，轴线显示如图 12-196 所示。

图 12-192　绘制竖直轴线　　图 12-193　绘制水平轴线　　图 12-194　快捷菜单 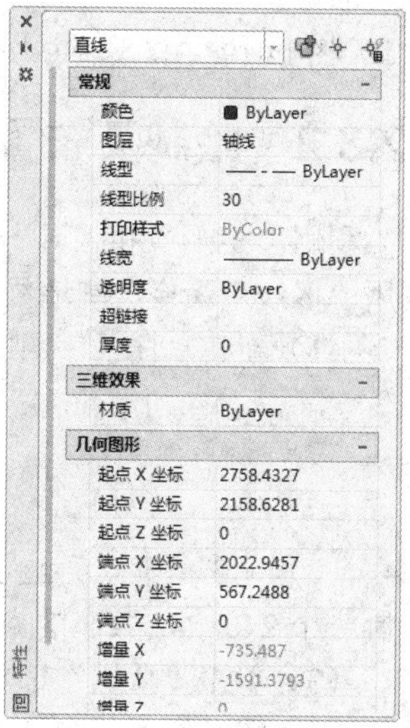　　图 12-195　"特性"选项板

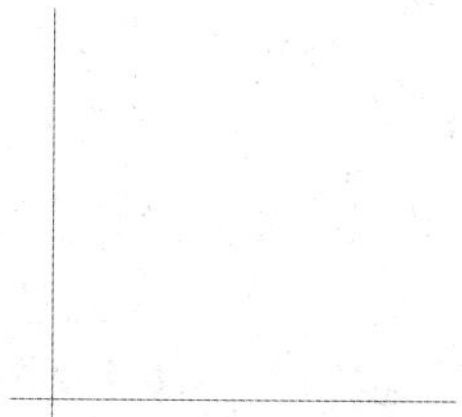

🎓 高手支招

通过全局修改或单个修改每个对象的线型比例因子，可以以不同的比例使用同一个线型。默认情况下，全局线型和单个线型比例均设置为 13.0。比例越小，每个绘图单位中生成的重复图案就越多。例如，设置为 0.5 时，每一个图形单位在线型定义中显示重复两次的同一图案。不能显示完整线型图案的短线段显示为连续线。对于太短，甚至不能显示一个虚线小段的线段，可以使用更小的线型比例。

（5）单击"默认"选项卡"修改"面板中的"偏移"按钮，选择第（4）步中偏移后的轴线为起始轴线，连续向右偏移，偏移的距离依次为 2100、2100、3800、4200、4200、2700、2200、2100、3300 和 2400，如图 12-197 所示。

（6）单击"默认"选项卡"修改"面板中的"偏移"按钮，设置"偏移距离"为 7500，按 Enter 键确认后选择水平直线为偏移对象，在直线上侧单击，将直线向上偏移 7500 的距离，命令行提示与操作如下：

```
命令: _offset
当前设置:删除源=否    图层=源    OFFSETGAPTYPE=0
指定偏移距离或 [通过(T)/删除(E)/图层(L)]<通过>: 7500
选择要偏移的对象或 [退出(E)/放弃(U)]<退出>:（选择水平直线）
指定要偏移的那一侧上的点或 [退出(E)/多个(M)/放弃(U)]<退出>:（在水平直线上侧单击）
选择要偏移的对象或 [退出(E)/放弃(U)]<退出>:
```

（7）单击"默认"选项卡"修改"面板中的"偏移"按钮，选择第（6）步中偏移后的轴线为起始轴线，再向上偏移，偏移距离分别为 4500、1200，结果如图 12-198 所示。

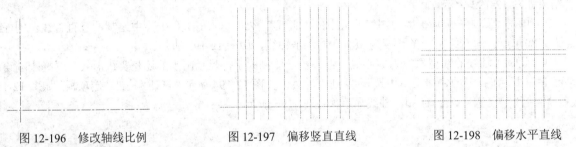

图 12-196　修改轴线比例　　　　图 12-197　偏移竖直直线　　　　图 12-198　偏移水平直线

12.3.2　绘制及布置墙体柱子

利用"矩形"和"圆"命令绘制柱子，然后使用"图案填充"命令填充图形，绘制不同尺寸的柱子，利用"多线"命令绘制墙线。

（1）新建"柱子"图层，并将其设置为当前图层，如图 12-199 所示。

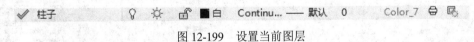

图 12-199　设置当前图层

（2）单击"默认"选项卡"绘图"面板中的"矩形"按钮，在图形空白区域任选一点为矩形起点，绘制一个 240×240 大小的矩形，如图 12-200 所示。

（3）单击"默认"选项卡"绘图"面板中的"图案填充"按钮，打开"图案填充创建"选项卡，选择 SOLID 图案类型，选择填充区域，然后按 Enter 键完成图案填充，效果如图 12-201 所示。

图 12-200　绘制矩形　　　　图 12-201　填充矩形

（4）单击"默认"选项卡"修改"面板中的"复制"按钮，选择第（3）步中绘制的矩形柱子为复制对象对其进行复制操作，将其放置到轴线处，如图 12-202 所示。

（5）新建"墙体"图层，并将其设置为当前图层，如图 12-203 所示。

图 12-202　复制柱子　　　　　　　　　　图 12-203　设置当前图层

（6）按照 12.2.4 小节讲述的方法设置 240 多线样式，选择菜单栏中的"格式"→"多线"命令，偏移量设置为 120 和-120，沿绘制的柱子图形绘制图形外部墙体，如图 12-204 所示。

（7）单击"默认"选项卡"绘图"面板中的"圆"按钮，在图形空白区域点选一点为圆的圆心，绘制一个半径为 120 的圆，如图 12-205 所示。

（8）单击"默认"选项卡"绘图"面板中的"图案填充"按钮，打开"图案填充创建"选项卡，选择 SOLID 图案，单击"拾取点"按钮，进行填充，效果如图 12-206 所示。

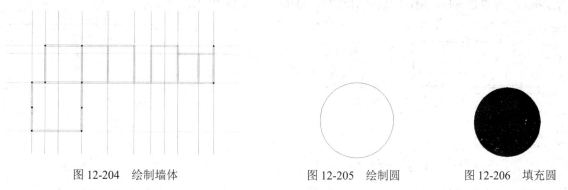

图 12-204　绘制墙体　　　　　　图 12-205　绘制圆　　　　图 12-206　填充圆

（9）单击"默认"选项卡"修改"面板中的"偏移"按钮，选择最上端水平轴线为偏移对象向上进行偏移，偏移距离为 2100，如图 12-207 所示。

（10）单击"默认"选项卡"修改"面板中的"移动"按钮和"复制"按钮，选择绘制的圆形柱子图形为操作对象，完成布置，如图 12-208 所示。

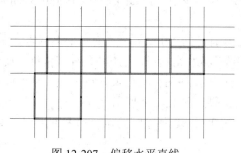

图 12-207　偏移水平直线

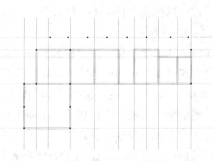

图 12-208　复制圆柱

（11）单击"轴线"图层前的"开/关"按钮💡，关闭"轴线"图层，如图 12-209 所示。

（12）单击"默认"选项卡"修改"面板中的"分解"按钮🗗，框选所有墙线为分解对象对其进行分解，按 Enter 键确认。

（13）单击"默认"选项卡"修改"面板中的"修剪"按钮✄，选择分解后的墙体为修剪对象对其进行修剪处理，使得所有墙体为贯通墙体，如图 12-210 所示。

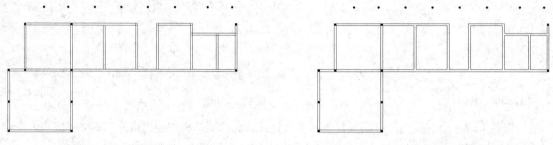

图 12-209　关闭轴线　　　　　　　　　　　　　　图 12-210　修剪墙体

（14）单击"默认"选项卡"绘图"面板中的"直线"按钮／，在墙体线外围绘制一条连续多段线，如图 12-211 所示。

（15）单击"默认"选项卡"修改"面板中的"偏移"按钮🗗，选择第（14）步中绘制的多段线为偏移对象将其向外进行偏移，偏移距离分别为 33、33 和 33，如图 12-212 所示。

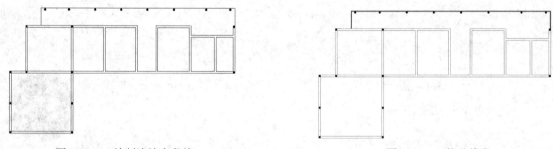

图 12-211　绘制连续多段线　　　　　　　　　　　　图 12-212　偏移线段

（16）选择菜单栏中的"格式"→"多线样式"命令，在打开的"多线样式"对话框中新建多线 120，继续单击"多线样式"对话框中的"新建"按钮，打开"新建多线样式"对话框，把其中的元素偏移量设为 60、-60，单击"确定"按钮，返回"多线样式"对话框，如果当前的多线名称不是 120，单击"置为当前"按钮即可，然后单击"确定"按钮完成隔墙墙体多线的设置。

（17）选择菜单栏中的"绘图"→"多线"命令，在第（16）步中绘制的图形内绘制 120 宽的隔墙线，如图 12-213 所示。

（18）选择菜单栏中的"格式"→"多线样式"命令，在打开的"多线样式"对话框中新建多线 40。选择"多线样式"对话框中的"新建"选项，打开"新建多线样式"对话框，把其中的元素偏移量设为 20、-20，单击"确定"按钮，返回"多线样式"对话框，如果当前的多线名称不是 40，单击"置为当前"按钮即可，然后单击"确定"按钮完成卫生间墙体多线的绘制，结果如图 12-214 所示。

（19）单击"默认"选项卡"修改"面板中的"修剪"按钮✄，选择绘制的 40 和 120 的墙体线为修剪对象对其进行修剪处理，如图 12-215 所示。

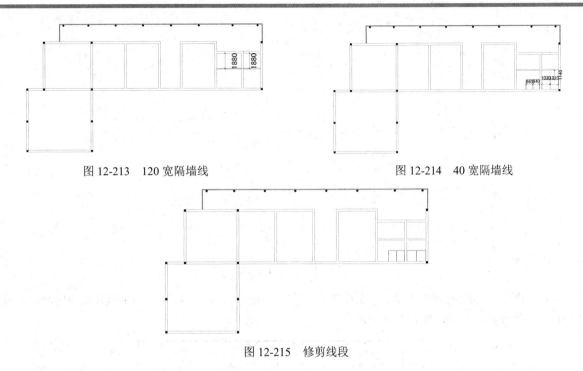

图 12-213　120 宽隔墙线　　　　　　　　图 12-214　40 宽隔墙线

图 12-215　修剪线段

12.3.3　绘制门窗

建筑平面图中门窗的绘制过程基本如下：首先在墙体相应位置绘制门窗洞口；接着使用直线、矩形和圆弧等工具绘制门窗基本图形，并根据所绘门窗的基本图形创建门窗图块；然后在相应门窗洞口处插入门窗图块，并根据需要进行适当调整，进而完成平面图中所有门和窗的绘制。

1．绘制门窗洞口

（1）单击"默认"选项卡"绘图"面板中的"直线"按钮，在如图 12-215 所示的图形上绘制一条竖直直线，如图 12-216 所示。

（2）单击"默认"选项卡"修改"面板中的"偏移"按钮，选择第（1）步中绘制的竖直直线为偏移对象将其向右偏移，偏移距离为 1800，如图 12-217 所示。

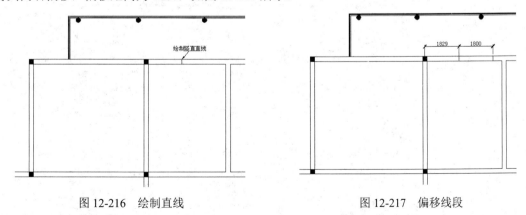

图 12-216　绘制直线　　　　　　　　图 12-217　偏移线段

（3）利用上述方法完成二层总平面图中所有窗洞线的绘制，如图 12-218 所示。

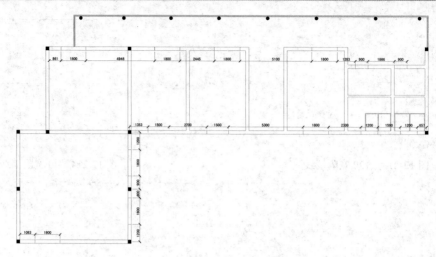

图 12-218　所有窗洞线

（4）单击"默认"选项卡"修改"面板中的"修剪"按钮，选择第（3）步中偏移线段间墙体为修建对象对其进行修剪处理，如图 12-219 所示。

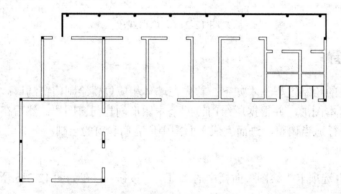

图 12-219　修剪线段

（5）利用上述修剪窗洞的方法完成二层总平面图中门洞的修剪，如图 12-220 所示。

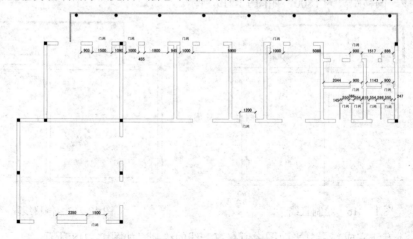

图 12-220　绘制门洞

（6）新建"门窗"图层，并将其设置为当前图层，如图 12-221 所示。

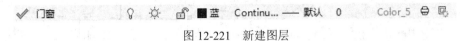

図 12-221 新建图层

（7）选择菜单栏中的"格式"→"多线样式"命令，在打开的"多线样式"对话框中新建多线"窗线"。单击"多线样式"对话框中的"新建"按钮，打开"新建多线样式"对话框，把其中的元素偏移量设为 120、40、-120 和 40，单击"确定"按钮，返回"多线样式"对话框，如果当前的多线名称不是窗线，单击"添加"按钮即可，然后单击"确定"按钮完成卫生间墙体多线的设置。

（8）选择菜单栏中的"绘图"→"多线"命令，选取任一窗洞为多线起点，窗洞端口为多线终点，完成窗线的绘制，如图 12-222 所示。

2．绘制门垛和门

（1）单击"默认"选项卡"绘图"面板中的"多段线"按钮，在图形空白区域任选一点为直线起点绘制一段多段线，如图 12-223 所示。

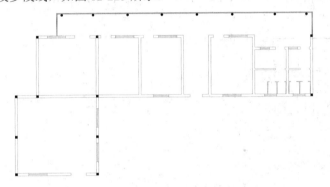

図 12-222 绘制窗线

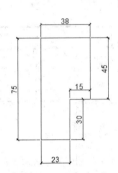

図 12-223 绘制多段线

（2）单击"默认"选项卡"绘图"面板中的"直线"按钮，以第（1）步中水平多段线的起点为起点向右绘制长为 1000 的直线；单击"默认"选项卡"修改"面板中的"镜像"按钮，选择第（1）步中绘制的图形为镜像对象，以长度为 1000 的直线的中点为镜像线的第一点，以（@0,10）为第二点进行镜像，将绘制的直线删除后的图形如图 12-224 所示。

矩形起点

図 12-224 镜像图形

（3）单击"默认"选项卡"绘图"面板中的"矩形"按钮，以如图 12-225 所示的点为矩形起点，绘制一个 26×955 的矩形，并结合"移动"命令将其移动放置到合适的位置，如图 12-226 所示。

（4）单击"默认"选项卡"绘图"面板中的"圆弧"按钮，以起点端点角度绘制圆弧，角度为 90°，如图 12-226 所示。

（5）单击"默认"选项卡"修改"面板中的"移动"按钮，选择第（4）步中绘制的单扇门图形为移动对象，将其移动至前面修剪出的门洞中，如图 12-227 所示。

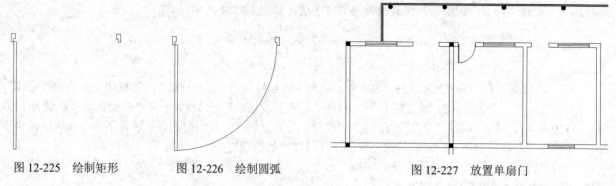

图 12-225　绘制矩形　　　　图 12-226　绘制圆弧　　　　　　图 12-227　放置单扇门

　　（6）单击"默认"选项卡"修改"面板中的"复制"按钮、"移动"按钮及"旋转"按扭，选择第（5）步中移动放置的单扇门图形为复制对象，对其进行多次移动复制操作，完成图形中所有单扇门图形的绘制，如图 12-228 所示。

　　（7）双扇门的绘制方法与单扇门基本相同，可参考 12.2.5 小节完成图形中双扇门的绘制，如图 12-229 所示。

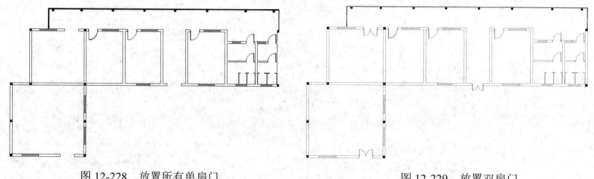

图 12-228　放置所有单扇门　　　　　　　　　　图 12-229　放置双扇门

　　（8）单击"默认"选项卡"修改"面板中的"复制"按钮，选择图形中已有的单扇门为复制对象对其进行复制操作。

　　（9）单击"默认"选项卡"修改"面板中的"缩放"按钮，选择第（8）步中复制的单扇门图形为缩放对象，将其比例缩小，完成后放置到卫生间门洞处，如图 12-230 所示。

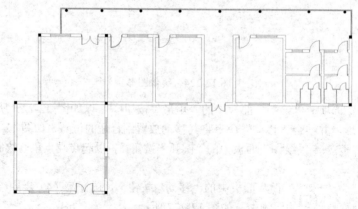

图 12-230　卫生间单扇门

12.3.4 绘制楼梯

楼梯作为人们在室内垂直交通的必要建筑构件，本例也绘制了室内楼梯，同样在"楼梯"图层进行绘制。

（1）新建"楼梯"图层，并将其设置为当前图层，如图 12-231 所示。

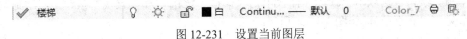

图 12-231 设置当前图层

（2）单击"默认"选项卡"绘图"面板中的"矩形"按钮▢，在楼梯间中间位置绘制一个 190×3046 的矩形，如图 12-232 所示。

（3）单击"默认"选项卡"修改"面板中的"偏移"按钮▣，选择第（2）步中绘制的矩形为偏移对象，将其向内进行偏移，偏移距离为 61，如图 12-233 所示。

（4）单击"默认"选项卡"绘图"面板中的"直线"按钮／，在第（3）步中绘制的图形中适当位置处绘制一条水平直线，如图 12-234 所示。

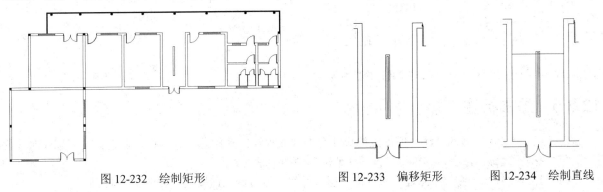

图 12-232 绘制矩形　　　　图 12-233 偏移矩形　　　图 12-234 绘制直线

（5）单击"默认"选项卡"修改"面板中的"偏移"按钮▣，选择第（4）步中绘制的水平直线为偏移对象，将其向下进行偏移，偏移距离为 280×10（280×10 代表"连续编移 280，偏移次数为 10"），如图 12-235 所示。

（6）单击"默认"选项卡"修改"面板中的"修剪"按钮↗，选择第（5）步中的偏移线段为修剪对象，将矩形内的多余线段进行修剪处理，如图 12-236 所示。

（7）单击"默认"选项卡"绘图"面板中的"多段线"按钮⟋，设置多段线起点宽度和端点宽度为 0，绘制多段线。指定多段线起点宽度为 120，端点宽度为 0，绘制楼梯的指引箭头，如图 12-237 所示。

（8）单击"默认"选项卡"绘图"面板中的"直线"按钮／，在第（7）步中绘制的楼梯梯段线上绘制一条斜向直线，如图 12-238 所示。

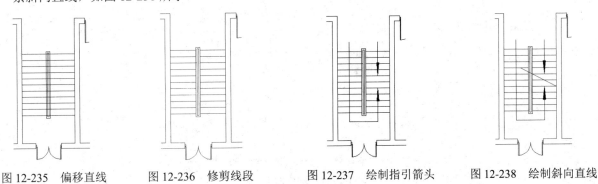

图 12-235 偏移直线　　图 12-236 修剪线段　　图 12-237 绘制指引箭头　　图 12-238 绘制斜向直线

（9）单击"默认"选项卡"绘图"面板中的"直线"按钮，在第（8）步中绘制的直线上绘制连续直线，如图 12-239 所示。

（10）单击"默认"选项卡"修改"面板中的"修剪"按钮，选择第（9）步中绘制的斜向直线为修剪对象，对其进行修剪，如图 12-240 所示。

（11）单击"默认"选项卡"绘图"面板中的"矩形"按钮和"直线"按钮，绘制室外台阶（具体绘制方法参见 12.2.6 小节），如图 12-241 所示。

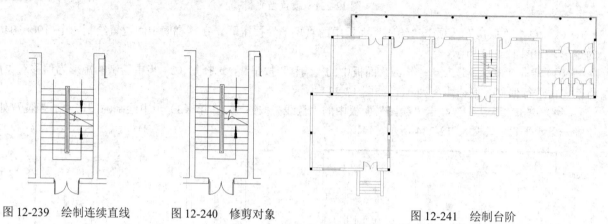

图 12-239　绘制连续直线　　图 12-240　修剪对象　　图 12-241　绘制台阶

12.3.5　添加标注

在尺寸图层进行尺寸的标注，所标注的尺寸有细部的轴线尺寸和总尺寸两种，在进行尺寸标注时最好打开"对象捕捉追踪"命令，这样可以方便快速准确地捕捉轴线。

（1）打开"轴线"图层，新建"尺寸"图层，并将其设置为当前图层，如图 12-242 所示。

图 12-242　设置当前图层

（2）单击"默认"选项卡"注释"面板中的"线性"按钮和"连续"按钮，为图形添加第一道尺寸标注，如图 12-243 所示。

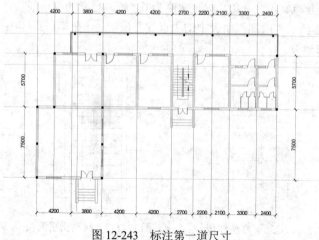

图 12-243　标注第一道尺寸

（3）单击"默认"选项卡"注释"面板中的"线性"按钮，为图形添加总尺寸标注，如图 12-244 所示。

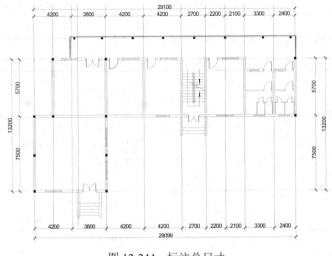

图 12-244　标注总尺寸

（4）单击"默认"选项卡"修改"面板中的"分解"按钮，选择总尺寸为分解对象，按 Enter 键确认进行分解。

（5）单击"默认"选项卡"修改"面板中的"偏移"按钮，选择分解后的总尺寸标注为偏移对象，分别向外进行偏移，偏移距离为 800，如图 12-245 所示。

（6）单击"默认"选项卡"修改"面板中的"删除"按钮，选择偏移线段为删除对象，对其进行删除处理，如图 12-246 所示。

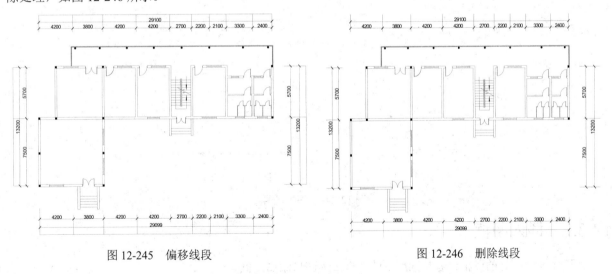

图 12-245　偏移线段　　　　　　　　　　　　　图 12-246　删除线段

12.3.6　添加轴号

利用"圆"和"多行文字"命令，在上、下、左、右 4 个方向标注轴号。

（1）单击"默认"选项卡"绘图"面板中的"圆"按钮，在轴线上选取一点为圆心，绘制一个半径为 340 的圆, 如图 12-247 所示。

(2) 单击"默认"选项卡"注释"面板中的"多行文字"按钮 A, 在第 (1) 步中绘制的圆内添加文字, 如图 12-248 所示。

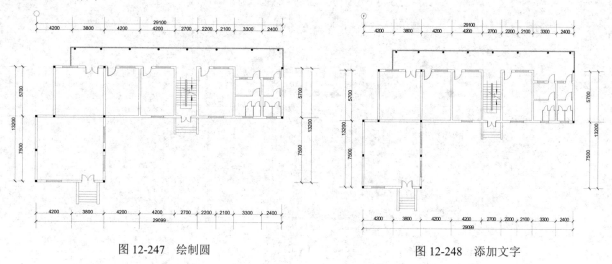

图 12-247　绘制圆　　　　　　　　　　　　　图 12-248　添加文字

(3) 完成图形中所有轴号的绘制, 如图 12-249 所示。

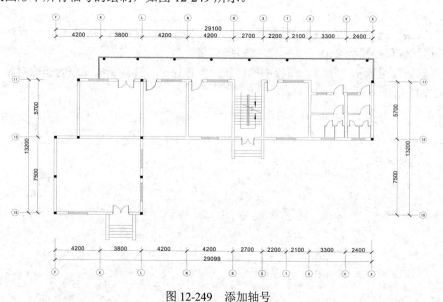

图 12-249　添加轴号

12.3.7　插入图框

使用之前绘制好的图框或者是图库中的图框, 为图形添加图框。

(1) 单击"默认"选项卡"注释"面板中的"多行文字"按钮 A, 在图 12-249 所示图形内添加文字, 如图 12-250 所示。

(2) 单击"默认"选项卡"块"面板中的"插入"按钮, 打开"插入"对话框。选择定义的图框为插入对象, 将其放置到绘制的图形外侧, 添加图框文字, 最终完成二层总平面图的绘制, 如图 12-251 所示。

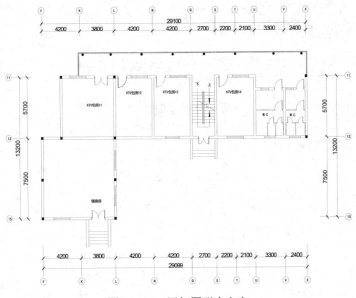

图 12-250　添加图形内文字

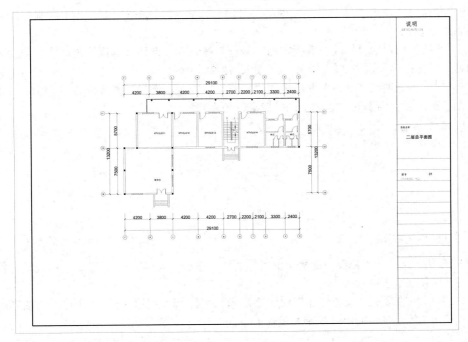

图 12-251　添加图框

12.4　道具单元平面图

高级洗浴中心为了吸引顾客，在造型设计上求新求变，所以往往需要设计一些特殊造型的道具，这里讲述本洗浴中心涉及的一些道具的平面图的设计方法。

12.4.1 道具 A 单元平面图的绘制

首先绘制道具 A 单元平面图，然后进行尺寸标注和文字说明的绘制。

1．绘制图形

道具 A 单元平面图如图 12-252 所示，下面讲述其绘制方法。

（1）单击"默认"选项卡"绘图"面板中的"矩形"按钮□，在图形空白位置任选一点为矩形起点，绘制一个 2400×800 的矩形，如图 12-253 所示。

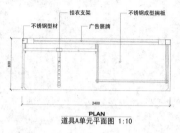

图 12-252 道具 A 单元平面图　　　　　　　　　图 12-253 绘制矩形

（2）单击"默认"选项卡"修改"面板中的"分解"按钮◎，选择第（1）步中绘制的矩形为分解对象，按 Enter 键确认进行分解。

（3）单击"默认"选项卡"修改"面板中的"偏移"按钮△，选择分解矩形顶部水平边为偏移对象将其向下进行偏移，偏移距离分别为 35、10 和 35，如图 12-254 所示。

（4）单击"默认"选项卡"修改"面板中的"偏移"按钮△，选择左侧竖直直线为偏移对象将其向右侧进行偏移，偏移距离分别为 186、2027，如图 12-255 所示。

图 12-254 偏移水平线段　　　　　　　　　图 12-255 偏移竖直线段

（5）单击"默认"选项卡"修改"面板中的"修剪"按钮⁄，选择第（4）步中偏移线段为修剪对象对其进行修剪处理，如图 12-256 所示。

（6）单击"默认"选项卡"绘图"面板中的"矩形"按钮□，在第（5）步中修剪的图形内绘制一个 80×80 的圆角半径为 6 的矩形，命令行提示与操作如下：

```
命令: _rectang
指定第一个角点或 [倒角(C)/标高(E)/圆角(F)/厚度(T)/宽度(W)]: F↙
指定矩形的圆角半径 <0.0000>: 6↙
指定第一个角点或 [倒角(C)/标高(E)/圆角(F)/厚度(T)/宽度(W)]: （选择一点为矩形起点）
指定另一个角点或 [面积(A)/尺寸(D)/旋转(R)]: @80,80↙
```

结果如图 12-257 所示。

（7）单击"默认"选项卡"修改"面板中的"偏移"按钮△，选择第（6）步中绘制的矩形为偏移对象将其向内进行偏移，偏移距离为 4，如图 12-258 所示。

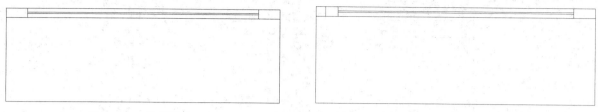

图 12-256　修剪线段　　　　　　　　　　　图 12-257　绘制圆角矩形

（8）单击"默认"选项卡"修改"面板中的"镜像"按钮▲，选择第（7）步中绘制的两矩形并向右镜像，如图 12-259 所示。

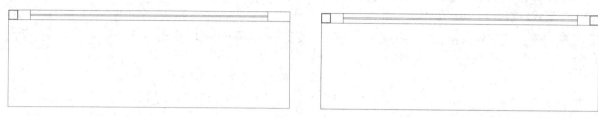

图 12-258　偏移矩形　　　　　　　　　　　图 12-259　镜像图形

（9）单击"默认"选项卡"绘图"面板中的"直线"按钮╱，在如图 12-260 所示的位置绘制连续线段。

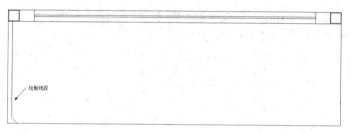

图 12-260　绘制线段

（10）单击"默认"选项卡"修改"面板中的"镜像"按钮▲，选择第（9）步中绘制的线段为镜像对象对其进行竖直镜像，如图 12-261 所示。

（11）单击"默认"选项卡"绘图"面板中的"矩形"按钮▢，在第（10）步中的图形内绘制一个 1192×40 的矩形，如图 12-262 所示。

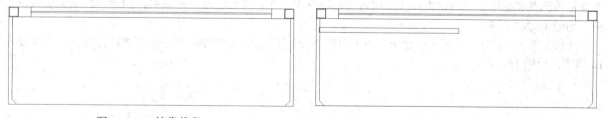

图 12-261　镜像线段　　　　　　　　　　　图 12-262　绘制矩形

（12）单击"默认"选项卡"绘图"面板中的"矩形"按钮▢，在第（11）步中绘制的矩形上分别绘制矩形，如图 12-263 所示。

（13）单击"默认"选项卡"修改"面板中的"修剪"按钮⊹，选择第（12）步中绘制的矩形间线段为修剪对象对其进行修剪处理，如图 12-264 所示。

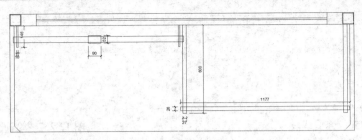

图 12-263　分别绘制矩形

（14）单击"默认"选项卡"绘图"面板中的"直线"按钮 ，在右侧竖直矩形内绘制两条竖直直线及 4 条水平直线，如图 12-265 所示。

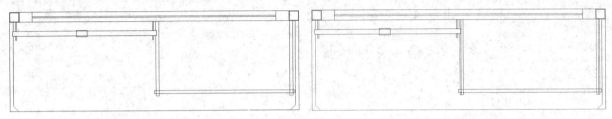

图 12-264　修剪线段　　　　　　　　　　图 12-265　绘制水平和竖直直线

（15）单击"默认"选项卡"绘图"面板中的"直线"按钮 ，在中间矩形下方绘制两条竖直直线，直线长度为 540，直线间距为 40，如图 12-266 所示。

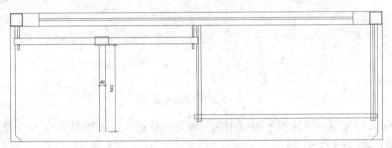

图 12-266　绘制竖直直线

（16）单击"默认"选项卡"绘图"面板中的"圆弧"按钮 ，选择第（15）步中绘制的左侧竖直直线下端点作为圆弧起点，右侧竖直直线下端点为圆弧终点，在直线间绘制一段圆弧，同理绘制剩余的圆弧图形，如图 12-267 所示。

（17）单击"默认"选项卡"绘图"面板中的"圆"按钮 ，在绘制的两条竖直直线间绘制一个半径为 14 的圆，如图 12-268 所示。

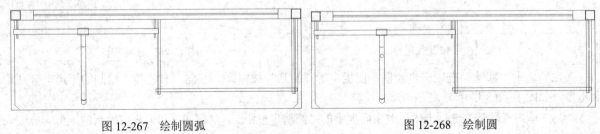

图 12-267　绘制圆弧　　　　　　　　　　图 12-268　绘制圆

（18）单击"默认"选项卡"绘图"面板中的"直线"按钮 和"圆弧"按钮 ，在第（17）步中绘制的圆上绘制图形，如图 12-269 所示。

（19）单击"默认"选项卡"修改"面板中的"复制"按钮 ^{◦◦}，选择第（18）步中的图形为复制对象对其进行连续复制，选择圆图形圆心为复制基点，间距为 63，复制个数为 5 个，如图 12-270 所示。

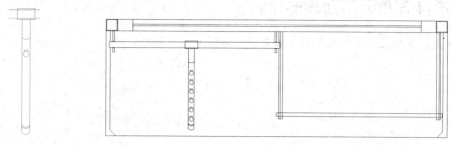

图 12-269　绘制图形　　　　　　　　图 12-270　复制图形

2．进行尺寸标注和文字说明

（1）单击"默认"选项卡"注释"面板中的"线性"按钮 ^{⊢⊣}，为道具 A 单元平面图添加总尺寸标注，如图 12-271 所示。

（2）在命令行中输入"QLEADER"命令，为图形添加文字说明，如图 12-272 所示。

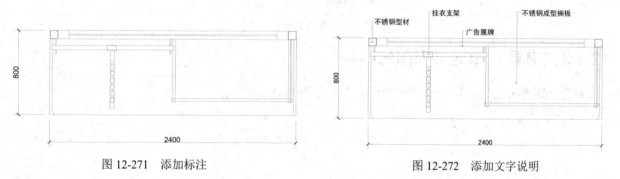

图 12-271　添加标注　　　　　　　　图 12-272　添加文字说明

（3）单击"默认"选项卡"绘图"面板中的"直线"按钮 ∕，在第（2）步中的图形下方绘制一条长度为 1139 的水平直线，如图 12-273 所示。

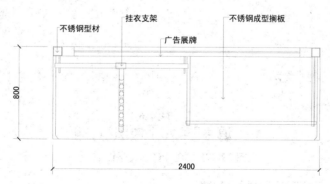

图 12-273　绘制水平直线

（4）单击"默认"选项卡"注释"面板中的"多行文字"按钮 A，在第（3）步中绘制的直线上添加文字，最终完成道具 A 单元平面图的绘制，如图 12-252 所示。

12.4.2　道具 B 单元平面图的绘制

利用上述方法完成道具 B 单元平面图的绘制，如图 12-274 所示。

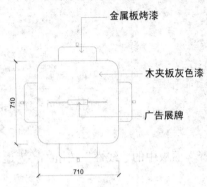

道具B单元平面图　1:20

图 12-274　道具 B 单元平面图

12.4.3　道具 C 单元平面图的绘制

利用上述方法完成道具 C 单元平面图的绘制，如图 12-275 所示。

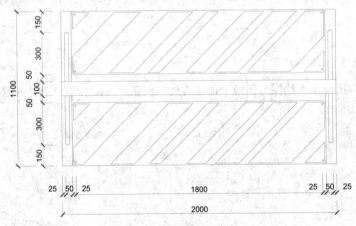

道具C单元平面图　1:20

图 12-275　道具 C 单元平面图

12.4.4　道具 D 单元平面图的绘制

利用上述方法完成道具 D 单元平面图的绘制，如图 12-276 所示。

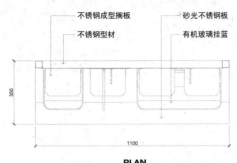

PLAN
道具D单元平面图 1:10

图 12-276   道具 D 单元平面图

12.4.5   插入图框

单击"默认"选项卡"块"面板中的"插入"按钮，打开"插入"对话框。选择定义的图框为插入对象，将其放置到绘制的图形外侧，为图框添加说明，最终完成道具单元平面图的绘制，如图 12-277 所示。

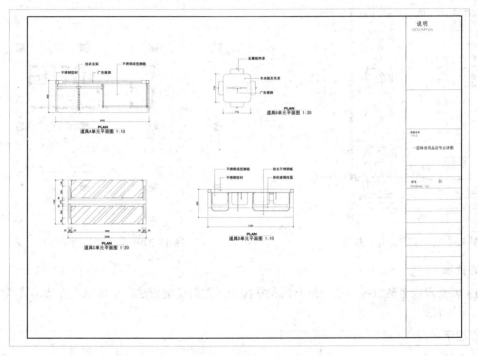

图 12-277   道具单元平面图

12.5   上 机 实 验

【练习 1】绘制如图 12-278 所示的宾馆大堂平面图。

1. 目的要求

本实例主要要求读者通过练习进一步熟悉和掌握平面图的绘制方法。本实例可以帮助读者学会完成整个平面图绘制的方法。

2．操作提示

（1）绘图前准备。

（2）绘制轴线。

（3）绘制柱子。

（4）绘制门窗。

（5）绘制阳台。

（6）绘制室内装饰。

（7）标注尺寸和文字。

【练习 2】绘制如图 12-279 所示的八层客房平面图。

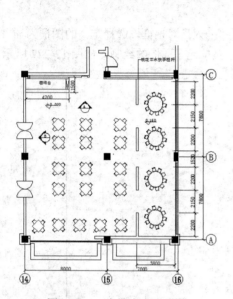

图 12-278　宾馆大堂平面图

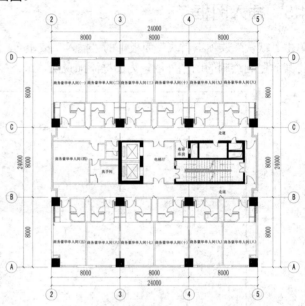

图 12-279　八层客房平面图

1．目的要求

本实例主要要求读者通过练习进一步熟悉和掌握平面图的绘制方法。本实例可以帮助读者学会完成整个平面图绘制的方法。

2．操作提示

（1）绘图前准备。

（2）绘制轴线。

（3）绘制墙体。

（4）绘制门窗。

（5）添加标注和文字说明。

第13章

洗浴中心平面布置图的绘制

平面布置图是在建筑平面图基础上的深化和细化。装饰是室内设计的精髓所在，是对局部细节的雕琢和布置，最能体现室内设计的品位和格调。洗浴中心是公共活动场所，包括洗浴、健身、休息等多种功能。下面主要讲解洗浴中心平面布置图的绘制方法。

【预习重点】

☑ 一层总平面布置图。

☑ 二层总平面布置图。

13.1 一层总平面布置图

一层总平面布置图如图 13-1 所示，下面讲述其绘制方法。

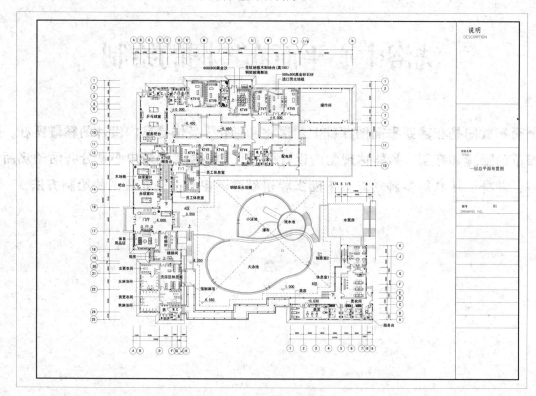

图 13-1 一层总平面布置图

13.1.1 绘制家具

利用前面学过的绘图和编辑命令，在建立的"家具"图层中，建立所需的图形，并设置为图块。

（1）打开"源文件\第 13 章\一层平面图"，并将其另存为"一层总平面布置图"。新建"家具"图层，并将其设置为当前图层，如图 13-2 所示。

✓ 家具   💡 ☼   🔓 ■洋红 Continu... —— 默认 0   Color_6 ⊕ 🗐

图 13-2 新建"家具"图层

（2）利用前面学过的绘图和编辑命令绘制电视柜、沙发及茶几、台灯、按摩椅、美发座椅、台球桌、服务台、坐便器、乒乓球桌、单人床、蹲便器、单人座椅、储藏柜、小便器、洗手盆、衣柜、绿植、按摩浴缸、花洒、四人座沙发、吧台及吧台椅子等家具，如图 13-3～图 13-23 所示（在本实例中可以直接调用源文件图块中对应的家具图形，将其插入到图中合适的位置）。

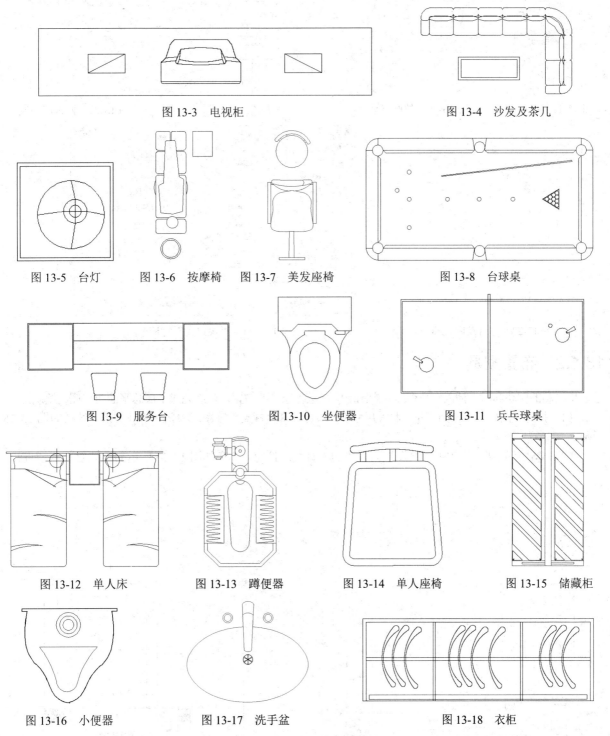

图 13-3　电视柜　　　　　　　　　　　　　　　　图 13-4　沙发及茶几

图 13-5　台灯　　图 13-6　按摩椅　图 13-7　美发座椅　　　图 13-8　台球桌

图 13-9　服务台　　　　　　图 13-10　坐便器　　　　　图 13-11　兵乓球桌

图 13-12　单人床　　　图 13-13　蹲便器　　　图 13-14　单人座椅　　图 13-15　储藏柜

图 13-16　小便器　　　图 13-17　洗手盆　　　　图 13-18　衣柜

（3）单击"默认"选项卡"块"面板中的"创建"按钮 ，打开"块定义"对话框，如图 13-24 所示，选择上述图形为定义对象，选择任意点为基点，将其定义为块。

图 13-19 绿植

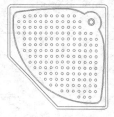

图 13-20 按摩浴缸

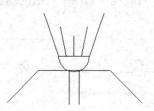

图 13-21 花洒

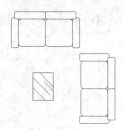

图 13-22 四人座沙发

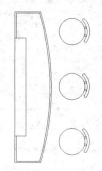

图 13-23 吧台及吧台椅子

图 13-24 "块定义"对话框

13.1.2 布置家具

将绘制的图块利用"插入"命令插入到图形中，进行家具的布置，最终完成一层总平面布置图的绘制。

（1）打开"图层"下拉列表框，将"尺寸"、"文字"和"标高"等图层关闭，整理图形，结果如图 13-25 所示。

（2）单击"默认"选项卡"绘图"面板中的"直线"按钮／，在如图 13-26 所示的位置绘制连续直线。

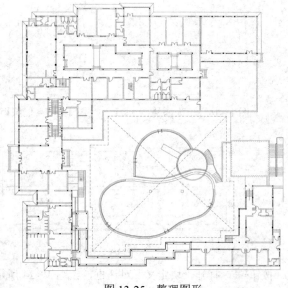

图 13-25 整理图形

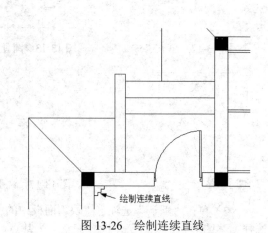

绘制连续直线

图 13-26 绘制连续直线

利用上述方法完成相同图形的绘制，如图 13-27 所示。

（3）单击"默认"选项卡"块"面板中的"插入"按钮，打开"插入"对话框，单击"浏览"按钮，打开"选择图形文件"对话框，选择"源文件\图块\电视柜"图块，单击"打开"按钮，回到"插入"对话框，单击"确定"按钮，完成图块的插入，如图 13-28 所示。

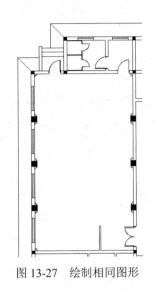

图 13-27　绘制相同图形

图 13-28　插入电视柜

（4）单击"默认"选项卡"块"面板中的"插入"按钮，打开"插入"对话框。单击"浏览"按钮，打开"选择图形文件"对话框，选择"源文件\图块\沙发及茶几"图块，单击"打开"按钮，回到"插入"对话框，单击"确定"按钮，完成图块的插入，如图 13-29 所示。

（5）单击"默认"选项卡"块"面板中的"插入"按钮，打开"插入"对话框。单击"浏览"按钮，打开"选择图形文件"对话框，选择"源文件\图块\小茶几"图块，单击"打开"按钮，回到"插入"对话框，单击"确定"按钮，完成图块的插入，如图 13-30 所示。

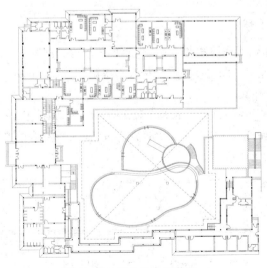

图 13-29　插入沙发及茶几

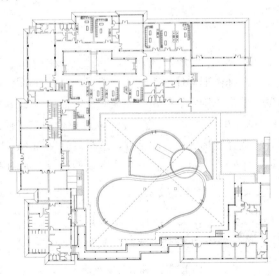

图 13-30　插入小茶几

（6）单击"默认"选项卡"块"面板中的"插入"按钮，打开"插入"对话框。单击"浏览"按钮，打开"选择图形文件"对话框，选择"源文件\图块\按摩椅"图块，单击"打开"按钮，回到"插入"对话框，单击"确定"按钮，完成图块的插入，如图 13-31 所示。

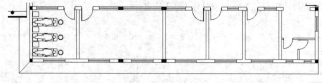

图 13-31　插入按摩椅

（7）单击"默认"选项卡"块"面板中的"插入"按钮，打开"插入"对话框。单击"浏览"按钮，打开"选择图形文件"对话框，选择"源文件\图块\台球桌"图块，单击"打开"按钮，回到"插入"对话框，单击"确定"按钮，完成图块的插入，如图 13-32 所示。

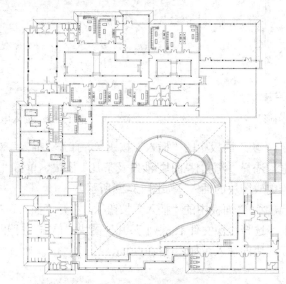

图 13-32　插入台球桌

（8）单击"默认"选项卡"块"面板中的"插入"按钮，打开"插入"对话框。单击"浏览"按钮，打开"选择图形文件"对话框，选择"源文件\图块\美发座椅"图块，单击"打开"按钮，回到"插入"对话框，单击"确定"按钮，完成图块的插入，如图 13-33 所示。

（9）单击"默认"选项卡"块"面板中的"插入"按钮，打开"插入"对话框。单击"浏览"按钮，打开"选择图形文件"对话框，选择"源文件\图块\洗发躺椅"图块，单击"打开"按钮，回到"插入"对话框，单击"确定"按钮，完成图块的插入，如图 13-34 所示。

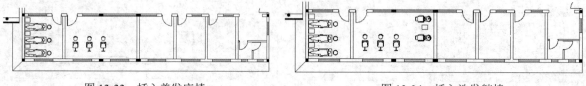

图 13-33　插入美发座椅　　　　　　　图 13-34　插入洗发躺椅

（10）单击"默认"选项卡"块"面板中的"插入"按钮，打开"插入"对话框。单击"浏览"按钮，打开"选择图形文件"对话框，选择"源文件\图块\对床"图块，单击"打开"按钮，回到"插入"对话框，单击"确定"按钮，完成图块的插入，如图 13-35 所示。

（11）单击"默认"选项卡"块"面板中的"插入"按钮，打开"插入"对话框。单击"浏览"按钮，打开"选择图形文件"对话框，选择"源文件\图块\衣柜"图块，单击"打开"按钮，回到"插入"对话框，单击"确定"按钮，完成图块的插入，如图 13-36 所示。

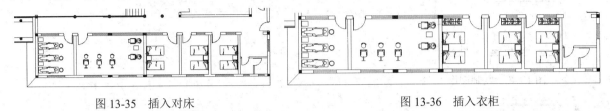

图 13-35　插入对床　　　　　　　　　　　　图 13-36　插入衣柜

（12）单击"默认"选项卡"块"面板中的"插入"按钮，打开"插入"对话框。单击"浏览"按钮，打开"选择图形文件"对话框，选择"源文件\图块\兵乓球桌"图块，单击"打开"按钮，回到"插入"对话框，单击"确定"按钮，完成图块的插入，如图 13-37 所示。

（13）单击"默认"选项卡"绘图"面板中的"矩形"按钮，在更衣间位置绘制一个 600×500 的矩形，如图 13-38 所示。

（14）单击"默认"选项卡"绘图"面板中的"直线"按钮，在第（13）步中绘制的矩形内绘制斜向直线，如图 13-39 所示。

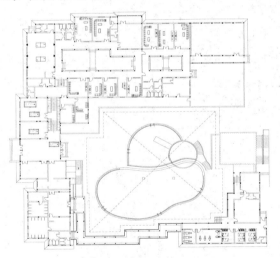

图 13-37　插入兵乓球桌

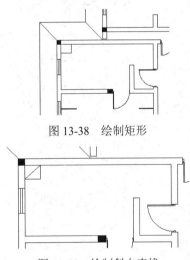

图 13-38　绘制矩形

图 13-39　绘制斜向直线

（15）单击"默认"选项卡"修改"面板中的"复制"按钮，选择第（14）步中绘制的图形为复制对象，将其向右进行连续复制，如图 13-40 所示。

（16）单击"默认"选项卡"修改"面板中的"复制"按钮，选择第（15）步中复制后的图形为复制对象，将其向下进行复制，如图 13-41 所示。

（17）利用上述方法完成相同图形的绘制，如图 13-42 所示。

（18）单击"默认"选项卡"块"面板中的"插入"按钮，打开"插入"对话框。单击"浏览"按钮，打开"选择图形文件"对话框，选择"源文件\图块\蹲便器"图块，单击"打开"按钮，回到"插入"对话框，单击"确定"按钮，完成图块的插入，如图 13-43 所示。

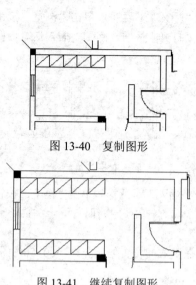

图 13-40　复制图形

图 13-41　继续复制图形

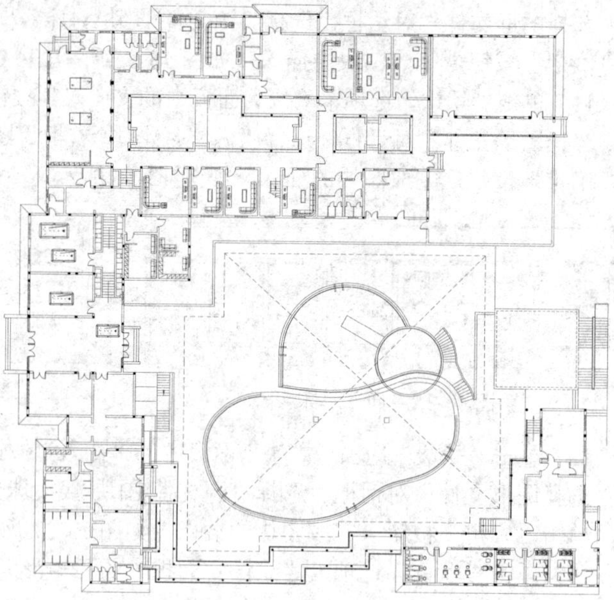

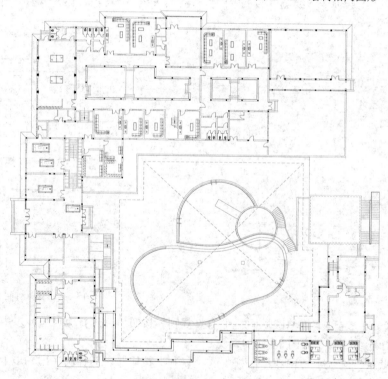

图 13-42　绘制相同图形

图 13-43　插入蹲便器

　　（19）单击"默认"选项卡"块"面板中的"插入"按钮，打开"插入"对话框。单击"浏览"按钮，打开"选择图形文件"对话框，选择"源文件\图块\小便器"图块，单击"打开"按钮，回到"插入"对话框，单击"确定"按钮，完成图块的插入，如图 13-44 所示。

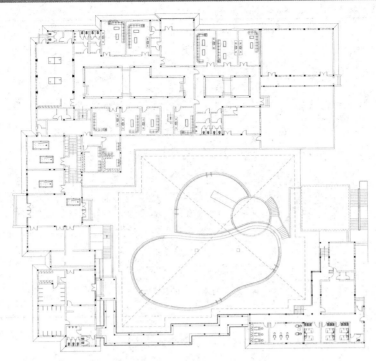

图 13-44　插入小便器

（20）利用上述方法完成图块的布置，如图 13-45 所示。

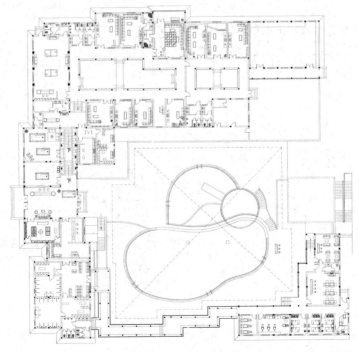

图 13-45　完成图块的布置

（21）打开关闭的图层，最终完成一层总平面布置图的绘制，如图 13-46 所示。

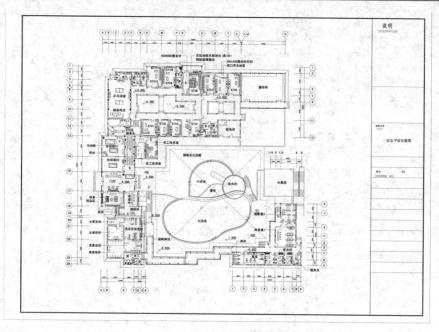

图 13-46　一层总平面布置图

13.2　二层总平面布置图

二层总平面布置图如图 13-47 所示，下面讲述其绘制方法。

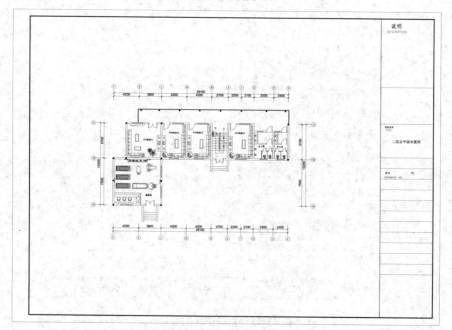

图 13-47　二层总平面布置图

13.2.1　绘制家具

利用前面学过的绘图和编辑命令绘制健身器械，并将绘制的图形设置为图块。

（1）利用前面学过的绘图和编辑命令绘制健身器械 1 和健身器械 2，如图 13-48 和图 13-49 所示。

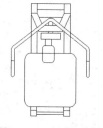
图 13-48　健身器械 1

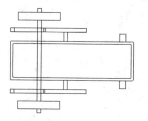
图 13-49　健身器械 2

（2）其余图形可以参考前面的方法绘制完成并将其定义为块。

13.2.2　布置家具

将绘制的图块，利用"插入"命令插入到图形中，进行家具的布置，最终完成二层总平面布置图的绘制。

（1）单击快速访问工具栏中的"打开"按钮📂，在打开的"选择文件"对话框中单击"浏览"按钮，选择"源文件\第 13 章\二层平面图"，将其另存为"二层总平面布置图"。

（2）单击"默认"选项卡"块"面板中的"插入"按钮，打开"插入"对话框。单击"浏览"按钮，打开"选择图形文件"对话框，选择"源文件\图块\电视柜"图块，单击"打开"按钮，回到"插入"对话框，单击"确定"按钮，完成图块的插入，如图 13-50 所示。

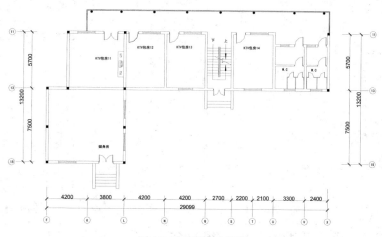
图 13-50　插入电视柜

（3）单击"默认"选项卡"块"面板中的"插入"按钮，打开"插入"对话框。单击"浏览"按钮，打开"选择图形文件"对话框，选择"源文件\图块\沙发及茶几"图块，单击"打开"按钮，回到"插入"对话框，单击"确定"按钮，完成图块的插入，如图 13-51 所示。

（4）单击"默认"选项卡"块"面板中的"插入"按钮，打开"插入"对话框。单击"浏览"按钮，打开"选择图形文件"对话框，选择"源文件\图块\小茶几"图块，单击"打开"按钮，回到"插入"对话框，单击"确定"按钮，完成图块的插入，如图 13-52 所示。

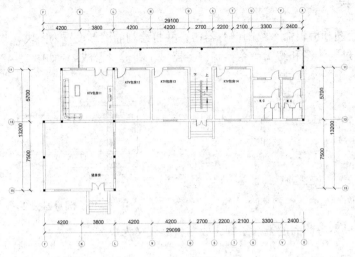

图 13-51　插入沙发及茶几

（5）单击"默认"选项卡"块"面板中的"插入"按钮，打开"插入"对话框。单击"浏览"按钮，打开"选择图形文件"对话框，选择"源文件\图块\绿植 1"图块，单击"打开"按钮，回到"插入"对话框，单击"确定"按钮，完成图块的插入，如图 13-53 所示。

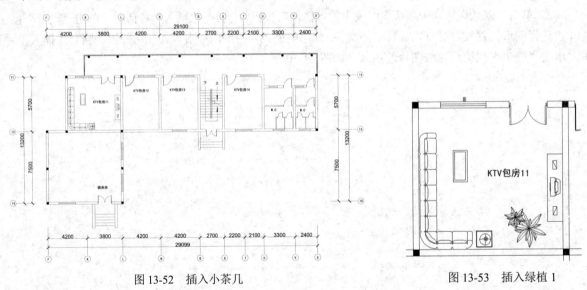

图 13-52　插入小茶几　　　　　　　　　　　　　图 13-53　插入绿植 1

（6）重复上述操作完成相同图块的插入，如图 13-54 所示。

（7）单击"默认"选项卡"绘图"面板中的"矩形"按钮，在如图 13-55 所示的位置绘制一个 320×1400 的矩形。

（8）单击"默认"选项卡"绘图"面板中的"直线"按钮，在第（7）步中绘制的矩形内绘制对角线，如图 13-56 所示。

（9）单击"默认"选项卡"绘图"面板中的"多段线"按钮，在矩形外侧绘制连续多段线，如图 13-57 所示。

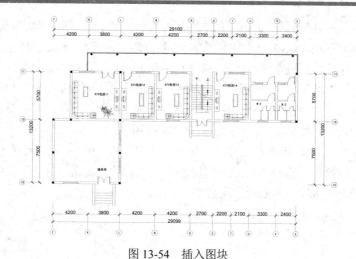

图 13-54 插入图块

（10）单击"默认"选项卡"修改"面板中的"偏移"按钮▲，选择第（9）步中绘制的多段线为偏移对象，将其向内进行偏移，偏移距离为 15，如图 13-58 所示。

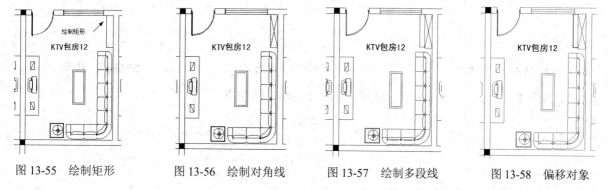

图 13-55 绘制矩形　　　图 13-56 绘制对角线　　　图 13-57 绘制多段线　　　图 13-58 偏移对象

（11）单击"默认"选项卡"修改"面板中的"复制"按钮，选择第（10）步中绘制完成的图形为复制对象，对其进行连续复制，如图 13-59 所示。

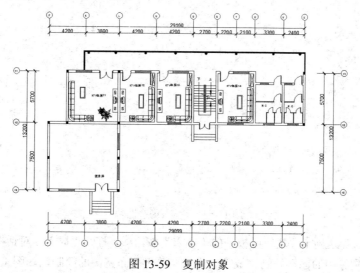

图 13-59 复制对象

（12）单击"默认"选项卡"块"面板中的"插入"按钮🔲，打开"插入"对话框。单击"浏览"按钮，打开"选择图形文件"对话框，选择"源文件\图块\健身器械 1"图块，单击"打开"按钮，回到"插入"对话框，单击"确定"按钮，完成图块的插入，如图 13-60 所示。

（13）单击"默认"选项卡"块"面板中的"插入"按钮🔲，打开"插入"对话框。单击"浏览"按钮，打开"选择图形文件"对话框，选择"源文件\图块\健身器械 2"图块，单击"打开"按钮，回到"插入"对话框，单击"确定"按钮，完成图块的插入，如图 13-61 所示。

（14）单击"默认"选项卡"块"面板中的"插入"按钮🔲，打开"插入"对话框。单击"浏览"按钮，打开"选择图形文件"对话框，选择"源文件\图块\跑步机"图块，单击"打开"按钮，回到"插入"对话框，单击"确定"按钮，完成图块的插入，如图 13-62 所示。

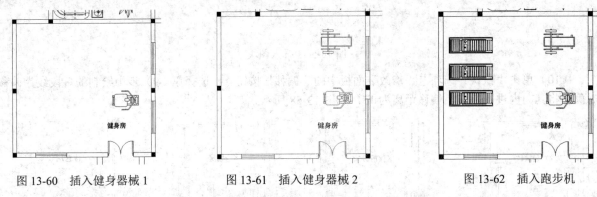

图 13-60　插入健身器械 1　　　　图 13-61　插入健身器械 2　　　　图 13-62　插入跑步机

（15）调用上述方法完成图形中所有图块的插入，如图 13-63 所示。

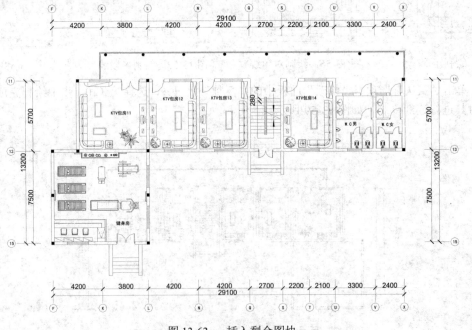

图 13-63　　插入剩余图块

（16）单击"默认"选项卡"块"面板中的"插入"按钮🔲，打开"插入"对话框，选择定义的图框为插入对象，将其放置到绘制的图形外侧，最终完成二层总平面布置图的绘制，如图 13-64 所示。

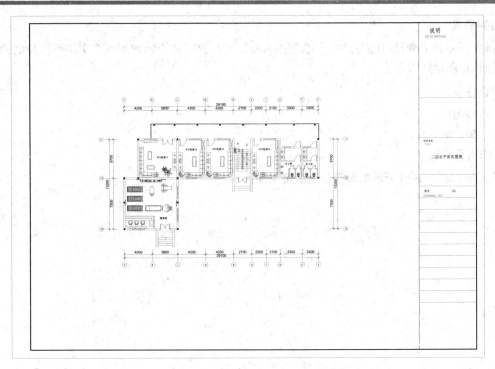

图 13-64 插入图框

13.3 上 机 实 验

【练习1】绘制如图 13-65 所示的某剧院接待室平面布置图。

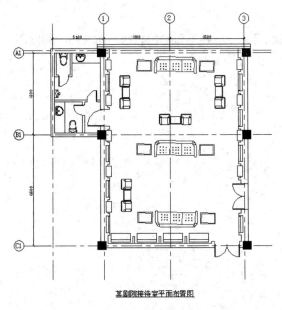

某剧院接待室平面布置图

图 13-65 某剧院接待室平面布置图

1．目的要求

本实例主要要求读者通过练习进一步熟悉和掌握平面布置图的绘制方法。本实例可以帮助读者学会完成整个平面布置图绘制的方法。

2．操作提示

（1）整理图形。

（2）绘制所需图块。

（3）布置图形。

【练习 2】绘制如图 13-66 所示的董事长室装饰平面图。

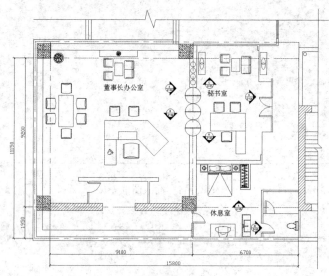

图 13-66　董事长室装饰平面图

1．目的要求

本实例主要要求读者通过练习进一步熟悉和掌握装饰平面图的绘制方法。本实例可以帮助读者学会完成整个装饰平面图绘制的方法。

2．操作提示

（1）绘图准备。

（2）绘制家具图块。

（3）绘制柱子。

（4）布置家具图块。

（5）标注尺寸和文字。

（6）绘制索引符号。

洗浴中心顶棚与地坪图的绘制

　　顶棚图与地坪图是室内设计中特有的图样，顶棚图是用于表达室内顶棚造型、灯具及相关电器布置的顶棚水平镜像投影图，地坪图是用于表达室内地面造型、纹饰图案布置的水平镜像投影图。本章将以洗浴中心顶棚与地坪室内设计为例，详细讲述洗浴中心顶棚与地坪图的绘制过程。在讲述过程中，将逐步带领读者完成绘制，并讲述顶棚及地坪图绘制的相关知识和技巧。

【预习重点】

☑ 一层顶棚布置图。
☑ 二层顶棚布置图。
☑ 一层地坪布置图。
☑ 二层地坪布置图。

14.1 一层顶棚布置图

一层顶棚图如图 14-1 所示，下面讲述其绘制方法。

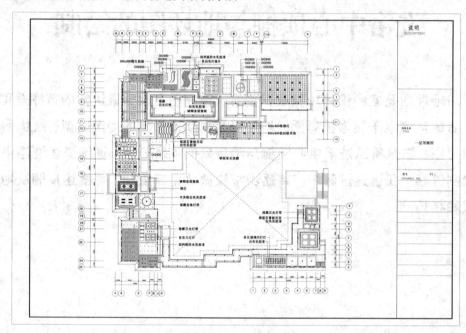

图 14-1 一层顶棚布置图

14.1.1 整理图形

利用之前所学过的知识，关闭不需要的图层，利用"直线"命令，在门洞处绘制直线封闭门洞。

（1）单击快速访问工具栏中的"打开"按钮 📂，打开"选择文件"对话框，如图 14-2 所示。选择一层平面图，将其打开，关闭不需要的图层，如图 14-3 所示。

（2）单击"默认"选项卡"绘图"面板中的"直线"按钮 ∕，在门洞处绘制直线封闭门洞，如图 14-4 所示。

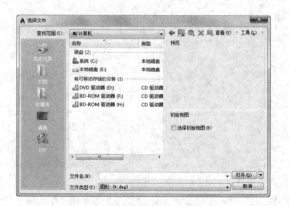

图 14-2 "选择文件"对话框

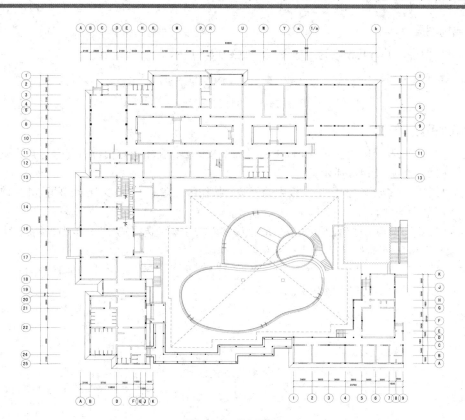

图 14-3　关闭图层

图 14-4　封闭门洞

14.1.2　绘制灯具

在"灯具"图层，绘制了小型吊灯、装饰吊灯、小型吸顶灯、半径为 100 的吸顶灯以及排风扇等图形，布置到一层顶棚布置图中。

1．设置当前图层

新建"灯具"图层，并将其设置为当前图层，如图 14-5 所示。

✔ 灯具　　　　♀ ☼ 🔓 ■白　Continu... —— 默认　0　　　Color_7 🖨 🗐

图 14-5　"灯具"图层

2．绘制小型吊灯

（1）单击"默认"选项卡"绘图"面板中的"圆"按钮⊙，在图形空白位置任选一点为圆的圆心，绘制一个半径为 91 的圆，如图 14-6 所示。

（2）单击"默认"选项卡"绘图"面板中的"圆"按钮⊙，在第（1）步中绘制的圆外选取一点为圆的圆心，绘制一个半径为 40 的圆，如图 14-7 所示。

（3）单击"默认"选项卡"修改"面板中的"偏移"按钮⊜，选择第（2）步中半径为 91 的圆为偏移对象向内进行偏移，偏移距离为 21，如图 14-8 所示。

（4）单击"默认"选项卡"绘图"面板中的"直线"按钮／，在第（3）步中偏移的圆上绘制 4 条相等的斜向直线，直线长度为 63，如图 14-9 所示。

图 14-6　绘制半径为 91 的圆　　图 14-7　绘制半径为 40 的圆　　图 14-8　偏移圆　　图 14-9　绘制斜向直线

（5）单击"默认"选项卡"修改"面板中的"环形阵列"按钮🔛，选择图 14-9 中的图形为阵列对象，选择半径为 40 的圆的圆心为环形阵列基点，设置项目数为 3，如图 14-10 所示。

（6）单击"默认"选项卡"绘图"面板中的"直线"按钮／，在阵列后的图形间绘制两条斜向直线。单击"默认"选项卡"修改"面板中的"环形阵列"按钮🔛，选择绘制的斜向直线为阵列对象，以中间小圆圆心为环形阵列基点，设置项目数为 3，完成小型吊灯的绘制，如图 14-11 所示。

（7）单击"默认"选项卡"块"面板中的"创建块"按钮🔲，打开"块定义"对话框，如图 14-12 所示，选择第（6）步中的图形为定义对象，选择任意点为基点，将其定义为块，块名为"小型吊灯"。

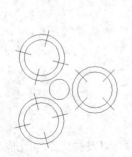 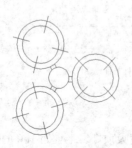 

图 14-10　阵列图形　　　　图 14-11　绘制小型吊灯　　　　图 14-12　"块定义"对话框

3．绘制装饰吊灯

（1）单击"默认"选项卡"绘图"面板中的"圆"按钮⊙，在图形空白位置任选一点为圆心，绘制一个半径为 209 的圆，如图 14-13 所示。

（2）单击"默认"选项卡"修改"面板中的"偏移"按钮△，选择第（1）步中绘制的圆为偏移对象向内进行偏移，偏移距离分别为 118、44，如图 14-14 所示。

（3）单击"默认"选项卡"绘图"面板中的"矩形"按钮▢，在图形空白位置任选一点为矩形起点，绘制一个 16×116 的矩形，如图 14-15 所示。

（4）单击"默认"选项卡"修改"面板中的"旋转"按钮○，选择第（3）步中绘制的矩形为旋转对象，选择矩形的左下角点为旋转基点，将矩形旋转 26°，如图 14-16 所示。

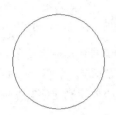　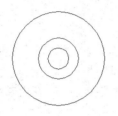　　　

图 14-13　绘制半径为 209 的圆　　图 14-14　偏移圆　　图 14-15　绘制 16×116 的矩形　　图 14-16　旋转矩形

（5）单击"默认"选项卡"修改"面板中的"移动"按钮✛，选择第（4）步中绘制的矩形为移动对象，在图形上任选一点为移动基点，将其放置到前面绘制的圆图形上，如图 14-17 所示。

（6）单击"默认"选项卡"绘图"面板中的"圆"按钮⊙，在第（5）步中移动的矩形上方选择一点为绘制圆的圆心，绘制一个半径为 139 的圆，如图 14-18 所示。

（7）单击"默认"选项卡"绘图"面板中的"直线"按钮╱，以第（6）步中绘制圆的圆心为直线起点绘制一条适当角度的斜向直线，如图 14-19 所示。

（8）单击"默认"选项卡"修改"面板中的"环形阵列"按钮❖，根据命令行提示选择第（7）步中绘制的斜向直线为阵列对象，选择绘制圆的圆心为环形阵列基点，设置阵列项目间角度为 14°，项目数为 25，填充角度为 360°，如图 14-20 所示。

图 14-17　移动矩形

（9）单击"默认"选项卡"修改"面板中的"环形阵列"按钮❖，选择如图 14-20 所示的图形为阵列对象，选择绘制的半径为 209 的圆的圆心为环形阵列基点，设置项目数为 6，完成装饰吊灯的绘制，如图 14-21 所示。

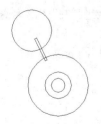　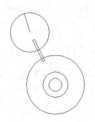　　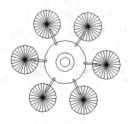

图 14-18　绘制半径为 139 的圆　　图 14-19　绘制斜向直线　　图 14-20　阵列项目数　　图 14-21　装饰吊灯

（10）单击"默认"选项卡"块"面板中的"创建块"按钮➡，打开"块定义"对话框，选择第（9）步中的图形为定义对象，选择任意点为基点，将其定义为块，块名为"装饰吊灯"。

4．绘制小型吸顶灯

（1）单击"默认"选项卡"绘图"面板中的"圆"按钮⊙，在图形空白位置任选一点作为圆的圆心，绘制一个半径为 200 的圆，如图 14-22 所示。

（2）单击"默认"选项卡"修改"面板中的"偏移"按钮，选择第（1）步中绘制的圆为偏移对象向内进行偏移，偏移距离分别为 20 和 155，如图 14-23 所示。

（3）单击"默认"选项卡"绘图"面板中的"矩形"按钮，在第（2）步中偏移的圆图形上任选一点为矩形起点，绘制一个 20×50 的矩形，如图 14-24 所示。

图 14-22　绘制半径为 200 的圆　　图 14-23　偏移圆　　图 14-24　绘制 20×50 的矩形

（4）单击"默认"选项卡"修改"面板中的"环形阵列"按钮，选择第（3）步中绘制完成的矩形为阵列对象，选择绘制的半径为 200 的圆的圆心为环形阵列基点，设置项目数为 4，完成阵列，如图 14-25 所示。

（5）单击"默认"选项卡"绘图"面板中的"直线"按钮，在内部小圆圆心处绘制十字交叉线，如图 14-26 所示。

（6）单击"默认"选项卡"修改"面板中的"旋转"按钮，选择第（5）步中绘制的十字交叉线为旋转对象，相交点为旋转基点，将其旋转 45°，完成普通吸顶灯的绘制，如图 14-27 所示。

图 14-25　阵列矩形　　　图 14-26　绘制十字交叉线　　　图 14-27　旋转线段

5. 绘制半径为 100 的吸顶灯

（1）单击"默认"选项卡"绘图"面板中的"圆"按钮，在图形空白位置任选一点为圆心，绘制一个半径为 100 的圆，如图 14-28 所示。

（2）单击"默认"选项卡"修改"面板中的"偏移"按钮，选择第（1）步中绘制的圆图形为偏移对象向内进行偏移，偏移距离为 40，如图 14-29 所示。

（3）单击"默认"选项卡"绘图"面板中的"直线"按钮，过第（2）步中偏移圆的圆心绘制十字交叉线，长度均为 360，完成外径为 100 的筒灯的绘制，如图 14-30 所示。

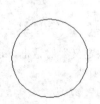 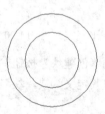 

图 14-28　绘制半径为 100 的圆　　图 14-29　偏移圆　　图 14-30　绘制十字交叉线

（4）利用上述方法完成外径为 50 的筒灯的绘制，如图 14-31 所示。

（5）利用上述方法完成外径为 68 的筒灯的绘制，如图 14-32 所示。

（6）利用上述方法完成外径为 60 的筒灯的绘制，如图 14-33 所示。

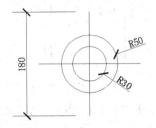

图 14-31　外径为 50 的筒灯

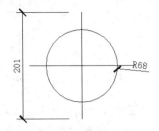

图 14-32　外径为 68 的筒灯

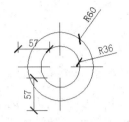

图 14-33　外径为 60 的筒灯

（7）利用上述方法完成外径为 160 的筒灯的绘制，如图 14-34 所示。

（8）利用上述方法完成小型射灯的绘制，如图 14-35 所示。

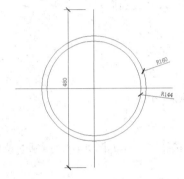

图 14-34　外径为 160 的筒灯

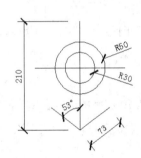

图 14-35　小型射灯

（9）利用上述方法完成外径为 260 的筒灯的绘制，如图 14-36 所示。

（10）利用上述方法完成外径为 50 的筒灯的绘制，如图 14-37 所示。

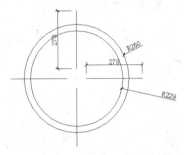

图 14-36　外径为 260 的筒灯

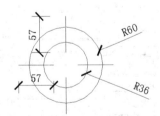

图 14-37　外径为 50 的筒灯

6. 绘制排风扇

（1）单击"默认"选项卡"绘图"面板中的"矩形"按钮▭，在图形适当位置任选一点为矩形起点，绘制一个 250×250 的矩形，如图 14-38 所示。

（2）单击"默认"选项卡"修改"面板中的"偏移"按钮▱，选择第（1）步中绘制的矩形为偏移对象将其向内进行偏移，偏移距离为 20，如图 14-39 所示。

（3）单击"默认"选项卡"绘图"面板中的"直线"按钮▱，在第（2）步中的偏移矩形内绘制对角线，完成排风扇的绘制，如图 14-40 所示。

图 14-38　绘制 250×250 矩形

图 14-39　偏移矩形

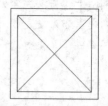

图 14-40　绘制对角线

（4）单击"默认"选项卡"块"面板中的"创建块"按钮，打开"块定义"对话框，选择第（3）步中的图形为定义对象，选择任意点为基点，将其定义为块，块名为"排风扇"。

14.1.3　绘制装饰吊顶

利用前面所学过的知识，绘制各种装饰造型，从而完成吊顶的绘制。

1．新建"顶棚"图层

新建"顶棚"图层，如图 14-41 所示，并将其设置为当前图层。

图 14-41　新建"顶棚"图层

2．绘制 KTV10 房间的装饰造型

（1）单击"默认"选项卡"绘图"面板中的"直线"按钮，在如图 14-42 所示的位置绘制一条水平直线。

（2）单击"默认"选项卡"绘图"面板中的"矩形"按钮，在第（1）步中绘制的直线下方选取一点为矩形起点，绘制一个 80×1700 的矩形，如图 14-43 所示。

（3）单击"默认"选项卡"修改"面板中的"复制"按钮，选择第（2）步中绘制的矩形为复制对象，以水平边中点为复制基点向右进行连续复制，复制间距为 280，如图 14-44 所示。

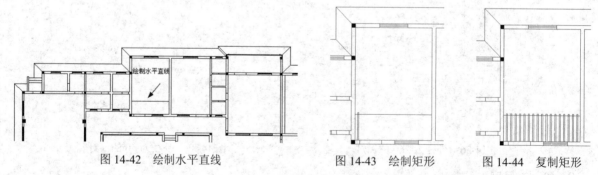

图 14-42　绘制水平直线　　　　图 14-43　绘制矩形　　图 14-44　复制矩形

（4）单击"默认"选项卡"绘图"面板中的"直线"按钮和"圆弧"按钮，绘制连续图形，如图 14-45 所示。

（5）单击"默认"选项卡"绘图"面板中的"直线"按钮，在如图 14-46 所示的位置绘制连续直线。

（6）单击"默认"选项卡"绘图"面板中的"直线"按钮，以第（5）步中绘制的水平直线左端点为直线起点向下绘制斜向角度 45°的线段，如图 14-47 所示。

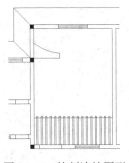

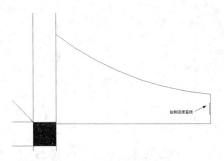

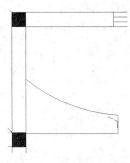

图 14-45　绘制连续图形　　　　　图 14-46　绘制连续直线　　　　　图 14-47　绘制斜向直线

（7）单击"默认"选项卡"修改"面板中的"镜像"按钮▲，选择第（6）步中绘制的斜向线段为镜像对象对其进行水平镜像，如图 14-48 所示。

（8）单击"默认"选项卡"修改"面板中的"镜像"按钮▲，选择第（7）步中绘制的图形为镜像对象对其进行水平镜像，如图 14-49 所示。

（9）利用上述方法完成镜像图形间的图形绘制，如图 14-50 所示。

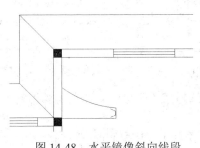

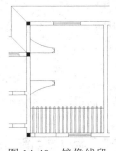

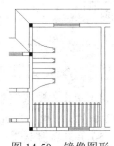

图 14-48　水平镜像斜向线段　　　　　图 14-49　镜像线段　　　　　图 14-50　镜像图形

（10）单击"默认"选项卡"绘图"面板中的"多段线"按钮⌐，在第（9）步中图形右侧绘制连续多段线，如图 14-51 所示。

（11）单击"默认"选项卡"修改"面板中的"偏移"按钮⌷，选择第（10）步中绘制的多段线为偏移线段分别向内偏移，偏移距离为99。

（12）单击"默认"选项卡"修改"面板中的"分解"按钮⌷，选择第（11）步中的图形为分解对象，按 Enter 键确认进行分解。

（13）单击"默认"选项卡"修改"面板中的"修剪"按钮⊥和"延伸"按钮⊣，完成图形操作，如图 14-52 所示。

（14）选择向内偏移的线段为修改对象并右击，在打开的特性管理器中修改线型，如图 14-53 所示。

（15）单击"默认"选项卡"修改"面板中的"偏移"按钮⌷和"修剪"按钮⊥，完成剩余图形的绘制，如图 14-54 所示。

3. 绘制 KTV8 房间的装饰造型

（1）单击"默认"选项卡"绘图"面板中的"矩形"按钮▭，在图形适当位置绘制一个 4634×6240 的矩形，如图 14-55 所示。

（2）单击"默认"选项卡"修改"面板中的"偏移"按钮⌷，选择第（1）步中绘制的矩形为偏移对象向内进行偏移，偏移距离为100，如图 14-56 所示。

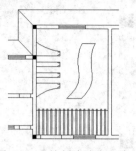
图 14-51　绘制连续多段线

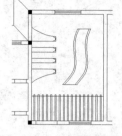
图 14-52　完成图形操作

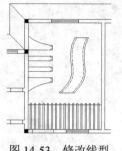
图 14-53　修改线型

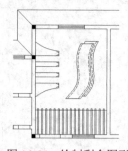
图 14-54　绘制剩余图形

（3）单击"默认"选项卡"绘图"面板中的"圆弧"按钮，在偏移矩形内绘制一段适当半径的圆弧，如图 14-57 所示。

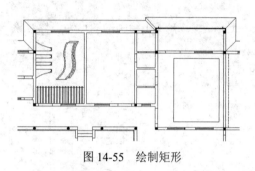
图 14-55　绘制矩形

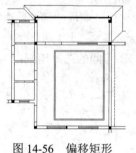
图 14-56　偏移矩形

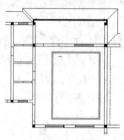
图 14-57　绘制圆弧

（4）单击"默认"选项卡"修改"面板中的"复制"按钮，选择第（3）步中绘制的圆弧为复制对象对其进行连续复制，如图 14-58 所示。

（5）单击"默认"选项卡"绘图"面板中的"圆"按钮，在第（4）步中复制的图形内选择一点为圆的圆心，绘制一个适当半径的圆，如图 14-59 所示。

（6）单击"默认"选项卡"绘图"面板中的"圆弧"按钮，在第（5）步中绘制的圆上选择一点为圆弧起点绘制一段适当半径的圆弧，如图 14-60 所示。

（7）单击"默认"选项卡"修改"面板中的"环形阵列"按钮，选择第（6）步中绘制的圆弧为阵列对象，选择前面绘制的圆的圆心为阵列中心点，设置项目数为 16，如图 14-61 所示。

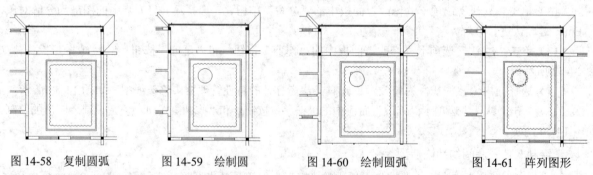
图 14-58　复制圆弧　　　　图 14-59　绘制圆　　　　图 14-60　绘制圆弧　　　　图 14-61　阵列图形

（8）单击"默认"选项卡"修改"面板中的"删除"按钮，选择绘制的辅助圆图形为删除对象对其进行删除，如图 14-62 所示。

（9）单击"默认"选项卡"修改"面板中的"复制"按钮，选择删除圆后的图形为复制对象对其进行等距复制，距离为 1800，如图 14-63 所示。

4．绘制 KTV6 房间的装饰造型

（1）单击"默认"选项卡"绘图"面板中的"椭圆"按钮⬡，在如图 14-64 所示的位置绘制一个适当大小的椭圆。

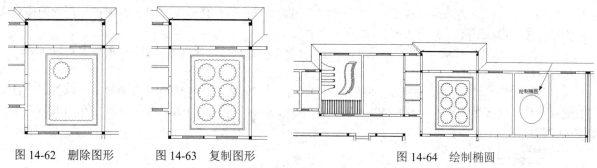

图 14-62　删除图形　　　图 14-63　复制图形　　　　　图 14-64　绘制椭圆

（2）单击"默认"选项卡"修改"面板中的"偏移"按钮⬡，选择第（1）步中绘制的椭圆为偏移对象向内进行偏移，偏移距离为 165，如图 14-65 所示。

（3）选择如图 14-65 所示的椭圆图形并右击，在打开的特性管理器中修改其线型为 DASH，如图 14-66 所示。

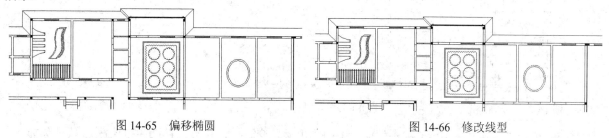

图 14-65　偏移椭圆　　　　　　　　　　　　图 14-66　修改线型

（4）单击"默认"选项卡"绘图"面板中的"直线"按钮⬡，在椭圆内绘制连续直线，如图 14-67 所示。

（5）单击"默认"选项卡"修改"面板中的"偏移"按钮⬡，选择第（4）步中绘制的连续直线为偏移对象分别向外进行偏移，如图 14-68 所示。

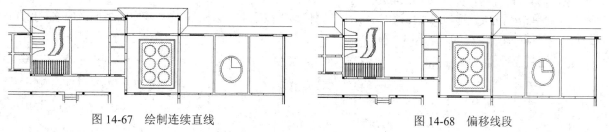

图 14-67　绘制连续直线　　　　　　　　　图 14-68　偏移线段

（6）选择偏移后的直线并右击，在打开的快捷菜单中修改其线型为 DASH，如图 14-69 所示。

（7）用上述方法完成椭圆内剩余相同图形的绘制，如图 14-70 所示。

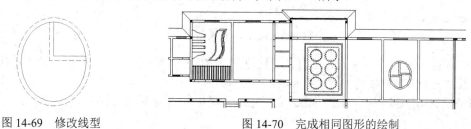

图 14-69　修改线型　　　　　　图 14-70　完成相同图形的绘制

5. 绘制台球室 01 的装饰造型

（1）单击"默认"选项卡"绘图"面板中的"矩形"按钮□，绘制一个 6360×1730 的矩形，如图 14-71 所示。

（2）单击"默认"选项卡"修改"面板中的"偏移"按钮，选择第（1）步中绘制的矩形为偏移对象向内进行偏移，偏移距离为 50，如图 14-72 所示。

（3）单击"默认"选项卡"修改"面板中的"分解"按钮，选择内部矩形为分解对象，按 Enter 键确认进行分解。

（4）单击"默认"选项卡"修改"面板中的"偏移"按钮，选择内部矩形左侧竖直直线为偏移对象向右进行偏移，偏移距离分别为 990、40、616、60、339、40、336、60、630、40、1020、40、1020 和 40，如图 14-73 所示。

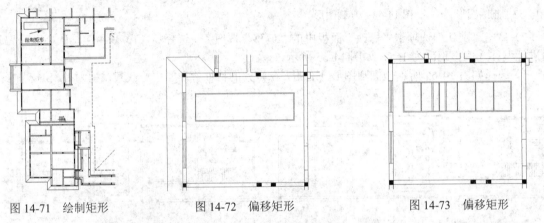

图 14-71　绘制矩形　　　　　图 14-72　偏移矩形　　　　　图 14-73　偏移矩形

（5）单击"默认"选项卡"绘图"面板中的"矩形"按钮□，在第（4）步中的偏移线段内选择一点为矩形起点，绘制一个 1578×930 的矩形，如图 14-74 所示。

（6）单击"默认"选项卡"修改"面板中的"修剪"按钮，选择第（5）步中绘制的矩形内线段为修剪对象，对其进行修剪处理，如图 14-75 所示。

（7）单击"默认"选项卡"修改"面板中的"偏移"按钮，选择第（6）步中的矩形为偏移对象向内进行偏移，偏移距离为 100，如图 14-76 所示。

图 14-74　绘制矩形　　　　　图 14-75　修剪矩形　　　　　图 14-76　偏移矩形

（8）选择偏移后的矩形并右击，在打开的快捷菜单中选择"特性"命令，在弹出的"特性"选项板中修改矩形的线型为 DASH，如图 14-77 所示。

（9）单击"默认"选项卡"绘图"面板中的"直线"按钮，过矩形四边中点绘制十字交叉线，如图 14-78 所示。

（10）单击"默认"选项卡"绘图"面板中的"圆"按钮⊙，在第（9）步中的图形左侧区域选择一点为圆的圆心，绘制一个半径为 229 的圆，并将其线型修改为 DASH，如图 14-79 所示。

图 14-77　修改线型　　　　　图 14-78　绘制十字交叉线　　　　　图 14-79　绘制圆

（11）单击"默认"选项卡"修改"面板中的"偏移"按钮▣，选择第（10）步中绘制的圆为偏移对象向内进行偏移，偏移距离为 30，如图 14-80 所示。

（12）单击"默认"选项卡"绘图"面板中的"直线"按钮／，在第（11）步中偏移的圆内绘制多条斜向直线，如图 14-81 所示。

（13）单击"默认"选项卡"修改"面板中的"复制"按钮❀，选择第（12）步中绘制的图形为复制对象，对其进行连续复制，如图 14-82 所示。

图 14-80　偏移圆　　　　　图 14-81　绘制斜向直线　　　　　图 14-82　复制图形

（14）利用上述方法完成相同图形的绘制，如图 14-83 所示。

（15）单击"默认"选项卡"绘图"面板中的"矩形"按钮▭，在如图 14-84 所示的位置绘制一个 300×600 的矩形。

（16）单击"默认"选项卡"修改"面板中的"偏移"按钮▣，选择第（15）步中绘制的矩形为偏移对象向内进行偏移，偏移距离为 20，如图 14-85 所示。

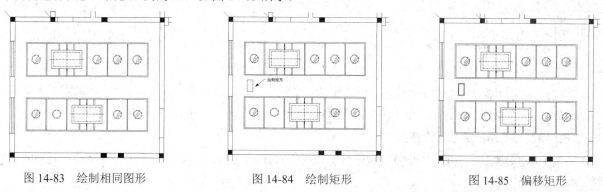

图 14-83　绘制相同图形　　　　　图 14-84　绘制矩形　　　　　图 14-85　偏移矩形

（17）单击"默认"选项卡"绘图"面板中的"直线"按钮✎，在第（16）步中的偏移线段内绘制两个矩形的对角线，如图 14-86 所示。

（18）单击"默认"选项卡"修改"面板中的"分解"按钮🗗，选择内部矩形为分解对象，按 Enter 键确认进行分解。

（19）单击"默认"选项卡"修改"面板中的"偏移"按钮🖃，选择内部矩形左侧竖直边为偏移对象向内进行偏移，偏移距离分别为 60、10、55、10、55 和 10，如图 14-87 所示。

（20）单击"默认"选项卡"修改"面板中的"复制"按钮🗐，选择如图 14-87 所示的图形为复制对象，将其向右进行连续复制，如图 14-88 所示。

（21）单击"默认"选项卡"绘图"面板中的"直线"按钮✎，在如图 14-89 所示的位置绘制一条竖直直线。

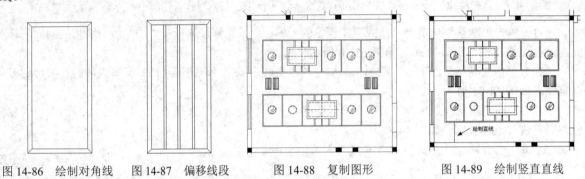

图 14-86　绘制对角线　　图 14-87　偏移线段　　图 14-88　复制图形　　图 14-89　绘制竖直直线

（22）单击"默认"选项卡"修改"面板中的"偏移"按钮🖃，选择第（21）步中绘制的竖直直线为偏移对象向右进行偏移，偏移距离分别为 30、1050、30、1030、30、1030、30、1030、30、1030 和 30，如图 14-90 所示。

（23）利用上述方法完成图形中相同图形的绘制，如图 14-91 所示。

（24）单击"默认"选项卡"绘图"面板中的"矩形"按钮▭，在如图 14-92 所示的位置绘制一个 40×779 的矩形。

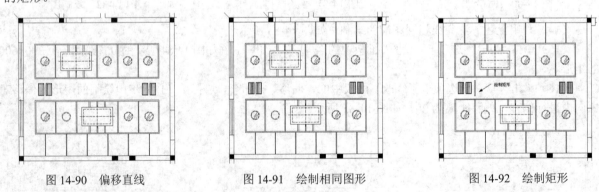

图 14-90　偏移直线　　　　图 14-91　绘制相同图形　　　　图 14-92　绘制矩形

（25）单击"默认"选项卡"修改"面板中的"复制"按钮🗐，选择第（24）步中绘制的矩形为复制对象对其进行连续复制，选择矩形水平边中点为复制基点，复制间距为 1060，如图 14-93 所示。

6．绘制体育用品店的装饰造型

（1）单击"默认"选项卡"绘图"面板中的"矩形"按钮▭，在如图 14-94 所示的位置绘制一个 350×3300 的矩形。

（2）单击"默认"选项卡"绘图"面板中的"直线"按钮/，选择第（1）步中绘制的矩形的左上角点为直线起点，右下角点为直线终点，绘制一条斜向直线，如图 14-95 所示。

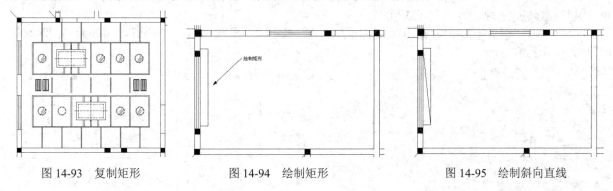

图 14-93　复制矩形　　　　　图 14-94　绘制矩形　　　　　图 14-95　绘制斜向直线

（3）单击"默认"选项卡"绘图"面板中的"直线"按钮/，在如图 14-96 所示的位置绘制连续直线。

（4）单击"默认"选项卡"绘图"面板中的"矩形"按钮□，在第（3）步绘制的图形内绘制一个 200×200 的矩形，如图 14-97 所示。

（5）单击"默认"选项卡"绘图"面板中的"直线"按钮/，在第（4）步绘制的矩形内绘制十字交叉线，如图 14-98 所示。

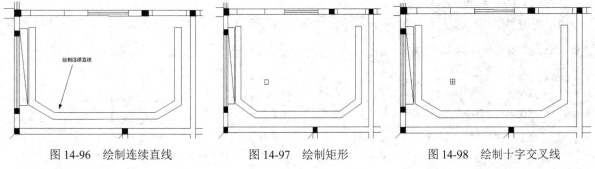

图 14-96　绘制连续直线　　　　图 14-97　绘制矩形　　　　图 14-98　绘制十字交叉线

（6）单击"默认"选项卡"绘图"面板中的"圆"按钮⊙，以第（5）步中绘制的十字交叉线交点为圆心绘制一个圆，如图 14-99 所示。

（7）单击"默认"选项卡"修改"面板中的"复制"按钮%，选择第（6）步中绘制的图形为复制对象，对其进行连续复制，如图 14-100 所示。

（8）单击"默认"选项卡"修改"面板中的"复制"按钮%，选择如图 14-101 所示的图形为复制对象对其进行复制操作。

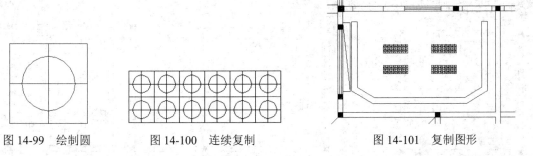

图 14-99　绘制圆　　　　图 14-100　连续复制　　　　图 14-101　复制图形

（9）单击"默认"选项卡"绘图"面板中的"矩形"按钮□，在第（8）步中的图形内绘制一个 20×2412

的矩形，如图 14-102 所示。

（10）单击"默认"选项卡"修改"面板中的"镜像"按钮 ▲，选择第（9）步中绘制的矩形为镜像对象，对其进行竖直镜像，如图 14-103 所示。

（11）单击"默认"选项卡"绘图"面板中的"矩形"按钮 □，在第（10）步的图形底部绘制一个 4242×20 的矩形，如图 14-104 所示。

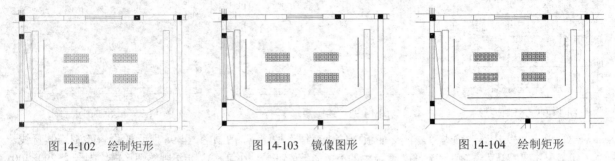

图 14-102　绘制矩形　　　　　图 14-103　镜像图形　　　　　图 14-104　绘制矩形

（12）单击"默认"选项卡"块"面板中的"插入"按钮 🔳，打开"插入"对话框，单击"浏览"按钮，打开"选择图形文件"对话框，选择"源文件\图块\射灯"图块，插入到图形中，如图 14-105 所示。

（13）利用上述方法完成剩余图形的绘制，如图 14-106 所示。

7．绘制 KTV1 房间的装饰造型

（1）单击"默认"选项卡"绘图"面板中的"多段线"按钮 ⤵，绘制闭合多段线，如图 14-107 所示。

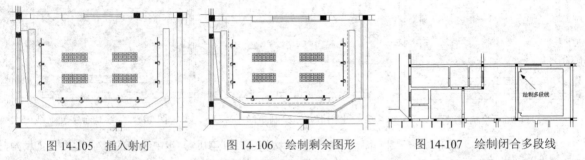

图 14-105　插入射灯　　　　　图 14-106　绘制剩余图形　　　　　图 14-107　绘制闭合多段线

（2）单击"默认"选项卡"绘图"面板中的"直线"按钮 ✐，在第（1）步中绘制的多段线内绘制一条竖直直线，如图 14-108 所示。

（3）单击"默认"选项卡"绘图"面板中的"多段线"按钮 ⤵，在竖直直线右侧绘制闭合多段线，如图 14-109 所示。

（4）单击"默认"选项卡"修改"面板中的"复制"按钮 ⧉，选择第（3）步中绘制的多段线为复制对象，将其向右进行复制，如图 14-110 所示。

 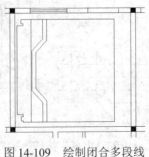 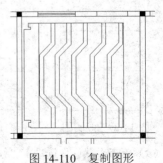

图 14-108　绘制竖直直线　　　　　图 14-109　绘制闭合多段线　　　　　图 14-110　复制图形

（5）单击"默认"选项卡"绘图"面板中的"图案填充"按钮，打开"图案填充创建"选项卡，选择 DOTS 填充图案，设置填充比例为 40，选择多段线内部为填充区域，然后按 Enter 键，完成图案填充，如图 14-111 所示。

（6）单击"默认"选项卡"绘图"面板中的"直线"按钮，绘制连续直线，如图 14-112 所示。

（7）单击"默认"选项卡"绘图"面板中的"矩形"按钮，在第（6）步的图形内任选一点为矩形起点，绘制一个 300×3960 的矩形，如图 14-113 所示。

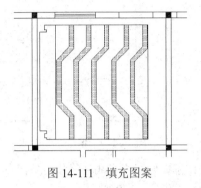
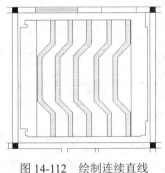
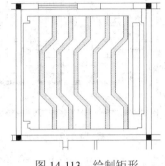

图 14-111　填充图案　　　　图 14-112　绘制连续直线　　　　图 14-113　绘制矩形

（8）单击"默认"选项卡"绘图"面板中的"图案填充"按钮，打开"图案填充创建"选项卡，选择 PLASTI 填充图案，设置填充比例为 30，选择第（7）步中绘制的矩形内部为填充区域，然后按 Enter 键完成图案填充，如图 14-114 所示。

8．绘制操作间的装饰造型

（1）单击"默认"选项卡"修改"面板中的"偏移"按钮，选择如图 14-115 所示的竖直直线为偏移对象，向内进行偏移，偏移距离为 360、23×600（23×600 代表"连续偏移 600，偏移次数为 23"），如图 14-115 所示。

（2）单击"默认"选项卡"修改"面板中的"偏移"按钮，选择内部水平直线为偏移对象，向下进行偏移，偏移距离为 363、14×600（14×600 代表"连续偏移 600，偏移次数为 14"），如图 14-116 所示。

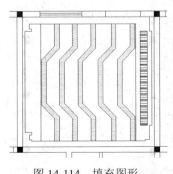
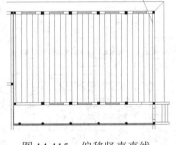
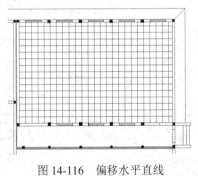

图 14-114　填充图形　　　　图 14-115　偏移竖直直线　　　　图 14-116　偏移水平直线

（3）单击"默认"选项卡"绘图"面板中的"矩形"按钮，在第（2）步中偏移的线段内绘制一个 600×600 的矩形，如图 14-117 所示。

（4）单击"默认"选项卡"修改"面板中的"偏移"按钮，选择第（3）步中绘制的矩形为偏移对象，将其向内进行偏移，偏移距离为 20，如图 14-118 所示。

（5）单击"默认"选项卡"修改"面板中的"分解"按钮，选择第（4）步中偏移后的矩形为分解对象，按 Enter 键确认进行分解。

（6）单击"默认"选项卡"修改"面板中的"偏移"按钮，选择分解后矩形顶部水平边为偏移对象，向下进行偏移，偏移距离分别为 175、10、190 和 10，如图 14-119 所示。

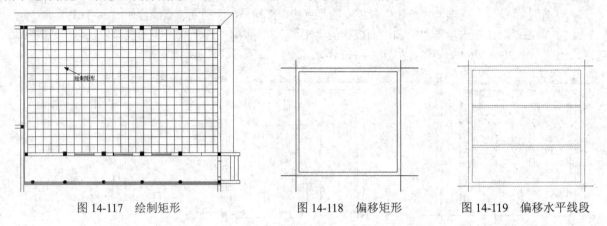

图 14-117　绘制矩形　　　　　　图 14-118　偏移矩形　　　　　　图 14-119　偏移水平线段

（7）单击"默认"选项卡"修改"面板中的"偏移"按钮，选择内部左侧竖直直线为偏移对象向右进行偏移，偏移距离分别为 75、10、90、10、90、10、90、10、90 和 10，如图 14-120 所示。

（8）单击"默认"选项卡"修改"面板中的"复制"按钮，选择第（7）步中绘制完成的图形为复制对象，对其进行连续复制，如图 14-121 所示。

9. 绘制乒乓球室的装饰造型

（1）单击"默认"选项卡"绘图"面板中的"直线"按钮，绘制连续直线，如图 14-122 所示。

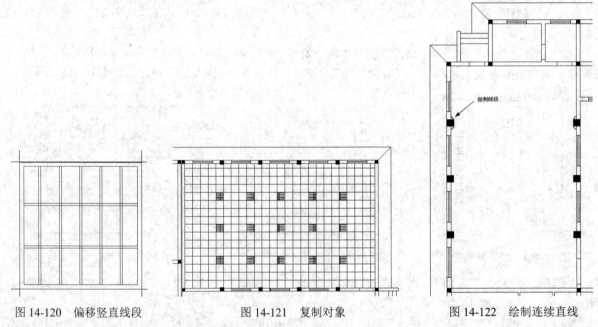

图 14-120　偏移竖直线段　　　　图 14-121　复制对象　　　　　　图 14-122　绘制连续直线

（2）单击"默认"选项卡"绘图"面板中的"直线"按钮，绘制一条水平直线连接第（1）步中的图形，如图 14-123 所示。

（3）单击"默认"选项卡"修改"面板中的"偏移"按钮 ⫶，选择第（2）步中绘制的水平直线为偏移对象，向下进行偏移，偏移距离分别为 240、40 和 240，如图 14-124 所示。

（4）单击"默认"选项卡"绘图"面板中的"直线"按钮 ╱，在偏移线段上选取一点为直线起点，绘制连续直线，如图 14-125 所示。

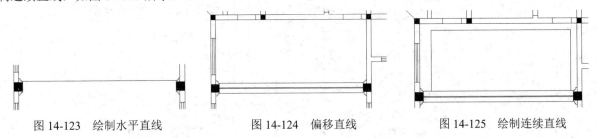

图 14-123　绘制水平直线　　　　图 14-124　偏移直线　　　　图 14-125　绘制连续直线

（5）单击"默认"选项卡"修改"面板中的"偏移"按钮 ⫶，选择左侧竖直直线为偏移线段向右进行偏移，偏移距离分别为 350、600、200、800、100、300、1760、300、100、800、200 和 600，并将偏移后的部分线段的线型修改为 DASH，如图 14-126 所示。

（6）单击"默认"选项卡"修改"面板中的"偏移"按钮 ⫶，选择顶部水平直线为偏移对象向下进行偏移，偏移距离分别为 496、200、356、200、356、200、356 和 200，如图 14-127 所示。

（7）单击"默认"选项卡"修改"面板中的"修剪"按钮 ╱，选择偏移线段为修剪对象对其进行修剪处理，如图 14-128 所示。

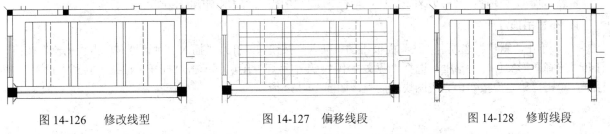

图 14-126　修改线型　　　　　图 14-127　偏移线段　　　　　图 14-128　修剪线段

（8）单击"默认"选项卡"修改"面板中的"偏移"按钮 ⫶，选择如图 14-129 所示的水平直线为偏移对象向下进行偏移，偏移距离分别为 528、655、655 和 655。

（9）单击"默认"选项卡"修改"面板中的"修剪"按钮 ╱，选择第（8）步中偏移线段为修剪对象，对其进行修剪处理，如图 14-130 所示。

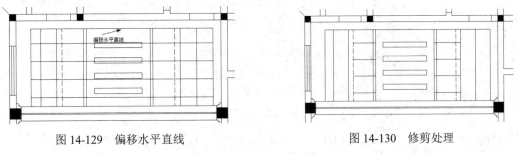

图 14-129　偏移水平直线　　　　　　　　图 14-130　修剪处理

结合上述方法完成一层总顶棚布置图剩余装饰吊顶的绘制，如图 14-131 所示。

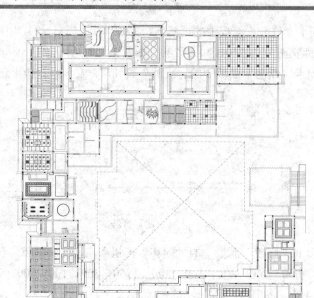

图 14-131　总图吊顶

14.1.4　布置吊顶灯具

布置吊顶上的灯具，并添加文字说明，最终完成洗浴中心一层顶棚图的绘制。

1. 布置吊顶灯具

（1）单击"默认"选项卡"块"面板中的"插入"按钮，打开"插入"对话框。单击"浏览"按钮，打开"选择图形文件"对话框，选择"源文件\图块\装饰吊灯"图块，单击"打开"按钮，回到"插入"对话框，单击"确定"按钮，完成图块的插入，如图 14-132 所示。

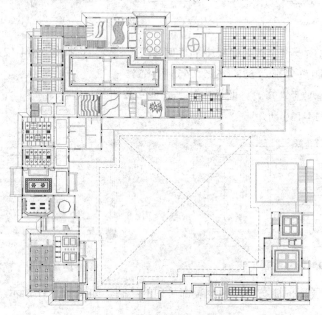

图 14-132　插入装饰吊灯

（2）单击"默认"选项卡"块"面板中的"插入"按钮🔲，打开"插入"对话框。单击"浏览"按钮，打开"选择图形文件"对话框，选择"源文件\图块\小型吊灯"图块，单击"打开"按钮，回到"插入"对话框，单击"确定"按钮，完成图块的插入，如图 14-133 所示。

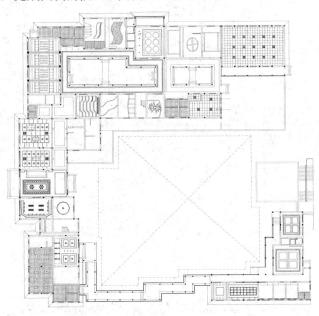

图 14-133　插入小型吊灯

（3）单击"默认"选项卡"块"面板中的"插入"按钮🔲，打开"插入"对话框。单击"浏览"按钮，打开"选择图形文件"对话框，选择"源文件\图块\小型吸顶灯"图块，单击"打开"按钮，回到"插入"对话框，单击"确定"按钮，完成图块的插入，如图 14-134 所示。

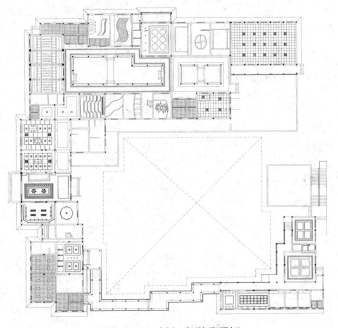

图 14-134　插入小型吸顶灯

（4）单击"默认"选项卡"块"面板中的"插入"按钮，打开"插入"对话框。单击"浏览"按钮，打开"选择图形文件"对话框，选择"源文件\图块\半径 100 筒灯"图块，单击"打开"按钮，回到"插入"对话框，单击"确定"按钮，完成图块的插入，如图 14-135 所示。

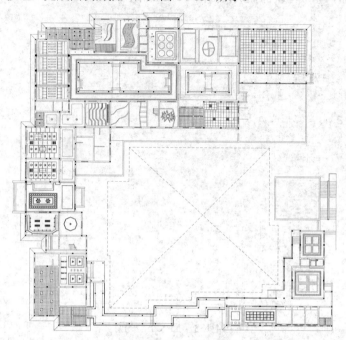

图 14-135　插入半径 100 筒灯

（5）利用上述方法完成剩余灯具的布置，如图 14-136 所示。

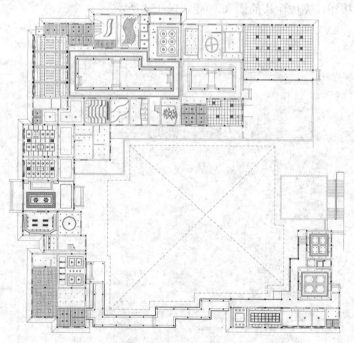

图 14-136　布置灯具

2. 添加文字说明

（1）在命令行中输入"QLEADER"命令，为图形添加引线文字说明，如图 14-137 所示。

（2）利用上述方法完成剩余文字说明的添加，如图 14-138 所示。

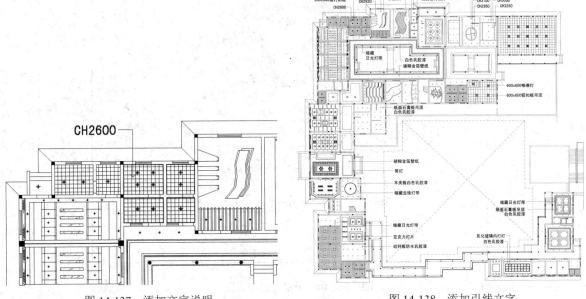

图 14-137　添加文字说明

图 14-138　添加引线文字

（3）单击"默认"选项卡"注释"面板中的"多行文字"按钮Ａ，在绘制完成的图形内添加剩余的不带引线的文字说明，如图 14-139 所示。

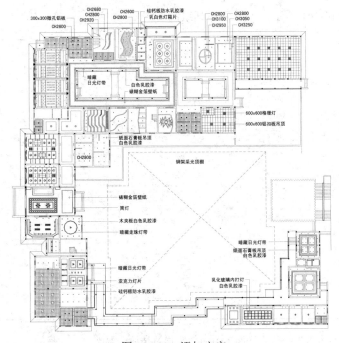

图 14-139　添加文字

（4）打开关闭的图层，单击"默认"选项卡"块"面板中的"插入"按钮，打开"插入"对话框，选择定义的图框为插入对象，将其放置到绘制的图形外侧，最终完成一层顶棚图的绘制，如图 14-140 所示。

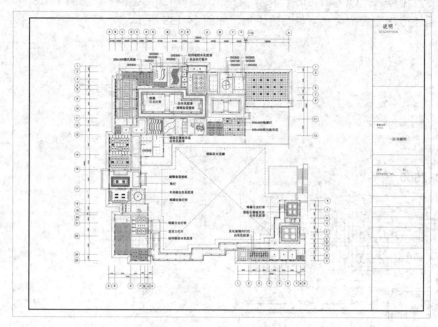

图 14-140 一层顶棚布置图

14.2 二层顶棚布置图

二层总顶棚图如图 14-141 所示，下面讲述其绘制方法。

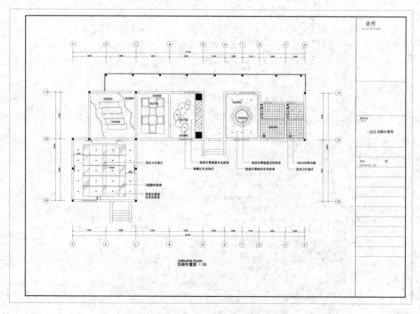

图 14-141 二层总顶棚布置图

14.2.1　整理图形

利用之前所绘制的"二层平面图"，关闭不需要的图层，利用"直线"命令，封闭门洞线。

（1）单击快速访问工具栏中的"打开"按钮 📂，打开"二层总平面图"，将其另存为"二层总顶棚布置图"。

（2）新建"门窗线"图层，并将其设置为当前图层，如图 14-142 所示。

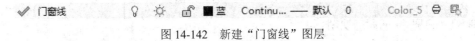

图 14-142　新建"门窗线"图层

（3）将保留的窗线置为"门窗线"图层，关闭"门窗"图层，隐藏门图形，整理图形，如图 14-143 所示。

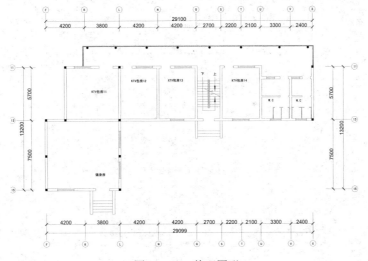

图 14-143　整理图形

（4）单击"默认"选项卡"绘图"面板中的"直线"按钮 ✏，封闭门洞线，如图 14-144 所示。

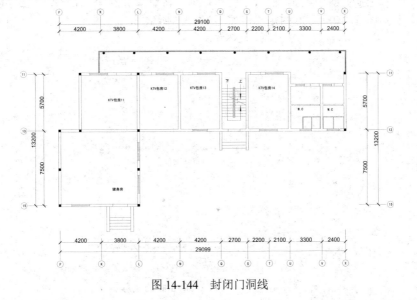

图 14-144　封闭门洞线

14.2.2 绘制装饰顶棚

1．新建"顶棚"图层

新建"顶棚"图层，并将其设置为当前图层，如图 14-145 所示。

✓ 顶棚　　　　🔆　☼　🔓　■洋红　Continu... ── 默认　0　　Color_6　🖨　🖹

图 14-145　新建"顶棚"图层

2．绘制 KTV 包房 11 的装饰顶棚

（1）单击"默认"选项卡"绘图"面板中的"样条曲线拟合"按钮 ∿ 和"修改"面板中的"偏移"按钮 ⬟，在 KTV 包房 11 内绘制样条曲线，如图 14-146 所示。

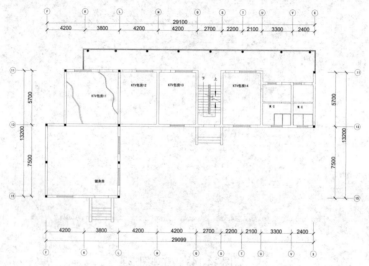

图 14-146　绘制样条曲线

（2）单击"默认"选项卡"绘图"面板中的"矩形"按钮 ▭，在第（1）步中绘制的样条曲线间选择一点为矩形起点，绘制一个 2400×800 的矩形，如图 14-147 所示。

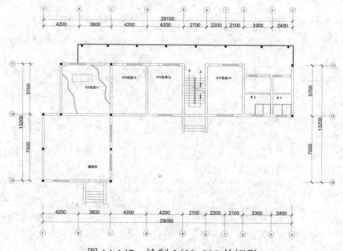

图 14-147　绘制 2400×800 的矩形

（3）单击"默认"选项卡"修改"面板中的"复制"按钮，选择第（2）步中绘制的矩形为复制对象，将其向下进行连续复制，如图 14-148 所示。

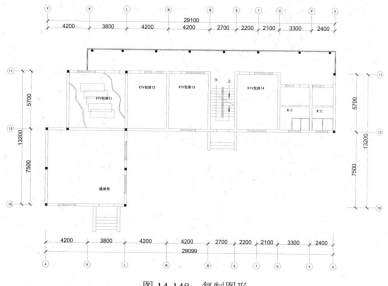

图 14-148　复制图形

（4）单击"默认"选项卡"修改"面板中的"修剪"按钮，选择复制矩形内线段为修剪对象，对其进行修剪处理，如图 14-149 所示。

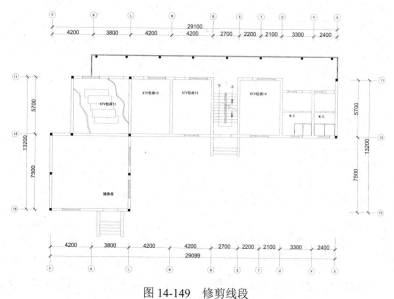

图 14-149　修剪线段

（5）单击"默认"选项卡"绘图"面板中的"直线"按钮，在修剪后的矩形内绘制水平直线，如图 14-150 所示。

3．绘制 KTV 包房 12 的装饰顶棚

（1）单击"默认"选项卡"绘图"面板中的"矩形"按钮，在 KTV 包房 12 内选择一点为矩形起点，绘制一个 2860×4360 的矩形，如图 14-151 所示。

图 14-150　绘制水平直线

（2）单击"默认"选项卡"绘图"面板中的"矩形"按钮□，在第（1）步中绘制的矩形内选择一点为矩形起点，绘制一个 920×1065 的矩形，如图 14-152 所示。

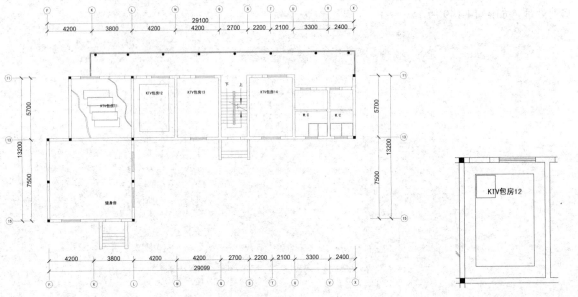

图 14-151　绘制 2860×4360 的矩形　　　　　　图 14-152　绘制 920×1065 的矩形

（3）单击"默认"选项卡"修改"面板中的"偏移"按钮，选择第（2）步中绘制的矩形为偏移对象，将其向内进行偏移，偏移距离为 100，如图 14-153 所示。

（4）单击"默认"选项卡"绘图"面板中的"直线"按钮，绘制两矩形间的对角线，如图 14-154 所示。

（5）单击"默认"选项卡"修改"面板中的"复制"按钮，选择第（4）步中绘制的图形为复制对象，对其进行连续复制，如图 14-155 所示。

4．绘制 KTV 包房 13 的装饰顶棚

（1）单击"默认"选项卡"绘图"面板中的"椭圆"按钮〇，在 KTV 包房 13 内绘制一个适当大小的椭圆，如图 14-156 所示。

图 14-153　偏移矩形　　　图 14-154　绘制对角线　　　图 14-155　复制图形　　　图 14-156　绘制椭圆

（2）单击"默认"选项卡"修改"面板中的"偏移"按钮▣，选择第（1）步中绘制的椭圆为偏移对象，将其向内进行偏移，偏移距离为 100，如图 14-157 所示。

（3）单击"默认"选项卡"修改"面板中的"复制"按钮%，选择第（2）步图形中的两个椭圆为复制对象，对其进行复制操作，如图 14-158 所示。

（4）单击"默认"选项卡"绘图"面板中的"椭圆"按钮〇，在第（3）步的图形间适当绘制两个不同尺寸的椭圆，如图 14-159 所示。

5．绘制 KTV 包房 14 的装饰顶棚

（1）单击"默认"选项卡"绘图"面板中的"矩形"按钮▢，在 KTV 包房 14 内绘制一个矩形，矩形大小与内部墙体大小相同。

（2）单击"默认"选项卡"修改"面板中的"偏移"按钮▣，选择第（1）步中绘制的矩形为偏移对象，将其向内进行偏移，偏移距离为 90，如图 14-160 所示。

  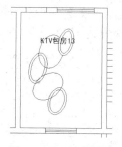 

图 14-157　偏移椭圆　　　图 14-158　复制椭圆　　　图 14-159　绘制椭圆　　　图 14-160　偏移矩形

（3）单击"默认"选项卡"绘图"面板中的"圆"按钮◉，在包房中间位置选择一点为圆的圆心，绘制一个半径为 1249 的圆，如图 14-161 所示。

（4）单击"默认"选项卡"修改"面板中的"偏移"按钮▣，选择第（3）步中绘制的圆为偏移对象，将其向内进行偏移，偏移距离分别为 200、219、50 和 50，如图 14-162 所示。

（5）单击"默认"选项卡"绘图"面板中的"直线"按钮╱和"圆弧"按钮⌒，在第（4）步中的偏移圆内绘制如图 14-163 所示的图形。

（6）单击"默认"选项卡"修改"面板中的"环形阵列"按钮❖，选择第（5）

图 14-161　绘制圆

步中绘制的图形为阵列对象，选择同心圆的圆心为阵列中心点，设置阵列项目数为 4，项目间角度为 90°，结果如图 14-164 所示。

（7）单击"默认"选项卡"绘图"面板中的"直线"按钮 ╱，在阵列图形两侧绘制几条斜向直线，如图 14-165 所示。

图 14-162　偏移圆

图 14-163　绘制图形

图 14-164　阵列图形

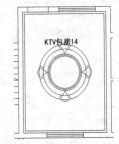
图 14-165　绘制斜向直线

（8）单击"默认"选项卡"修改"面板中的"修剪"按钮 ╱，选择第（7）步中绘制的图形为修剪对象，对其进行修剪处理，如图 14-166 所示。

6．绘制健身房的装饰顶棚

（1）单击"默认"选项卡"绘图"面板中的"矩形"按钮 ▭，在健身房内选择一点为矩形起点，绘制一个 5360×6261 的矩形，如图 14-167 所示。

（2）单击"默认"选项卡"修改"面板中的"分解"按钮 ▱，选择第（1）步中绘制的矩形为分解对象，按 Enter 键确认进行分解。

（3）单击"默认"选项卡"修改"面板中的"偏移"按钮 ▱，选择分解矩形左侧竖直边为偏移对象，将其向右进行偏移，偏移距离分别为 800、1680、400、1320 和 360，如图 14-168 所示。

图 14-166　修剪处理

（4）单击"默认"选项卡"修改"面板中的"偏移"按钮 ▱，选择分解矩形上部水平边为偏移对象将其向下进行偏移，偏移距离分别为 1232、40、1212、40、1212、40、1212 和 40，如图 14-169 所示。

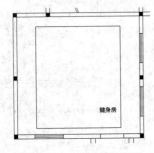
图 14-167　绘制矩形

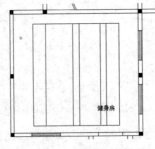
图 14-168　偏移竖直线段

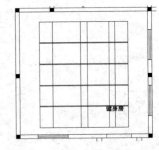
图 14-169　偏移水平线段

（5）单击"默认"选项卡"绘图"面板中的"直线"按钮 ╱，在第（4）步的偏移线段内绘制多条斜向直线，如图 14-170 所示。

（6）单击"默认"选项卡"绘图"面板中的"图案填充"按钮 ▨，打开"图案填充创建"选项卡，选择 AR-SAND 填充图案，填充比例为 1，选择第（5）步中绘制的斜线间为填充区域，然后按 Enter 键完成图形的图案填充，效果如图 14-171 所示。

（7）单击"默认"选项卡"修改"面板中的"删除"按钮 ✐，选择填充图形外围的斜线为删除对象将其删除，如图 14-172 所示。

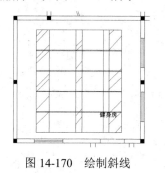

图 14-170 绘制斜线

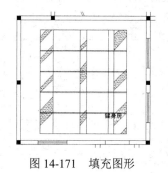

图 14-171 填充图形

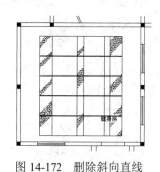

图 14-172 删除斜向直线

利用上述方法完成剩余顶棚装饰图案的绘制，如图 14-173 所示。

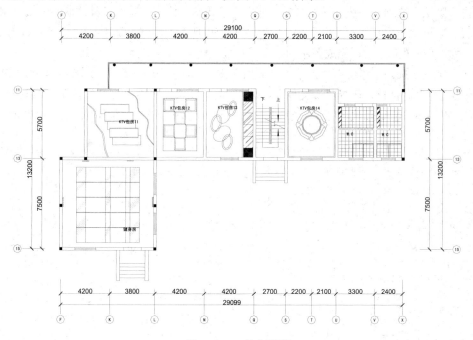

图 14-173 绘制顶棚

14.2.3 布置灯具

利用"插入"命令，插入"二层顶棚布置图"的灯具造型，最终完成"二层顶棚布置图"的绘制。

（1）单击"默认"选项卡"块"面板中的"插入"按钮，打开"插入"对话框。单击"浏览"按钮，打开"选择图形文件"对话框，选择"源文件\图库\半径 75 筒灯"图块，单击"打开"按钮，回到"插入"对话框，单击"确定"按钮，完成图块的插入，如图 14-174 所示。

（2）单击"默认"选项卡"块"面板中的"插入"按钮，打开"插入"对话框。单击"浏览"按钮，打开"选择图形文件"对话框，选择"源文件\图库\半径 38 筒灯"图块，单击"打开"按钮，回到"插入"对话框，单击"确定"按钮，完成图块的插入，如图 14-175 所示。

（3）单击"默认"选项卡"块"面板中的"插入"按钮，打开"插入"对话框。单击"浏览"按钮，打开"选择图形文件"对话框，选择"源文件\图库\半径 56 吸顶灯"图块，单击"打开"按钮，回到"插入"对话框,单击"确定"按钮,完成图块的插入,如图 14-176 所示。

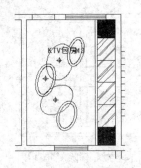

图 14-174　插入半径 75 筒灯

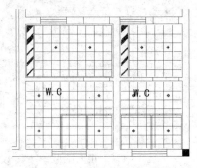
图 14-175　插入半径 38 筒灯

图 14-176　插入半径 56 吸顶灯

（4）单击"默认"选项卡"块"面板中的"插入"按钮，打开"插入"对话框。单击"浏览"按钮，打开"选择图形文件"对话框，选择"源文件\图库\半径 50 吸顶灯"图块，单击"打开"按钮，回到"插入"对话框，单击"确定"按钮，完成图块的插入，如图 14-177 所示。

（5）单击"默认"选项卡"块"面板中的"插入"按钮，打开"插入"对话框。单击"浏览"按钮，打开"选择图形文件"对话框，选择"源文件\图库\排风扇"图块，单击"打开"按钮，回到"插入"对话框，单击"确定"按钮，完成图块的插入，最终完成二层总顶棚布置图的绘制，如图 14-178 所示。

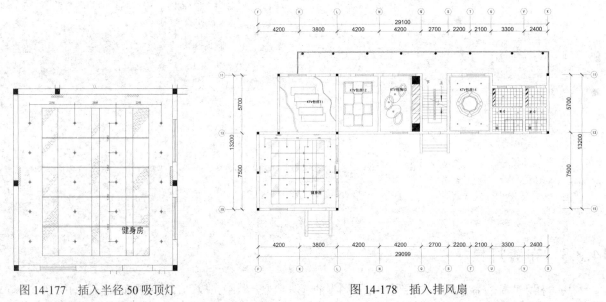

图 14-177　插入半径 50 吸顶灯

图 14-178　插入排风扇

（6）单击"默认"选项卡"块"面板中的"插入"按钮，打开"插入"对话框。选择定义的图框为插入对象，将其放置到绘制的图形外侧，最终完成二层总顶棚布置图的绘制，如图 14-141 所示。

14.3　一层地坪布置图

一层地坪图如图 14-179 所示，下面讲述其绘制方法。

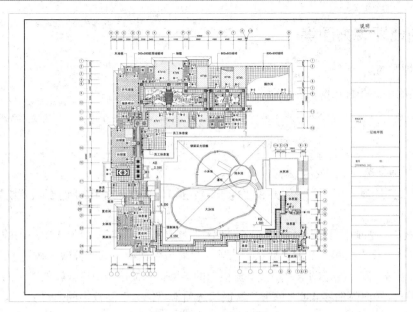

图 14-179   一层地坪图

14.3.1   整理图形

单击快速访问工具栏中的"打开"按钮 📂，打开"选择文件"对话框。选择"一层总平面图"，将其打开，关闭不需要的图层，并单击"默认"选项卡"修改"面板中的"删除"按钮 ✐，选择图形中不需要的图形进行删除，最后整理图形，如图 14-180 所示。

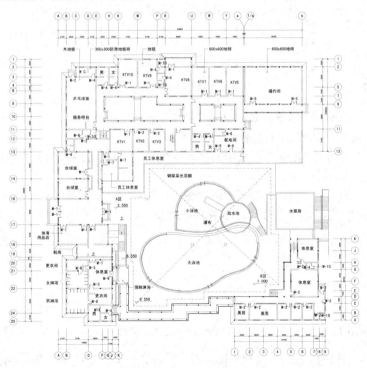

图 14-180   关闭图层

14.3.2 绘制地坪装饰图案

1．新建"地坪"图层

新建"地坪"图层，并将其设置为当前图层，如图14-181所示。

✔ 地坪　　　　♀ ☼ ♂ ■洋红 Continu… ── 默认 0　　Color_6 ⊟ 🗔

图14-181　新建"地坪"图层

2．新建地坪装饰图案1

（1）单击"默认"选项卡"绘图"面板中的"矩形"按钮▢，在如图14-182所示的位置绘制一个4800×2400的矩形。

（2）单击"默认"选项卡"修改"面板中的"偏移"按钮▣，选择第（1）步中绘制的矩形为偏移对象向内进行偏移，偏移距离为240；单击"默认"选项卡"修改"面板中的"分解"按钮▣，将第（1）步中偏移的矩形分解；单击"默认"选项卡"修改"面板中的"偏移"按钮▣，将分解的矩形两条水平直线向内偏移240；两侧竖直直线向内偏移480；单击"默认"选项卡"修改"面板中的"修剪"按钮▱，将图形进行修剪，结果如图14-183所示。

（3）单击"默认"选项卡"绘图"面板中的"直线"按钮╱，在第（2）步中偏移后内部的矩形中绘制4条斜向直线，如图14-184所示。

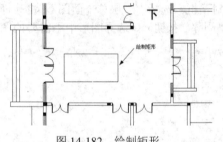

图14-182　绘制矩形

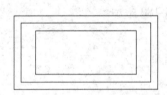

图14-183　偏移并修剪矩形

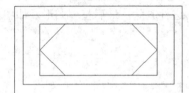

图14-184　绘制4条斜向直线

（4）单击"默认"选项卡"修改"面板中的"修剪"按钮▱，选择第（3）步中绘制的连续直线为修剪对象，对其进行修剪处理，如图14-185所示。

（5）单击"默认"选项卡"绘图"面板中的"多段线"按钮⌐，在第（4）步的图形内绘制连续多段线，如图14-186所示。

（6）单击"默认"选项卡"修改"面板中的"偏移"按钮▣，选择第（5）步中绘制的多段线为偏移对象，将其向内进行偏移，偏移距离为187，如图14-187所示。

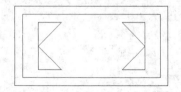

图14-185　修剪图形

图14-186　绘制连续多段线

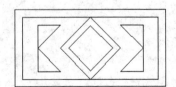

图14-187　偏移多段线

（7）单击"默认"选项卡"绘图"面板中的"圆"按钮⊙，在第（6）步中偏移线段内绘制一个半径为116的圆，如图14-188所示。

（8）单击"默认"选项卡"绘图"面板中的"直线"按钮✐，在第（7）步中绘制的圆上选取一点为直线的起点，绘制两条斜向直线，如图 14-189 所示。

（9）单击"默认"选项卡"修改"面板中的"环形阵列"按钮✚，选择第（8）步中绘制的斜向直线为阵列对象，选择第（7）步中绘制圆的圆心为阵列基点，对其进行环形阵列，设置阵列项目为 4，如图 14-190 所示。

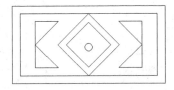

图 14-188 绘制圆

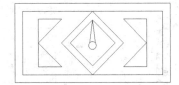

图 14-189 绘制两条斜向直线

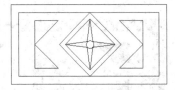

图 14-190 阵列图形

（10）单击"默认"选项卡"绘图"面板中的"直线"按钮✐，在阵列后的图形上绘制连续直线，如图 14-191 所示。

（11）单击"默认"选项卡"修改"面板中的"环形阵列"按钮✚，选择第（10）步中绘制的连续直线为阵列对象，再选择第（7）步中半径为 116 的圆的圆心为阵列基点，对其进行环形阵列，设置阵列项目为 4，如图 14-192 所示。

（12）单击"默认"选项卡"绘图"面板中的"矩形"按钮▭，在偏移矩形间绘制一个 120×120 的矩形，如图 14-193 所示。

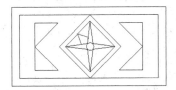

图 14-191 绘制连续直线

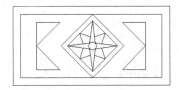

图 14-192 阵列图形

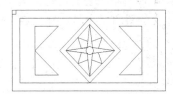

图 14-193 绘制矩形

（13）单击"默认"选项卡"修改"面板中的"复制"按钮❏，选择第（12）步中绘制的矩形为复制对象，对其进行连续复制，如图 14-194 所示。

（14）单击"默认"选项卡"绘图"面板中的"图案填充"按钮▨，打开"图案填充创建"选项卡，如图 14-195 所示，选择 SOLID 图案，单击"拾取点"按钮▨，选择第（13）步中绘制的连续直线内部为填充区域，然后按 Enter 键完成图案填充，结果如图 14-196 所示。

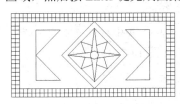

图 14-194 复制矩形

图 14-195 "图案填充创建"选项卡

3．新建地坪装饰图案 2

（1）单击"默认"选项卡"绘图"面板中的"矩形"按钮▭，绘制一个 1260×1260 的矩形，如图 14-197 所示。

（2）单击"默认"选项卡"修改"面板中的"偏移"按钮⬕，选择第（1）步中绘制的矩形为偏移对象，将其向内进行偏移，偏移距离为 57，如图 14-198 所示。

图 14-196　填充图形

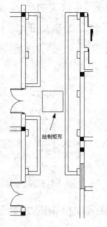

图 14-197　绘制矩形

图 14-198　偏移矩形

（3）单击"默认"选项卡"绘图"面板中的"多段线"按钮，指定多段线起点宽度为 0，端点宽度为 0，以内部矩形中点为多段线起点绘制连续多段线，如图 14-199 所示。

（4）单击"默认"选项卡"修改"面板中的"偏移"按钮，选择第（3）步中绘制的连续多段线为偏移对象，向内进行偏移，偏移距离为 69，如图 14-200 所示。

（5）单击"默认"选项卡"绘图"面板中的"直线"按钮，在第（4）步中的偏移图形内绘制两条顶点相交的斜向直线，如图 14-201 所示。

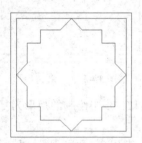

图 14-199　绘制多段线

图 14-200　偏移多段线

图 14-201　绘制顶点相交直线

（6）单击"默认"选项卡"绘图"面板中的"直线"按钮，选择偏移后的内部矩形 4 条边中点为直线起点，绘制相交的十字线段，如图 14-202 所示。

（7）单击"默认"选项卡"修改"面板中的"环形阵列"按钮，选择第（5）步中绘制的斜向直线为环形阵列对象，选择绘制的十字交叉线的交点为阵列基点，设置项目数为 4，如图 14-203 所示。

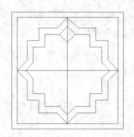

图 14-202　绘制十字相交直线

图 14-203　阵列图形

（8）单击"默认"选项卡"修改"面板中的"删除"按钮 ，选择十字交叉线为删除对象对其进行删除处理，如图 14-204 所示。

（9）单击"默认"选项卡"绘图"面板中的"多边形"按钮 ，在第（8）步中绘制的图形内绘制一个多边形，如图 14-205 所示。

（10）单击"默认"选项卡"绘图"面板中的"直线"按钮 ，连接第（9）步中绘制的各图形，如图 14-206 所示。

图 14-204　删除直线　　　　图 14-205　绘制多边形　　　　图 14-206　连接图形

（11）单击"默认"选项卡"修改"面板中的"复制"按钮 ，选择第（10）步中绘制的图形为复制对象，对其进行连续复制，并利用上述方法完成相同图形的绘制，如图 14-207 所示。

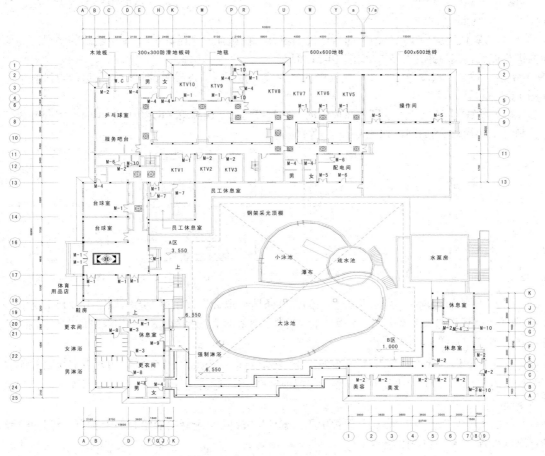

图 14-207　复制图形

4．新建地坪装饰图案 3

（1）单击"默认"选项卡"绘图"面板中的"矩形"按钮□，绘制一个 1000×1000 的矩形，如图 14-208 所示。

（2）单击"默认"选项卡"修改"面板中的"偏移"按钮◎，选择第（1）步中绘制的矩形为偏移对象，向内进行偏移，偏移距离分别为 60、30，如图 14-209 所示。

（3）单击"默认"选项卡"绘图"面板中的"多段线"按钮⌐⊃，以第（2）步中偏移后的内部矩形 4 条边中点为起点，绘制连续多段线，如图 14-210 所示。

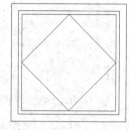

图 14-208　绘制矩形　　　　　图 14-209　偏移矩形　　　　　图 14-210　绘制连续多段线

（4）单击"默认"选项卡"修改"面板中的"删除"按钮✐，选择偏移后的矩形为删除对象，将其删除，如图 14-211 所示。

（5）单击"默认"选项卡"修改"面板中的"偏移"按钮◎，选择第（4）步中绘制的多段线为偏移对象，向内进行偏移，偏移距离为 57，如图 14-212 所示。

（6）单击"默认"选项卡"绘图"面板中的"直线"按钮╱，连接外部矩形 4 条边中点绘制十字交叉线，如图 14-213 所示。

（7）单击"默认"选项卡"绘图"面板中的"圆"按钮⊙，选择第（6）步中绘制的十字交叉线交点为圆心，绘制一个半径为 75 的圆，如图 14-214 所示。

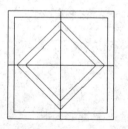

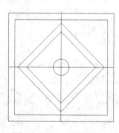

图 14-211　删除图形　　　图 14-212　偏移多段线　　　图 14-213　绘制十字交叉线　　　图 14-214　绘制圆

（8）单击"默认"选项卡"绘图"面板中的"样条曲线拟合"按钮∿，绘制如图 14-215 所示的图形。

（9）单击"默认"选项卡"修改"面板中的"镜像"按钮⚏，选择第（8）步中绘制的图形为镜像对象，对其进行竖直镜像，如图 14-216 所示。

（10）单击"默认"选项卡"修改"面板中的"环形阵列"按钮❖，选择第（9）步中绘制的连续直线为阵列对象，再选择第（7）步中绘制的圆的圆心为阵列基点，对其进行环形阵列，设置阵列项目为 4，如图 14-217 所示。

（11）单击"默认"选项卡"修改"面板中的"删除"按钮✐，选择前面绘制的十字交叉线为删除对象，对其进行删除处理，如图 14-218 所示。

（12）单击"默认"选项卡"绘图"面板中的"样条曲线拟合"按钮∿，在第（11）步中图形的适当位置绘制多段样条曲线，如图 14-219 所示。

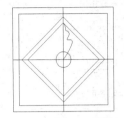
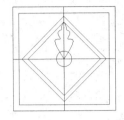
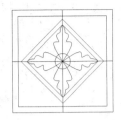

图 14-215　绘制样条曲线　　图 14-216　镜像图形　　图 14-217　环形阵列　　图 14-218　删除图形

　　（13）单击"默认"选项卡"绘图"面板中的"图案填充"按钮，打开"图案填充创建"选项卡，选择 AR-SAND 填充图案，设置填充角度为 0，填充比例为 0.5，选择填充区域，然后按 Enter 键完成图案填充，效果如图 14-220 所示。

　　（14）单击"默认"选项卡"绘图"面板中的"图案填充"按钮，打开"图案填充创建"选项卡，选择 ANSI31 图案类型，设置填充角度为 0，填充比例为 5，选择填充区域，然后按 Enter 键完成图案填充，效果如图 14-221 所示。

图 14-219　绘制样条曲线　　　　图 14-220　填充 AR-SAND 图形　　　图 14-221　填充 ANSI31 图形

　　（15）单击"默认"选项卡"绘图"面板中的"图案填充"按钮，打开"图案填充创建"选项卡，选择 AR-CONC 填充图案，设置填充角度为 0，填充比例为 0.5，选择填充区域，然后按 Enter 键完成图案填充，效果如图 14-222 所示。

　　（16）单击"默认"选项卡"修改"面板中的"复制"按钮，选择第（15）步中绘制完成的图形为复制对象，对其进行连续复制，如图 14-223 所示。

5. 新建剩余地坪装饰图案

　　（1）单击"默认"选项卡"绘图"面板中的"直线"按钮，在乒乓球室门洞处绘制一条水平直线，如图 14-224 所示。

图 14-222　填充 AR-CONC 图形

　　（2）单击"默认"选项卡"绘图"面板中的"图案填充"按钮，打开"图案填充创建"选项卡，选择 AR-B816 填充图案，设置填充角度为 0，填充比例为 2，选择填充区域，然后按 Enter 键完成图案填充，效果如图 14-225 所示。

　　（3）单击"默认"选项卡"绘图"面板中的"多段线"按钮，在第（2）步中图形底部绘制连续多段线，如图 14-226 所示。

　　（4）单击"默认"选项卡"绘图"面板中的"直线"按钮和"圆弧"按钮，绘制剩余的线段填充区域，如图 14-227 所示。

　　（5）单击"默认"选项卡"绘图"面板中的"圆"按钮，在第（4）步的图形内绘制一个半径为 362 的圆，如图 14-228 所示。

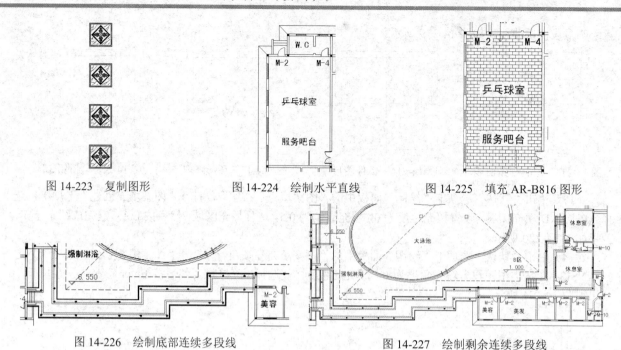

图 14-223　复制图形　　　　　　图 14-224　绘制水平直线　　　　　图 14-225　填充 AR-B816 图形

图 14-226　绘制底部连续多段线　　　　　　　　图 14-227　绘制剩余连续多段线

　　（6）单击"默认"选项卡"绘图"面板中的"图案填充"按钮▨，打开"图案填充创建"选项卡，选择 ANSI37 图案类型，设置填充角度为 0，填充比例为 40，选择填充区域，然后按 Enter 键完成图案填充，效果如图 14-229 所示。

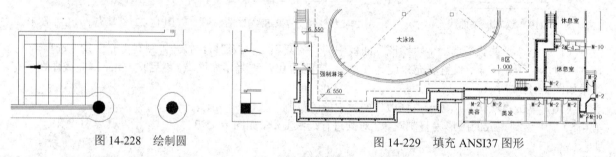

图 14-228　绘制圆　　　　　　　　　　　　图 14-229　填充 ANSI37 图形

　　（7）单击"默认"选项卡"绘图"面板中的"样条曲线拟合"按钮〜，在操作间绘制多段线作为填充区域分界线，如图 14-230 所示。

　　（8）单击"默认"选项卡"绘图"面板中的"直线"按钮╱，在操作间下方门洞处绘制水平直线作为区域封闭线段，如图 14-231 所示。

　　（9）单击"默认"选项卡"绘图"面板中的"图案填充"按钮▨，打开"图案填充创建"选项卡，选择 NET 填充图案，设置填充角度为 0，填充比例为 150，选择填充区域，然后按 Enter 键完成图案填充，效果如图 14-232 所示。

　　（10）单击"默认"选项卡"绘图"面板中的"图案填充"按钮▨，打开"图案填充创建"选项卡，选择 GRASS 填充图案，设置填充角度为 0，填充比例为 20，选择填充区域，然后按 Enter 键完成图案填充，效果如图 14-233 所示。

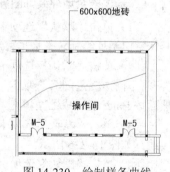

图 14-230　绘制样条曲线

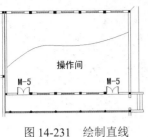
图 14-231　绘制直线

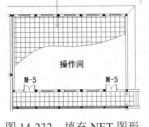
图 14-232　填充 NET 图形

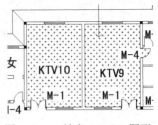
图 14-233　填充 GRASS 图形

（11）剩余的图案填充方法与上述相同，这里不再赘述。利用上述方法完成剩余地坪图的绘制。

单击"默认"选项卡"块"面板中的"插入"按钮，打开"插入"对话框，选择定义的图框为插入对象，将其放置到绘制的图形外侧，最终完成一层地坪图的绘制，如图 14-234 所示。

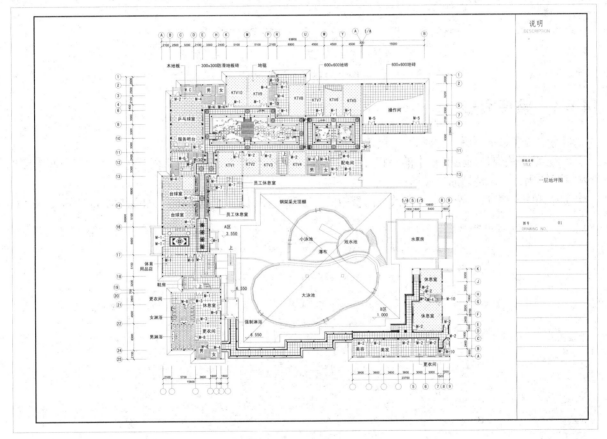
图 14-234　一层地坪图

14.4　二层地坪布置图

二层地坪图如图 14-235 所示，下面讲述其绘制方法。

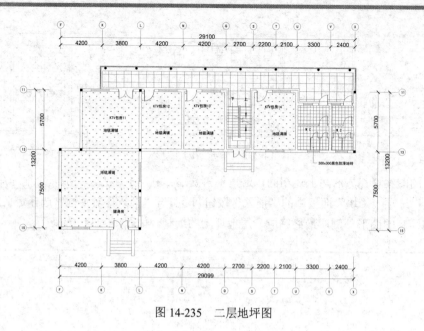

图 14-235　二层地坪图

14.4.1　整理图形

利用"二层总平面图",绘制"二层地坪布置图"。

（1）单击快速访问工具栏中的"打开"按钮 ⬚，打开"选择文件"对话框,选择"二层总平面图",并将其另存为"二层地坪布置图"。

（2）单击"默认"选项卡"修改"面板中的"删除"按钮 ⬚，删除图框,如图 14-236 所示。

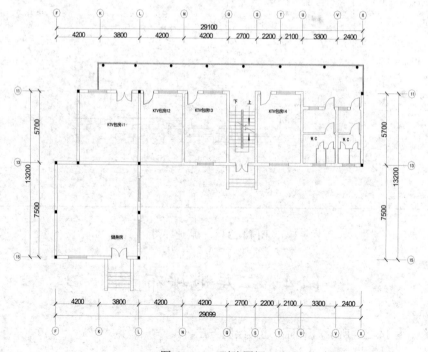

图 14-236　删除图框

14.4.2　绘制地坪装饰图案

1. 新建"地坪"图层

新建"地坪"图层，并将其设置为当前图层，如图 14-237 所示。

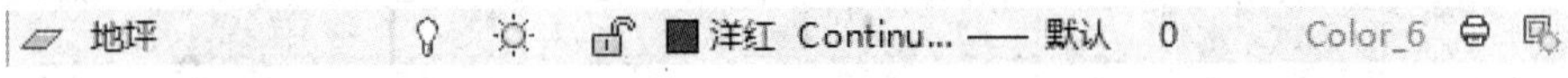

| ✍ 地坪 | 💡 | ☀ | 🔓 | ■ 洋红 | Continu... | —— 默认 | 0 | Color_6 | 🖶 | 🖳 |

图 14-237　新建"地坪"图层

2. 绘制地坪装饰图案

（1）单击"默认"选项卡"绘图"面板中的"图案填充"按钮🖽，打开"图案填充创建"选项卡，选择 GRASS 填充图案，设置填充角度为 0，填充比例为 20，选择填充区域，然后按 Enter 键完成图案填充，效果如图 14-238 所示。

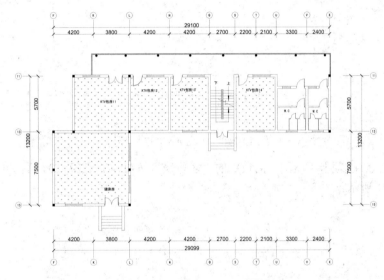

图 14-238　填充 GRASS 图形

（2）单击"默认"选项卡"绘图"面板中的"直线"按钮✎，封闭卫生间门洞区域，如图 14-239 所示。

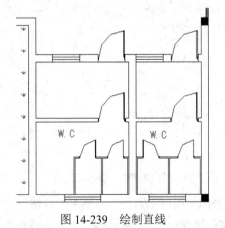

图 14-239　绘制直线

（3）单击"默认"选项卡"绘图"面板中的"图案填充"按钮，打开"图案填充创建"选项卡，选择 ANSI37 填充图案，设置填充角度为 45°，填充比例为 100，选择填充区域，然后按 Enter 键完成图案填充，效果如图 14-240 所示。

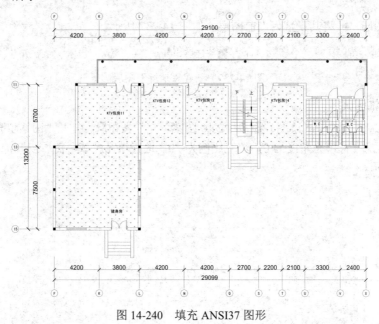

图 14-240　填充 ANSI37 图形

（4）单击"默认"选项卡"绘图"面板中的"多段线"按钮，在第（3）步中的图形顶部绘制连续多段线，如图 14-241 所示。

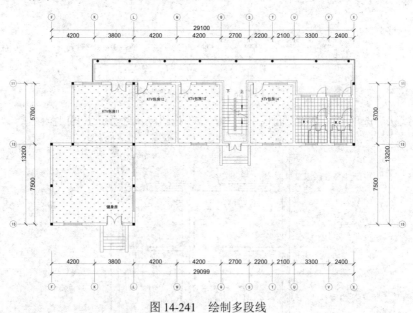

图 14-241　绘制多段线

（5）单击"默认"选项卡"绘图"面板中的"图案填充"按钮，选择 ANSI37 填充图案，设置填充角度为 45°，填充比例为 200，选择填充区域，然后按 Enter 键完成图案填充，效果如图 14-242 所示。

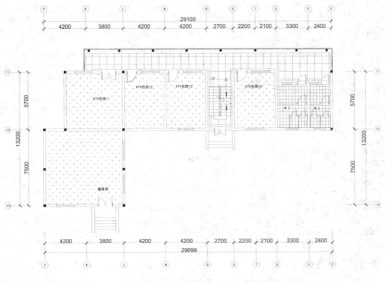

图 14-242　填充 ANI37 图形

3．添加文字说明

（1）将"文字"图层设置为当前图层。单击"默认"选项卡"注释"面板中的"多行文字"按钮 **A**，为绘制完成的地坪图案添加文字，如图 14-243 所示。

（2）在命令行中输入"QLEADER"，执行"引线"命令，命令行提示与操作如下：

```
命令: QLEADER
指定第一个引线点或 [设置(S)] <设置>: S
```

（3）打开"引线设置"对话框，打开"引线和箭头"选项卡，在"箭头"选项组的下拉列表框中选择"直角"选项，如图 14-244 所示；打开"附着"选项卡，参数设置如图 14-245 所示；单击"确定"按钮，退出对话框。

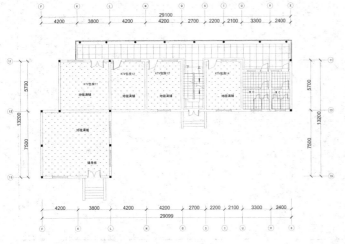

图 14-243　添加文字

图 14-244　"引线和箭头"选项卡

（4）设置"文字高度"为 255，输入文字，引线标注结果如图 14-246 所示。

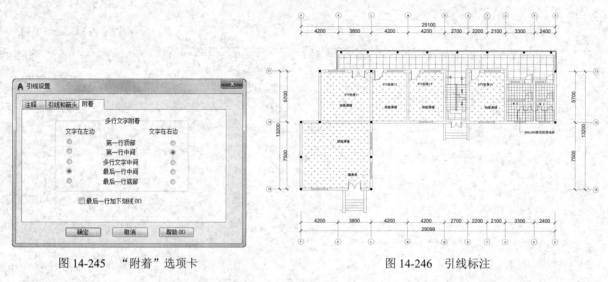

图 14-245　"附着"选项卡　　　　　　　　　　　图 14-246　引线标注

（5）单击"默认"选项卡"块"面板中的"插入"按钮，打开"插入"对话框。选择定义的图框为插入对象，将其放置到绘制的图形外侧，最终完成二层地坪布置图的绘制，如图 14-247 所示。

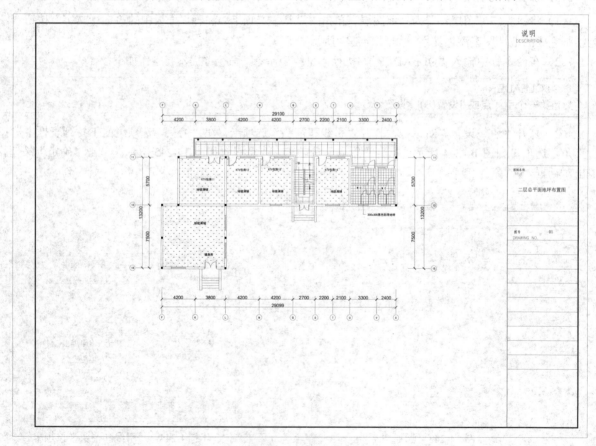

图 14-247　插入图框

14.5　上机实验

【练习 1】绘制如图 14-248 所示的二层中餐厅顶棚装饰图。

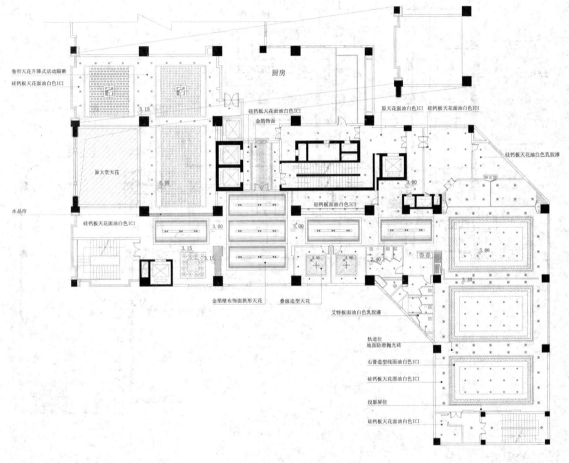

二层中餐厅天花图　1:150

图 14-248　二层中餐厅顶棚装饰图

1．目的要求

　　本实例主要要求读者通过练习进一步熟悉和掌握餐厅顶棚装饰图的绘制方法。本实例可以帮助读者学会完成整个顶棚装饰平面图绘制的方法。

2．操作提示

　　（1）绘图准备。

　　（2）绘制灯图块。

　　（3）布置灯具。

　　（4）添加文字说明。

【练习2】 绘制如图 14-249 所示的餐厅地坪图。

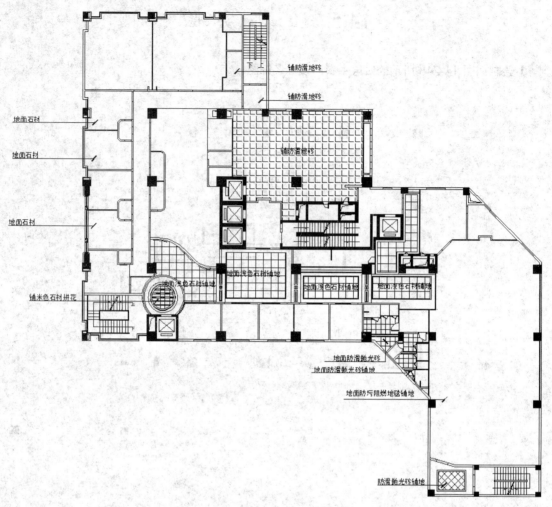

图 14-249　餐厅地坪图

1. 目的要求

本实例主要要求读者通过练习进一步熟悉和掌握餐厅地坪图的绘制方法。本实例可以帮助读者学会完成整个地坪图绘制的方法。

2. 操作提示

（1）绘图准备。

（2）填充地面图案。

（3）添加文字说明。

第15章

洗浴中心立面图的绘制

立面图是用直接正投影法将建筑各个墙面进行投影所得到的正投影图。本章以洗浴中心立面图为例，详细讲解这些建筑立面图的 AutoCAD 绘制方法与相关技巧。

【预习重点】

☑ 一层门厅立面图的绘制。

☑ 一层走廊立面图的绘制。

☑ 一层体育用品店立面图的绘制。

☑ 道具单元立面图的绘制。

15.1 一层门厅立面图

一层门厅有 A、B、C、D 4 个立面,下面分别介绍各个立面图的具体绘制方法。

15.1.1 一层门厅 A、B 立面图

一层门厅 A、B 立面图如图 15-1 所示,下面介绍其绘制方法。

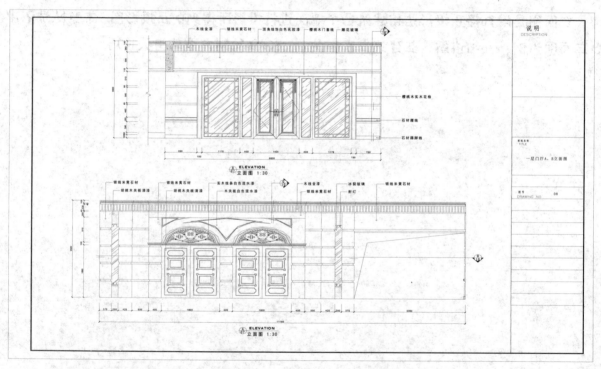

图 15-1 一层门厅 A、B 立面图

1. 绘制 B 立面图的大体轮廓

(1)单击"默认"选项卡"绘图"面板中的"直线"按钮 ╱,在图形空白区域任选一点为直线起点,水平向右绘制一条长度为 7122 的水平直线,如图 15-2 所示。

(2)单击"默认"选项卡"绘图"面板中的"直线"按钮 ╱,选择第(1)步中绘制的水平直线左端点为起点,向上绘制一条长度为 3500 的竖直直线,如图 15-3 所示。

(3)单击"默认"选项卡"修改"面板中的"偏移"按钮 ⊜,选择第(1)步中绘制的水平直线为偏移

对象，将其向上进行连续偏移，偏移距离分别为 120、80、390、160、460、60、560、60、510、110、590、260 和 140，如图 15-4 所示。

　　图 15-2　绘制水平直线　　　　　图 15-3　绘制竖直直线　　　　　图 15-4　偏移水平直线

　　（4）单击"默认"选项卡"修改"面板中的"偏移"按钮，选择第（2）步中绘制的竖直直线为偏移对象，将其向右进行偏移，偏移距离分别为 522、990、150、1178、400、1404、400、1178、150 和 750，如图 15-5 所示。

　　（5）单击"默认"选项卡"修改"面板中的"修剪"按钮，选择第（4）步中的偏移线段为修剪对象，对其进行修剪处理，如图 15-6 所示。

　　（6）单击"默认"选项卡"修改"面板中的"偏移"按钮，选择底部水平线段为偏移对象，向上进行偏移，偏移距离分别为 650、5、5、80、5 和 5，如图 15-7 所示。

　　图 15-5　偏移竖直直线　　　　　图 15-6　修剪线段　　　　　图 15-7　偏移水平线段

　　（7）单击"默认"选项卡"修改"面板中的"修剪"按钮，选择第（6）步中的偏移线段为修剪对象，对其进行修剪处理，如图 15-8 所示。

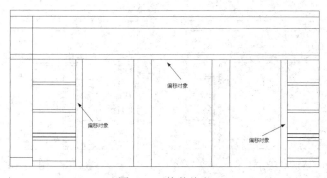

图 15-8　修剪线段

　　（8）单击"默认"选项卡"修改"面板中的"偏移"按钮，选择第（7）步图形中的直线为偏移对象，对其进行偏移，偏移距离为 20，如图 15-9 所示。

　　（9）单击"默认"选项卡"修改"面板中的"修剪"按钮，选择第（8）步中的偏移线段为修剪对象，对其进行修剪处理，如图 15-10 所示。

　　（10）单击"默认"选项卡"修改"面板中的"偏移"按钮，选择偏移后的水平直线为偏移对象，向下进行偏移，偏移距离分别为 110、20，如图 15-11 所示。

图 15-9　偏移线段

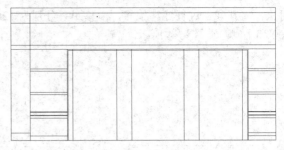

图 15-10　修剪线段

（11）单击"默认"选项卡"修改"面板中的"偏移"按钮，选择如图 15-11 所示的竖直直线为偏移对象，向外进行偏移，偏移距离为 20，如图 15-12 所示。

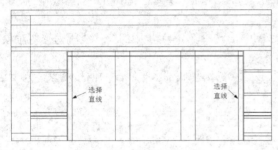

图 15-11　偏移水平线段

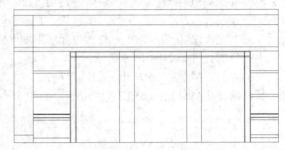

图 15-12　偏移竖直线段

（12）单击"默认"选项卡"修改"面板中的"修剪"按钮，选择第（11）步中的偏移线段为修剪对象，对其进行修剪处理，如图 15-13 所示。

2．绘制 B 立面图的窗户造型

（1）单击"默认"选项卡"绘图"面板中的"矩形"按钮，在上一小节第（12）步中的修剪线段内绘制两个适当大小的矩形，如图 15-14 所示。

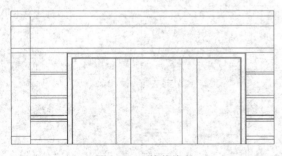

图 15-13　修剪线段

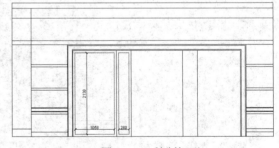

图 15-14　绘制矩形

（2）单击"默认"选项卡"修改"面板中的"偏移"按钮，选择第（1）步中绘制的两矩形为偏移对象，向内进行偏移，偏移距离为 10，如图 15-15 所示。

（3）单击"默认"选项卡"修改"面板中的"分解"按钮，选择左侧内部矩形为分解对象，按 Enter 键确认进行修剪。

（4）单击"默认"选项卡"修改"面板中的"偏移"按钮，选择分解矩形左侧竖直边为偏移对象，向右进行偏移，偏移距离分别为 100、20、389、20、389 和 20，如图 15-16 所示。

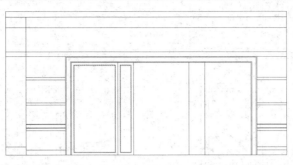

图 15-15　偏移矩形

（5）单击"默认"选项卡"修改"面板中的"偏移"按钮⊜，选择分解后的水平直线为偏移对象，向下进行偏移，偏移距离分别为 100、20、170、20、194、20、194、20、194、20、194、20、194、20、194、20、194、20、194 和 20，如图 15-17 所示。

（6）单击"默认"选项卡"修改"面板中的"修剪"按钮⊬，选择第（5）步中的偏移线段为修剪对象，对其进行修剪处理，如图 15-18 所示。

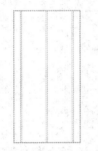 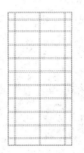 

图 15-16　偏移竖直直线　　　　图 15-17　偏移水平直线　　　　图 15-18　修剪线段

（7）单击"默认"选项卡"绘图"面板中的"图案填充"按钮▥，打开"图案填充创建"选项卡，选择 AR-RROOF 填充图案，选择填充区域，然后按 Enter 键完成图案填充，效果如图 15-19 所示。

（8）单击"默认"选项卡"修改"面板中的"镜像"按钮⚐，选择第（7）步中填充后的图形为镜像对象，对其进行竖直镜像，如图 15-20 所示。

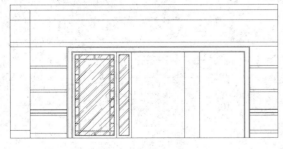 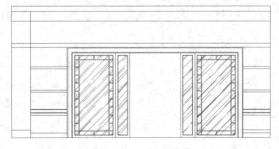

图 15-19　填充图形　　　　　　　　　　　　图 15-20　竖直镜像

3．绘制 B 立面图的门造型

（1）单击"默认"选项卡"绘图"面板中的"直线"按钮╱，在图形中间位置绘制一条竖直直线，如图 15-21 所示。

（2）单击"默认"选项卡"绘图"面板中的"矩形"按钮▭，在第（1）步中绘制的竖直直线左侧绘制一个 542×2050 的矩形，如图 15-22 所示。

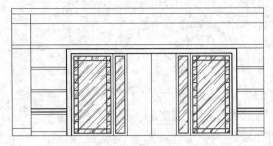

图 15-21　绘制竖直直线

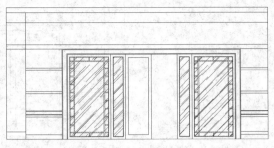

图 15-22　绘制矩形

（3）单击"默认"选项卡"修改"面板中的"偏移"按钮，选择第（2）步中绘制的矩形为偏移对象，向内进行偏移，偏移距离分别为 20、5、50、5、10、20、10 和 5，如图 15-23 所示。

（4）单击"默认"选项卡"绘图"面板中的"直线"按钮，在第（3）步的图形内绘制 4 条斜向直线，如图 15-24 所示。

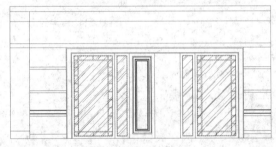

图 15-23　偏移矩形

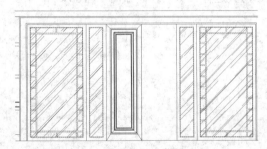

图 15-24　绘制斜向直线

（5）单击"默认"选项卡"绘图"面板中的"矩形"按钮，在偏移线段间绘制两个 50×50 的矩形，如图 15-25 所示。

（6）单击"默认"选项卡"绘图"面板中的"直线"按钮，过第（5）步中绘制的矩形 4 条边的中点绘制十字交叉线，如图 15-26 所示。

（7）单击"默认"选项卡"绘图"面板中的"圆"按钮，选择第（6）步中绘制的十字交叉线交点为圆心，绘制一个半径为 25 的圆，如图 15-27 所示。

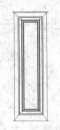

图 15-25　绘制矩形

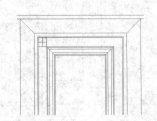

图 15-26　绘制十字交叉线

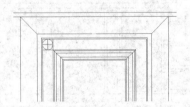

图 15-27　绘制圆

（8）单击"默认"选项卡"修改"面板中的"偏移"按钮，选择第（7）步中绘制的圆为偏移对象，向内进行偏移，偏移距离分别为 5、2，如图 15-28 所示。

（9）单击"默认"选项卡"修改"面板中的"删除"按钮，选择第（8）步中绘制的十字交叉线为删除对象，对其进行删除，如图 15-29 所示。

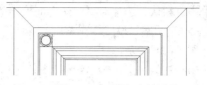

图 15-28　偏移圆　　　　　　　　　　　　　图 15-29　删除对象

（10）单击"默认"选项卡"绘图"面板中的"圆弧"按钮，在绘制的圆图形内，绘制一段适当半径的圆弧，如图 15-30 所示。

（11）单击"默认"选项卡"修改"面板中的"环形阵列"按钮，选择第（10）步中绘制的圆弧为阵列对象，选择绘制圆的圆心为阵列中心点，设置项目数为 4，阵列后的结果如图 15-31 所示。

（12）利用上述方法完成剩余相同图形的绘制，如图 15-32 所示。

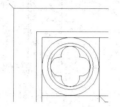

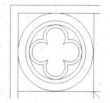

图 15-30　绘制圆弧　　　　　图 15-31　阵列圆弧　　　　　图 15-32　完成剩余相同图形的绘制

（13）单击"默认"选项卡"修改"面板中的"复制"按钮，选择第（12）步中绘制的图形为复制对象，对其进行复制操作，如图 15-33 所示。

（14）单击"默认"选项卡"绘图"面板中的"直线"按钮和"圆弧"按钮，在第（13）步中绘制的图形中绘制如图 15-34 所示的图案。

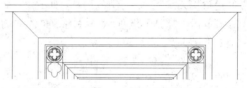

图 15-33　复制图形　　　　　　　　　　　　图 15-34　绘制图案

（15）单击"默认"选项卡"修改"面板中的"复制"按钮和"旋转"按钮，完成剩余相同图形的绘制，如图 15-35 所示。

（16）单击"默认"选项卡"绘图"面板中的"直线"按钮，在第（15）步中的图形内绘制连续直线，如图 15-36 所示。

（17）单击"默认"选项卡"绘图"面板中的"直线"按钮，在第（16）步的图形内绘制两条斜向直线，如图 15-37 所示。

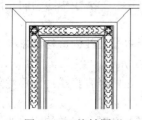

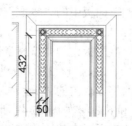

图 15-35　旋转图形　　　　图 15-36　绘制连续直线　　　　图 15-37　绘制斜向直线

（18）单击"默认"选项卡"绘图"面板中的"图案填充"按钮▨，打开"图案填充创建"选项卡，选择 AR-RROOF 填充图案，设置填充角度为 45°，填充比例为 10，选择填充区域，然后按 Enter 键完成图案填充，效果如图 15-38 所示。

（19）单击"默认"选项卡"绘图"面板中的"直线"按钮╱和"圆弧"按钮╭，在第（18）步中填充图形的右侧绘制连续图形，如图 15-39 所示。

（20）单击"默认"选项卡"修改"面板中的"偏移"按钮⊜，选择第（19）步中绘制的图形为偏移对象，将其向内进行偏移，偏移距离为 3，如图 15-40 所示。

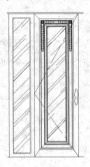

图 15-38　填充图形　　　　图 15-39　绘制图形　　　　图 15-40　偏移图形

（21）单击"默认"选项卡"绘图"面板中的"圆弧"按钮╭，在第（20）步中的图形内绘制连续图形，如图 15-41 所示。

（22）单击"默认"选项卡"修改"面板中的"修剪"按钮╱，选择第（21）步中绘制的图形内线段为修剪对象，对其进行修剪处理，如图 15-42 所示。

（23）单击"默认"选项卡"绘图"面板中的"圆"按钮⊙，在第（22）步中图形顶部和底部位置分别绘制两个半径均为 3 的圆，如图 15-43 所示。

（24）单击"默认"选项卡"绘图"面板中的"直线"按钮╱和"圆弧"按钮╭，完成剩余图形的绘制，如图 15-44 所示。

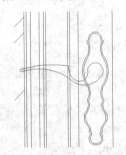
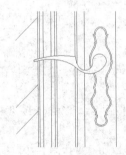
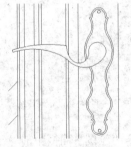
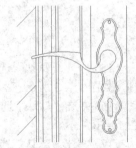

图 15-41　绘制圆弧　　　图 15-42　修剪图形　　　图 15-43　绘制圆　　　图 15-44　绘制剩余图形

（25）单击"默认"选项卡"修改"面板中的"镜像"按钮▲，选择第（24）步中绘制的左侧图形为镜像对象，对其进行竖直镜像，如图 15-45 所示。

（26）单击"默认"选项卡"修改"面板中的"偏移"按钮⊜，选择水平直线为偏移对象向下进行偏移，偏移距离分别为 30、7、27、3、10、23、40，220 和 690，如图 15-46 所示。

（27）单击"默认"选项卡"修改"面板中的"偏移"按钮⊜，选择左侧竖直直线为偏移对象，向右进行偏移，偏移距离分别为 522、240 和 6330，如图 15-47 所示。

（28）单击"默认"选项卡"修改"面板中的"修剪"按钮╱，选择第（27）步中的偏移线段为修剪对象，对其进行修剪处理，如图 15-48 所示。

图 15-45　镜像图形

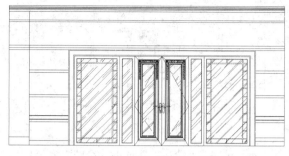

图 15-46　偏移水平直线

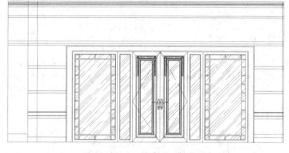

图 15-47　偏移竖直直线

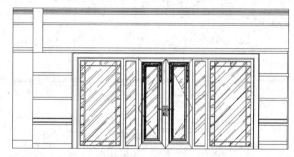

图 15-48　修剪对象

（29）单击"默认"选项卡"修改"面板中的"打断"按钮，选择如图 15-49 所示的线段为打断线段，将其打断为两段独立线段。

（30）单击"默认"选项卡"修改"面板中的"偏移"按钮，选择第（29）步中打断线段为偏移对象，将其向右侧进行偏移，偏移距离分别为 59、30，如图 15-50 所示。

图 15-49　打断线段

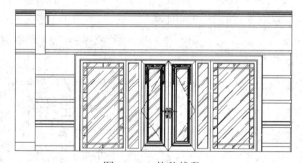

图 15-50　偏移线段

（31）单击"默认"选项卡"修改"面板中的"复制"按钮，以偏移距离为 59 的初始直线左上角点为复制基点，选择第（30）步中偏移距离为 30 的两条竖直直线为复制对象，进行连续复制，复制距离相等，如图 15-51 所示。

（32）单击"默认"选项卡"绘图"面板中的"直线"按钮，在第（31）步中图形的适当位置绘制两条竖直直线，如图 15-52 所示。

（33）单击"默认"选项卡"绘图"面板中的"图案填充"按钮，打开"图案填充创建"选项卡，选择 ANSI31 填充图案，设置填充角度为 0，填充比例为 30，选择填充区域，然后按 Enter 键完成图案填充。

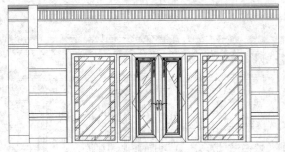

图 15-51　复制线段

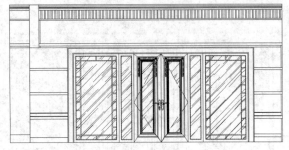

图 15-52　绘制直线

（34）单击"默认"选项卡"绘图"面板中的"图案填充"按钮▨，打开"图案填充创建"选项卡，选择 AR-CONC 填充图案，设置填充角度为 0，填充比例为 1，选择填充区域，然后按 Enter 键完成图案填充，结果如图 15-53 所示。

（35）单击"默认"选项卡"绘图"面板中的"多段线"按钮⤵，在图形左侧的竖直直线上绘制连续多段线，如图 15-54 所示。

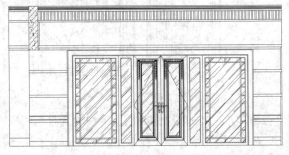

图 15-53　填充图形

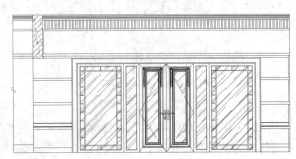

图 15-54　绘制连续多段线

（36）单击"默认"选项卡"修改"面板中的"修剪"按钮⤙，选择第（35）步中绘制的连续多段线内的多余线段为修剪对象，对其进行修剪，如图 15-55 所示。

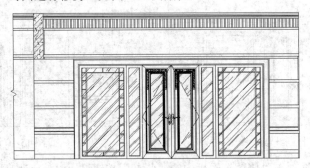

图 15-55　修剪线段

4．进行尺寸标注和文字说明

（1）单击"默认"选项卡"注释"面板中的"线性"按钮⊢和"连续"按钮⊞，为图形添加第一道尺寸标注，如图 15-56 所示。

（2）单击"默认"选项卡"注释"面板中的"线性"按钮⊢，为图形添加总尺寸，如图 15-57 所示。

（3）在命令行中输入"QLEADER"命令，为图形添加文字说明，如图 15-58 所示。

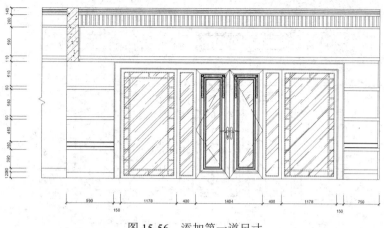

图 15-56　添加第一道尺寸

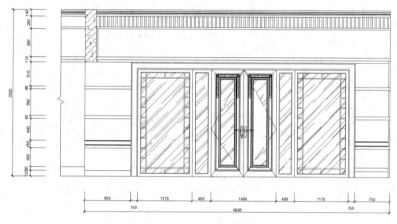

图 15-57　添加总尺寸

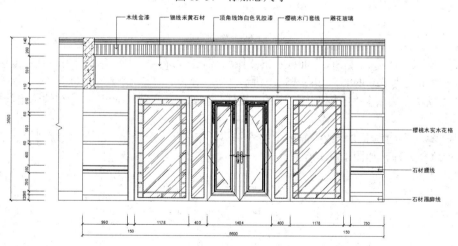

图 15-58　添加文字说明

（4）利用拖曳夹点命令将左侧竖直直线向上拖曳，如图 15-59 所示。

（5）单击"默认"选项卡"绘图"面板中的"直线"按钮，在右侧图形位置绘制连续竖直直线，如图 15-60 所示。

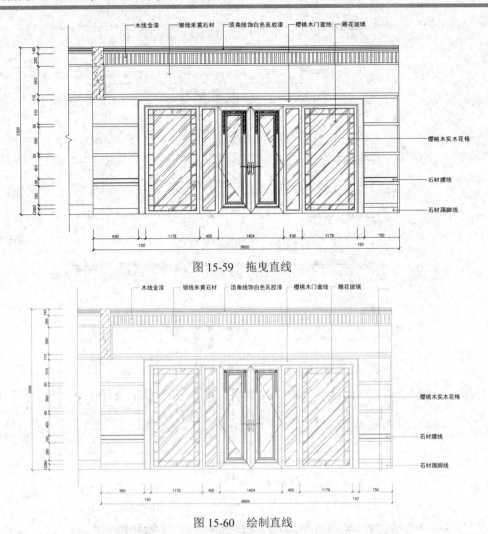

图 15-59　拖曳直线

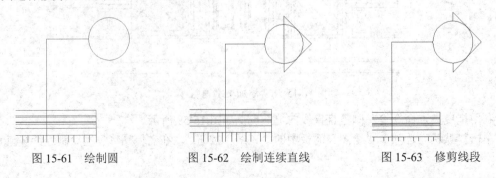

图 15-60　绘制直线

（6）单击"默认"选项卡"绘图"面板中的"圆"按钮⊙，在第（5）步中绘制的直线上选取一点为圆的圆心，绘制一个半径为 120 的圆，如图 15-61 所示。

（7）单击"默认"选项卡"绘图"面板中的"直线"按钮／，在第（6）步中绘制的圆上绘制连续直线，如图 15-62 所示。

（8）单击"默认"选项卡"修改"面板中的"修剪"按钮－，选择第（7）步中绘制的连续直线为修剪对象，对其进行修剪处理，如图 15-63 所示。

图 15-61　绘制圆　　　　　图 15-62　绘制连续直线　　　　　图 15-63　修剪线段

（9）单击"默认"选项卡"绘图"面板中的"图案填充"按钮▧，打开"图案填充创建"选项卡，选择 SOLID 填充图案，设置填充角度为 0，填充比例为 1，选择填充区域，然后按 Enter 键完成图案填充，如图 15-64 所示。

（10）单击"默认"选项卡"绘图"面板中的"直线"按钮╱，在圆图形内绘制一条水平直线，如图 15-65 所示。

（11）单击"默认"选项卡"注释"面板中的"多行文字"按钮Ａ，在第（10）步的圆图形内添加文字，如图 15-66 所示。

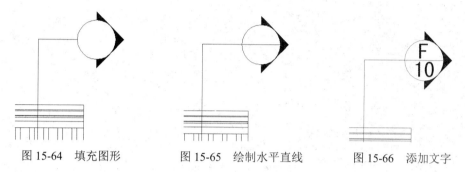

　　图 15-64　填充图形　　　　　图 15-65　绘制水平直线　　　　图 15-66　添加文字

（12）单击"默认"选项卡"绘图"面板中的"圆"按钮⊙，在完成图形底部任选一点作为圆心，绘制一个半径为 120 的圆，如图 15-67 所示。

（13）单击"默认"选项卡"绘图"面板中的"直线"按钮╱，过第（12）步中绘制圆的圆心绘制一条长度为 1198 的水平直线，如图 15-68 所示。

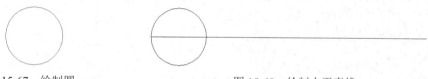

　　　图 15-67　绘制圆　　　　　　　　　　图 15-68　绘制水平直线

（14）单击"默认"选项卡"注释"面板中的"多行文字"按钮Ａ，在第（13）步中绘制的直线上添加文字，最终完成 B 立面图的绘制，如图 15-69 所示。

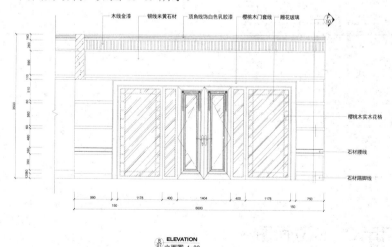

图 15-69　B 立面图的绘制

（15）利用 B 立面图的绘制方法完成 A 立面图的绘制，如图 15-70 所示。

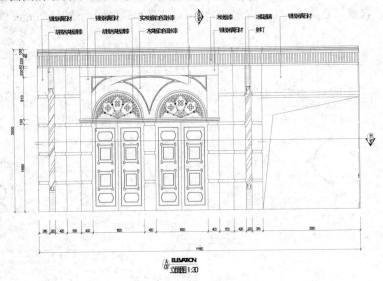

图 15-70　A 立面图的绘制

（16）单击"默认"选项卡"块"面板中的"插入"按钮，打开"插入"对话框。选择定义的图框为插入对象，将其放置到绘制的图形外侧，最终完成图形的绘制，如图 15-71 所示。

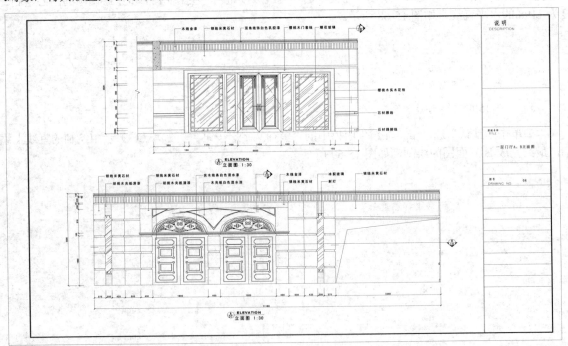

图 15-71　一层门厅 A、B 立面图

15.1.2　一层门厅 C、D 立面图

（1）利用 B 立面图的绘制方法完成 C 立面图的绘制，如图 15-72 所示。

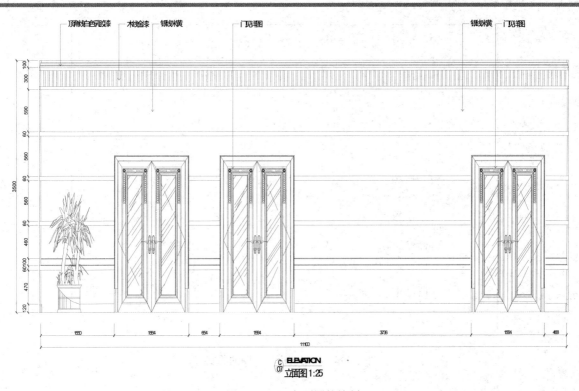

图 15-72　C 立面图的绘制

（2）利用 B 立面图的绘制方法完成 D 立面图的绘制，如图 15-73 所示。

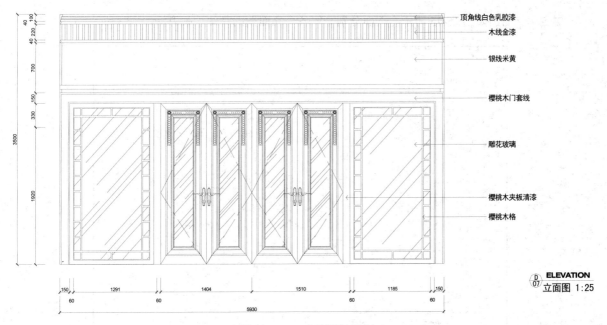

图 15-73　D 立面图的绘制

（3）单击"默认"选项卡"块"面板中的"插入"按钮，打开"插入"对话框。选择定义的图框为插入对象，将其放置到绘制的图形外侧，最终完成一层门厅立面图的绘制，如图 15-74 所示。

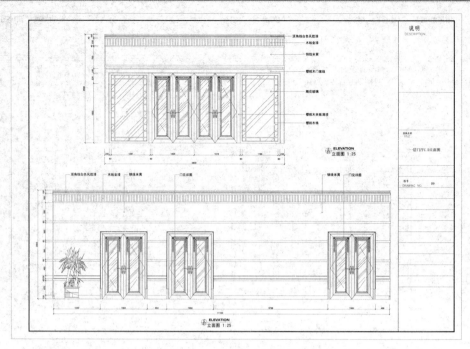

图 15-74　一层门厅立面图的绘制

15.2　一层走廊立面图

一层走廊立面图如图 15-75 所示。下面分别介绍各个立面图的具体绘制方法。

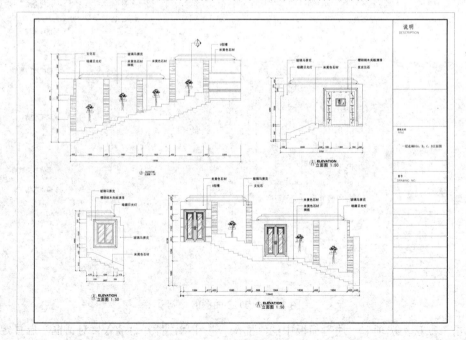

图 15-75　一层走廊立面图

15.2.1　一层走廊 A 立面图

利用之前学过的知识绘制一层走廊 A 立面图。

1．绘制走廊 A 立面图

（1）单击"默认"选项卡"绘图"面板中的"多段线"按钮 ，指定多段线起点宽度为 0，端点宽度为 0，在图形空白区域任选一点为多段线起点，绘制连续多段线，如图 15-76 所示。

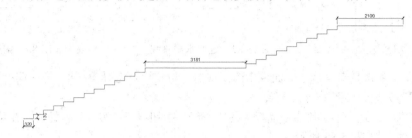

图 15-76　绘制连续多段线

（2）重复"多段线"命令，在第（1）步中绘制的多段线上选取一点为多段线起点绘制连续多段线，如图 15-77 所示。

（3）单击"默认"选项卡"绘图"面板中的"直线"按钮 ，以第（1）步中绘制的多段线起点为直线起点，向上绘制一条竖直直线，如图 15-78 所示。

图 15-77　重复绘制连续多段线　　　　　　　图 15-78　绘制竖直直线

（4）单击"默认"选项卡"修改"面板中的"偏移"按钮 ，选择第（3）步中绘制的竖直直线为偏移对象，将其向右进行偏移，偏移距离分别为 400、1950、400、1950、400、1920、400、1980、400 和 2200，如图 15-79 所示。

（5）单击"默认"选项卡"绘图"面板中的"直线"按钮 ，在图形底部绘制一条水平直线，如图 15-80 所示。

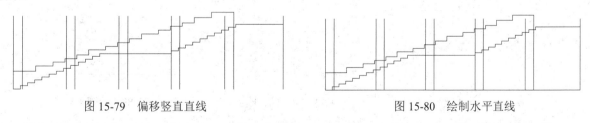

图 15-79　偏移竖直直线　　　　　　　　　图 15-80　绘制水平直线

（6）单击"默认"选项卡"修改"面板中的"偏移"按钮 ，选择第（5）步中绘制的水平直线为偏移对象，将其向上进行偏移，偏移距离分别为 3208、1102、300、100、896、300 和 100，如图 15-81 所示。

（7）单击"默认"选项卡"修改"面板中的"延伸"按钮 ，选择图形中所有竖直直线为延伸对象，将其延伸至偏移后的最顶端水平直线，如图 15-82 所示。

（8）单击"默认"选项卡"修改"面板中的"偏移"按钮，选择左侧竖直直线为偏移对象，将其向右进行偏移，偏移距离为240，选择右侧竖直直线为偏移对象，将其向左进行偏移，偏移距离为300，如图15-83所示。

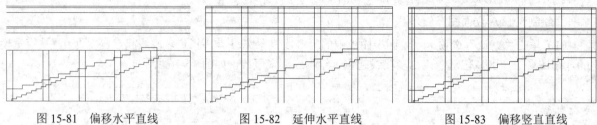

图15-81　偏移水平直线　　　　图15-82　延伸水平直线　　　　图15-83　偏移竖直直线

（9）单击"默认"选项卡"修改"面板中的"修剪"按钮，选择第（8）步中偏移后的线段为修剪对象，对其进行修剪处理，如图15-84所示。

（10）单击"默认"选项卡"绘图"面板中的"直线"按钮和"圆弧"按钮，在第（9）步中的图形内绘制圆弧和直线，如图15-85所示。

（11）单击"默认"选项卡"修改"面板中的"修剪"按钮，选择图形中的多余线段为修剪对象，对其进行修剪处理，如图15-86所示。

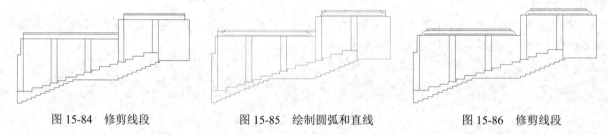

图15-84　修剪线段　　　　图15-85　绘制圆弧和直线　　　　图15-86　修剪线段

（12）单击"默认"选项卡"绘图"面板中的"圆"按钮，在第（11）步的图形内顶部位置选取一点作为圆的圆心，绘制一个半径为30的圆，如图15-87所示。

（13）单击"默认"选项卡"修改"面板中的"偏移"按钮，选择第（12）步中绘制的圆图形为偏移对象，将其向内进行偏移，偏移距离为12，如图15-88所示。

（14）单击"默认"选项卡"绘图"面板中的"直线"按钮，在第（13）步中的偏移圆内绘制4段长度相等的直线，如图15-89所示。

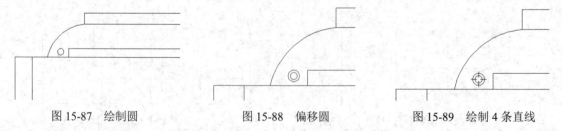

图15-87　绘制圆　　　　图15-88　偏移圆　　　　图15-89　绘制4条直线

（15）单击"默认"选项卡"修改"面板中的"复制"按钮，选择第（14）步中绘制完成的灯图形为复制对象，对其进行复制操作，如图15-90所示。

（16）单击"默认"选项卡"绘图"面板中的"矩形"按钮，在第（15）步中的图形内绘制一个500×100的矩形，如图15-91所示。

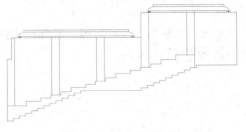

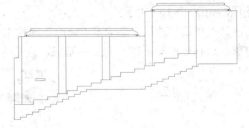

图 15-90　复制灯图形　　　　　　　　　　　　　　图 15-91　绘制矩形

（17）单击"默认"选项卡"绘图"面板中的"多段线"按钮 ，在第（16）步中绘制的矩形上方绘制连续多段线，如图 15-92 所示。

（18）单击"默认"选项卡"绘图"面板中的"圆弧"按钮 ，在第（17）步中绘制的图形上方绘制瓶颈，如图 15-93 所示。

（19）单击"默认"选项卡"绘图"面板中的"椭圆"按钮 ，在第（18）步绘制的图形左侧绘制一个适当大小的椭圆，如图 15-94 所示。

（20）单击"默认"选项卡"修改"面板中的"偏移"按钮 ，选择第（19）步中绘制的椭圆为偏移对象，将其向内进行偏移，偏移距离为 13，如图 15-95 所示。

   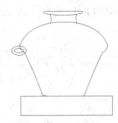

图 15-92　绘制多段线　　　图 15-93　绘制瓶颈　　　图 15-94　绘制椭圆　　　图 15-95　偏移椭圆

（21）单击"默认"选项卡"修改"面板中的"修剪"按钮 ，选择第（20）步中的偏移对象为修剪对象，对其进行修剪处理，如图 15-96 所示。

（22）单击"默认"选项卡"修改"面板中的"镜像"按钮 ，选择第（21）步中绘制的图形为镜像对象，对其进行竖直镜像，如图 15-97 所示。

（23）单击"默认"选项卡"绘图"面板中的"椭圆"按钮 和"修改"面板中的"偏移"按钮 ，绘制剩余的立面装饰瓶内部图形，如图 15-98 所示。

图 15-96　修剪椭圆　　　　　图 15-97　镜像图形　　　　　图 15-98　绘制立面装饰瓶内部图形

（24）单击"默认"选项卡"绘图"面板中的"直线"按钮 ，在第（23）步的图形内绘制细化线段，如图 15-99 所示。

（25）单击"默认"选项卡"修改"面板中的"修剪"按钮 ，选择底部矩形为修剪对象，对其进行修剪处理，如图 15-100 所示。

（26）单击"默认"选项卡"修改"面板中的"复制"按钮，选择第（25）步中绘制完成的图形为复制对象，选择底部矩形中点为复制基点，进行连续复制，结果如图 15-101 所示。

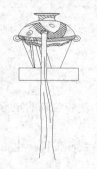 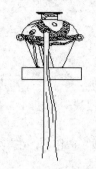 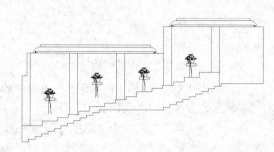

图 15-99　绘制图形细部　　　图 15-100　修剪矩形　　　　　图 15-101　复制图形

（27）单击"默认"选项卡"绘图"面板中的"直线"按钮，在图形左侧区域内绘制多条水平直线，如图 15-102 所示。

（28）单击"默认"选项卡"绘图"面板中的"图案填充"按钮，打开"图案填充创建"选项卡，选择 AR-RROOF 填充图案，选择填充区域，然后按 Enter 键完成图案填充，效果如图 15-103 所示。

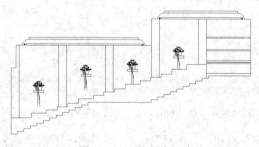 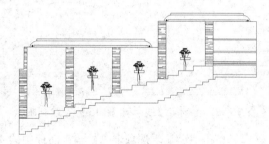

图 15-102　绘制水平直线　　　　　　　　　　　图 15-103　填充图形

2．进行尺寸标注和文字说明

（1）单击"默认"选项卡"注释"面板中的"线性"按钮，为图形添加第一道尺寸标注，如图 15-104 所示。

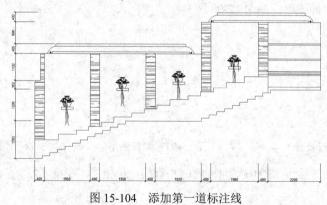

图 15-104　添加第一道标注线

（2）单击"默认"选项卡"注释"面板中的"线性"按钮，为图形添加总尺寸标注，如图 15-105 所示。

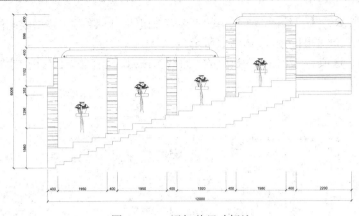

图 15-105　添加总尺寸标注

（3）在命令行中输入"QLEADER"命令，为图形添加文字说明，如图 15-106 所示。

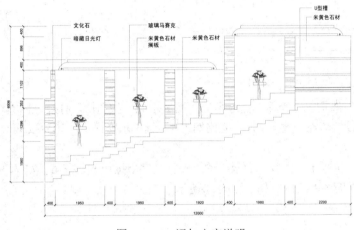

图 15-106　添加文字说明

（4）单击"默认"选项卡"绘图"面板中的"直线"按钮，在第（3）步中的图形上绘制连续直线，如图 15-107 所示。

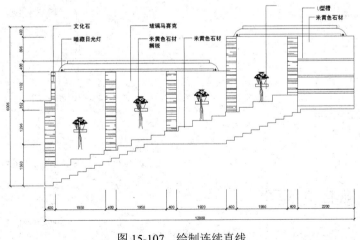

图 15-107　绘制连续直线

（5）单击"默认"选项卡"绘图"面板中的"圆"按钮⊙，以第（4）步中绘制的连续水平直线右端点为圆心绘制一个半径为 200 的圆，如图 15-108 所示。

（6）单击"默认"选项卡"绘图"面板中的"直线"按钮 ╱，在第（5）步中绘制的圆的外部绘制连续直线，如图 15-109 所示。

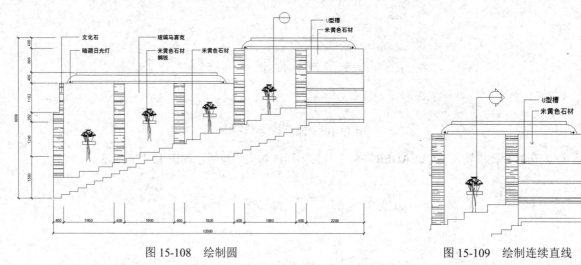

图 15-108　绘制圆　　　　　　　　　　　　　图 15-109　绘制连续直线

（7）单击"默认"选项卡"绘图"面板中的"图案填充"按钮，打开"图案填充创建"选项卡，选择 SOLID 填充图案，设置填充角度为 0，填充比例为 1，选择填充区域，然后按 Enter 键完成图案填充，效果如图 15-110 所示。

（8）单击"默认"选项卡"注释"面板中的"多行文字"按钮A，在第（7）步中绘制的图形内添加文字，最终完成走廊 A 立面图的绘制，如图 15-111 所示。

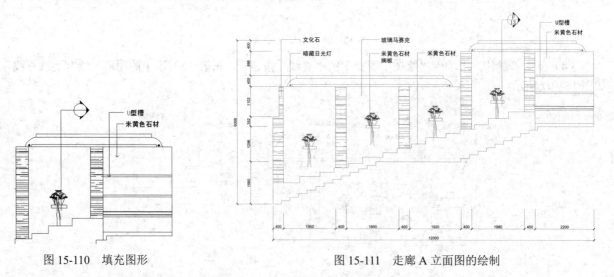

图 15-110　填充图形　　　　　　　　　图 15-111　走廊 A 立面图的绘制

15.2.2　一层走廊 B 立面图

利用上述方法完成一层走廊 B 立面图的绘制，如图 15-112 所示。

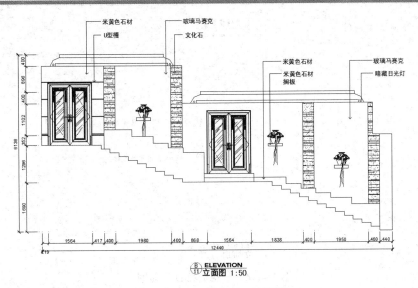

图 15-112　一层走廊 B 立面图

15.2.3　一层走廊 C 立面图

利用上述方法完成一层走廊 C 立面图的绘制，如图 15-113 所示。

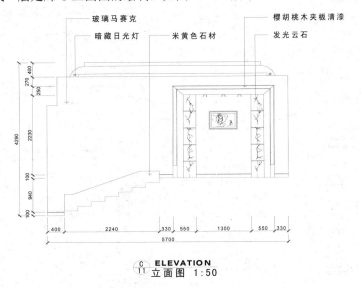

图 15-113　一层走廊 C 立面图

15.2.4　一层走廊 D 立面图

利用上述方法完成一层走廊 D 立面图的绘制，如图 15-114 所示。

单击"默认"选项卡"块"面板中的"插入"按钮🔲，打开"插入"对话框，选择定义的图框为插入对象，将其放置到绘制的图形外侧，最终完成一层走廊立面图的绘制，如图 15-115 所示。

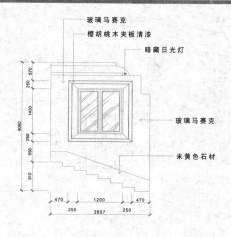

图 15-114　一层走廊 D 立面图

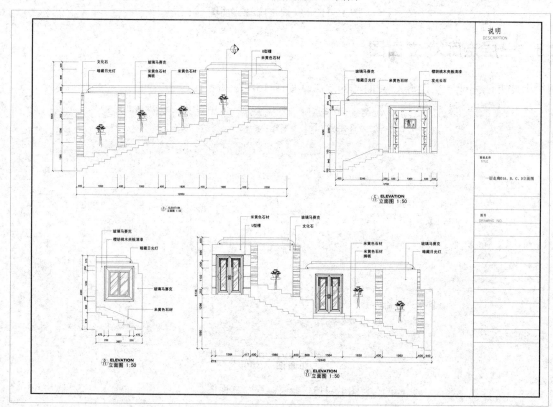

图 15-115　一层走廊立面图

15.3　一层体育用品店立面图

一层体育用品店立面图如图 15-116 所示。下面分别介绍各个立面图的具体绘制方法。

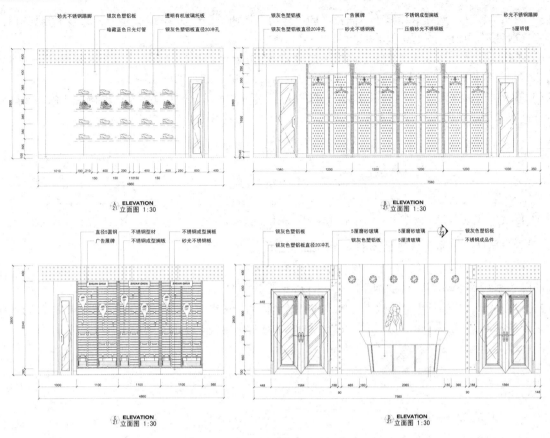

图 15-116　一层体育用品店立面图

15.3.1　一层体育用品店 D 立面图

利用之前学过的知识绘制一层体育用品店 D 立面图。

1．绘制一层体育用品店 D 立面图的大体轮廓

（1）单击"默认"选项卡"绘图"面板中的"矩形"按钮□，在图形空白位置绘制一个 7560×2800 的矩形，如图 15-117 所示。

（2）单击"默认"选项卡"修改"面板中的"分解"按钮，选择第（1）步中绘制的矩形为分解对象，按 Enter 键确认进行分解。

（3）单击"默认"选项卡"修改"面板中的"偏移"按钮，选择第（2）步中分解矩形左侧竖直边为偏移对象，将其向右进行偏移，偏移距离分别为 2012、188、90、3280、90 和 188，如图 15-118 所示。

（4）单击"默认"选项卡"修改"面板中的"偏移"按钮，选择顶部水平直线为偏移对象，将其向下进行偏移，偏移距离分别为 30、350、20 和 220，如图 15-119 所示。

图 15-117　绘制矩形　　　　图 15-118　偏移竖直线段　　　　图 15-119　偏移水平线段

435

（5）单击"默认"选项卡"修改"面板中的"修剪"按钮，选择第（4）步中偏移线段为修剪对象，对其进行修剪处理，如图 15-120 所示。

（6）单击"默认"选项卡"修改"面板中的"偏移"按钮，选择左侧竖直直线为偏移对象，将其向右侧进行偏移，偏移距离分别为 448、752、906、3648、512 和 1052，如图 15-121 所示。

（7）单击"默认"选项卡"修改"面板中的"修剪"按钮，选择第（6）步中的偏移线段为修剪对象对其进行修剪处理，如图 15-122 所示。

图 15-120　修剪线段　　　　　图 15-121　偏移竖直线段　　　　　图 15-122　修剪线段

2．绘制一层体育用品店 D 立面图的两侧的细部图形

（1）单击"默认"选项卡"绘图"面板中的"圆"按钮，在上一小节第（7）步中顶部线段内选择一点为圆的圆心绘制一个半径为 15 的圆，如图 15-123 所示。

（2）单击"默认"选项卡"修改"面板中的"矩形阵列"按钮，选择第（1）步中绘制的圆为阵列对象，设置行数为 4，列数为 20，行间距为-100，列间距为 100，如图 15-124 所示。

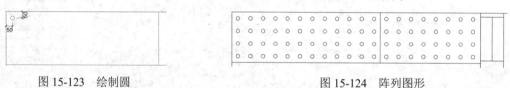

图 15-123　绘制圆　　　　　　　　　　　图 15-124　阵列图形

（3）同理，完成相同图形的绘制，如图 15-125 所示。

（4）单击"默认"选项卡"绘图"面板中的"多段线"按钮，在上一小节线段形成的矩形区域内根据辅助线绘制图形。

（5）单击"默认"选项卡"修改"面板中的"偏移"按钮，选择第（4）步中绘制的多段线为偏移对象，将其向内进行偏移，偏移距离分别为 7、5、4、56、8，如图 15-126 所示。

（6）单击"默认"选项卡"绘图"面板中的"直线"按钮，在第（5）步中的偏移线段内绘制一条竖直直线，如图 15-127 所示。

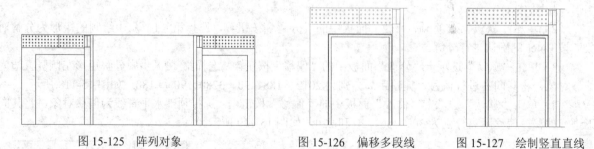

图 15-125　阵列对象　　　　　图 15-126　偏移多段线　　　　　图 15-127　绘制竖直直线

（7）单击"默认"选项卡"绘图"面板中的"矩形"按钮，在第（6）步中绘制的直线左侧位置绘制一个 542×1900 的矩形，如图 15-128 所示。

（8）单击"默认"选项卡"修改"面板中的"偏移"按钮，选择第（7）步中绘制的矩形为偏移对象，将其向内进行偏移，偏移距离分别为 20、5、50、5、10、20、10 和 5，如图 15-129 所示。

（9）单击"默认"选项卡"绘图"面板中的"直线"按钮/，在第（8）步的图形内绘制直线，如图 15-130 所示。

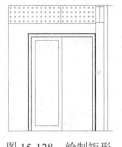

图 15-128　绘制矩形

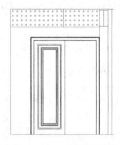

图 15-129　偏移矩形

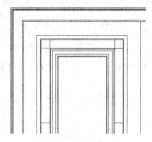

图 15-130　绘制直线

（10）单击"默认"选项卡"绘图"面板中的"圆"按钮⊙，在第（9）步绘制的矩形内中间位置点取一点为圆的圆心绘制一个半径为 25 的圆，如图 15-131 所示。

（11）单击"默认"选项卡"修改"面板中的"偏移"按钮，选择第（10）步中绘制的圆为偏移对象，将其向内进行偏移，偏移距离分别为 5、2，如图 15-132 所示。

（12）单击"默认"选项卡"绘图"面板中的"圆弧"按钮，在第（11）步中偏移的圆内绘制连续圆弧，如图 15-133 所示。

图 15-131　绘制圆

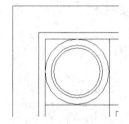

图 15-132　偏移圆

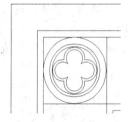

图 15-133　绘制圆弧

（13）单击"默认"选项卡"修改"面板中的"复制"按钮，选择第（12）步中绘制的图形为复制对象对其进行复制，如图 15-134 所示。

（14）单击"默认"选项卡"绘图"面板中的"多段线"按钮，在第（13）步的图形内绘制连续多段线，完成门内装饰雕花的绘制，如图 15-135 所示。

（15）单击"默认"选项卡"绘图"面板中的"多段线"按钮，在第（14）步的门图形中间位置绘制连续多段线，如图 15-136 所示。

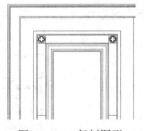

图 15-134　复制图形

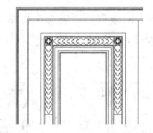

图 15-135　绘制门内装饰雕花

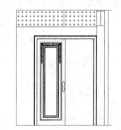

图 15-136　绘制多段线

（16）单击"默认"选项卡"修改"面板中的"偏移"按钮，选择第（15）步中绘制的多段线为偏移对象，将其向内进行偏移，偏移距离为 3，如图 15-137 所示。

（17）单击"默认"选项卡"绘图"面板中的"圆"按钮⊙和"矩形"按钮▢，在第（16）步中的图形内绘制图形，如图15-138所示。

（18）单击"默认"选项卡"绘图"面板中的"多段线"按钮⤵，在第（17）步中绘制的图形上绘制连续多段线，如图15-139所示。

（19）单击"默认"选项卡"修改"面板中的"修剪"按钮✁，选择第（18）步中绘制的图形内的多余线段为修剪对象，对其进行修剪处理，如图15-140所示。

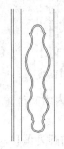 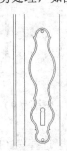 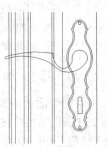 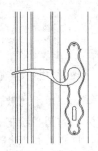

图15-137　偏移多段线　　　图15-138　绘制内部图形　　　图15-139　绘制连续多段线　　　图15-140　修剪线段

（20）单击"默认"选项卡"修改"面板中的"镜像"按钮⚎，选择左侧门图形为镜像对象对其进行竖直镜像，如图15-141所示。

（21）单击"默认"选项卡"绘图"面板中的"直线"按钮✎，在第（20）步的图形内绘制多条直线，如图15-142所示。

（22）结合上述方法完成门图形剩余部分的绘制，如图15-143所示。

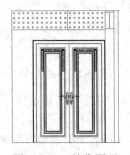  

图15-141　镜像图形　　　　　图15-142　绘制直线　　　　　图15-143　绘制门图形

（23）单击"默认"选项卡"修改"面板中的"复制"按钮🗐，选择左侧绘制完成的图形为复制对象，将其向右进行复制，如图15-144所示。

（24）单击"默认"选项卡"修改"面板中的"偏移"按钮⧉，选择底部水平直线为偏移对象，将其向上进行偏移，偏移距离为100，如图15-145所示。

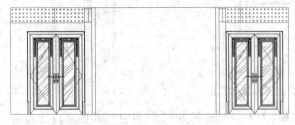 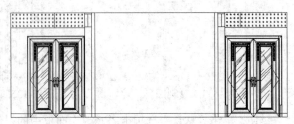

图15-144　复制门图形　　　　　　　　　　　图15-145　偏移线段

（25）单击"默认"选项卡"修改"面板中的"修剪"按钮，选择水平直线为修剪对象，对其进行修剪处理，如图 15-146 所示。

3．绘制一层体育用品店 D 立面图的中部的细部图形

（1）单击"默认"选项卡"绘图"面板中的"多段线"按钮，在上一小节第（25）步中绘制的图形中间位置绘制连续多段线，如图 15-147 所示。

图 15-146　修剪线段

图 15-147　绘制连续多段线

（2）单击"默认"选项卡"修改"面板中的"偏移"按钮，选择第（1）步中绘制的多段线为偏移对象，将其向内进行偏移，偏移距离为 15，如图 15-148 所示。

（3）单击"默认"选项卡"绘图"面板中的"直线"按钮，在第（2）步中偏移线段内绘制多条竖直直线，如图 15-149 所示。

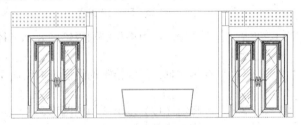

图 15-148　偏移多段线

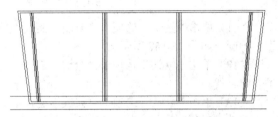

图 15-149　绘制多条竖直直线

（4）单击"默认"选项卡"修改"面板中的"修剪"按钮，选择第（3）步中图形内的多余线段为修剪对象，对其进行修剪处理，如图 15-150 所示。

（5）单击"默认"选项卡"绘图"面板中的"直线"按钮，在第（4）步中的图形底部绘制两条竖直直线，如图 15-151 所示。

（6）单击"默认"选项卡"绘图"面板中的"直线"按钮，在图形上方绘制连续直线，如图 15-152 所示。

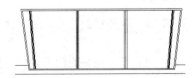

图 15-150　修剪线段

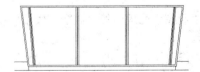

图 15-151　绘制竖直直线

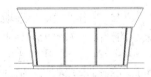

图 15-152　绘制连续直线

（7）单击"默认"选项卡"修改"面板中的"偏移"按钮，选择外围轮廓左侧竖直直线为偏移对象，将其向右进行偏移，偏移距离分别为 2835、3、542、3、38、504、3、542、3、99、443 和 3，如图 15-153 所示。

（8）单击"默认"选项卡"修改"面板中的"修剪"按钮，选择第（7）步中的偏移线段为修剪对象，对其进行修剪处理，如图 15-154 所示。

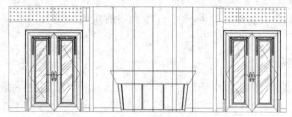

图 15-153　偏移线段

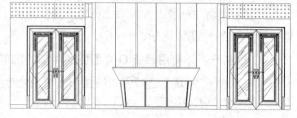

图 15-154　修剪线段

（9）单击"默认"选项卡"绘图"面板中的"圆"按钮⊙，在修剪后的线段内点选一点为圆的圆心，绘制一个半径为 100 的圆，如图 15-155 所示。

（10）单击"默认"选项卡"修改"面板中的"偏移"按钮▣，选择第（9）步中绘制的圆为偏移对象，将其向内进行偏移，偏移距离分别为 5、27 和 3，如图 15-156 所示。

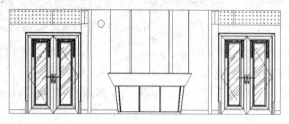

图 15-155　绘制圆

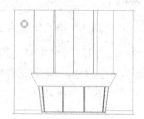

图 15-156　偏移圆

（11）单击"默认"选项卡"绘图"面板中的"圆"按钮⊙，在第（10）步中偏移的圆内绘制 8 个半径为 8 的圆，如图 15-157 所示。

（12）单击"默认"选项卡"绘图"面板中的"直线"按钮／，在第（11）步中绘制的圆图形内绘制多条斜向直线。

（13）单击"默认"选项卡"修改"面板中的"复制"按钮℃，选择第（12）步中绘制的图形为复制对象，对其进行复制操作，如图 15-158 所示。

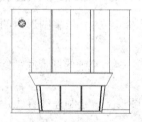

图 15-157　绘制圆

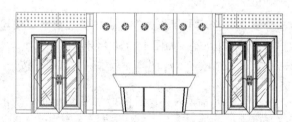

图 15-158　复制图形

（14）单击"默认"选项卡"绘图"面板中的"椭圆"按钮⬭，在如图 15-158 所示的位置绘制一个适当大小的椭圆，如图 15-159 所示。

（15）单击"默认"选项卡"修改"面板中的"偏移"按钮▣，选择第（14）步中绘制的椭圆为偏移对象，将其向内进行偏移，偏移距离为 7，如图 15-160 所示。

（16）单击"默认"选项卡"修改"面板中的"复制"按钮℃，选择第（15）步中绘制的两个椭圆为复制对象，对其进行连续复制，复制间距为 95，如图 15-161 所示。

（17）单击"默认"选项卡"块"面板中的"插入"按钮🗐，打开"插入"对话框。选择"源文件\图库\立体人物"为插入对象，将其插入到图形中，如图 15-162 所示。

（18）单击"默认"选项卡"绘图"面板中的"直线"按钮／和"图案填充"按钮▣，完成一层体育用品店 D 立面图的绘制，如图 15-163 所示。

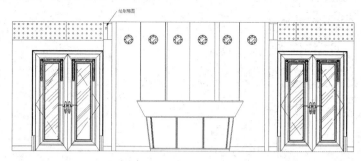

图 15-159　绘制椭圆

图 15-160　偏移椭圆　　　　　　　　　　　图 15-161　复制图形

图 15-162　插入图形　　　　　　　　　　　图 15-163　图案填充

4．进行尺寸标注和文字说明

（1）单击"默认"选项卡"注释"面板中的"线性"按钮 和"连续"按钮 ，为图形添加第一道尺寸标注，如图 15-164 所示。

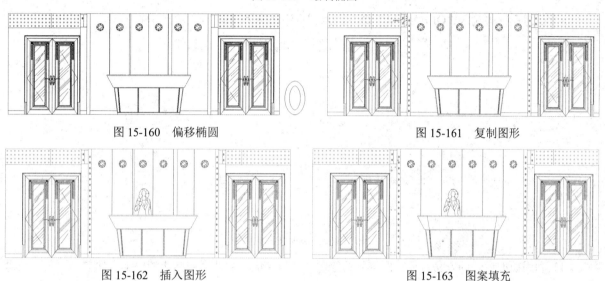

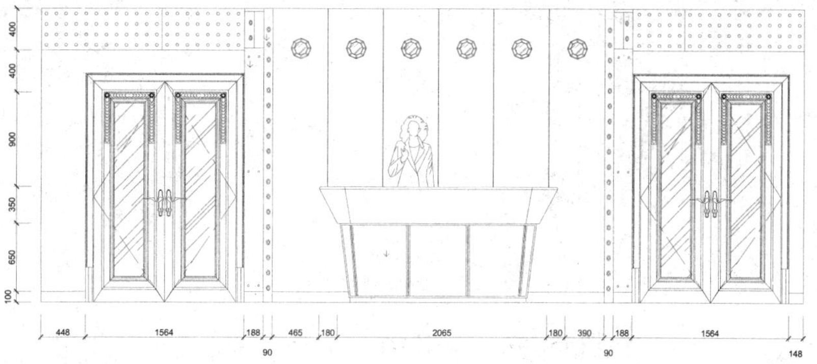

图 15-164　添加第一道尺寸标注

（2）单击"默认"选项卡"注释"面板中的"线性"按钮 ，为图形添加总尺寸标注，如图 15-165所示。

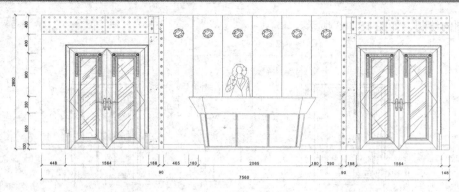

图 15-165　添加总尺寸标注

（3）在命令行中输入"QLEADER"命令，为图形添加文字说明，如图 15-166 所示。

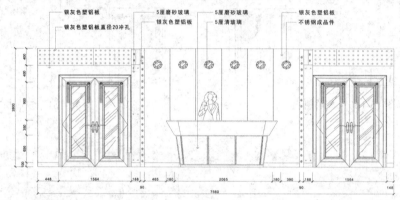

图 15-166　添加文字说明

（4）利用前面讲述的方法完成立面符号的绘制，最终完成一层体育用品店的绘制，如图 15-167 所示。

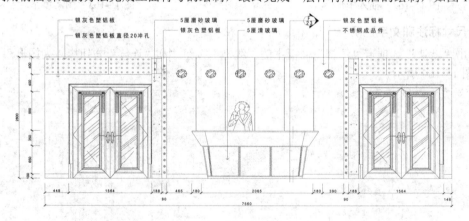

图 15-167　一层体育用品店 D 立面图

15.3.2　一层体育用品店 A 立面图

利用上述方法完成一层体育用品店 A 立面图的绘制，如图 15-168 所示。

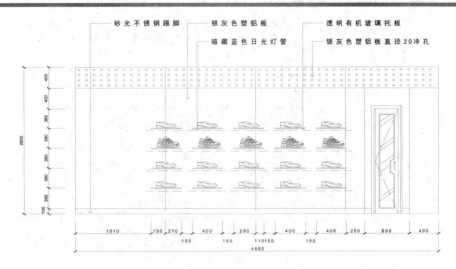

图 15-168　一层体育用品店 A 立面图

15.3.3　一层体育用品店 B 立面图

利用上述方法完成一层体育用品店 B 立面图的绘制，如图 15-169 所示。

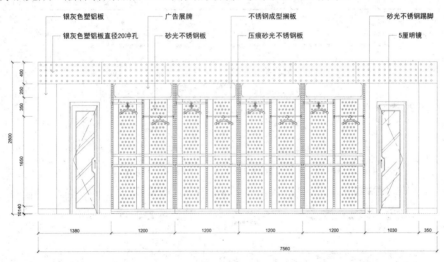

图 15-169　一层体育用品店 B 立面图

15.3.4　一层体育用品店 C 立面图

利用上述方法完成一层体育用品店 C 立面图的绘制，如图 15-170 所示。

单击“默认”选项卡“块”面板中的“插入”按钮，打开“插入”对话框，选择定义的图框为插入对象，将其放置到绘制的图形外侧，最终完成一层体育用品立面图的绘制，如图 15-171 所示。

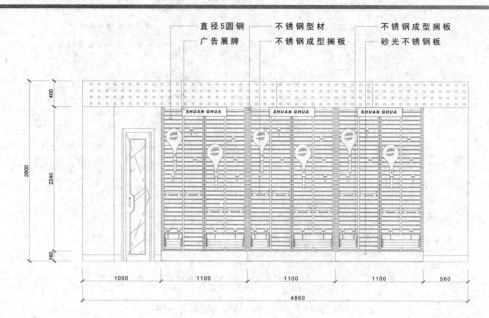

图 15-170　一层体育用品店 C 立面图

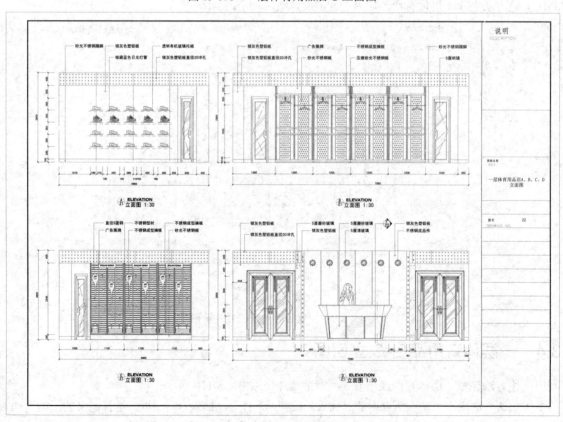

图 15-171　一层体育用品店立面图

15.4　道具单元立面图

本节介绍各个道具单元立面图与侧面图的绘制方法。

15.4.1　道具 A 单元侧立面图

对于道具单元立面图的绘制，首先绘制道具单元立面图图形，然后进行尺寸的标注和文字说明的绘制。

（1）单击"默认"选项卡"绘图"面板中的"矩形"按钮▢，在图形空白区域任选一点为矩形起点，绘制一个 40×2390 的矩形，作为不锈钢型材，如图 15-172 所示。

（2）单击"默认"选项卡"绘图"面板中的"矩形"按钮▢，在第（1）步中绘制的矩形底部右侧位置选择一点为矩形起点，绘制一个 360×40 的矩形，如图 15-173 所示。

（3）单击"默认"选项卡"绘图"面板中的"直线"按钮╱，在第（1）步中绘制的矩形下方绘制连续直线，如图 15-174 所示。

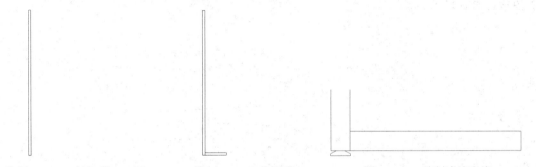

图 15-172　绘制 40×2390 的矩形　　图 15-173　绘制 360×40 的矩形　　　　图 15-174　绘制连续直线

（4）单击"默认"选项卡"修改"面板中的"复制"按钮⛃，选择第（3）步中绘制的连续直线为复制对象，对其进行复制操作，如图 15-175 所示。

（5）单击"默认"选项卡"绘图"面板中的"矩形"按钮▢，在前面绘制的矩形与矩形间的夹角处绘制一个 5×40 的矩形，如图 15-176 所示。

图 15-175　复制图形　　　　　　　　　图 15-176　绘制 5×40 的矩形

（6）单击"默认"选项卡"绘图"面板中的"直线"按钮╱，在第（5）步中的图形内绘制线段作为不锈钢成型隔板，如图 15-177 所示。

（7）单击"默认"选项卡"绘图"面板中的"直线"按钮╱和"圆弧"按钮⌒，绘制图形，如图 15-178 所示。

（8）单击"默认"选项卡"绘图"面板中的"圆"按钮⊙，选择第（7）步中绘制的圆弧中心为圆心，绘制一个半径为 7 的圆，如图 15-179 所示。

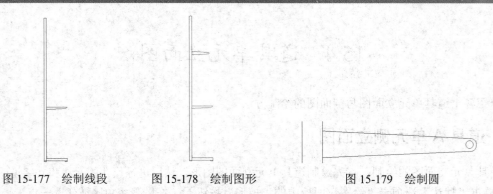

图 15-177　绘制线段　　　　图 15-178　绘制图形　　　　图 15-179　绘制圆

（9）单击"默认"选项卡"修改"面板中的"偏移"按钮⊷，选择第（8）步中绘制的圆为偏移对象，将其向内进行偏移，偏移距离为1，如图 15-180 所示。

（10）单击"默认"选项卡"绘图"面板中的"直线"按钮╱和"圆弧"按钮◠，在图形上绘制衣架图形，如图 15-181 所示。

（11）单击"默认"选项卡"绘图"面板中的"直线"按钮╱，在第（10）步中绘制的图形上方绘制连续直线，如图 15-182 所示。

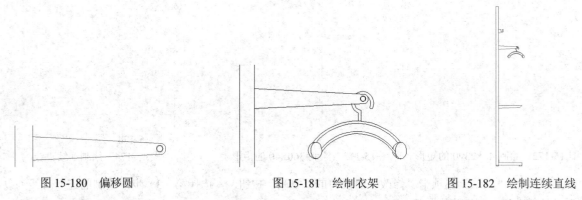

图 15-180　偏移圆　　　　　　图 15-181　绘制衣架　　　　　图 15-182　绘制连续直线

（12）单击"默认"选项卡"绘图"面板中的"矩形"按钮▭，在第（11）步中绘制的图形内绘制一个 20×30、圆角半径为 3 的矩形，如图 15-183 所示。

（13）单击"默认"选项卡"修改"面板中的"偏移"按钮⊷，选择第（12）步中绘制的圆角矩形为偏移对象，将其向内进行偏移，偏移距离为2，如图 15-184 所示。

（14）单击"默认"选项卡"绘图"面板中的"矩形"按钮▭和"直线"按钮╱，在第（13）步中的图形内绘制如图 15-185 所示的图形。

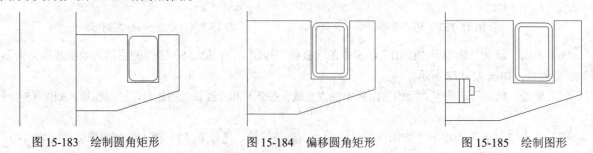

图 15-183　绘制圆角矩形　　　　图 15-184　偏移圆角矩形　　　　图 15-185　绘制图形

（15）单击"默认"选项卡"绘图"面板中的"直线"按钮／和"圆"按钮⊙，完成剩余图形的绘制，如图 15-186 所示。

（16）单击"默认"选项卡"注释"面板中的"线性"按钮╟和"连续"按钮⊞，为图形添加标注，如图 15-187 所示。

（17）在命令行中输入"QLEADER"命令，为图形添加文字说明，如图 15-188 所示。

（18）单击"默认"选项卡"绘图"面板中的"直线"按钮／和"注释"面板中的"多行文字"按钮Ａ，为图形添加总图文字说明，如图 15-189 所示。

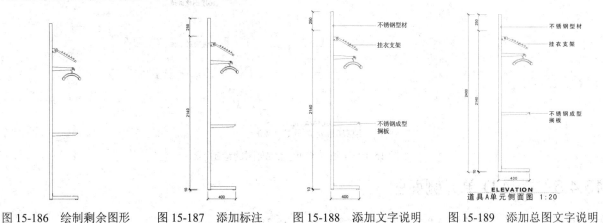

图 15-186　绘制剩余图形　　图 15-187　添加标注　　图 15-188　添加文字说明　　图 15-189　添加总图文字说明

15.4.2　道具 B 单元立面图

利用上述方法完成道具 B 单元立面图的绘制，如图 15-190 所示。

15.4.3　道具 C 单元侧面图

利用上述方法完成道具 C 单元侧面图的绘制，如图 15-191 所示。

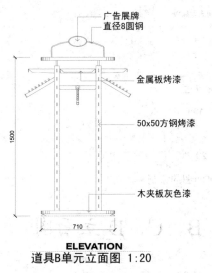

图 15-190　道具 B 单元立面图的绘制

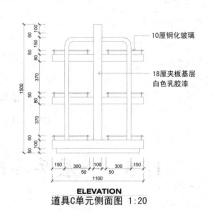

图 15-191　道具 C 单元侧面图的绘制

15.4.4　道具 C 单元立面图

利用上述方法完成道具 C 单元立面图的绘制，如图 15-192 所示。

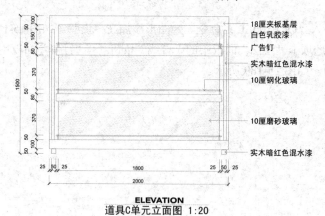

18厘夹板基层
白色乳胶漆
广告钉
实木暗红色混水漆
10厘钢化玻璃

10厘磨砂玻璃

实木暗红色混水漆

ELEVATION
道具C单元立面图　1:20

图 15-192　道具 C 单元立面图的绘制

15.4.5　道具 D 单元侧面图

利用上述方法完成道具 D 单元侧面图的绘制，如图 15-193 所示。

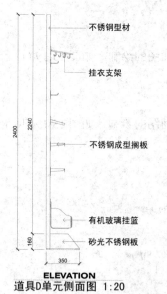

不锈钢型材

挂衣支架

不锈钢成型搁板

有机玻璃挂篮
砂光不锈钢板

ELEVATION
道具D单元侧面图　1:20

图 15-193　道具 D 单元侧面图的绘制

15.5　一层乒乓球室 A、B、C、D 立面图

利用上述方法完成一层乒乓球室 A、B、C、D 立面图的绘制，如图 15-194 所示。

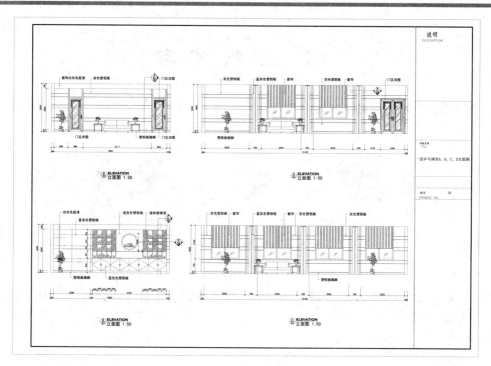

图 15-194　一层乒乓球室 A、B、C、D 立面图

15.6　一层台球室 02A、C 立面图

利用上述方法完成一层台球室 02A、C 立面图的绘制，如图 15-195 所示。

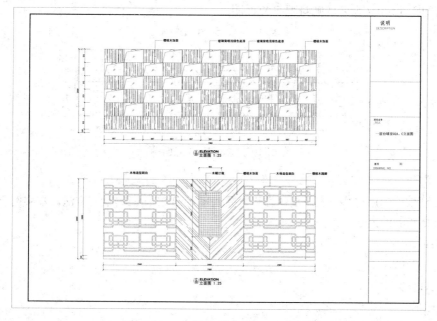

图 15-195　一层台球室 02A、C 立面图

15.7 上机实验

【练习1】绘制如图 15-196 所示的咖啡吧 A 立面图。

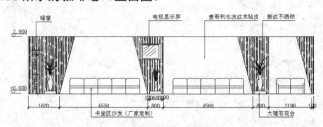

图 15-196 咖啡吧 A 立面图

1. 目的要求

本实例主要要求读者通过练习进一步熟悉和掌握咖啡吧 A 立面图的绘制方法。本实例可以帮助读者学会完成整个立面图绘制的方法。

2. 操作提示

（1）绘图准备。

（2）绘制轮廓线。

（3）细化图形。

（4）填充图形。

（5）插入家具图块。

（6）标注标高、尺寸和文字。

【练习2】绘制如图 15-197 所示的咖啡吧 B 立面图。

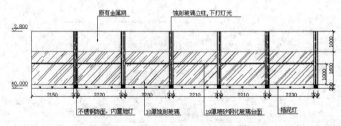

图 15-197 咖啡吧 B 立面图

1. 目的要求

本实例主要要求读者通过练习进一步熟悉和掌握咖啡吧 B 立面图的绘制方法。本实例可以帮助读者学会完成整个立面图绘制的方法。

2. 操作提示

（1）绘图准备。

（2）绘制轮廓线。

（3）填充图形。

（4）标注标高、尺寸和文字。

洗浴中心剖面图和详图的绘制

　　建筑剖面图主要反映建筑物的结构形式、垂直空间利用、各层构造做法和门窗洞口高度等。建筑节点详图设计是建筑施工图绘制过程中的一项重要内容，与建筑构造设计息息相关。本章以洗浴中心剖面图和详图为例，详细论述建筑剖面图和详图的 AutoCAD 绘制方法与相关技巧。

16.1 一层走廊剖面图

一层走廊剖面图如图 16-1 所示，下面讲述其中各个位置剖面图的绘制过程。

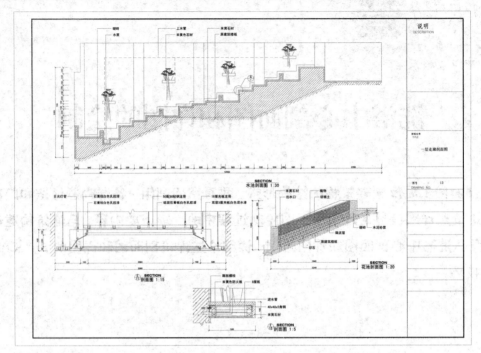

图 16-1 一层走廊剖面图

16.1.1 一层走廊 E 剖面图

一层走廊 E 剖面图如图 16-2 所示，下面介绍其绘制过程。

1. 绘制一层走廊 E 剖面图的外部轮廓

（1）单击"默认"选项卡"绘图"面板中的"直线"按钮 ∕，在图形空白位置任选一点为直线起点，绘制一条长度为 1683 的竖直直线，如图 16-3 所示。

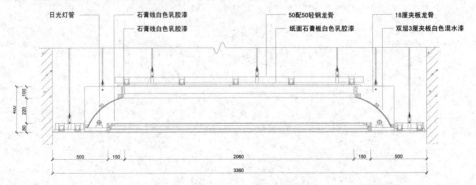

图 16-2 一层走廊 E 剖面图

图 16-3 绘制竖直直线

（2）单击"默认"选项卡"修改"面板中的"偏移"按钮，选择第（1）步中绘制的竖直直线为偏移对象，将其向右进行偏移，偏移距离分别为 232、6720 和 229，如图 16-4 所示。

（3）单击"默认"选项卡"绘图"面板中的"直线"按钮，绘制第（2）步中两竖直直线的水平连接线，如图 16-5 所示。

　　图 16-4　偏移竖直直线　　　　　　　　　　　　　　图 16-5　绘制水平线段

（4）单击"默认"选项卡"绘图"面板中的"图案填充"按钮，打开"图案填充创建"选项卡，选择 ANSI31 填充图案，设置填充角度为 0，填充比例为 30，单击"拾取点"按钮，选择填充区域，然后按 Enter 键完成图案填充，效果如图 16-6 所示。

（5）单击"默认"选项卡"绘图"面板中的"图案填充"按钮，打开"图案填充创建"选项卡，选择 AR-CONC 填充图案，设置填充角度为 0，填充比例为 2，单击"拾取点"按钮，选择填充区域，然后按 Enter 键完成图案填充，效果如图 16-7 所示。

（6）单击"默认"选项卡"修改"面板中的"删除"按钮，选择左右两侧竖直边线为删除对象，将其删除。

（7）单击"默认"选项卡"修改"面板中的"偏移"按钮，选择底部水平直线为偏移对象，将其向上进行偏移，偏移距离分别为 211、18，如图 16-8 所示。

图 16-6　填充 ANSI31 图形　　　　图 16-7　填充 AR-CONC 图形　　　　图 16-8　偏移水平直线

（8）单击"默认"选项卡"修改"面板中的"删除"按钮，选择底部水平直线为删除对象，将其删除。

（9）单击"默认"选项卡"修改"面板中的"修剪"按钮，选择偏移的线段为修剪对象，对其进行修剪处理，如图 16-9 所示。

2．绘制一层走廊 E 剖面图的内部图形

（1）单击"默认"选项卡"绘图"面板中的"矩形"按钮，在上一小节第（9）步中图形的适当位置绘制一个 160×18 的矩形，如图 16-10 所示。

　　　图 16-9　修剪线段　　　　　　　　　　　　　图 16-10　绘制矩形

（2）单击"默认"选项卡"绘图"面板中的"直线"按钮和"圆弧"按钮，在第（1）步中绘制的矩形右侧绘制如图 16-11 所示的图形。

（3）单击"默认"选项卡"修改"面板中的"修剪"按钮，选择第（2）步中绘制的图形为修剪对象，对其进行修剪处理，如图 16-12 所示。

（4）单击"默认"选项卡"修改"面板中的"镜像"按钮，选择第（3）步中的图形为镜像对象，以底部水平直线中点为镜像点，对图形进行竖直镜像，如图 16-13 所示。

（5）单击"默认"选项卡"绘图"面板中的"直线"按钮，绘制第（4）步中镜像图形间的连接线，如图 16-14 所示。

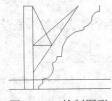

图 16-11　绘制图形　　　图 16-12　修剪图形　　　　　　图 16-13　镜像图形

（6）单击"默认"选项卡"修改"面板中的"偏移"按钮，选择第（5）步中绘制的水平直线为偏移对象，将其向下进行偏移，偏移距离分别为 11、35、51、13 和 12，如图 16-15 所示。

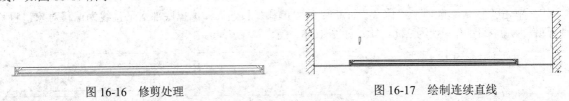

图 16-14　绘制连接线　　　　　　　　　　　　图 16-15　偏移直线

（7）单击"默认"选项卡"修改"面板中的"修剪"按钮，选择第（6）步中的偏移线段为修剪对象，对其进行修剪处理，如图 16-16 所示。

（8）单击"默认"选项卡"绘图"面板中的"多段线"按钮，在第（7）步中的图形上侧绘制连续直线，如图 16-17 所示。

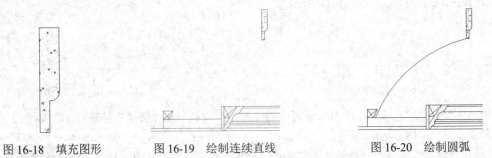

图 16-16　修剪处理　　　　　　　　　　图 16-17　绘制连续直线

（9）单击"默认"选项卡"绘图"面板中的"图案填充"按钮，打开"图案填充创建"选项卡，选择 AR-CONC 填充图案，设置填充角度为 0，填充比例为 0.3，单击"拾取点"按钮，选择填充区域，然后按 Enter 键完成图案填充，效果如图 16-18 所示。

（10）单击"默认"选项卡"绘图"面板中的"直线"按钮，在图形底部绘制连续直线，如图 16-19 所示。

（11）单击"默认"选项卡"绘图"面板中的"圆弧"按钮，绘制第（10）步中两图形间的连接圆弧线，角度为 90°，如图 16-20 所示。

图 16-18　填充图形　　　　图 16-19　绘制连续直线　　　　图 16-20　绘制圆弧

（12）单击"默认"选项卡"修改"面板中的"偏移"按钮，选择第（11）步中绘制的圆弧为偏移对象，对其进行偏移处理，偏移距离分别为 6、6，并结合"延伸"命令延伸对象，如图 16-21 所示。

（13）单击"默认"选项卡"绘图"面板中的"矩形"按钮，在第（12）步中绘制的圆弧右侧绘制一个 120×45 的矩形，如图 16-22 所示。

（14）单击"默认"选项卡"绘图"面板中的"圆弧"按钮／和"直线"按钮／，在第（13）步中绘制的矩形上方绘制如图 16-23 所示的图形。

（15）单击"默认"选项卡"绘图"面板中的"圆"按钮◎，以第（14）步中绘制的圆弧中心为圆心，绘制一个适当半径的圆。

（16）单击"默认"选项卡"绘图"面板中的"矩形"按钮▭和"直线"按钮／，在第（15）步中的图形外侧绘制图形，如图 16-24 所示。

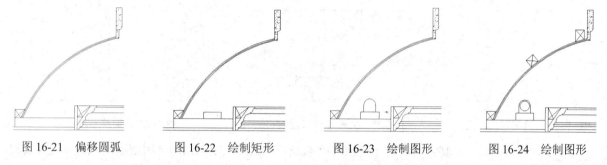

图 16-21　偏移圆弧　　　图 16-22　绘制矩形　　　图 16-23　绘制图形　　　图 16-24　绘制图形

（17）单击"默认"选项卡"修改"面板中的"镜像"按钮▲，选择第（16）步中的图形为镜像对象，选择顶部水平直线中点为镜像起点，向下确认一点为镜像终点，完成图形镜像，如图 16-25 所示。

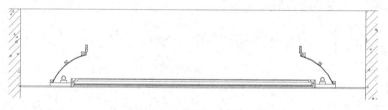

图 16-25　镜像图形

（18）单击"默认"选项卡"绘图"面板中的"直线"按钮／，绘制第（17）步中两图形间的连接线，如图 16-26 所示。

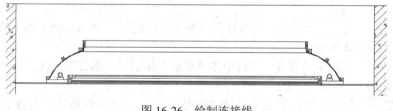

图 16-26　绘制连接线

（19）单击"默认"选项卡"绘图"面板中的"矩形"按钮▭，在第（18）步中绘制的矩形上方绘制两个矩形，如图 16-27 所示。

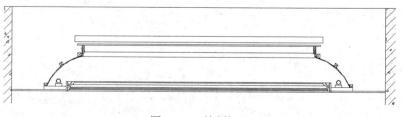

图 16-27　绘制矩形

（20）单击"默认"选项卡"绘图"面板中的"直线"按钮 ╱ ，在第（19）步中绘制的矩形上绘制连续直线，如图 16-28 所示。

（21）单击"默认"选项卡"绘图"面板中的"多段线"按钮 ⌐ ，在第（20）步中绘制的连续直线外侧绘制连续多段线，如图 16-29 所示。

（22）单击"默认"选项卡"修改"面板中的"偏移"按钮 ⫶ ，选择第（21）步中绘制的连续多段线为偏移对象，将其向内进行偏移，偏移距离为 1，如图 16-30 所示。

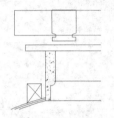
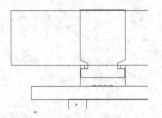
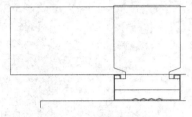

图 16-28　绘制连续直线　　　　图 16-29　绘制连续多段线　　　　图 16-30　偏移多段线

（23）单击"默认"选项卡"绘图"面板中的"直线"按钮 ╱ ，在第（22）步中的图形内绘制连续直线，如图 16-31 所示。

（24）单击"默认"选项卡"修改"面板中的"复制"按钮 ⬚ ，选择第（23）步中绘制的图形为复制对象，对其进行连续复制，如图 16-32 所示。

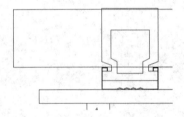
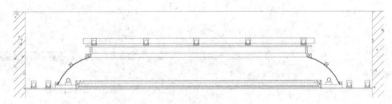

图 16-31　绘制连续直线　　　　　　　　　　图 16-32　复制对象

（25）单击"默认"选项卡"绘图"面板中的"直线"按钮 ╱ 和"修改"面板中的"镜像"按钮 ⚏ ，完成底部图形的绘制，如图 16-33 所示。

（26）单击"默认"选项卡"绘图"面板中的"矩形"按钮 ▭ ，在第（25）步中的图形左侧绘制一个 50×240 的矩形，如图 16-34 所示。

（27）单击"默认"选项卡"修改"面板中的"分解"按钮 ⬚ ，选择第（26）步中绘制的矩形为分解对象，按 Enter 键确认，对其进行分解。

（28）单击"默认"选项卡"修改"面板中的"修剪"按钮 ╱ ，选择分解矩形内的多余线段为删除对象，将其删除，如图 16-35 所示。

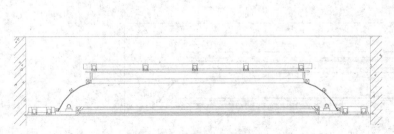
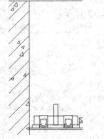

图 16-33　绘制底部图形　　　　　　　　　图 16-34　绘制矩形　　图 16-35　删除线段

（29）单击"默认"选项卡"修改"面板中的"偏移"按钮▣，选择第（28）步中分解矩形的顶部水平边为偏移对象，将其向下进行偏移，偏移距离分别为 6、84，如图 16-36 所示。

（30）单击"默认"选项卡"绘图"面板中的"多边形"按钮◯，在第（29）步中的偏移线段内绘制一个六边形，如图 16-37 所示。

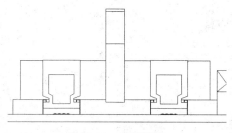

图 16-36　偏移线段

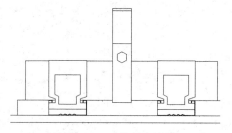

图 16-37　绘制六边形

（31）单击"默认"选项卡"绘图"面板中的"圆"按钮◉，以第（30）步中绘制的六边形中心为圆心，绘制一个适当半径的圆，如图 16-38 所示。

（32）单击"默认"选项卡"绘图"面板中的"直线"按钮╱，过第（31）步中圆的圆心绘制十字交叉线，如图 16-39 所示。

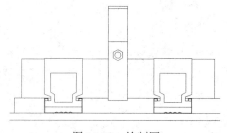

图 16-38　绘制圆

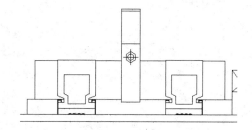

图 16-39　绘制十字交叉线

（33）单击"默认"选项卡"绘图"面板中的"直线"按钮╱，完成剩余部分图形的绘制，如图 16-40 所示。

（34）利用上述方法完成剩余图形的绘制，如图 16-41 所示。

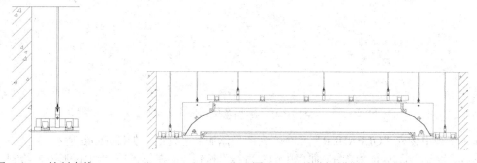

图 16-40　绘制直线　　　　　　　　　　图 16-41　绘制剩余图形

（35）单击"默认"选项卡"绘图"面板中的"直线"按钮╱和"修改"面板中的"圆角"按钮◻，在顶部水平线上绘制折弯线，如图 16-42 所示。

（36）单击"默认"选项卡"修改"面板中的"修剪"按钮✂，选择折弯线之间的线段为修剪对象，对其进行修剪处理，如图 16-43 所示。

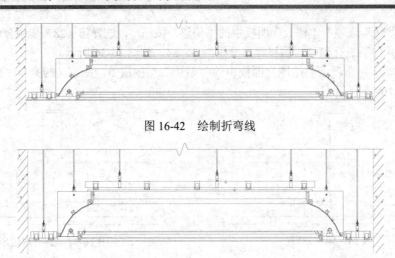

图 16-42　绘制折弯线

图 16-43　修剪图形

3．进行尺寸标注和文字说明

（1）单击"默认"选项卡"注释"面板中的"线性"按钮⊢┤和"连续"按钮⊞，为图形添加第一道尺寸标注，如图 16-44 所示。

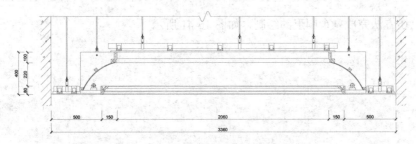

图 16-44　标注第一道尺寸

（2）单击"默认"选项卡"注释"面板中的"线性"按钮⊢┤，为图形添加总尺寸标注，如图 16-45 所示。

图 16-45　添加总尺寸标注

（3）在命令行中输入"QLEADER"命令，为图形添加文字说明，如图 16-46 所示。

（4）单击"默认"选项卡"绘图"面板中的"直线"按钮╱，在第（3）步中图形下方绘制一条水平直线，如图 16-47 所示。

（5）单击"默认"选项卡"绘图"面板中的"圆"按钮⊙，在第（4）步中绘制的水平直线上绘制一个适当半径的圆，如图 16-48 所示。

（6）单击"默认"选项卡"注释"面板中的"多行文字"按钮Ａ，在第（5）步中的图形内添加文字，最终效果如图 16-2 所示。

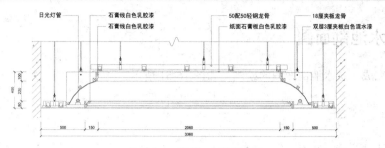

图 16-46　添加文字说明

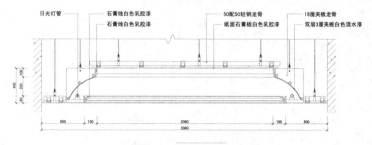

图 16-47　绘制直线

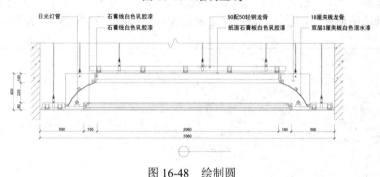

图 16-48　绘制圆

16.1.2　一层花池剖面图

利用上述方法完成一层花池剖面图的绘制，如图 16-49 所示。

16.1.3　一层 F 剖面图

利用上述方法完成一层 F 剖面图的绘制，如图 16-50 所示。

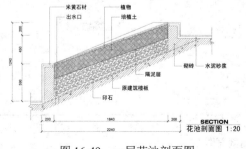

图 16-49　一层花池剖面图

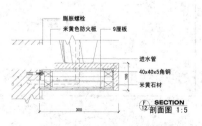

图 16-50　一层 F 剖面图

16.1.4　一层水池剖面图

利用上述方法完成一层水池剖面图的绘制，如图 16-51 所示。

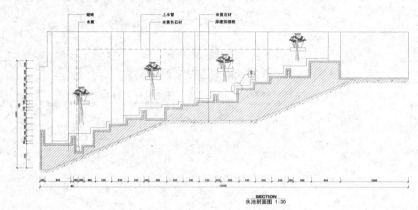

图 16-51　一层水池剖面图

单击"默认"选项卡"块"面板中的"插入"按钮，打开"插入"对话框，选择定义的图框为插入对象，将其放置到绘制的图形外侧，最终完成一层走廊剖面图的绘制，如图 16-52 所示。

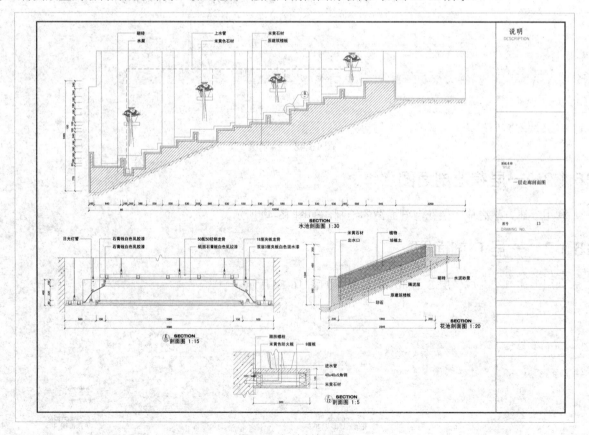

图 16-52　绘制剖面图

16.2　一层体育用品店剖面图

本节讲述一层体育用品店剖面图的具体绘制过程。

16.2.1　一层体育用品店 F 剖面图

一层体育用品店 F 剖面图如图 16-53 所示，下面介绍其绘制过程。

1. 绘制一层体育用品店 F 剖面图

（1）单击"默认"选项卡"绘图"面板中的"直线"按钮 ∕ 和"修改"面板中的"圆角"按钮 ◻，绘制台面，如图 16-54 所示。

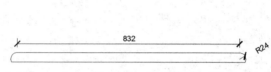

图 16-53　一层体育用品店 F 剖面图　　　　　　图 16-54　绘制图形

（2）单击"默认"选项卡"绘图"面板中的"直线"按钮 ∕，在第（1）步中的图形下方绘制龙骨及夹板，如图 16-55 所示。

（3）单击"默认"选项卡"修改"面板中的"偏移"按钮 ⬚，选择底部水平边为偏移对象，将其向下进行偏移，偏移距离分别为 5、29、45 和 1166，如图 16-56 所示。

（4）单击"默认"选项卡"绘图"面板中的"直线"按钮 ∕，在偏移线段右侧绘制一条竖直直线，如图 16-57 所示。

（5）单击"默认"选项卡"修改"面板中的"修剪"按钮 ⊥，选择竖直线段间的多余线段为修剪对象，对其进行修剪处理，如图 16-58 所示。

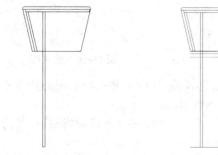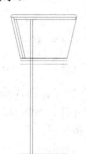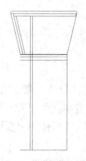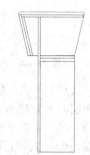

图 16-55　绘制龙骨及夹板　　图 16-56　偏移线段　　图 16-57　绘制竖直直线　　图 16-58　修剪线段

（6）单击"默认"选项卡"绘图"面板中的"直线"按钮 ∕，在第（5）步中的图形上绘制一条竖直直线，如图 16-59 所示。

（7）单击"默认"选项卡"修改"面板中的"修剪"按钮✄，选择第（6）步中绘制的直线内的线段为修剪对象，对其进行修剪处理，如图 16-60 所示。

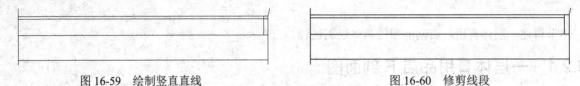

图 16-59 绘制竖直直线   图 16-60 修剪线段

（8）单击"默认"选项卡"绘图"面板中的"矩形"按钮▭，在第（7）步中的图形内绘制一个 443×139 的矩形，如图 16-61 所示。

（9）单击"默认"选项卡"绘图"面板中的"矩形"按钮▭，在第（8）步中绘制的矩形右侧绘制一个 34×224 的矩形，如图 16-62 所示。

（10）单击"默认"选项卡"绘图"面板中的"直线"按钮╱，在第（9）步中的图形内绘制直线，如图 16-63 所示。

图 16-61 绘制 443×139 的矩形   图 16-62 绘制 34×224 的矩形   图 16-63 绘制直线

（11）单击"默认"选项卡"修改"面板中的"修剪"按钮✄，选择第（10）步中绘制的直线内的多余线段为修剪对象，对其进行修剪处理，如图 16-64 所示。

（12）单击"默认"选项卡"绘图"面板中的"多段线"按钮⤵，在第（11）步中的图形内绘制连续多段线，如图 16-65 所示。

（13）单击"默认"选项卡"绘图"面板中的"圆"按钮◉，在第（12）步中绘制的多段线内绘制一个半径为 17 的圆，如图 16-66 所示。

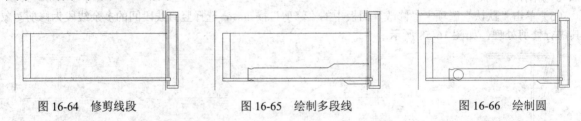

图 16-64 修剪线段   图 16-65 绘制多段线   图 16-66 绘制圆

（14）单击"默认"选项卡"修改"面板中的"复制"按钮⃕，选择第（13）步中绘制的圆为复制对象，选择圆心为复制基点，设置复制间距为 276，对其进行复制操作，如图 16-67 所示。

（15）单击"默认"选项卡"绘图"面板中的"直线"按钮╱，在第（14）步中的图形内绘制一条水平直线，如图 16-68 所示。

（16）单击"默认"选项卡"绘图"面板中的"多段线"按钮⤵，在第（15）步中的图形右侧绘制连续直线，如图 16-69 所示。

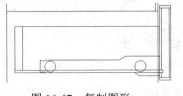

图 16-67　复制图形

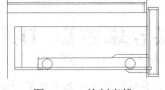

图 16-68　绘制直线

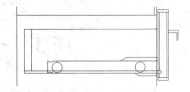

图 16-69　绘制多段线

（17）单击"默认"选项卡"绘图"面板中的"直线"按钮／和"矩形"按钮◻，完成剩余图形的绘制，如图 16-70 所示。

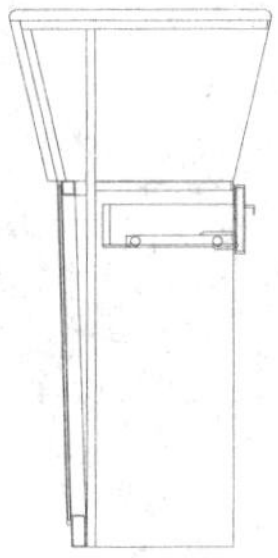

2．进行尺寸标注和文字说明

（1）单击"默认"选项卡"注释"面板中的"线性"按钮┤├和"连续"按钮⊞，为图形添加第一道尺寸标注，如图 16-71 所示。

（2）单击"默认"选项卡"注释"面板中的"线性"按钮┤├，为图形添加总尺寸标注，如图 16-72 所示。

（3）在命令行中输入"QLEADER"命令，为图形添加文字说明，如图 16-73 所示。

（4）单击"默认"选项卡"绘图"面板中的"直线"按钮／和"多行文字"按钮**A**，为图形添加总图文字说明，最终完成 F 剖面图的绘制，结果如图 16-53 所示。

图 16-70　绘制剩余图形

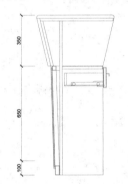

图 16-71　添加第一道尺寸标注

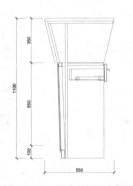

图 16-72　添加总尺寸标注

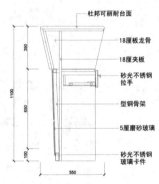

图 16-73　添加文字说明

16.2.2　一层体育用品店 E 剖面图

利用上述方法完成一层体育用品店 E 剖面图的绘制，如图 16-74 所示。

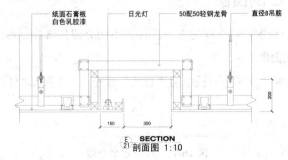

图 16-74　一层体育用品店 E 剖面图

16.3　一层台球室 E、D、H 剖面图

一层台球室剖面图如图 16-75 所示。下面讲述其中各个位置剖面图的绘制过程。

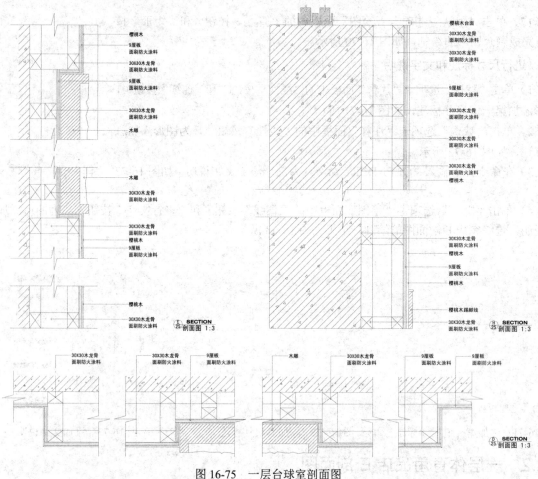

图 16-75　一层台球室剖面图

16.3.1　一层台球室 E 剖面图

利用前面所学过的知识，绘制一层台球室 E 剖面图，下面介绍其绘制过程。

1. 绘制一层台球室 E 剖面图

（1）单击"默认"选项卡"绘图"面板中的"直线"按钮，在图形空白区域绘制一条长度为 209 的水平直线，如图 16-76 所示。

图 16-76　绘制水平直线

（2）单击"默认"选项卡"修改"面板中的"偏移"按钮，选择第（1）步中绘制的直线为偏移对象，

将其向上进行偏移，偏移距离分别为 54、40、87、40 和 75，如图 16-77 所示。

（3）单击"默认"选项卡"绘图"面板中的"直线"按钮／，在第（2）步中的图形左侧绘制一条竖直直线，如图 16-78 所示。

（4）单击"默认"选项卡"修改"面板中的"偏移"按钮△，选择左侧竖直直线为偏移对象，将其向右进行偏移，偏移距离分别为 29、30、70、30 和 50，如图 16-79 所示。

（5）单击"默认"选项卡"修改"面板中的"修剪"按钮－，选择第（4）步中偏移的线段为修剪对象，对其进行修剪，如图 16-80 所示。

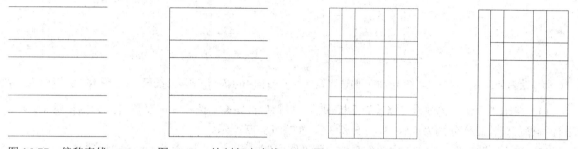

图 16-77　偏移直线　　　　图 16-78　绘制竖直直线　　　　图 16-79　偏移竖直直线　　　　图 16-80　修剪处理

（6）单击"默认"选项卡"绘图"面板中的"图案填充"按钮▨，打开"图案填充创建"选项卡，选择 ANSI31 填充图案，设置填充比例为 5，选择第（5）步中绘制的连续多段线内部为填充区域，然后按 Enter 键完成图案填充，如图 16-81 所示。

（7）单击"默认"选项卡"绘图"面板中的"图案填充"按钮▨，打开"图案填充创建"选项卡，选择 AR-CONC 填充图案，设置填充比例为 0.3，选择第（6）步中绘制的连续多段线内部为填充区域，然后按 Enter 键完成图案填充，如图 16-82 所示。

（8）单击"默认"选项卡"绘图"面板中的"直线"按钮／，在第（7）步中的图形内绘制两条斜向直线，如图 16-83 所示。

（9）单击"默认"选项卡"修改"面板中的"删除"按钮✎，选择左侧竖直直线为删除对象，将其删除，如图 16-84 所示。

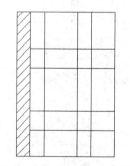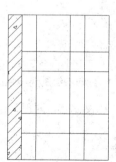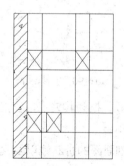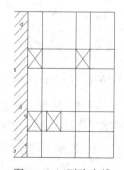

图 16-81　填充 ANSI31 图形　　图 16-82　填充 AR-CONC 图形　　图 16-83　绘制斜向直线　　图 16-84　删除直线

（10）单击"默认"选项卡"绘图"面板中的"直线"按钮／，在第（9）步的图形内绘制一条竖直直线，如图 16-85 所示。

（11）单击"默认"选项卡"修改"面板中的"偏移"按钮△，选择第（10）步中绘制的竖直直线为偏移对象，将其向右进行偏移，偏移距离分别为 3、4、3 和 3，如图 16-86 所示。

（12）单击"默认"选项卡"修改"面板中的"修剪"按钮－，选择偏移线段间的竖直直线为修剪对象，对其进行修剪处理，如图 16-87 所示。

（13）单击"默认"选项卡"修改"面板中的"偏移"按钮▣，选择如图 16-87 所示的直线为偏移对象，将其向下进行偏移，偏移距离分别为 3、4、2 和 3，如图 16-88 所示。

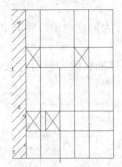
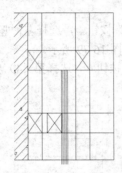
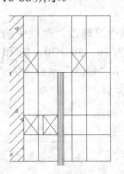

图 16-85 绘制竖直直线　　图 16-86 偏移直线　　图 16-87 修剪竖直线段　　图 16-88 向下偏移线段

（14）单击"默认"选项卡"修改"面板中的"偏移"按钮▣，选择右侧竖直直线为偏移对象，将其向左进行偏移，偏移距离分别为 3.8、3、2.5 和 3.8，如图 16-89 所示。

（15）单击"默认"选项卡"修改"面板中的"修剪"按钮▣，选择第（14）步中偏移线段为修剪对象，对其进行修剪处理，如图 16-90 所示。

（16）单击"默认"选项卡"绘图"面板中的"直线"按钮▣，在第（15）步中的图形右侧绘制连续直线，如图 16-91 所示。

（17）单击"默认"选项卡"绘图"面板中的"直线"按钮▣，在第（16）步中的图形下方绘制连续直线，如图 16-92 所示。

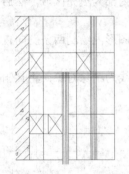
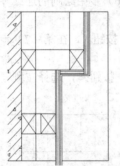
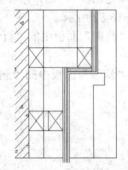
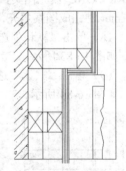

图 16-89 向左偏移线段　　图 16-90 修剪线段　　图 16-91 向右绘制连续直线　　图 16-92 向下绘制连续直线

（18）选择顶部水平直线，拖到其夹点，使直线向左延长 21.5，同理，延长下部水平直线，如图 16-93 所示。

2．绘制一层台球室 E 剖面图的折断线以及文字说明

（1）单击"默认"选项卡"绘图"面板中的"直线"按钮▣，在顶部水平线上绘制连续直线，如图 16-94 所示。

（2）单击"默认"选项卡"修改"面板中的"复制"按钮▣，选择第（1）步中绘制的线段为复制对象，将其放置到底部水平直线上，如图 16-95 所示。

（3）单击"默认"选项卡"修改"面板中的"延伸"按钮▣，选择底部水平直线为延伸对象，将其向左侧进行延伸，如图 16-96 所示。

（4）单击"默认"选项卡"修改"面板中的"修剪"按钮▣，选择折弯线内

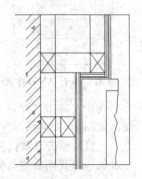

图 16-93 延长直线

的多余线段为修剪对象，对其进行修剪处理，如图 16-97 所示。

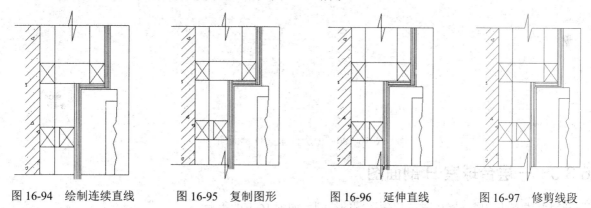

图 16-94　绘制连续直线　　图 16-95　复制图形　　图 16-96　延伸直线　　图 16-97　修剪线段

（5）在命令行中输入"QLEADER"命令，为第（4）步中的图形添加文字说明，如图 16-98 所示。

（6）利用上述方法完成剩余部分图形的绘制，如图 16-99 所示。

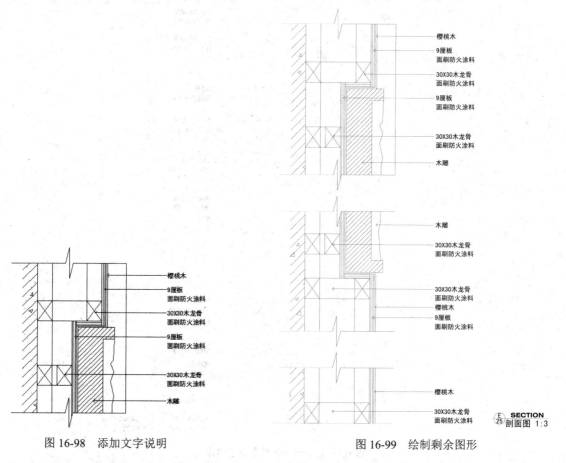

图 16-98　添加文字说明　　　　　　　　　图 16-99　绘制剩余图形

16.3.2　一层台球室 D 剖面图

利用上述方法完成一层台球室 D 剖面图的绘制，如图 16-100 所示。

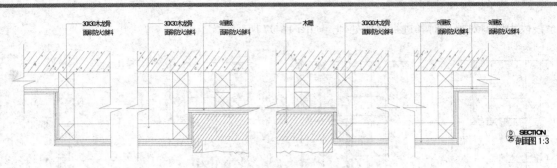

图 16-100 一层台球室 D 剖面图

16.3.3 一层台球室 H 剖面图

利用上述方法完成一层台球室 H 剖面图的绘制，如图 16-101 所示。

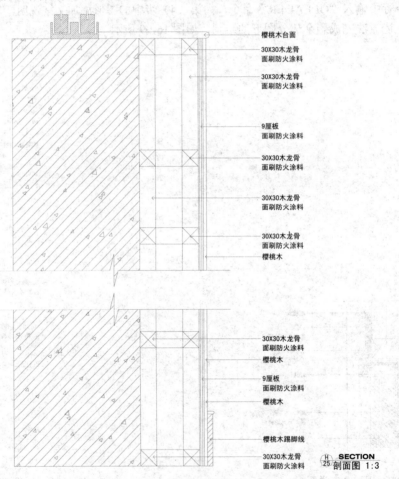

图 16-101 一层台球室 H 剖面图

单击"默认"选项卡"块"面板中的"插入"按钮，打开"插入"对话框，选择定义的图框为插入对象，将其放置到绘制的图形外侧，最终完成一层台球室 D、E、H 剖面图的绘制，如图 16-102 所示。

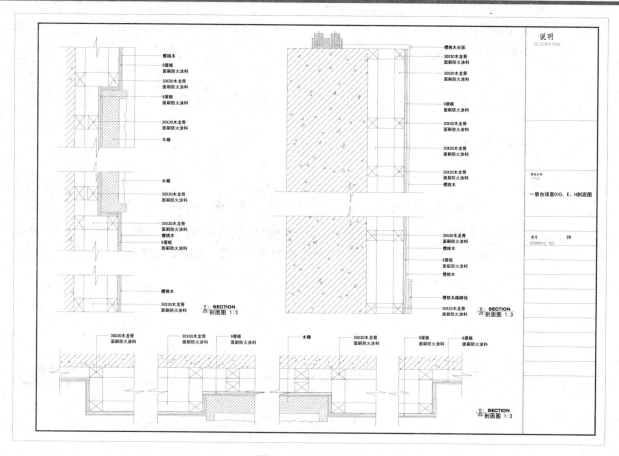

图 16-102　插入图框

16.4　一层走廊节点详图

节点详图是体现建筑结构细节的重要图形，本节将通过实例讲述其绘制方法。一层走廊节点详图如图 16-103 所示。

（1）单击"默认"选项卡"修改"面板中的"复制"按钮，选择一层走廊剖面图中如图 16-104 所示的画圆部分为复制对象，将其复制到图纸空白处，如图 16-105 所示。

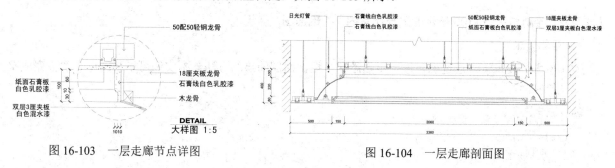

图 16-103　一层走廊节点详图

图 16-104　一层走廊剖面图

（2）单击"默认"选项卡"注释"面板中的"线性"按钮和"连续"按钮，为图形添加第一道尺

469

寸标注，如图 16-106 所示。

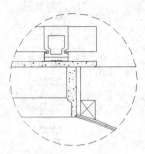

图 16-105　复制对象

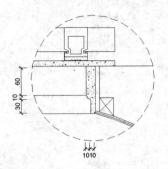

图 16-106　添加第一道尺寸

（3）单击"默认"选项卡"注释"面板中的"线性"按钮 ┍┥，为图形添加总尺寸标注，如图 16-107 所示。

（4）在命令行中输入"QLEADER"命令，为图形添加文字说明，如图 16-108 所示。

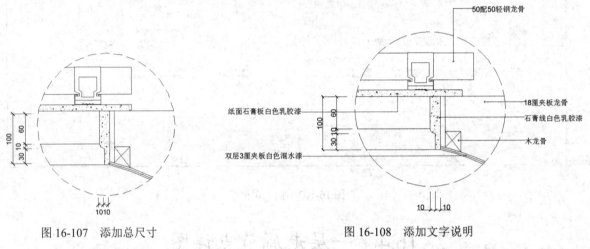

图 16-107　添加总尺寸　　　　　　　　　　　　图 16-108　添加文字说明

（5）单击"默认"选项卡"绘图"面板中的"直线"按钮 ╱ 和"多行文字"按钮 **A**，为图形添加总图文字说明，最终完成节点详图的绘制，如图 16-103 所示。

16.5　上机实验

【练习 1】绘制如图 16-109 所示的歌舞厅室内 1-1 剖面图。

1．目的要求

本实例主要要求读者通过练习进一步熟悉和掌握剖面图的绘制方法。本实例可以帮助读者学会完成整个剖面图绘制的方法。

2．操作提示

（1）修改图形。

（2）绘制折线及剖面。

（3）标注标高。

（4）标注尺寸及文字。

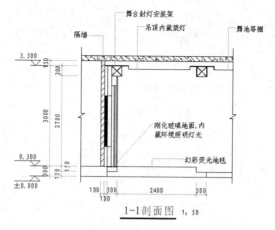

图 16-109　歌舞厅室内 1-1 剖面图

【练习 2】绘制如图 16-110 所示的卫生间台盆剖面图。

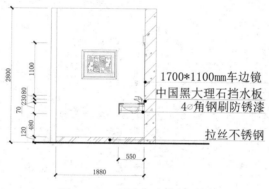

图 16-110　卫生间台盆剖面图

1．目的要求

本实例设计的图形主要表达卫生间台盆装饰的具体材料以及尺寸。利用"矩形""偏移""修剪"等命令绘制图形，最后，设置字体样式并利用"线性标注"和"多行文字"标注图形。通过本实例，读者可以体会到标注在图形绘制中的应用。

2．操作提示

（1）绘制矩形。

（2）偏移矩形。

（3）绘制图块。

（4）修剪并填充图形。

（5）添加文字与尺寸标注。